# 农业现代化的
## 探索与实践

◎ 贺贵柏 等 著

中国农业科学技术出版社

**图书在版编目（CIP）数据**

农业现代化的探索与实践 / 贺贵柏等著. —北京：中国农业科学技术出版社，2021.5

ISBN 978-7-5116-5306-2

Ⅰ.①农… Ⅱ.①贺… Ⅲ.①农业现代化—研究—中国 Ⅳ.①F320.1

中国版本图书馆 CIP 数据核字（2021）第 086137 号

责任编辑　李　华　崔改泵
责任校对　贾海霞
责任印制　姜义伟　王思文

出 版 者　中国农业科学技术出版社
　　　　　北京市中关村南大街12号　　邮编：100081
电　　话　（010）82109708（编辑室）（010）82109702（发行部）
　　　　　（010）82109709（读者服务部）
传　　真　（010）82106650
网　　址　http:// www.castp.cn
经 销 者　各地新华书店
印 刷 者　北京中科印刷有限公司
开　　本　787mm×1 092mm　1/16
印　　张　24.5　彩插3面
字　　数　527千字
版　　次　2021年5月第1版　　2021年5月第1次印刷
定　　价　108.00元

# 《农业现代化的探索与实践》

## 著者名单

**主　著：** 贺贵柏（广西百色国家农业科技园区管理委员会、
　　　　　广西农业科学院百色分院、百色市农业科学研究所）

**著　者：**（按姓氏笔画排序）

韦保特　韦爱琳　韦德斌　向　英　刘永贤　苏　萍
李文教　吴兰芳　吴健强　岑庆宋　岑积仁　陈潇航
罗芳媚　罗思良　周连芳　钟　维　费永红　黄　杰
黄文武　梁忠明　潘廷由

# 前　言

　　从历史学角度观察，现代化作为一个世界性的历史进程，是指人类社会从传统的农业社会向现代工业社会转变的历史过程。

　　关于农业现代化理论的研究、探索与实践，历来都是我国党和政府以及社会科学共同关注和研究的一个重大课题。笔者长期从事"三农"工作，一直在思考这样一个问题：农业、农村、农民的出路在哪里？20世纪90年代末，笔者有幸随团赴我国东部沿海发达地区的上海、浙江、江苏、山东等省（市）进行农业现代化建设的考察。21世纪初，笔者又先后随团赴中国台湾地区、日本、泰国等地考察学习，使笔者增长了见识，开阔了眼界，拓宽了思路，加深了对农业现代化理论建设与探索的理解。特别是20世纪90年代末，我国党和政府作出了东部沿海地区必须率先实现农业现代化的重大战略决策，更激起了笔者探索与研究农业现代化的浓厚兴趣。2005年以来，笔者又参与和从事国家农业科技园区的建设与实践，先后带队或随团考察了武汉、广州、杭州、北京、青岛、大连、昆明、陕西等省（市）国家农业科技园区与高新区的建设。国内外农业现代化建设的生动实践、主要做法与宝贵经验，都为笔者进行农业现代化研究提供了许多珍贵的素材、有益的帮助与重要的启示。

## 一、从农业现代化的提出到农业农村现代化

　　早在20世纪30年代，中国经济界和农业界学者就开始关注、讨论和研究农业现代化问题。在20世纪50—60年代，中国政府提出了"四个现代化"的宏伟目标，其中包括农业现代化。当时，农业现代化被学术界概括为"四化"，即机械化、电气化、水利化和化学化。农业现代化建设的"四化"目标，注重改造传统农业的生产条件和生产手段。20世纪70年代后期，我国开始重视和借鉴国外发展现代农业的先进经验，特别是注重加快推进农业生产布局区域化、良种化、专业化，积极探索加快推进农业展销和农工商一体化，把农业生产管理改革列入现代农业建设的重要内容。20世纪80年代，我国政府大胆推行以家庭联产承包责任制为主要内容的农村改革，开始引入市场竞争机

制，允许农民自主经营，多种经济成分并存发展，共同推进现代农业的改革。20世纪90年代以后，在农村稳定家庭联产承包责任制的基础上，我国把建设现代农业的主要目标放在发展高产、优质和高效农业上。进入21世纪后，随着我国农业产业结构的进一步调整与优化，特别是大力推行农业产业化经营，有力地促进了农业生产的专业化、标准化、经营企业化和服务社会化，现代农业的发展进入了一个新的历史阶段。2006年，中央一号文件《关于推进社会主义新农村建设的若干意见》指出，把推进现代农业建设作为强化社会主义新农村建设的产业支撑。2007年，中央一号文件《中共中央 国务院关于积极发展现代农业扎实推进社会主义新农村建设的若干意见》指出，发展现代农业是社会主义新农村建设的首要任务。党的十七大报告首次提出了走中国特色农业现代化道路的重大决策，明确了必须把建设现代农业作为贯穿新农村建设和现代化建设全过程的一项长期的艰巨任务。

2012年11月，党的十八大报告对加快推进我国农业现代化建设作出了新的战略部署。报告明确指出，解决好农业、农村、农民问题是全党工作重中之重，城乡发展一体化是解决"三农"问题的根本途径，要加快推动城乡发展一体化。

2017年10月，在国内外形势发生深刻复杂变化的新形势下，具有伟大历史意义的党的十九大在北京胜利召开。党的十九大作出了实施乡村振兴战略的重大决策，首次提出了加快推进农业农村现代化。报告强调指出，农业、农村、农民问题是关系国计民生的根本性问题，必须始终把解决"三农"问题作为全党工作重中之重。要坚持农业农村优先发展，加快推进农业农村现代化。

党的十九大报告，向国内外庄严宣布，经过长期努力，中国特色社会主义进入了新时代，这是我国历史发展新的方位。决胜全面建成小康社会，开启全面建设社会主义现代化国家新征程。以党的十九大胜利召开为标志，我国农业现代化建设迈入了一个新的时代——农业农村现代化！

## 二、对农业现代化认识的不断深化

农业现代化是一个长期的历史过程，农业现代化理论是一种运用理论。迄今为止，关于农业现代化的理论解释，学术界没有统一认识，没有统一定义。

农业现代化理论主要包括经典农业现代化理论、两次农业现代化理论和广义农业现代化理论。由于前两种理论没有系统的理论表述，目前学术界重点讨论广义农业现代化理论。

从农业现代化理论的世界性观察看，农业现代化过程是在工业革命以后才开始的。农业现代化的历史进程表明，在不同的历史时期，农业现代化的具体内容和标准是各不相同的。从农业现代化的技术进步角度看，农业现代化是指在农业领域广泛采用现代化科学技术改造传统农业，使落后的以体力劳动为主的传统农业转变为知识密集型和技术密集型农业。

我国对农业现代化的理论研究，经历了从初步理解到逐步加深认识的过程。特别是自20世纪50年代以来，对农业现代化的理论研究，学术界曾进行了各种表述。20世纪50—60年代，学术界主要从农业生产技术、农业生产方式变革的角度认识和理解农业现代化，把农业现代化理解和概括为农业机械化、电气化、水利化和化学化。现代农业建设的主要目标和任务，重点放在改善农业生产手段和农业生产条件上。

20世纪70—80年代，特别是党的十一届三中全会以后，我国各地积极探索和加快推进改革开放，在全国农村全面推行家庭联产承包责任制，积极探索建立和完善社会主义市场经济新体制，在农业丰收和农村经济持续高速增长的新形势下，学术界注重关注依靠现代科技发展现代农业，开始重视现代农业的经营管理，积极探索加快推进农业的科学化、集约化、社会化、商品化和农业生态化的可持续发展问题，开始从本质上理解和认识现代农业。例如，1984年，《中国农业经济学》编写组认为，农业现代化就是把农业建立在现代科学的基础上，用现代科学技术和现代工业来装备农业，用经济管理科学来管理农业，把传统农业变为当代世界水平的现代农业，即生产技术的科学化、生产工具机械化、生产组织社会化、管理上的多功能系列化。这一时期，建设农业现代化的思想得到了进一步丰富和发展，农业现代化的理论研究开始突破以往农业现代化等同于"石油农业"的范畴，发展农业的思维开始跳出"就农业论农业"的传统思维定势。

20世纪90年代，随着社会主义市场经济体制的建立和完善，农业结构调整的进一步优化，特别是我国加入WTO后，农产品的国际竞争力日趋增强，农业劳动力成本不断提高，农村剩余劳动力逐步向二三产业转移，学术界更加关注农业现代化的区域化、产业化、商品化、企业化、社会化和生态化问题。为了更好地适应经济全球化的需要，应注重从世界经济的战略高度思考和研究我国的农业现代化问题。1993—1995年，时任中国农业科学院卢良恕院长组织全国有关专家、学者，专题开展了"中国农业现代化建设理论、道路和模式研究"，在分析和系统总结国内外发展现代农业的主要做法和先进经验的基础上，明确提出了中国农业现代化建设与发展的道路、模式、指标、体系以及对策措施。这一时期，我国学术界注重从现代农业发展的基本要素、农业生产经营方式和农业组织制度等视角去理解和认识农业现代化问题。

进入21世纪，我国农业迈入了一个新的时代，随着我国社会主义新农村建设的不断推进，发展现代农业成为社会主义新农村建设的首要任务，特别是党中央提出了实施乡村振兴战略后，加快推进农业现代化的思想，得到了进一步重视和加强，学术界主要从发展现代农业和乡村振兴的视角思考和研究农业现代化问题。

卢良恕（2004）认为，现代农业的核心是科学化，特征是商品化，方向是集约化，目标是产业化。柯炳生（2007）认为，发展现代农业是实现农业现代化的重要途径，现代农业的衡量指标主要是资源产出率、劳动生产率、资源利用率、产品质量与安全性。蒋和平（2007）认为，现代农业实质上是指在国民经济中具有较高水平的农业生产能力和较强竞争能力的现代产业，它是不断地引进新的生产要素和先进经验与管理方式，用现代科技、现代工业产品、现代组织制度和管理方法来经营的科学化、集约化、市场化、生态化的农业，是保护生态平衡和可持续发展的农业。

2007年，中央一号文件明确把发展现代农业概括为"六个用"，即"用现代物质条件装备农业，用现代科学技术改造农业，用现代产业体系提升农业，用现代经营形式推进农业，用现代发展理念引领农业，用培养新型农民发展农业。"2007年10月，党的十七大报告强调指出，要坚持把发展现代农业作为建设社会主义新农村的首要任务，走中国特色的农业现代化道路。

2012年11月，党的十八大报告进一步深化对我国农业现代化的认识。报告强调指出，城乡发展一体化是解决"三农"问题的根本途径，要加快推动城乡发展一体化。特别是要加快完善城乡发展一体化体制机制，着力在城乡规划、基础设施、公共服务方面推进一体化，促进城乡要素平等交换和公共资源均衡配置，形成以工促农、以城带乡、工农互惠、城乡一体的新型工农城乡关系。我国农业现代化建设迈入了一个新的历史时期。

2017年10月，党的十九大报告在深入分析我国农业现代化建设和社会主义新农村建设的基础上，果断作出了实施乡村振兴和区域协调发展战略的重大决策，报告首次提出了加快推进农村现代化。报告特别强调指出，要加快构建现代农业产业体系、生产体系、经营体系、完善农业支持保护制度，促进农村一二三产业融合发展。报告还注重统筹和兼顾欠发达地区的农业农村现代化建设。报告特别强调指出，要加大力度支持革命老区、民族地区、边疆地区、贫困地区加快发展，以城市群为主体构建大中小城市和小城镇协调发展的城镇新格局。报告还强调指出，要坚持绿色发展，着力改善生态环境。加快生态文明体制改革，建设美丽中国。中共中央、国务院印发《乡村振兴战略规划（2018—2020年）》明确指出，实施乡村振兴战略是建设现代化经济体系的重要基础，提出了实施乡村振兴战略和加快推进农业现代化建设的重大历史任务，是新时代做好"三农"工作的总抓手，开启了新时代全面建设社会主义现代化强国的新征程。从此，中国农业现代化建设翻开了新的篇章，真正迈入了一个全新的时代。

## 三、农业现代化的探索与实践

农业是人类的"母亲产业"和国民经济的基础产业。农业现代化建设是一个系统工程，是一个动态的不断发展的长期的历史过程，国民经济的现代化离不开农业的现代化。

从国外现代农业发展的历史看，发达国家探索加快推进农业现代化建设的模式各不相同。概括起来，主要有3种模式：一是以规模经营和农业机械化技术为主要特征的农业现代化模式，这种模式以美国最为典型，又称"美国模式"，这种模式在澳大利亚、加拿大和俄罗斯等国家和地区也采用；二是在加快推进农业现代化过程中，以农业适度规模经营、机械化技术和生物技术相结合为主要特征的农业现代化模式，这种模式以日本最为典型，又称"日本模式"，类似这种模式的还有我国的台湾地区；三是在加快推进农业现代化的过程中，注重农业生产技术和生产手段相结合，注重"物力投资"和"智力投资"相结合，以农业机械化技术和生物技术为特征的农业现代化模式，类似这种模式以西欧的法国、英国和意大利等国最为典型，又称"西欧模式"。以上发达国家和地区走向农业现代化的不同模式，为我国探索和加快推进具有中国特色的农业现代化道路提供了许多有益的借鉴和重要启示。

自从鸦片战争以后，我国就开始探索打开现代化建设的闸门。1949年，中华人民共和国成立以后，我国政府一直致力于探索加快改造传统农业的措施与途径，特别是1978年党的十一届三中全会以后，我国掀起了农村改革的浪潮，我国政府特别注重遵循农业农村经济发展规律，注重总结全国各地农村改革和发展现代农业的成功做法和经验，注重尊重广大农民大胆探索的改革与创新精神，在我国广大农村地区全面推行家庭联产承包责任制，大力发展乡镇企业，加快推进小城镇建设，大胆探索发展现代农业和走城乡一体化道路，全面建设小康社会，我国农业现代化建设取得了举世瞩目的伟大成就。

20世纪90年代，我国现代农业的发展进入了一个新的发展阶段，全国各地积极探索，大胆实践，掀起一股建设现代农业示范区、农业科技园区和农业高新技术产业开发区的热潮。党的十五届三中全会决定指出："东部地区和大中城市郊区要提高农村经济的发展水平，有条件的地方要率先基本实现农业现代化。"为了适应我国农业和农村经济发展的新形势、新任务、新目标、新要求，2000年，中央农村工作会议决定建设一批国家农业科技园区。由科技部牵头，会同农业部、水利部、国家林业局、中国科学院及中国农业银行于2001年正式批准和启动国家农业科技园区试点建设工作。2001—2015年，先后6批共批准建设国家农业科技园164家，覆盖了全国31个省、自治区、直辖市、生产建设兵团和计划单列市，形成了重点依靠科技进步与创新，推动现代农业发展的各具特色的国家农业科技园区。实践证明,党中央、国务院作出建设国家农业科技园区的重大决策是正确的,是我国新时期解决"三农"问题、实现农村小康的重大战略举措,是调整优化农业产业结构、推动农业生产方式转变和增加农民收入的重要途径,是发展现代农业、建设社会主义新农村和实施乡村振兴战略的必然选择。特别是国家农业科技园区的建设,为农业增效、农民增收和农业可持续发展作出了新的重要的贡献,为推动各地现代农业发展提供了经验借鉴和示范引领。

2017年,以党的十九大为标志,我国农业现代化建设成功地迈入了农业农村现代化建设的新时代!

本前言参阅了罗荣渠著的《现代化新论——中国的现代化之路》(华东师范大学出版社,2013年3月);刘坚主编的《探索有中国特色的农业现代化道路——沿海发达地区加快实现农业现代化的理论与实践》(中国农业出版社,2001年3月);蒋和平、章岭著的《建设中国现代农业的思路与实践》(中国农业出版社,2009年1月);陆学艺主编的《中国农村现代化基本问题》(中共中央党校出版社,2004年5月);蒋和平、章岭、尤飞等著的《中国特色农业现代化建设研究》(经济科学出版社,2011年7月);崔建、黄日东主编的《广东现代农业建设研究》(中国农业出版社,2009年2月);罗必良著的《现代农业发展理论》(中国农业出版社,2009年3月);信军编著的《农业规划理论与实践》(中国农业科学技术出版社,2018年1月)以及杜为公等著的《西方农业经济学理论与方法的新进展》(中国人民大学出版社,2016年6月)等著作的研究成果,文中部分也吸收了上述作者的研究成果,包括理论思维、判断推理与实证分析结果,在此,对以上作者的辛勤劳动与付出,表示最由衷的感谢与崇高的敬意!

中组部"西部之光"访问学者
国家糖料产业技术体系专家

2021年5月于广西
百色国家农业科技园区

# PREFACE

From the perspective of history, modernization refers to the historical process of transformation of human society from a traditional agricultural society to a modern industrial society.

The research, exploration and practice of the theory of agricultural modernization have always been a major topic for social science and the Party and government in China. I have long been engaged in the work of the Agriculture, Rural Areas and Farmers and have been thinking about where is the way out for Agriculture, Rural areas and Farmers? In the late 1990s, I was fortunate enough to accompany a delegation for a study tour on agricultural modernization to the developed eastern coast of China such as Shanghai, Zhejiang, Jiangsu and Shandong provinces (cities) etc. And in the early 21st century, I accompanied a delegation to Chinese Taiwan, Japan, Thailand and other countries and regions for a study tour, which enabled me to informative, broaden my horizons, expand my thinking and deepen my understanding of the theoretical construction and exploration of agricultural modernization. Especially in the late 1990s, the Party and government made a major strategic decision that the eastern coastal region must take the lead in modernizing agriculture, which aroused my interest in exploring and studying agricultural modernization. Since 2005, I have been involved in the construction and practice of national agricultural sci-tech park. And I have accompanied or lead delegations to study the construction of national agricultural sci-tech parks and high-tech zones in Wuhan, Guangzhou, Hangzhou, Beijing, Qingdao, Dalian, Kunming, Shaanxi and other provinces (cities). The effectively performing, main approaches and valuable experiences of agricultural modernization at domestic and foreign have provided me with many precious materials, useful help and important inspirations for my research on agricultural modernization.

## 1. Agricultural modernization: From propose to practice

As early as the 1930s, Chinese economic and agricultural scholars began to pay attention to the issue of agricultural modernization. In the 1950s and 1960s, the Chinese government proposed the ambitious goal of "four modernizations", including the agricultural modernization. At that time, agricultural modernization was summarized by academia as "four modernizations", i.e. mechanization, electrification, adequate irrigation and extensive use of chemical fertilizer. The goals of agricultural modernization are transformation of traditional agricultural production conditions and means of production. In the late 1970s, China began to learn from the advanced experience of foreign countries in developing modern agriculture, especially focusing on accelerating the regionalization, improving seeds and professionalize of agricultural production, and exploring the possibility of accelerating the integration of agro-business and marketing. In the 1980s, the Chinese government courage to implement the rural reform with the household responsibility system as the main content. And began to adopt the mechanisms of the competitive marketplace, allowed farmers to self-management, and diverse economic sectors coexisted and developed to jointly promote the reform of modern agriculture. After the 1990s, on the basis of the household responsibility system, the main goal of China's modern agriculture are the development of high-yield, high-quality and high-efficiency agriculture. After entering the 21th century, with the adjustment and optimization of China's agricultural industrial structure, especially the industrialization of agriculture, which has strongly promoted the professionalize, standardization, enterprise management and socialization of agricultural production and services, the development of modern agriculture has entered a new historical stage. In 2006, No. 1 Central Document, "Several Opinions on Promoting the Construction of New Socialist Countryside", pointed out that modern agriculture construction should be the support of building new socialist countryside. In 2007, No. 1 Central Document "Several Opinions of CPC Central Committee and the State Council on the productive developing Modern Agriculture and Steadily Promoting the Construction of a New Socialist Countryside" pointed out that the primary task of building new socialist countryside is developing modern agriculture. The report of the 17th national congress of CPC mentioned following the path of agricultural modernization with Chinese characteristics for the first time. And clarified that the modernizing agriculture must be a long-term task throughout the whole process of new rural construction and modernization.

In November 2012, the report of the18th national congress of CPC made a new plan to accelerate the modernization of China's agricultural. The report clarified that solving the problems of Agriculture, Rural Areas and Farmers is the top priority of the CPC, and the urban-rural development integration is the basic way to solve the problems, and that's why we should accelerate the integration of urban-rural development.

In October 2017, under the complicated domestic and international situation, the 19th national congress of CPC was held triumphantly in Beijing. The 19th national congress of CPC made a decision to implement the rural revitalization strategy and accelerate the modernization of agriculture and rural areas. The report highlight the issue of agriculture, rural areas and farmers are fundamental issues related to the national economy and people's well being; we must always take the issues as the top priority. We should giving priority to the development of agriculture and rural areas; accelerate the modernization of agriculture and rural areas.

The report of the 19th national congress of CPC solemnly declared that after a long period of effort, Chinese socialism has entered a new era; our country now finds itself at a new development stage. Securing a decisive victory in building a moderately prosperous society in all respects and embarks on a new journey to build China into a modern socialist country in all respects. Marked by the opening of the 19th CPC national Congress, China's agricultural modernization has entered a new era - agricultural and rural modernization!

## 2. Further deepen the understanding of agricultural modernization

Agricultural modernization is a long historical process. The theory of agricultural modernization is an application theory. So far, there is no uniform definition of agricultural modernization in academic community.

The theories of agriculture modernization include: Classical agricultural modernization theory, twice agricultural modernization theory and broader agricultural modernization theory. Since the first two theories do not have a systematic theoretical formulation, at present, academics focus on the broader agricultural modernization theory.

The understanding of agricultural modernization in China has gone through a process from deeper to deeper. Especially since the 1950s, the theoretical research on agricultural modernization has been variously expressed in the academic community. From the 1950s to 1960s, the academia awareness and understood agricultural modernization mainly from the perspective of agricultural production technique and reform in agricultural production patterns, and summarized agricultural modernization as mechanization, electrification, adequate irrigation and extensive use of chemical fertilizer. The main goal of modern agricultural construction is improving agricultural production patterns and agricultural production conditions.

From the 1970s to the 1980s, especially after the Third Plenary Session of the Eleventh CPC Central Committee, China accelerated advance reform and opening-up, implemented household contract responsibility system in the countryside, establish new system of socialist market economy. In the background of abundant agricultural harvest and continuous high speed growth of rural economy, academics began to focus on modern science and technology in agriculture. They began to attach importance to the management of modern agriculture, accelerating the scientization, intensification, socialization, commercialization and sustainable development of agricultural ecology, people began to understand and appreciate modern agriculture from its essence. For example, in 1984, the edit group of Chinese Agricultural Economics believed that agricultural modernization is based on modern science, equipping agriculture with science and technology and modern industry, manage agriculture with economic and management science, turn traditional agriculture into modern agriculture of contemporary world level, i.e., scientization, mechanization, socialization, multifunction. During this time, the idea of agricultural modernization was further developed, and the theoretical research of agricultural modernization began to break through the category of agricultural modernization equated with "oil agriculture", and the thinking of agricultural development began to break out of the traditional thinking agriculture.

In the 1990s, with the establishment and improvement of the socialist market economy system and the further optimization of agricultural structure adjustment, especially after China's accession to WTO, the international competitiveness of agricultural products is increasing, the agricultural labor cost is rising, and the agricultural workforce is gradually transferred to secondary and tertiary industries, the academic community pays more attention to the regionalization, industrialization, commercialization, corporatization, socialization and Ecological issues. From 1993 to 1995, the President of CAAS Lu Liangshu organized experts from all over China to carry out a research on the theory, path and model of China's agricultural modernization. Based on the analysis and summary the principal approaches and advanced experiences of developing modern agriculture at domestic and foreign, articulate the path, model, index, system and countermeasures for the construction and development of China's agricultural modernization. During this period, China's academic community focused on the perspectives of basic elements of modern agricultural development, agricultural production and management methods and agricultural organization system to understand the issue of agricultural modernization.

In the 21st century, China's agriculture has stepped into a new era. With the promotion of China's new socialist rural construction, the development of modern agriculture has become the primary task of the new socialist rural construction, especially after China implementation of the rural vitalization strategies, the idea of accelerating the modernization of agriculture has been further emphasized and strengthened, and the academics study the agricultural modernization from the perspective of developing modern agriculture and rural vitalization.

According to Lu Liangzhu (2004), the core of modern agriculture is scientization, the characteristics are commercialization, the direction is intensification, and the goal is industrialization. According to Ke Bingsheng (2007), the development of modern agriculture is an important way to achieve agricultural modernization, and the indicators of modern agriculture are the resource output rate, labor productivity, resource utilization rate, product quality and safety. According to Jiang Heping (2007), modern agriculture refers to a modern industry with a high level of agricultural production capacity and strong competitiveness in the national economy, which is a scientization, intensification, Mercerization and ecologicalization agriculture that constantly introduces new production factors, advanced experience and management methods, operates with modern technology, modern industrial products, modern organization system and is an agriculture that protects Ecological balance and sustainable development of agriculture.

In 2007, the No. 1 Central Document summarized the development of modern agriculture as "to equip agriculture with modern physical conditions, reform agriculture with modern science and technology, upgrade agriculture with modern industrial system, promote agriculture with modern business operation forms, guide agriculture with advanced concepts of development, and training new farmers to develop agriculture." In October 2007, the reports of the 17th CPC national Congress emphasized that we should

11

insist on developing modern agriculture as the primary task of building a new socialist rural and build agricultural modernization with Chinese characteristics.

In November 2012, the report of the 18th CPC national congress deepened the understanding of China's agricultural modernization. The report stressed that the urban-rural integration development is the fundamental way to solve the agriculture, rural areas and farmers' problem; we should accelerate the urban-rural integration development. In particular, we should improve the mechanism of urban-rural integration development, focus on urban-rural planning, infrastructure and public services, and ensure equal exchange of factors of production between urban and rural areas and balance allocation of public resources between them. What we aim to achieve is a new type of relations between industry and agriculture and between urban and rural areas in which industry promotes agriculture, urban areas support rural development, agriculture and industry benefit each other, and there is integrated urban and rural development. The construction of China's agricultural modernization has entered a new historical period.

In October 2017, the report of the 19th CPC national Congress, made a major decision to implement the rural vitalization strategy and coordinated development between regions, and for the first time, the report proposed to accelerate the modernization of agriculture and rural areas. In particular, the report stresses the need to accelerate the construction of modern agricultural industry system, production system and operation system, improve the agricultural support and protection system, and promote the integrated development of primary, secondary, and tertiary industries in rural areas. The report also focuses on coordinating the modernization of agriculture and rural areas in less developed regions. In particular, the report stresses that more efforts should be made to support the old revolutionary areas, ethnic areas, border areas and poor areas to accelerate their development, and to build a new urban pattern with urban clusters as the main body for the coordinated development of large, medium and small cities and towns. The report also stressed the need to adhere to green development, and focus on improving the ecological environment. Accelerate the reform of ecological civilization system and build a beautiful China. CPC Central Committee and the State Council issued the Strategic Plan for Rural Revitalization (2018-2020), which clearly points out that the implementation of the rural revitalization strategy is an important foundation for building a modern economic system. The Plan puts forward the task of implementing the rural revitalization strategy and accelerating the construction of agricultural modernization, which is the underpinned to solve the agriculture, rural areas and farmers' problem in the new era and opens a new journey of building a strong socialist modern country in the new era. Since then, China's agricultural modernization has opened a new chapter and truly stepped into a brand new era!

## 3. Exploration and practice of agricultural modernization

Agriculture is the basic industry of human beings and the national economy. The modernization of agriculture is a systemic project and a dynamic and constantly evolving historical process, and the modernization of national economy cannot be separated from the modernization of agriculture.

From the history of developing modern agriculture around the world, developed countries have explored different models to accelerate the construction of agricultural modernization, but in summary, there are mainly three models: First, the agricultural modernization model with scale operation and agricultural mechanization technology as the main features, this model is the most typical model in the United States, also known as the "American model". This model is most typical in the United States and other countries and regions such as Australia, Canada and Russia, also known as the "American model"; Second, in the process of accelerating the modernization of agriculture, the agricultural modernization model with the combination of moderate scale operation, mechanization technology and biotechnology as the main features, this model is the most typical model in Japan, also known as the "Japanese model", similar to this model in Chinese Taiwan, etc; Third, in the process of speeding up the modernization of agriculture, it focuses on the combination of agricultural production technology and production means, the combination of "physical investment" and "intellectual investment", and the agricultural mechanization technology and biotechnology as the characteristics. This model is the most typical model in France, Britain and Italy, etc. Also known as the "Western European model". The above-mentioned different models of developed countries and regions towards agricultural modernization provide many useful examples and important inspirations for China to explore and speed up the road of agricultural modernization with Chinese characteristics.

Since the Opium War, China has been exploring the way to open the gate of modernization. In 1949, after the founding of People's Republic of China, our government has been committed to exploring ways to accelerate the reform of traditional agriculture, especially after the Third Plenary Session of the Eleventh Party Central Committee in 1978, the wave of revolution swept China's rural. Our government following the laws of agricultural and rural economic development, learning from the successful experiences of rural reform and modern agriculture development, respecting the reform and innovation spirit of farmers'bold exploration, fully implementing the household responsibility system, vigorously developing township enterprises, speeding up the construction of small towns, boldly exploring the ways to develop modern agriculture and urban-rural integration, and comprehensively building a well-off society, the modernization of agriculture in China has made a world-renowned great achievements.

In the 1990s, the development of modern agriculture in China entered a new stage, with active exploration and bold practice throughout the country, and a bunch of modern agricultural demonstration zones, agricultural science and technology parks and agricultural high-tech industrial development zones began to take off. The decision of the Third Plenary Session of the 15th CPC Central Committee pointed out that "the eastern regions and the suburbs of large and medium-sized cities should raise the level of development of the rural economy and take the lead in the agricultural modernization in places with conditions." In order to adapt to the new situation, new tasks, new goals and new requirements of China's agricultural and rural economic development, in 2000, the Central Rural Work Conference decided to build a number of national agricultural science and technology parks. Led by the State Ministry of Science and Technology, together with the Ministry of Agriculture, the Ministry of Water Resources, the State Forestry Administration, the Chinese Academy of Sciences and the Agricultural Bank of China, six departments jointly approved and launched the construction of national agricultural science and technology parks in 2001. From 2001 to 2015, a total of 164 national agricultural science and technology parks have been approved, covering 31 provinces, forming national agricultural science and technology parks with distinctive features that rely on scientific and technological progress and innovation to promote the development of modern agriculture. The decision of the CPC Central Committee and the State Council to build national agricultural science and technology parks has proved to be correct, and is a major strategic pattern to solve the agriculture, rural areas, and farmers' problems and achieve rural prosperity in the new period of China. It is an important way to adjust and optimize the agricultural industrial structure, promote the transformation of agricultural production methods and increase farmers' income, and is an inevitable choice for developing modern agriculture, building a new socialist countryside and implementing the rural revitalization strategy. In particular, the construction of national agricultural science and technology parks has made a new and important contribution to agricultural efficiency, farmers' income and sustainable agricultural development, and provided experience and demonstration to promote the development of modern agriculture around the world.

In 2017, marked by the 19th CPC national congress, China's agricultural modernization construction has successfully stepped into a new era of agricultural and rural modernization construction!

# 目　录

## 第三部分　特色农业与现代农业产业

## 第四部分　现代农业实践与经验

## 第五部分　园区建设的探索与实践

## 第六部分　现代农业交流与合作

# 第 一 部 分

## "三农"工作与现代农业

# 新时代实施乡村振兴战略的路径选择

## 贺贵柏

党的十九大报告明确提出,坚持农业农村优先发展,实施乡村振兴战略。实施乡村振兴战略,是党中央从新时代全面建成小康社会和建设社会主义现代化国家作出的重大战略部署,是建设现代化经济体系的重要组成部分,是党对坚持城乡统筹发展基本思想的丰富和发展,是加快推进农业农村现代化的行动纲领,是巩固党在农村执政基础和实现中华民族伟大复兴的必然要求。近日召开的中央农业农村工作会议再次强调指出,实现乡村振兴的目标就是要实现产业兴旺、生态宜居、乡风文明、治理有效、生活富裕。

新时代如何实施乡村振兴战略,这是各级领导和社会各界共同关注的重大问题。笔者认为,当前和今后一个时期,实施乡村振兴战略,在路径选择上,要注重抓好以下几项工作。

## 一、必须扎实推进农业供给侧结构性改革

最近召开的中央经济工作会议指出,按照高质量发展的要求,坚持以供给侧结构性改革为主线,推动质量变革、效率变革、动力变革,推动经济社会发展再上新台阶。推进供给侧结构性改革是党中央根据世界经济形势和我国经济发展新常态作出的重大战略决策。农业供给侧结构性改革是整个供给侧结构性改革的重要内容。实施乡村振兴战略,必须扎实推进农业供给侧结构性改革,追求高质量发展目标。当前,我国农业发展已进入加快转型升级的历史阶段。新阶段的主要矛盾由总量不足转变为结构性矛盾,矛盾的主要方面在供给侧。当前和今后一个时期,农业农村工作必须顺应新形势、新特点、新要求,以推进农业供给侧结构性改革为主线,在确保国家粮食安全的基础上,重点围绕农业增效、农民增收、农村增绿,深化农村改革。要以体制改革和机制创新为根本途径,进一步优化农业产业体系、生产体系、经营体系,大力发展现代农业,加快推进一二三产业融合发展。要正确处理好政府与市场的关系,积极防范改革风险,特别是要坚守确保粮食生产能力不降低、农民增收势头不逆转和农村稳定不出问题。

## 二、必须加快推进农业现代化进程

大力发展现代农业，加快推进农业现代化进程是实现乡村振兴的必由之路。农业最主要的功能就是保生态、保供给、保收入。发展现代农业，首先，要创新发展理念，加快推进农业绿色发展。要牢固树立农业绿色发展的全新理念，要把绿色发展贯穿于农业发展的全过程。特别是要正确处理好农业绿色发展与生态环境保护、粮食安全和农民增收的关系，从根本上着力解决农业绿色发展面临的突出问题。其次，要加快推进农业方式转变。发展现代农业，必须由过去注重数量向注重质量与效益转变，由过去注重粗放常规发展向绿色可持续发展转变，由过去农业发展主要依赖政府主导向主要依靠市场驱动转变，由过去注重依靠政策和投入向更加注重创新驱动转变，由过去注重以第一产业为主向一二三产业融合发展转变。再次，要加快改革创新，特别是加快推进农业经营体制机制创新，加快形成以农户家庭经营为基础，以新型农业经营为主体和社会化服务为支撑的现代农业经营体系。通过发展现代农业，为乡村振兴提供物质基础与有效供给。

## 三、必须充分发挥新型农业经营主体的示范引领作用

2017年6月，中共中央办公厅、国务院办公厅印发《关于加快构建政策体系培育新型农业经营主体的意见》（以下简称《意见》）。《意见》强调指出，在坚持家庭承包经营基础上，培育从事农业生产和服务的新型农业经营主体是关系我国农业农村现代化的重大战略。实施乡村振兴战略，必须加快推进农业经营体制机制创新，特别是要充分发挥新型农业经营主体的示范引领作用。首先，要注重建立健全支持新型农业经营主体发展的政策体系。建立健全政策体系，应重点包括财政税收支持政策、农村基础设施建设与支持政策、绿色金融信贷服务政策、农业保险支持政策、农村人才培养引进政策以及农业产业可持续发展支持政策等。通过建立健全政策体系，为新型农业经营主体的健康成长与发展提供宽松的政策环境。其次，要注重发挥政策对新型农业经营主体的引领作用。特别是要通过创新的政策措施，引导新型农业经营主体通过多路径提升规模经营水平。通过各种模式完善利益分享机制，通过多种形式提高发展质量，通过多元整合加快发展。再次，要注重发挥新型农业经营主体在实施乡村振兴发展战略中的示范引领作用。当前和今后一个时期，加快推进农业农村现代化，新型农业经营主体是"领头雁"，要发挥示范引领作用。各级党委、政府特别是县（乡）党委、政府要加强领导，科学引导，要鼓励和支持农业企业、农业专业合作社、家庭农场、农业农村专业大户、农业产业化联合体等新型农业经营主体，带头发展现代农业，带头参与农村基础设施建设，带头发展农产品加工业、带头从事农产品流通服务、带头发展乡村休闲旅游等，不

断提高农业经营集约化、专业化、组织化、社会化水平，加快推进农村一二三产业融合发展。

## 四、必须加快推进特色小镇建设

推进特色小镇建设是实施乡村振兴战略的重要内容。加快推进特色小镇建设，要注重抓好以下3项工作。首先，要积极探索发展特色农业产业。特别是要注重以市场为导向，充分发挥资源优势，大力发展"一村一品""一乡一业"式的特色农业产业，积极培育一批特色专业村、专业镇，重点发展一批宜居宜业特色村、特色镇，形成特色产业与小城镇建设的有机融合。其次，要注重抓好特色小镇建设示范。特别是注重结合深入实施农业产业融合发展试点示范工程，有计划有重点地选择一批特色村、特色镇进行试点建设。要重点支持这些特色村镇产业发展、基础设施、环境整治与公共配套服务等各项建设。再次，要注重创新发展模式。要注重围绕乡村建设，重点支持农民专业合作社、农业企业、家庭农场等新型农业经营主体，积极探索发展集生态农业、循环农业、创意农业、农事体验与乡村休闲农业于一体的田园综合体建设，让广大农民充分参与受益，充分发挥新型农业经营主体的示范引领作用，加快推进特色小镇建设。

## 五、必须切实加强农村基层组织建设

要加强对实施乡村振兴战略工作的领导，必须切实加强农村基层组织建设。首先，要切实加强乡（镇）、村党组织队伍的建设。要配足配强乡（镇）、村党组织班子成员，特别是注重选配那些思想政治素质好、工作能力强、有实干和创新精神、敢于担当、全心全意勤政为民办实事的好干部、好党员，担任乡（镇）党委书记、村党支部书记，以确保党在农村的各项强农惠农政策得到贯彻落实。其次，要切实加强乡（镇）、村干部队伍建设。要注重从大中专毕业生中招录那些整体素质好和有一定专业知识的优秀知识分子，选配到乡（镇）工作，有的可以直接选配到村一级任职或挂职锻炼，不断充实和加强乡村干部队伍建设。再次，要重视和加强乡（镇）农业科技队伍和文化队伍建设。要注重充实和加强农技推广部门和文化站建设。要加快推进农业科技进步与创新，要大力宣传和弘扬社会主义核心价值观，在继承优良传统文化的同时，融合与弘扬创新文化，正确处理好个人、集体与国家的利益关系，共建美好家园，共促乡村振兴。

## 六、必须坚定不移深化农村改革

加快乡村振兴，必须深化农村改革。只有坚定不移深化农村改革，才能不断释放出农村改革的活力，才能更好地激发广大农民发展现代农业和建设社会主义新农村的热情。首先，要进一步深化农村土地改革。党的十九大报告强调指出，保持土地承包关系稳定并长期不变，第二轮土地承包到期后再延长30年。这一重大决策彰显了中央坚定维护农民土地权益的决心。要加快执行土地所有权、承包权、经营权"三权"分置，积极探索"三权分置"的多种实现形式，千方百计让农户的经营权稳下来，让经营权活起来。其次，要进一步深化农村集体产权制度改革。要进一步贯彻落实中央《关于稳定推进农村集体产权制度改革的意见》，切实抓好农村集体资产核资工作，努力盘活农村集体资产，积极探索多途径发展壮大集体经济。再次，要进一步完善农业支持保护制度。要坚持最严格的耕地保护制度，要坚持最严格的水资源管理制度，要积极探索建立粮食生产功能区和重要农产品保护区。在政策支持上，要更加注重支持农业基础设施建设、农业产业结构调整优化、农业技术进步与创新、农产品贸易以及农村金融保险等，加快推进农业农村经济发展。

**本文成稿** 2018年1月8日

# 转变政府职能 促进"三农"工作
## ——贫困地区抓好"三农"工作要注意的几个问题

贺贵柏

党的十六大报告指出："建设现代农业，发展农村经济，增加农民收入，是全面建设小康社会的重大任务。"这就为新阶段做好"三农"工作指明了前进的方向。在农业和农村经济发展的新阶段，如何进一步转变政府职能，用创新的思维方式、创新的工作思路、创新的管理方式、创新的运行机制、创新的职能效率，努力开创"三农"工作的新局面，是摆在各级政府面前的一项重大而又紧迫的任务。当前和今后一个时期，要加快贫困地区农业农村经济的发展，各级政府尤其是县（市）、乡（镇）人民政府，要进一步转变职能，按照世贸组织规则和市场规律的要求，正确引导农业和农村经济的发展。

## 一、必须进一步提高对新阶段做好"三农"工作极端重要性的认识

要提高对新阶段"三农"问题尤其是发展农业和农村经济极端重要性的认识，在思想上应明确5个方面的认识。

一是大力发展农业和农村经济是加快全面建设小康社会的战略任务。

二是大力发展农业和农村经济是推进农业现代化的重大任务。

三是大力发展农业和农村经济是增加农民收入和扩大内需的重要推动力。

四是大力发展农业和农村经济是提高农民生活水平，促进农村稳定的根本保证。

五是大力发展农业和农村经济是促进经济社会发展的现实选择和必然要求。

## 二、必须明确新阶段"三农"工作面临的形势和任务

目前，贫困地区农业和农村经济的发展进入了一个新的阶段，"三农"工作面临着新的形势和任务。"三农"问题中的农业问题，主要是如何提高农产品的市场竞争力；农民的问题，主要是实现收入增加和充分就业；农村的问题，主要是城镇化和现代

化问题。新阶段农业发展将呈现农业现代化、农业市场化、农业企业化、城镇化、国际化五大趋势。

## 三、必须明确新阶段农业和农村经济工作的主要目标

新阶段农业和农村经济工作有以下4个基本目标。

一是发展"优质、高产、高效、生态、安全"农业。

二是农业增效、农民增收和农产品国际竞争力增强。

三是推进优势农产品区域布局。

四是加快建设农业七大体系，即加快种养业良种繁育体系，加快建设农业科技创新与应用体系，加快建设动植物保护体系，加快建设农产品质量安全体系，加快建设农产品市场信息体系，加快建设农业生态保护与建设体系，加快建设农业和社会化服务体系。加快农业七大体系建设，是农业部杜青林部长在2003年5月23日召开的农业部网络视频会议上首次提出来的。

## 四、必须进一步创新做好"三农"工作的新理念

贫困地区农业和农村经济发展进入新阶段以后，确实出现了很多我们过去不熟悉的新现象、新矛盾、新问题。按照过去的思路和做法，实际上有很多矛盾是化解不了的。在新阶段，要解决农村出现的新问题，必须在观念、体制、运行机制上有一系列的改革，尤其是在为"三农"服务的观念上，各级政府尤其是县（市）、乡（镇）人民政府要在观念上尽快实现"4个转变"。一是要从过去更多的关注农产品的供给转向更多地关注农民收入上来；二是要从过去更多地关注农产品的产量转向更多地关注农产品竞争力的提高和农业整体效益的提高上来；三是要从过去更多地把农业作为一个产业来管理转向更多地关注农业和自然的关系，农业的可持续发展和生态环境的保护；四是从过去那种比较多地关注农村经济的发展转向更多地关注农村社会的全面进步上来。要创新政府为"三农"服务的新理念。只有真正做到"4个转变"，才能进一步解放和发展农村生产力。抓好新阶段的农业和农村工作，贫困地区各级政府关键要按照统筹城乡社会、发展现代农业的总体要求，切实做到"3个放活"，即放活农民、放活农业、放活农村。

## 五、必须明确做好新阶段"三农"工作的对策和措施

### （一）进一步加大政府职能转变的力度

在社会主义市场经济条件下，政府调控和管理经济的两大基本职能：一是提供公

平的竞争环境；二是提供公共服务。当前和今后一个时期，贫困地区各级政府尤其是县（市）、乡（镇）人民政府要加快职能转变，尽快实现由过去的对农业经营主体进行直接管理向间接管理、微观管理向宏观管理的根本性转变上来。这里所讲的宏观管理和间接管理，是指把农业作为一个复合型的产业来做好引导和各项服务工作。要把政府的职能主要体现在做好规划、制定政策、加强引导和各项服务上来，尤其是为"三农"提供服务，各级政府特别是县（市）、乡（镇）人民政府要真正成为服务"三农"的"桥梁"与载体。做好服务，重点是提供如下6个方面的服务，即提供规划服务，提供政策法规服务，提供示范服务，提供培训服务，提供技术与信息服务，提供农业产业化经营服务。

## （二）加大农业产业结构调整优化的力度，千方百计做强做大特色产业和优势产业

当前和今后一个时期，贫困地区农业产业结构的战略性调整要注意3个问题：一是明确农业产业结构调整的指导思想。要紧紧围绕"农业结构调优、农产品质量调好、农业竞争力调强、农民收入调高"来进行。要注意尊重农民的首创精神，由过去的以计划为主导向以市场为导向、农民为主体转变，市场需要什么就发展什么。二是注意优化农业区域布局，突出特色，规模发展。贫困地区大多是山区，要注意充分发挥农业资源的比较优势，因地制宜，分类指导，做好规划，宜农则农，宜林则林，宜果则果，宜牧则牧，宜渔则渔，以推进优势农产品区域布局为重点，大力发展特色产业。在农业开发的规模上，要由过去那种多样化、小而全的经营模式向一乡一品、一镇一品、一县几品式的农业规模经营模式转变。如广西壮族自治区（以下简称"广西"）百色市平果县，近几年来，积极探索发展规模特色高效农业的新路子。该县共有17个乡（镇），南部的四塘、坡造、城关、马头、新安、果化等乡（镇），地处右江河谷，土壤比较肥沃，光温资源丰富，主要发展优质葡萄、杨桃、台湾大青枣和红江橙等亚热带水果，重点建设万亩（1亩≈667m$^2$，15亩=1hm$^2$，全书同）优质葡萄生产基地、万亩优质杨桃生产基地、万亩优质大青枣生产基地、万亩优质红江橙生产基地。中部的旧城镇和那沙乡，主要发展种桑养蚕，建设万亩桑蚕生产基地。北部的榜圩、凤梧、堆圩等乡（镇），主要发展香蕉生产，建设万亩优质香蕉生产基地。西北部的海城乡、黎明乡和同老乡，主要发展优质板栗和八角生产，重点建设10万亩优质经济林生产基地；东南部的四塘、金沙等土坡地区的乡（镇），主要发展优质龙眼，重点建设6万亩优质龙眼生产基地。三是注意做好生态环境的保护与建设。平果县加大退耕还林力度，大力推广沼气综合利用技术，目前，全县沼气入户率已达60%以上，争取创建国家级文明生态县。由于抓好退耕还林和农村沼气池的建设，农业生态环境有所改善，为全县农业产业结构的调整奠定了较好的生态基础。

### （三）进一步加大对农业的支持和保护力度

新阶段的农业发展面临入世的严峻考验，加快新阶段农业和农村经济的发展，必须用好世贸农业协议的有关政策，充分利用世贸农业规则，加大对农业的支持与保护。当前和今后一个时期，贫困地区要进一步加大对农业资金的投入。县（市）人民政府要把增加对农业的资金投入列入本级财政预算，并确保支农资金的足额到位。财政用于农业资金的投入，应主要用于改善农业基础设施、引进新品种、新技术和推广重大农业新技术项目的投入。近几年来，平果县人民政府高度重视发展特色高效农业，先后制定了《关于发展高效农业若干问题的决定》等农业支持性文件，县财政先后投入300多万元用于发展特色高效农业。贫困地区要积极探索构建以政府启动性投入为基础，农民和企业投入为主体、外商投入相结合的多元化新型农业投资机制，以不断增强农业发展的后劲。

### （四）进一步加大依靠科技创新发展农业的力度

农产品市场的竞争，归根到底是科学技术的竞争，是农民科技文化素质的竞争。农业科技创新是新阶段农业发展的根本动力。当前和今后一个时期，贫困地区依靠科技进步发展农业，重点要抓好两个方面的工作。

1. 抓好农民的素质培训

县、乡（镇）人民政府和有关部门，必须适应新阶段农业和农村经济发展的特点和要求，突出培训重点，创新培训形式，千方百计为广大农民提供优质的培训服务。突出培训重点，首先要突出抓好转变农村劳动者思想观念的培训；其次要突出抓好农村劳动者就业和转业的专业技能培训；再次是突出抓好农业和农村政策、法律法规知识的培训。要不断创新培训的形式，积极探索多渠道、多形式、分层次开展农村劳动力素质培训的新路子。在培训的形式上，要努力实现"3个转变"：一是由过去重集中培训向分散培训（实地培训）转变；二是由过去重短期培训向系统培训转变；三是由过去重自办培训向委托培训转变。要针对不同的培训对象和培训内容，运用不同的培训形式，通过培训，全面提高广大农民尤其是农村劳动力的综合素质，为加快农业科技进步和全面建设农村小康社会奠定"乡土人才"的基础。

2. 抓好重大农业技术项目的推广

现代农业的发展必须以科技进步为支撑。科技进步是促进农业和农村经济发展的"金钥匙"。2000年国家《农业科技发展纲要》指出："推进新的农业科技革命，实现技术跨越，推进农业由主要追求数量向注重质量效益的根本转变，加速实现农业现代化。"建设现代化农业，必须依靠科技进步。现在，贫困地区在农业技术应用上存在两个比较突出的问题：一是过分重视增产技术，轻视农产品优质化技术；二是重视农业产中技术，轻视产前技术，忽视产后技术。特别是产后技术，如农产品的保鲜、包装、分级、营销、品牌管理技术等。贫困地区各级政府尤其是农业、科技部门，要按照现代农业尤其是农业产业化经营的要求，紧密围绕产前、产中、产后各环节提供系列化技术服务。当前和今后一个时期，贫困地区各级政府要重点向广大农民提供如下7项重大农业技术，即农作物新品种引进与繁育技术，无公害农产品标准化生产技术，绿色食品标准化生产技术，有机食品标准化生产技术，农产品保鲜、包装、储藏加工技术，农业信息网络技术，农业生态环境保护技术。通过向广大农民提供各项增产增效的农业适用技术和高新技术，千方百计提高科技对农业的贡献率。

### （五）加大农业经营体制创新的力度

实践证明，改革是推动"三农"工作发展的根本动力。农业产业化经营是一种新型的农业经营体制，是解决新阶段农业遇到的深层矛盾的现实选择，是实现农业现代化的必由之路。当前和今后一个时期，贫困地区要加快传统农业向现代农业的转变，必须从实际出发，充分发挥优势，积极探索适合本地农业和农村经济发展特点的农业产业化经营模式。要重点探索如下6种农业产业化经营模式：一是龙头企业带动型，即公司+基地+农户；二是协会带动型，即协会+基地+农户；三是能人带动型，即农村能人+基地+农户；四是科技带动型，即科技示范园+基地+农户；五是外商带动型，即外商+基地+农户；六是市场带动型，即农产品批发市场+基地+农户。贫困地区的各级政府尤其是县、乡（镇）人民政府，要认真总结农业产业化经营的成功经验，大胆实践，勇于创新，不断完善，要学会和善于利用农业产业化这种经营形式来提高农业和农村经济运行的质量和效益，不断开创贫困地区农业和农村经济工作的新局面，加快推进农村小康建设的历史进程。

### （六）加大农村剩余劳动力向非农产业转移的力度

目前，贫困地区农村剩余劳动力的转移比重还比较低。以平果县为例，2002年全县农村劳动力合计22.28万人，其中农业劳动力16.15万人，占劳动力总数的70.37%，在本县从事非农产业的劳动力6.13万人，占27.50%。全县跨省（区）劳务输出人数5.43万人，占农村劳动力总数的24.37%。从以上数据可以看出，抓好农村剩余劳动力向非农产业转移，仍然是一项长期而又艰巨的任务。当前和今后一个时期，贫困地区各级人民政府尤其是县（市）、乡（镇）人民政府，要牢固树立"跳出农业抓农业""跳出农村抓农村"、农村剩余劳动力是"资源、财富、不是包袱"的全新理念，进一步强化非农就业的责任和意识，通过重点抓好小城镇建设、发展民营经济、兴办第三产业等多种形式和途径，加快农村剩余劳动力向非农产业转移的进程，努力推进"乡村人"向"城市人"的转变。

**本文原载**　右江论坛，2004，18（1）：23-25

# 新常态下要加快转变百色农业发展方式

贺贵柏

2014年的中央经济工作会议强调指出，要坚定不移加快转变农业发展方式。要把推进农业现代化作为做好2015年和新时期"三农"工作的重要抓手，以深化农村改革为动力，加快推进农业现代化。要努力走出一条产出高效、产品安全、资源节约和环境友好的现代农业发展道路。

当前，我国经济已由高速增长步入中高速增长的新常态。新常态条件下，百色市和广西乃至全国一样，农业发展方式仍然面临着耕作管理粗放、农业资源短缺、生态环境矛盾突出和农业综合竞争力不强等问题，百色是广西典型的农业大市，转变农业发展方式的任务依然十分艰巨。

当前，百色市农业已进入高投入、高成本、高风险的发展时期。要正确认识和把握新常态条件下百色市农业发展面临的新变化、新特点、新趋势，创新理念，拓宽思路，增强信心，抢抓机遇，迎接挑战，积极探索和加快推进百色市农业发展方式实施5个转变，即努力实现农产品供给由主要依靠数量增长转到主要依靠数量质量效益并重转变；努力实现农业生产条件主要由"靠天吃饭"向提高物质技术装备水平转变；努力实现农业劳动力由传统农民向现代职业农民转变；努力实现农业的传统粗放经营向农业技术创新与集约经营转变；努力实现农业发展主要依靠资源消耗向资源节约和环境友好的可持续农业转变。要按照"稳定政策、改革创新、持续发展"的总要求，坚持农业基础地位不动摇。要紧紧围绕以转变农业发展方式为切入点，大力推进家庭经营、合作经营、集体经营和农业企业经营等农业经营方式创新，积极引导、鼓励和扶持农村专业大户、家庭农场和农业企业等新型农业经营主体，深化农村改革，加快转变百色市农业发展方式，努力提高农业经营的专业化、集约化、组织化和社会化水平，不断加快推进百色市农业现代化进程，坚定不移地推进百色市由广西典型的农业大市向现代农业强市转变的历史性跨越。

**本文原载**　右江日报，2015-1-3

# 试论桂西地区粮食安全的战略选择

贺贵柏

粮食问题事关国民经济和社会发展全局，是经济社会发展中的重大问题，任何时候都不能放松。《中共中央关于制定国民经济和社会发展第十个五年计划的建议》指出，"要高度重视保护和提高粮食生产能力，建设稳定的商品粮基地，建立符合我国国情和社会主义市场经济要求的粮食安全体系，确保粮食供求基本平衡"。朱镕基在《关于制定国民经济和社会发展第十个五年计划建议的说明》中强调指出，对于我们这个有十几亿人口的发展中社会主义大国来说，主要依靠自己的力量解决粮食问题，始终是头等大事，任何时候都不能掉以轻心。在市场经济条件下，如何保障粮食生产的持续稳定发展，始终是农村经济工作的重点和难点。从全国来看，广西是后发展地区，桂西地区是广西实施区域经济战略的五大区域（桂南、桂中、桂北、桂东、桂西）之一。粮食产业不仅是桂西地区的一项基础性产业，而且是一项带有战略意义的产业。据资料，2000年，全国人均有粮373.7kg，广西人均有粮323.5kg，桂西地区人均有粮不足300kg，因此，"十五"期间和今后一个时期，抓好桂西地区粮食生产，确保桂西地区粮食安全具有十分重要的战略意义。

"十五"期间和今后一个时期，桂西地区保障粮食安全的指导思想应该是：立足市场，依靠科技，增加投入，稳定面积，主攻单产，增加总产，改善品质，确保满足日益增长的社会需求。从战略选择看，桂西地区保障粮食安全，应重点抓好如下6个方面的工作。

## 一、依法保护耕地，稳定粮食面积

稳定粮田面积是实现粮食总产稳定增长的基本条件。桂西地区，人均占有良田面积少，对现有耕地要采取各种行之有效的保护措施。一是桂西地区各级政府和有关部门要在思想上牢固树立"人多地少"的观念，始终把"十分珍惜和合理利用每寸土地，切实保护耕地"的基本国策作为经济发展的前提，正确处理好发展经济与保护耕地的关系。二是严格执行《中华人民共和国土地管理法》《基本农田保护条例》，建立基本农田保护区，并进而划定基本农田保护区，把应保护的农田逐级落实到县、乡（镇）、村、组和田块，建立以生产粮食为主的永久性的基本农田保护区，通过法律手段划定保护区范围，制定具体的管理办法，强化保护责任，确保耕地面积的基本稳定，依法保护耕地。三是加强土地管理，制定长远的土地利用规划。基本农田和粮田保护区一经划定，任何单位和个人不得擅自改变、占用、荒废、闲置。今后，对非农产业占地的，要严格审批制度，确需占用基本农田和粮田的，必须依照有关法规缴纳税费，加大撂荒地还耕和废弃地复垦的力度，建立健全对弃荒耕地行为实行处罚制度，积极探索建立土地使用权合理流转机制，对保护区以外的耕地，也要严格管理，不得随意乱占滥用。四是大力发展间作套种和冬季农业，千方百计提高耕地复种指数，稳定粮食播种面积。

## 二、加强基础建设，改善生产条件

良好的生态环境是粮食高产、稳产的重要保障。桂西地区，山区面积大，旱涝灾害频繁，水利设施差，水土流失严重。"十五"期间和今后一个时期，桂西地区应加大农田基本建设，进一步改善粮食生产条件。要始终坚持"一手抓灌溉农业，一手抓旱作农业"。一是加强以治水为重点的农田水利基础设施建设，要真正做到开源与节流并重，抗旱与排洪并举，因地制宜，高标准、高质量地建设一批水源工程、节水工程、防洪工程和人、畜饮水工程。二是加强以改土为重点的农田基本建设，重点是推广坡改梯、等高种植、秸秆还田、地膜覆盖、合理轮作、深耕深翻、增施有机肥等农田建设措施。三是大力推广农田节水灌溉措施，重点推广水利渠道硬化灌溉、管道输水、喷灌和滴灌技术，发展节水型农业。四是抓好小河流域的综合治理和退耕还林还草，改善生态环境，防治水土流失。五是提高科学施肥和施用农药的水平，加强对化肥、农药和工业"三废"的治理。

## 三、多方筹措资金，增加农业投入

要增强粮食生产后劲，必须增加对口农业投入，以不断提高粮食综合生产能力。今后粮食生产能力的提高对增加投入的依赖性越来越大。在资金筹措上，必须调动和发挥各方面的积极性，努力拓宽资金渠道，积极探索走农业投入多元化的新路子。一是要按《中华人民共和国农业法》要求，各级财政要逐年增加对农业的投入。各级财政每年对农业投入的增长必须高于同级财政经常性收入增长幅度。二是金融部门和农村信用社要根据国家实施西部大开发的要求，加大资金调度力度，优化资金投向，千方百计保证农业信贷资金足额到位，并逐年增加农业信贷投入。三是选准农业开发项目，做好项目可行性论证，积极争取国家用于扶持地方农业的各项资金的投入。四是加大农业对外招商引资力度，积极争取世界银行贷款，组织实施一批重点建设项目。五是充分发挥农民作为投入主体的作用，鼓励农民通过集资、入股和落实劳动积累工等形式增加对农业的投入。六是建立以粮食发展为主的各项农业建设基金。今后增加农业投入应重点用于与农业相关的重大基础设施和各生产要素的投入，特别是用于投入区域性商品粮基地建设、农用水利基础设施建设和农业社会化服务体系建设。

## 四、依靠科技进步，主攻粮食单产

科技进步是促进农业发展的主要动因，是保证增产增收的主要措施。桂西地区要主攻粮食单产，稳步发展粮食生产，必须紧紧依靠科技进步。一是抓好优质高产抗病新品种的推广，力争3～5年更换一次品种。二是大力推广各项增产增效农业适用技术和新技术。要注意重点推广轻型栽培技术、电脑配方施肥技术、节水农业技术、生物农业技术、农田化学除草技术、农田化学调控技术、立体农业技术、农机深耕技术、吨粮田（地）高产模式栽培技术和病虫鼠害综合防治技术。在推广农业适用技术的基础上，积极探索利用高新技术促进粮食增产的新路子。三是开展重大农业科研项目攻关，集中力量培育、研究和引进那些优质、高产、抗旱、抗病、抗逆的农作物新品种及其配套的栽培技术。四是加强县（市）、乡（镇）、村农业技术推广体系的建设，鼓励农业科技人员投身农业生产第一线，充分发挥其科技转化为生产力的桥梁和中枢作用。五是通过多种形式加强对农民进行培训，不断提高农民的科技文化素质。

## 五、推行规模经营，提高生产效率

推行适度规模经营是种植业形成产业化的必由之路。"十五"期间和今后一个时期，桂西地区粮食生产经营体制主要是稳定以家庭联产承包责任制为主要形式的经营体制。但随着农村社会分工和劳动力向非农产业转移的加快，在自然条件和生产条件比较好的地方，要顺应粮食生产发展的要求，抓住有利时机，积极探索推进粮食生产适度规模经营的新路子。一是各级政府和农业部门要本着"积极引导、因地制宜、形式多样、分类指导、分步推进、逐步提高"的原则，积极推进粮食生产适度规模经营。二是建立土地使用权合理流转机制，鼓励农业生产能手进行适度规模经营。三是要千方百计通过政策引导、鼓励和支持农业生产能手发展粮食适度规模经营，在技术上和资金上给他们提供必要的扶持，为他们提供产前、产中、产后系列化服务，以促进粮食适度规模经营的发展。四是发展以粮食为主要原料的农产品加工企业，做好粮食的精深加工，千方百计提高粮食的附加值。通过推进粮食生产适度规模经营，努力提高粮食生产的专业化、基地化、集约化、商品化和产业化水平。

## 六、落实保护措施，加大领导力度

农业是弱质产业，各级政府和有关部门必须给予特殊的支持和保护。要实现桂西地区粮食总产稳定增长，任务艰巨，意义重大。桂西地区的各级领导必须充分认识到抓好粮食生产，保障粮食安全的极端重要性。各级党政一把手要在指导思想和工作布局上真正把农业工作放在经济工作的首位，把粮食生产作为国民经济的一项基础工作来抓，要经常研究粮食工作中遇到的新情况、新问题，真正从计划安排、政策措施和领导力量上确保粮食生产不可替代的基础地位，继续推行"米袋子"行政首长负责制，并把完成情况作为考核领导干部政绩的一项重要内容。各级政府和有关部门，必须从全局出发，关心和支持粮食工作，真正形成全社会对粮食问题的认识。在此基础上，认真落实中央有关加强农业做好粮食生产的各项政策措施。一是继续稳定和完善以家庭联产承包为主的责任制和统分结合的双层经营体制。二是严格按照《中华人民共和国土地管理法》和《中华人民共和国农业法》的规定，划定基本农田保护区，依法保护耕地。三是建立和完善粮食购销新体制，要进一步健全粮食批发市场，对定购任务以外的粮食，坚持放开价格，随行就市，多渠道经营。四是落实粮食生产的优惠政策，进一步完善粮食的保护机制。重点是完善粮食保护价、粮食储备和风险基金制度，减少农民的市场风险。五是建立土地合理流转制度，鼓励实行适度规模经营的政策。六是鼓励粮食加工企业做好粮食加工转化，提高粮食的附加值。七是建立粮食生产基金和技术改进制度。八是随着农村经济的发展和农民生活水平的不断提高，采取适当措施，引导和鼓励农民逐步增加对农业生产性建设的投资。九是建立健全县级农业法制机构，以实施农业法规和农村政策。十是落实减轻农民负担政策。

**本文原载** 广西农学报，2003（1）：38-40

# 发展现代农业要注意的几个问题

贺贵柏

我国是一个农业大国，农业、农村、农民问题，历来是全社会关注的重大问题，也是全面建设小康社会进程中的关键问题。在间隔了18年之后，中央又重新开始连续发布有关"三农"的一号文件。2004年一号文件在中国历史上首次强调农民增收，推出了一系列惠农政策；2005年一号文件以提高农业综合生产能力为主题，推出了一系列支农惠农政策；2006年一号文件以推进社会主义新农村建设为主题，推出了支持农业农村全面发展的综合政策。比较上述3个一号文件，可以发现，第一个的主题是农民，第二个的主题是农业，第三个的主题是农村。

2007年中央一号文件指出，"发展现代农业是社会主义新农村建设的首要任务"。可见，2007年中央一号文件是之前3个一号文件的综合与提升，从而表明发展现代农业在解决"三农"问题中的战略性地位与作用。党的十七届三中全会进一步强调指出，把建设社会主义新农村作为战略任务，把走中国特色农业现代化道路作为基本方向，把加快形成城乡经济社会发展一体化新格局作为根本要求。

农业是我国国民经济的基础，对于我们这个有着13亿人口的发展中大国，这已是被历史反复证明了的客观规律。进入21世纪以来，我国工业化、城镇化与以前所未有的深度和广度快速推进，新的历史阶段，中国将进入工业反哺农业、城市带动农村阶段，农业将以全新的地位出现在我国国民经济之中。在这样的背景下，只有加快农业现代化建设，才能加强农业的基础地位，保障农业稳步发展、农民持续增收、农村全面进步。

发展现代农业，必须按照高产、优质、高效、生态、安全的要求，着力构建有竞争力的现代化农业产业体系。发展现代农业必须积极探索走现代农业产业体系之路。什么是现代农业？如何发展现代农业？是新的历史阶段，我们必须深刻思考的重大问题。

## 一、关于对农业现代化的几点认识

现代农业是指广泛应用现代科学技术、现代工业提供的生产资料、设施装备和现代科学管理方法而进行的社会化农业。

## （一）现代农业的内涵与特征

现代农业是一个动态的、相对的概念。随着时代的前进、社会的进步、科学技术的发展，现代农业的内涵和特征将会不断丰富，完善和提高。

1. 现代农业的内涵

（1）现代农业是高效益多功能的产业。

（2）现代农业是科技支撑型农业。

（3）现代农业是生态环境友好型产业。

（4）现代农业是高投入、高保护的产业。

（5）现代农业是生产领域广阔的农业。

现代农业正在由传统的初级农产品生产向着以生物质产品生产为基础的农产品加工、医药、生物化工、能源、环保、观光休闲等领域拓展，农业这个宏大系统的结构和功能正在发生深刻变化，传统农业的领域和内涵在拓展，工农业将融为一体，其界限渐趋模糊。特别是农业领域突破了数千年来"绿色农业"一枝独秀的局面，逐步形成绿色、蓝色、白色农业三足鼎立竞相发展之势。

2. 现代农业的特征

从技术特征来看，现代农业更加关注到现代技术的新特征。

（1）科学化。

（2）集约化。

（3）标准化。

（4）市场化。

（5）社会化。

（6）生态化。

## （二）发展现代农业的机遇与挑战

1. 发展现代农业的机遇

（1）抓住"以工哺农"这个重要战略机遇期，大力发展现代农业。

（2）在加入世界贸易组织后，在经济全球化的大背景下，我国农业的对外开放程度日益提升，给我国农业提供了新的发展空间。

（3）党和政府高度重视现代农业的发展。

（4）国家对发展现代农业的政策支持力度明显加大，宏观政策环境比较好。

（5）随着农业产业结构调整不断向广度和深度发展，主要农产品在空间布局上逐渐向适宜区集中，形成了具有区域特色的主要产品和支柱产业，为现代农业的发展奠定了产业基础。

*2. 发展现代农业面临的挑战*

（1）资源短缺和环境恶化是制约现代农业发展的限制因素。

（2）农民充分就业与增加收入是一项长期性的任务。

（3）粮食安全形势不容乐观。

（4）农业产业结构优化升级面临诸多障碍。

（5）农业的发展还要面临经济全球化的冲击和考验。

## （三）现代农业的类型

（1）集约持续农业。

（2）生物农业。

（3）设施农业。

（4）健康农业。

（5）循环农业。

（6）休闲农业。

## （四）建设现代农业的重点

（1）以技术创新和推广体系建设为支撑，重点推进农业科技化。

（2）以强化物质装备条件为手段，优先推进农业机械化。

（3）以优势农产品产业带建设为突破口，率先推进农业区域化。

（4）以提高农业生产的组织化程度为着力点，全面推进农业产业化。

（5）以完善农业市场、信息体系为切入点，稳步推进农业服务社会化。

## （五）国际国内发展现代农业的经验

*1. 发达国家走向农业现代化的不同模式*

发达国家推进农业现代化主要有3种典型模式。

（1）美国模式。美国是一个地广人稀的国家，土地价格、生产设备便宜，但劳动力价格较高。因此，美国在农业现代化过程中，突出以机械技术的推广应用为主。

通过发展现代农业，到20世纪中期，美国农业发展水平已居世界前列，并形成了令人羡慕的世界农业强国，占全国总人口2%的农民不仅产出足够美国人消费的农产品，而且成为世界农产品出口强国。

美国农业的基本经营单位一直是家庭农场，全国约有200万个，平均经营面积为800hm²，最多的达8 000hm²。农场又分独有、合作、公司农场3种形式。机械化是美国现代农业的主要特征。美国在1940年基本实现机械化，20世纪60年代全面实现机械化，农业劳动生产率比19世纪提高了10倍多。平均每个农业劳动力负担耕地60多公顷，1个农业劳动力生产的粮食可养活100人。据统计，美国现有农技推广机构3 300个，农技推广人员1.7万人，农业合作社4 000多个。政府农业补贴主要针对小麦、棉花和大豆等非常重要的作物。美国已成为世界上最大的农产品出口国，2001年，美国的农产品出口额高达535亿美元。小麦出口占世界市场的45%，大豆出口占34%，玉米占21%以上。类似美国模式的国家，还有加拿大、澳大利亚、俄罗斯等国。

（2）日本模式。日本的资源特征与美国正好相反。日本是一个岛国，国土面积37.78万km²，土地约占全国的75%，耕地面积508.3万hm²（1994年），占国土面积的13.5%，其中水田占54.3%，旱地占45.7%。人均耕地面积只有0.04hm²，人地矛盾比中国尖锐得多。日本人口1.26亿人（1998年），人口密度达每平方千米336人，是世界第七个人口大国。日本第一产业就业者占全国总人口的5%（2005年）。日本在农业现代化过程中，主要突出对生物技术的研发、推广和应用，以缓解土地资源的不足，提高总产，增加农产品供给。

日本十分重视对生态环境的保护。全国森林覆盖率占国土面积的66.4%。日本海岸线长3万km，海洋资源丰富。日本的捕捞量居世界第1位。日本有健全的农业科研推广体系，全国建有国立和公立科研机构、大学、民间（企业等）三大系统组成的农业科研体系，日本的农业大学共有42所，农业职业学校434所；农技推广主要由政府的农业改良推广所和日本农业协同组合（简称农协）负责。日本政府每年拨给技术推广经费约350亿日元，占农业预算的1.2%。日本农业社会化服务体系比较健全。日本农协起源于1910年。1961年又不失时机地推动了全国农协的大规模合并，确立了农协在农村经济中的领导地位。日本农业生产过程实现了机械化。日本的水稻机耕面积和机械收割面积已达95%以上。日本城市化进入稳定时期，城市人口比例在75%以上。日本在实现农业现代化的过程中也面临许多严峻的考验，例如，"三老"农业，即"老爷爷、老奶奶、老妈妈"为主劳力所构成的。"钱从哪里来"和"人向哪里去"是解决"三农"问题的两个关键。日本的经验是"钱"靠工业反哺，"人"靠城市吸纳。类似日本模式的还有荷兰等国。

（3）西欧模式。西欧的一些国家，既不像美国那样劳动力短缺，也不像日本那样土地短缺。因此，在农业现代化过程中，突出以机械技术与生物技术并进，把农业生产技术现代化和农业生产手段现代化放在同等重要的地位，实行"物力投资"和"智力投资"同时并举，实现农业机械化、电力化、水利化、园林化，既提高了土地生产率，也提高了劳动生产率。这类国家以英国、法国、德国、意大利等为典型。

2. 国内不同地区特色农业现代化发展模式

（1）山东模式。农业产业化的概念首先由山东潍坊市于1993年提出。农业产业化就是指以国内外市场为导向，以提高经济效益为中心，对当地农业的支柱产业和主导产品实行区域化布局、专业生产、一体化经营、社会化服务、企业化管理，把产供销、贸工农、经科教紧密结合起来，形成一条龙的经营体制。山东从20世纪90年代开始实行"公司+农户"的农业产业化经营模式。山东发展农业产业化经营的模式主要有4种：一是以寿光为代表的产地批发市场带动模式；二是以诸城为代表的加工龙头企业带动模式；三是以莱阳为代表的农业专业合作经济组织带动模式；四是以德州为代表的专业大户带动模式。

山东发展农业产业化经营的成效主要体现在如下4个方面：一是有效地解决了小农户和大市场的矛盾，充分利用国内、国际两个市场；二是有效地推动了科技进步，提高了自主创新能力；三是产业化经营顺利进行，农户收入显著提高。2004年，农业产业化给山东农户带来的收入增长平均达到797元，占当年山东农民人均纯收入3 507元的22%。山东在改革开放之初，农民收入在全国排名靠后，1978年全国农民人均纯收入133元，山东当年只有101元，比全国的水平低24.3%，在全国29个省（市）排名第24。到了2004年，全国的农村人均纯收入2 936元，山东是3 507元，比全国高了19.4%，排名上升到全国第7。尤其是农业产业化发展比较好的地区，例如寿光市，2004年农民人均纯收入5 016元，相当于天津市农民人均纯收入的水平，这确实是一个了不起的成绩。四是较好地促进了农村劳动力的转移。例如，烟台市提出"三集中"，农户向企业集中，企业向园区集中，园区向县城集中；潍坊市提出"三变"，农民变民工，农民变职工，农民变市民。

（2）其他模式。例如，广东温氏模式、海南农垦模式、浙江安吉模式、江苏无锡模式、江西赣州模式、辽宁沈阳模式、内蒙古鄂尔多斯模式等。

## 二、发展现代农业要注意的几个问题

### （一）发展现代农业，必须注重开发农业的多种功能

2007年中央"一号文件"指出，农业不仅具有食品保障功能，而且具有原料供给、就业增收、生态保护、观光休闲、文化传承等功能。随着经济社会的发展，现代农业不再局限于传统的种植业、养殖业等农业部门，而是包括了生产资料工业、食品加工业等第二产业和交通运输、技术和信息服务等第三产业的内容。现代农业成为一个与发

展农业相关、为发展农业服务的产业体系。因此，我们必须树立农业多种功能的全新理念，必须注重开发农业的多种功能，向农业的广度和深度进军，促进农业产业结构不断优化升级。

### （二）发展现代农业，必须注重构建有竞争力的现代农业产业体系

建设现代农业的核心是建立起有竞争力的现代农业产业体系。所谓现代农业产业体系，是指以一定的农产品生产经营为基础，为满足特定市场需求而进行的一切活动的总和。从国际经验来看，一个发达的农业产业体系是提升一国农业竞争力的基础，没有发达的农业产业体系，就没有现代农业。

现代农业产业体系具有以下5个显著特点：一是现代农业产业体系的生产主体组织化程度提高；二是现代农业产业体系需要科技支撑；三是现代农业产业体系市场化程度日趋成熟；四是现代农业产业体系生产领域广阔；五是现代农业产业体系需要一体化经营。可以说，农业产业一体化已成为建立健全现代农业产业体系的主要渠道。

为了加快现代农业建设，2007年，农业部提出围绕我国现代农业的建设，构筑现代农业六大产业体系，即粮食产业体系、经济作物产业体系、健康养殖产业体系、农产品加工产业体系、生态和生物质产业体系、农业服务产业体系。

必须强调指出的是，建设现代农业必须把稳定粮食生产放在突出位置，发展现代农业产业体系必须考虑粮食稳定发展和保障粮食安全。粮食安全历来是事关国家政治、经济全局的重大问题，任何一个国家的经济发展、社会稳定和国家安全，都必须建立在粮食安全的基础上。在我国，粮食安全问题既是一个经济问题，也是一个社会问题和政治问题，保障粮食安全问题是实现我国国家粮食安全的基础和保证。目前，我国粮食安全的基本态势可以用"四低"来概括：一是人均粮食占有量低；二是总产和单产增长幅度低；三是粮食种植比较收益低；四是粮食质量偏低。以我国人均粮食占有量低为例，1996年412.2kg，1998年422kg，2000年356.2kg，2005年369.2kg，2006年378kg。1998年，我国人均粮食占有量422kg，创下历史最高水平，也仅相当于发达国家平均水平的1/2，美国平均水平的1/3左右。我国的粮食总产量1984年突破4亿t，1996年突破5亿t。国务院1996年颁布的《中国粮食白皮书》指出，2030年我国人口将达到16亿，人均粮食需求量按400kg计算，到2030年我国粮食需求量将超过6.4亿t，这是一个严峻的考验。力争在"十二五"期间，全国粮食综合生产能力超过5亿t，粮食单产每年提高1%。

### （三）发展现代农业，必须注重抓好特色农业产业和品牌农业的发展

我国历来重视特色产业和产品的研究和开发。2005年，中央"一号文件"特别指

出，要大力发展特色农业。2007年再次提出大力发展特色农业。所谓特色农业，就是在一定区域和生态条件下，培育和发展起来的适应市场需求的区域性和生态适应性强的名优、高产、优质、高效、生态、安全的特色农产品。发展特色农业的目标是发展特色农业产业。广东早在1995年就开始在全省范围内卓有成效地开展"一乡一品"活动，立足自然地理优势，适应国内外市场需求，积极开展"质优、特色、高值"的优势农产品，取得了显著成效，在促进农业经济增长方式向质量效益型转变方面取得新突破。在珠江三角洲地区形成了高新农业示范区，建成了"芳村—番禺—顺德—中山—珠海"近百千米长的名优花卉长廊；在粤东地区，大力发展名优蔬菜和沙田柚生产，形成了名优蔬菜生产基地1.67万hm$^2$和沙田柚生产基地2.67万hm$^2$以及青梅等加工型优质杂果生产基地；在粤西地区大力发展早熟荔枝、优质龙眼、菠萝、蔬菜和水产养殖，形成了早熟荔枝和优质龙眼生产基地22.67万hm$^2$，菠萝2万hm$^2$，南菜北运生产基地10万hm$^2$以及水产养殖加工基地；在中西部以云浮、肇庆为中心建成了全国热带优质砂糖橘和中药材肉桂生产基地；在粤北山区形成了优质杂果、反季节蔬菜和高山花卉等特色农产品生产基地，特色农业和品牌农业发展成效显著。广东的经验很值得我们学习和借鉴。

### （四）发展现代农业，必须注重加快农业科技成果产业化进程

实践证明，推进农业科技成果产业化是加快科技成果转化和促进农业科技进步的关键。为此，要注意发挥"三个作用"和做好"五个结合"。"三个作用"：一是充分发挥政府在科技成果产业化中的作用。农业科技成果产业化的重要载体是农业科技企业，政府应当充分发挥其政策引导和宏观调控的作用，为农业科技成果产业化创造良好的环境。二是充分发挥财政投入的引导作用，扶持农业科技成果产业化发展。要通过财政扶持，促进农业科技创新机制的建立，积极探索形成农业科技开发项目"法人化投资、产业化经营、企业化管理"的新的运作模式。三是充分发挥农业科技型企业在农业科技成果转化中的作用。有条件的地方，可将农业科技投资的主渠道由政府转为企业。只有企业成为农业科技投资的主体，农业科技成果产业化才会获得巨大的活力。政府可牵头组织建立农业科技成果产业化风险投资制度。在指导思想上，要注意做好"五个结合"：一是与市场需求相结合；二是与重点产业、特色产业相结合；三是与市场化运作相结合；四是与政策导向相结合；五是要与科技成果转化与合作的工作机制相结合。

### （五）发展现代农业，必须注重加强农业科技创新人才的培养

创新是一个民族进步的灵魂。农业科技创新是技术创新的重要组成部分，是推动农业和农村现代化的动力源泉。党的十七届三中全会明确提出，"农业发展的根本出路在于科技进步"，并且把"加快农业科技创新"列为今后构建现代农业产业体系的重要

工作之一。2009年，中央一号文件明确提出，要通过多种渠道切实有效地加快农业科技创新步伐。要加快农业科技创新，提高农业科技创新能力，很大程度上取决于农业科技创新人才的培养。知识创新和技术创新的基础是人才，农业科技发展要依靠有创新意识和创新能力的高素质人才。加快农业科技创新人才队伍建设，大力提高人才兴农和科技兴农能力。当前和今后一个时期，加强农业科技创新人才的培养，要注意抓好以下5项工作：一是要按照"稳住一头，放开一片"的原则，加快农业科技创新人才的培养；二是组织实施"知识更新工程"，加大对农业科技人员的培训力度；三是积极探索建立激励和约束相结合的竞争协作机制，实施创新型人才工作目标管理；四是必须高度重视和抓好高素质农业科技创新人才的建设；五是组织实施新型农民科技培训，培养有文化、懂技术、会经营的新型现代农民，为发展现代农业产业提供乡土创新型人才支撑。

### （六）发展现代农业，必须注重大力发展生态农业

当今世界正面临着"人口膨胀，粮食短缺，生态恶化和环境污染"的严峻考验，可持续农业已成为当今世界的一个综合性的重大理论问题和前沿课题。2007年，中央"一号文件"强调指出，要把"农业的可持续能力"放在重要位置，党的十七届三中全会把提高"农业的可持续发展能力"作为现代农业的重要组成部分，强调要大力发展节约型农业、循环农业和生态农业，以促进农业的可持续发展。

**本文成稿** 2008年10月18日

# 桂西地区农村富余劳动力转移的战略选择

贺贵柏

农村富余劳动力的转移是指农业劳动力从有限的土地上分离出来，以市场为导向，向非农产业和城镇有序转移的劳动力资源的再配置过程，桂西地区属于我国典型的西部地区，行政区划主要包括百色市、河池市和崇左市，行政区划土地面积87 060km²，总人口980多万人，2003年地区生产总值412.28亿元，农民人均纯收入1 648元。以百色市为例，2004年，全市总人口370万人，其中农业人口326万人，占总人口的88.11%。全市从事非农产业58.15万人，占从业人员的23.06%；从事农业劳动力194万人，占从业人员的76.94%。近几年来，桂西地区农村富余劳动力的转移速度有所趋缓，有的地方甚至还出现了农村富余劳动力的"回流"现象。目前，百色市农村富余劳动力人数约为35万人。可以说，桂西地区"三农"工作面临的一个突出问题就是农村富余劳动力的转移问题。

## 一、实施经济社会发展带动战略

在农业和农村经济发展的新阶段，研究和探讨桂西地区农村富余劳动力的转移问题，既具有十分重要的经济意义和政治意义，又具有十分重要的理论意义和实践意义。在制定桂西地区经济和社会发展战略时，要注意统筹考虑如下几个问题：一是必须从统筹城乡经济社会发展出发，加快推进农业和农村经济的战略转型，努力实现农业和农村经济的可持续发展。二是在进行经济和社会发展战略的决策上，必须把加快农村富余劳动力转移纳入地方国民经济和社会发展规划，纳入农业和农村经济发展计划，并把加快农村富余劳动力的转移作为国民经济和社会发展战略的重要出发点和作为考核地方党委和政府政绩的一项重要指标。三是在制定产业政策上，要以增加就业岗位和转移农村富余劳动力为目标，把是否有利于农村富余劳动力的转移作为制定地方就业政策的重要依据，把农村富余劳动力的转移与经济社会发展更加紧密地结合起来。要加快推进工业化、城镇化和农业产业化，大力发展劳动密集型产业和外向型经济。四是在政策扶持上，要注意研究出台有利于加快农村富余劳动力转移的土地流转、农业信贷、产业开发、户籍管理、新增就业和税收优惠等地方政府配套性政策，学会并善于利用行政、经济和法律手段确保政策的贯彻执行。

## 二、实施特色工业化带动战略

工业化是现代化的基础和前提，是现代化的重要标志。根据刘易斯等人的"二元结构理论"，在人口众多的发展中国家，农业部门的劳动生产率低于工业部门的劳动生产率，将一部分劳动生产率低的农业劳动力转移到劳动生产率较高的工业部门中去，整个社会的劳动生产率就会提高。根据国外和我国东部沿海地区的工业化实践表明，在经济发展的前期阶段，主要依靠工业的发展来解决农村富余劳动力的转移，工业化的速度有多快，规模有多大，农村劳动力转移的速度就有多快，规模就有多大。根据资料，发达国家用了大约40～100年的时间加快工业发展，由于工业保持快速增长，使人均GDP由200～500美元增加到1 000～2 000美元，从而使农业劳动力占社会总劳动力的比重由50%～60%下降到15%～20%。目前，桂西地区工业发展比较滞后，制约了农村富余劳动力的转移。以百色市为例，2004年全市生产总值完成198.80亿元，其中工业生产总值完成66.09亿元，占生产总值的33.24%。桂西地区要加快经济发展和加快农村富余劳动力的转移，必须大力发展特色工业，加快推进特色工业化的进程。首先，要注意重点发挥矿产资源优势，严格按照发展循环经济的要求，大力发展优势矿产品精深加工业。以百色市为例，矿产种类多，储量大，据统计，全市已探明储量的矿产有31种，主要矿产有铝土矿、铜矿、水晶、褐煤和黄金等。其次，大力发展特色农产品加工业。以百色市为例，近几年来特色农产品生产基地已初具规模。据统计，全市优质蔬菜基地面积120万亩，以杧果为主的优质水果生产基地85万亩，优质高产高糖生产基地75万亩，优质烤烟生产基地13万亩，优质桑生产基地8万亩，无公害茶叶生产基地10万亩，优质剑麻生产基地5万亩，优质八渡笋生产基地30万亩。通过发展特色农产品加工业项目，加快农村富余劳动力的转移。

## 三、实施城镇化带动战略

城镇化是指社会生产力在工业化、信息化的基础上，在经济结构、人口居住和人口素质等方面，由传统农业文明转变成为现代城镇文明的自然历史过程。实施城镇化战略是我国国民经济和社会发展战略的重要内容，是全面建设小康社会的根本途径。目前，从总体上看，桂西地区城镇化滞后于工业化，尚处于起步阶段。以百色市为例，2004年城镇化水平只达24.2%。今后，桂西地区要加快推进城镇化进程和抓好小城镇建设，要注意重点抓好如下几项工作：一是从桂西地区的实际情况出发，坚持中小城市和小城镇协调发展的原则，科学规划，合理布局，尤其是小城镇的建设应根据"合理布局，科学规划，体现特色，规模适度，注重实效"的原则来选择适宜本地生产力布局的发展模式；二是突出发展中心城镇，构筑二、三产业发展的平台，把推进城镇化、工业化和农业产业化结合起来；三是抓好城镇基础设施的建设；四是加强主导产业的培育。要树立产业发展支撑城镇发展的思路，坚持以产业集聚带动人口集聚，要从各自的经济优势、资源条件和产业基础出发，进一步培育和确立中心镇的主导产业和优势产业，大力发展特色经济；五是加强城镇管理，加快推进城镇管理的规范化、科学化、民主化和法制化。近几年来，由于桂西地区各级党委和政府重视抓好城镇建设尤其是抓好小城镇建设，从而有效地转移了农村富余劳动力。

## 四、实施第三产业带动战略

第三产业是广义的服务业，是指为生产和消费提供各种服务的部门。根据我国的《三次产业划分规定》，第三产业是包括除第一二产业以外的其他15个大类48个行业。根据"配第一克拉克定理"商业（第三产业）收益高于工业（第二产业），工业高于农业（第一产业），随着人均国民收入的提高和国民经济的发展，劳动力首先从第一产业转向第二产业，然后再更多地转向第三产业。随着工业化发展到一定程度，客观上要求第三产业发展起来，以满足人民群众生产、生活日益增长的种种需要，而第三产业的兴起和发展，又加快工业化的进程，大大改变了社会经济发展的格局。实践证明，发展第三产业是转移农村富余劳动力的重要渠道。

## 五、实施农业产业化带动战略

农业产业化经营是以市场为导向，以提高经济效益为中心，将农业生产的产前、产中、产后诸环节联为一个完整的产业系统，实现种养加、产供销、贸工农一体化经营，是市场经济条件下推进农业现代化的一种经营方式。简言之，农业产业化就是农业产业增值化。农业产业化经营的实质在于使农民分享农产品加工和流通环节的利润。从我国各地的实践看，农业产业化经营是为解决农民进入市场，提高农业经济效益和转移农村富余劳动力而作出的一项战略选择，也是加快推进农业现代化的有效途径。目前，桂西地区农业产业化经营水平比较低，应抓住西部大开发的战略机遇，加快推进农业产业化经营，着力提高农业的组织化程度，积极培育农村富余劳动力就地转移的内部载体，把农业产业化经营作为带动农村富余劳动力充分就业的一个突破口。桂西地区要把推进农业产业化经营与工业化结合起来，紧紧围绕"优经工程""优果工程""优畜工程"和"优林工程"，加快推进蔗糖、蔬菜、水果和畜牧产业化经营。采用多种形式，鼓励和支持各级各类农业产业化龙头企业和工商企业，投资发展农产品加工、营销、运输和各种中介服务，做好农产品的深度开发和多层次增值，形成科研、生产、加工、销售一体化的农业产业链条。桂西地区要进一步创新农业产业化的经营形式，大力发展主导产业带动型、市场带动型、龙头企业带动型和中介组织带动型，积极探索"公司＋基地＋农户""公司＋科研机构（专家）＋基地＋农户""农产品批发市场＋基地＋农户""公司＋中介组织＋基地＋农户""公司＋经纪人＋基地＋农户""订单农业（合同农业）＋基地＋农户"等现代农业产业化的经营形式，以加快推进农村富余劳动力的转移和提高农业综合开发的效益。以百色市为例，通过多渠道筹资兴建我国西南地区最大的产地批发市场——田阳农副产品批发市场，建设规模10万m²，总投资3 000多万元，安排农村富余劳动力3 000多人，年交易额达10亿多元，农民收入的80%来自蔬菜和水果的销售收入。

## 六、实施教育培训工程带动战略

劳动力素质是就业之本。劳动力素质高是保证农村富余劳动力顺利转移的一个重要条件。目前，桂西地区农村劳动力文化素质比较低，初中文化以下的占50%以上。农村劳动力素质低主要表现是文化素质和就业技能比较差。从根本上看，要加快农村富余劳动力的转移，必须抓好农村劳动力的教育和培训工作。从桂西地区的实际情况看，应重点抓好如下工作：一是各级政府必须坚定不移地抓好农村九年义务教育，千方百计提高其普及率。加快城镇教育制度的改革，允许进城务工经商人员的学龄子女入学，享受与城镇青少年相同的接受教育的权利。二是要发展多种形式的职业技术教育。职业教育可以政府办、企业办、集体办和个人办，也可以采用其他联合办学的形式。通过发展职业技术教育，一方面，延长农村中学适龄青年的在读时间，延缓他们的就业年龄；另一方面，又可以提高受教育者的素质，使之毕业后能适应更多、更高层次的职业岗位。三是各级政府要把农村劳动力的职业技能培训纳入劳动力就业培训的总体规划，并把它作为促进劳动力就业的一项重点工作。四是创新职业技能培训机制。要适应市场经济发展的要求，在政府组织有关部门抓好职业技能培训的基础上，鼓励和扶持各种中介组织抓好职业技能培训，积极探索职业技能培训企业化的新路子。要注意引进国内外先进的职业技能培训模式，努力实现职业技能培训方式的革命。五是抓好岗前培训。要注意根据市场和劳动者的就业需求，建立长期性和专业性的岗前职业技能培训制度。要坚持"先培训后上岗"和"先培训后转移"的职业技能培训原则。

## 七、实施跨区域转移带动战略

跨区域转移就业又称跨区域流动就业。经济发展理论和市场经济的实践证明，生产要素只有在自由流通的前提下，才能实现资源的最优配置，才能创造出最大的经济效益。根据瑞典经济学家缪尔达尔的"扩散效应"和"回流效应"理论，农村富余劳动力在城乡之间的双向转移就业所产生的"回流效应"和"扩散效应"是增加农民收入和推进城乡一体化的重要途径。桂西地区非农产业基础比较薄弱，应重点鼓励农村富余劳动力进行跨区域转移就业，特别是加快农村富余劳动力跨区域向非农产业的转移，拓展农村富余劳动力的就业区域和就业空间，千方百计鼓励和支持农村富余劳动力跨区域转移就业。

## 八、实施管理创新带动战略

党的十六届四中全会指出，加强社会建设和管理，推进社会管理体制的创新。深入研究社会管理规律，完善社会管理体系和政策法规，整合社会管理资源，建立健全党委领导、政府负责、社会协同、公众参与的社会管理格局。在农业和农村经济发展的新阶段，进一步加强和创新对农村富余劳动力的管理已成为新阶段社会管理的一项十分重要而又紧迫的任务。从桂西地区情况看，当前农村富余劳动力的转移已呈现出区域性、多方式、多渠道、多层次和多行业的特征以及多元化的趋势。从区域转移角度看，主要有就地转移（离土不离乡）、就近转移（离土不背乡）、异地转移（离土又离乡）和整体转移（农村社区城镇化）。面对农村富余劳动力转移的新特征和新趋势，桂西地区各级党委和政府要进一步创新对农村富余劳动力转移的管理机制。在实际工作中，要注意抓好如下几项工作：一是进一步创新管理理念，积极探索新阶段对农村富余劳动力转移的管理机制和方法的创新。二是进一步创新对各类社会服务组织的管理和监督。三是进一步创新劳动就业制度、户籍管理制度、土地流转制度、社会保障制度、教育培训制度和政策保障制度。四是建立健全农村富余劳动力转移就业的社会化服务网络，积极构建社会管理和社会服务的平台。五是建立健全农村富余劳动力转移就业的政府工作责任制度和工作协调机制。

**本文原载** 中国农村科技，2006（2）：42-44

# 关于右江河谷发展现代农业的探讨

贺贵柏

右江河谷是百色地区难得的一块宝地。刚刚结束不久的地委工作会议提出，在"十五"期间，要不失时机地加快右江河谷发展步伐。建设右江河谷现代农业区，以带动全地区农业现代化进程，这是一项极为重要的战略。如何构建右江河谷现代农业发展框架，《关于右江河谷发展现代农业的探讨》作者提出一些看法，或许对读者，特别是对决策者将起到一定的启发作用。

农业现代化的基本内容包括3个方面：一是农业生产条件现代化；二是农业生产技术现代化；三是农业生产管理现代化。目前，右江河谷发展现代农业已具备了较好的基础和条件。如何构建右江河谷现代农业发展的新框架，是一个值得探讨的新课题。

## 一、大力发展节水农业

右江河谷要实现农业的持续稳定发展，必须抓好农田基本建设，不断改善农业生产条件，提高农业抗御自然灾害的能力。当前和今后一个时期，农业基本建设主要是生态、土地和水利建设。生态建设，主要是抓好植树造林（包括右江沿岸的绿化）、退耕还林（草）、地头水柜和农村沼气的综合利用。土地建设，主要是抓好以旱地为重点的稳产高产的基本农田建设。在抓好生态建设和土地建设的基础上，重点抓好以节水为中心内容的农田水利建设。要采取各种行之有效的节水措施，大力发展节水农业，力争在"十五"期间实现农田灌溉园田化达50%以上。

## 二、大力推广优质品种

目前，右江河谷农业由过去侧重于追求产量增长，开始进入优质高产高效的发展阶段，处在从传统农业向现代农业全面推进的过渡时期。优良品种是发展优质高产高效农业的重要环节。发展现代农业，就品种而言，高产是基础，优质是关键，高效是目的。近几年来，右江河谷农业开始走出一条区域化、专业化和商品化的新路子。当前和今后一个时期，调整优化农业生产结构，必须按照优质高产高效的原则，推进农林牧渔业全面发展。无论种植业还是林业、畜牧业和水产业，都要把推广优质品种放在首位，全面实施优质种子工程。种植业，重点是推广种植"两系"杂交稻和优质常规稻、杂交玉米和特种玉米、优质大豆和名、特、优蔬菜以及水果品种等。林业，重点是发展特种生态林、工业原料林和高效经济林。畜牧业，重点是发展瘦肉型猪、节粮型和草食型畜禽。水产业，重点是发展珍稀养殖。从而提高农业综合开发的整体水平。

## 三、全面实施机械化

农业机械化是实现农业现代化的关键环节。没有农业机械化就没有农业的现代化。农机化是用现代工业武装农业，是传统农业向现代农业转变的重要标志。根据国家提出的"因地制宜，分类指导，有重点分步骤发展农业机械化"的方针，右江河谷要积极探索"依靠农机兴农业，腾出劳力办实业，办好实业促服务"的新路子。要克服过去那种"一把锄头一张犁，不误农时看天时"的传统耕作观念，大力推进耕地、喷药、排灌、收割、脱粒、运输、农副产品加工的机械化和半机械化，以减轻农业劳动力的劳动强度，千方百计提高土地的产出率和农业生产效率。

## 四、推广和应用高新技术

科学技术在农业生产中的广泛应用已成为农业现代化强有力的支柱。农业现代化的核心是科学技术现代化。科学家断言，21世纪农业将是科学技术知识最密集的产业。运用现代科学技术改造传统农业，把右江河谷农业的发展真正转移到依靠科技进步和提高劳动素质的轨道上来，不仅是发展优质高产高效农业的关键，而且是实现农业现代化的战略重点。农业科研和农业技术推广要尽快转到以发展优质高产高效农业为主的轨道上来，大力推进农业高新技术开发及其产业化。当前和今后一个时期，右江河谷要在抓好先进适用技术推广应用的同时，大力推广和开发农业高新技术，努力从整体上提高农业现代化水平。右江河谷要在百色地区率先建立农业高新技术开发示范区。要大力推广生物工程技术、水稻软盘育秧技术、生态农业技术、农作物平衡施肥技术、无公害农业生产技术、农作物节水灌溉技术、立体农业技术、秸秆微贮饲料技术、信息农业技术、农产品保鲜和加工增值技术、畜牧水产工厂化养殖技术、农业病虫害综合防治技术和农业环境保护技术。

## 五、实行产业化经营

农业现代化是农业发展的方向，农业产业化是实现农业现代化的重要途径，是提高农业比较效益的现实选择。右江河谷要推进农业经营产业化，必须坚持市场化规模化、系列化和科学化的发展方针。农业产业化就是根据市场需求和资源条件，确立主导产业，实行区域化布局、专业化生产、企业化管理、社会化服务，通过市场牵龙头，龙头带基地，基地连农户的形式，实现种养加一条龙、农科教相结合、贸工农一体化的现代农业生产经营的新格局。目前和今后一个时期，右江河谷农业产业化经营要重点抓好3个环节：首先围绕主导产业建设龙头企业；其次围绕主导产业建设配套的种养基地；再次围绕主导产业建设完整的服务体系。实行农业产业化经营，一方面，可以有效地解决家庭经营与社会生产的矛盾、生产与流通的矛盾、城乡经济分割和农工商脱节的矛盾；另一方面，又可大幅度提高农产品的商品率和增加农民收入。从而走出一条政府发动、市场牵动、企业带动、农民联动和科技推动相结合的比较完善的现代农业产业化经营的新路子。

## 六、不断提高农产品加工率

农产品深加工是提高产品质量、经济效益和资源产出率的重要途径。当前和今后一个时期，右江河谷应重点围绕主导产业和产品，有针对性地引进农产品加工技术设备，重点推广种子加工技术，粮油加工技术，果菜加工保鲜技术和畜产品加工利用技术，不断提高农产品加工率，以实现"高效"目标。

**本文原载** 右江日报，2001-12-26

# 浅谈右江河谷农业对外开放的途径

贺贵柏

在我国即将加入WTO的新形势下，扩大农业对外开放具有十分重要的意义。笔者认为，右江河谷农业的对外开放应该坚持"以开放带动开发，以开发促进发展"的原则。同时，应注意选择以下途径和措施。

## 一、选准开发项目，扩大招商引资

在推进右江河谷农业现代化的进程中，围绕优势产业、主导产业和支柱产业选准开发项目，是一个关键的问题。"十五"期间应重点选择现代农业示范区确定的种养项目、蔬果高位嫁接和深加工项目、香蕉保鲜和深加工项目、龙眼低产果园的改造及深加工项目和右江河提水工程项目等进行开发。通过招商引资，引进人才、资金、技术和管理模式。在选准项目的基础上，拓宽招商引资渠道，建立招商引资的新机制。要利用优惠政策"筑巢引凤"，吸引和鼓励外商以独资、合资、合作等多种形式投资参与右江河谷的农业项目开发。在招商引资工作中，要注意坚持"积极、互利、互惠、有效"的原则，正确引导农业利用外资投向、优化投资结构，千方百计提高利用外资的规模和水平。

## 二、引进高新技术，提高科技含量

要加快右江河谷现代农业的发展步伐，实现农业增产、农民增收、财政增税，必须加快农业科技进步，努力推进科技与农业的结合。"十五"期间，要在引进和推广新品种和适用技术的基础上。大胆引进农业高新技术，重点培育高新农业技术产业，大力推进高新农业技术产业化的进程。要引进农业高新技术，必须重点解决生产、加工和销售问题，从以资源消耗型技术为主转向资源节约型技术为主。"十五"期间，右江河谷应重点引进设施农业技术、农产品深加工技术、节水农业技术、生物工程技术和信息网络技术。要大胆鼓励和支持外商、农业大专院（校）、科研院（所）、各类开发性企业及农业科技人员，以技术开发、技术入股、技术转让和技术咨询等多种形式，从事农业高新技术的推广和应用。在引进农业高新技术过程中，要注意做到引进、消化、吸收与创新相结合，努力提高高新技术在农业生产中的贡献率，力争"十五"期间把右江河谷建设成为闻名区内外的"农业高新技术开发区"。

## 三、开拓销售市场，建立生产基地

要扩大农业的对外开放，必须注意开拓国际、国内农产品销售市场。右江河谷是南昆经济开发带的重要组成部分，土地肥沃，光温资源丰富，是发展热带优质农产品的一块黄金宝地。要充分发挥自身的农业比较优势，选准优势产业、主导产业和支柱产业，围绕国际、国内农产品销售市场。抓紧建设一批高起点、高标准的优质农产品出口基地。"十五"期间，应重点建设无公害蔬菜生产基地、优质高产蔗糖生产基地、优质高产木薯生产基地、优质高产柑果生产基地、优质高产香蕉生产基地、优质高产龙眼生产基地和三元杂交瘦肉型商品猪生产基地。农业主管部门要组织力量，分行业、分产业、分品种，认真分析研究加入世界贸易组织对农业的影响，尽快制定切实可行的应对措施，以促进优质农产品生产基地的建设，增强农业的抗风险能力和提高外贸出口率。

## 四、建立信息网络，强化服务功能

建立健全农业信息网络是扩大农业对外开放的重要环节。信息是进行现代农业正确决策的重要依据。要促进农业现代化，必须推进农业信息化。目前，右江河谷农业正由传统农业向现代农业迈进，由封闭型的传统农业模式向开放型的现代农业转变。要实现这个转变，必须积极探索建立健全农业信息网络的新路子，力争"十五"期间，右江河谷县（市）、乡（镇）全都建立现代农业信息网点，采用间接联网的方式建立和健全农业信息网络。以广西农业信息中心为依托，以各县（市）农业信息网点为基础，一方面由广西农业信息中心向右江河谷各网员单位发布信息，另一方面是网员单位向广西农业信息中心反馈信息，真正形成农业信息的双向流动和横向交流。各级政府和农业部门，要把建立和健全农业信息网络列入农业对外开放的重要议事日程，充分发挥农业信息网点"新、简、精、快"的特点，努力挖掘和扩大农业信息资源，通过信息引导和服务，不断增强政府和农业部门的信息服务功能，增强广大农民的科技意识、市场意识和竞争意识，真正做到依靠信息作出农业发展的科学决策，引导广大农民面向市场、迈入市场，提高信息服务农业的经济效益和社会效益。

## 五、造就创新人才，开展科技交流

右江河谷要扩大农业对外开放，实现农业科技创新，必须注意培养和造就一批政治强、业务精、作风正的高素质农业创新人才。"十五"期间，要努力培养大批适应西部大开发和农业对外开放的专业人才，尤其是培养适合右江河谷农业开发要求的多技多能的"复合型"人才。培养和造就农业对外开放的创新人才，必须坚持走"走出去"和"请进来"相结合的路子。"走出去"，就是有针对性地选择那些优秀的农业人才到全国知名的农业院（校）、科研院（所）甚至到国外学习深造，使他们比较系统地掌握现代农业的生产、销售、包装、加工、外贸出口等农业新知识，努力造就一批留得住、用得上、干得好的适应农业对外开放要求的创新人才，为右江河谷现代农业的发展奠定人才基础。"请进来"，就是制定优惠政策，千方百计吸收东部沿海地区和海外农业高新人才到右江河谷参与现代农业开发。通过培养和造就农业创新人才以及对外开展多种形式的农业科学技术交流，以促进右江河谷农业的全方位对外开放，大力推进右江河谷农业现代化的进程。

**本文原载** 右江日报，2001-2-25

# 深入推进农业供给侧结构性改革，
# 不断开创农业现代化新局面

贺贵柏

推进供给侧结构性改革，是党中央综合研判世界经济形势和我国经济发展新常态作出的科学判断和重大决策。2017年，中共中央、国务院《关于深入推进农业供给侧结构性改革 加快培育农业农村发展新动能的若干意见》，即2017年中央一号文件，这是21世纪以来指导"三农"工作的第十四个中央一号文件。文件全文约12 000字，共分6个部分33条，主要包括优化产品结构，着力推进农业提质增效；推行绿色生产方式，增强农业可持续发展能力；壮大新产业新业态，拓展农业产业链、价值链；强化科技创新驱动，引领现代农业加快发展；补齐农业农村短板，夯实农村共享发展基础；加大农村改革力度，激活农业农村内生发展动力。党的十九大报告又提出了实施乡村振兴战略。2017年中央一号文件和党的十九大报告，充分体现了党中央始终坚持把"三农"问题作为全党工作重中之重的战略思想，展现了全党全社会持之以恒稳农强农惠农的时代强音。

当前，我国农业发展已进入加快转型升级的历史阶段。新阶段的主要矛盾由总量不足转变为结构性矛盾，矛盾的主要方面在供给侧这一主要特征。这就要求当前和今后一个时期，农业农村工作必须顺应新形势、新要求，以推进农业供给侧结构性改革为主线，围绕农业增效、农民增收、农村增绿，加大农村改革力度，不断开创农业现代化建设新局面。

农业供给侧结构性改革，是整个供给侧结构性改革的重要一环和重要内容。经过多年发展，我国"三农"形势持续向好，为宏观经济稳中求进奠定了厚实基础，但在发展的进程中，农业农村发展面临农产品供求结构失衡、农业比较效益不高、农民收入持续增长乏力、扶贫脱贫任务艰巨、农业竞争力不强、资源环境压力等矛盾和困难，迫切需要深入推进农业供给侧结构性改革。

我们必须认识到，推进农业供给侧结构性改革，要在确保国家粮食安全的基础上，紧紧围绕市场需求，以增加农民收入、保障有效供给为主攻方向，以体制改革和机制创新为根本途径，优化农业产业体系、生产体系、经营体系，提高土地产出率、资源利用率、劳动生产率，促进农业农村发展由过度依赖资源消耗，主要满足量的需求，向追求绿色生态可持续、更加注重满足质的需求转变。与此同时，我们还必须清楚认识到，推进农业供给侧结构性改革是一个长期过程，面临许多重大考验。要处理好政府和市场的关系、协调好各方面利益。必须直面困难和挑战，坚定不移推进改革，尽力降低改革成本，积极防范改革风险。深入推进农业供给侧结构改革，必须抓住重点，精准发力，特别是要坚守确保粮食生产能力不降低、农民增收势头不逆转、农村稳定不出问题"三条底线"。紧紧抓住改革主线，不断开创农业现代化建设的新局面！

## 一、必须坚定不移践行新发展理念

以习近平同志为核心的党中央提出的创新、协调、绿色、开放、共享的发展理念，是在深刻总结国内外发展经验的基础上提出的，是对中国特色社会主义发展规律的新认识、新概括，是实现更高质量、更有效率、更加公平、更可持续发展的必由之路。

创新是引领发展的第一动力。必须把创新摆在国家发展全局的核心位置，不断推进理论创新、制度创新、科技创新、文化创新以及其他方面的创新。

协调是持续健康发展的内在要求。必须牢牢把握中国特色社会主义事业总体布局，正确处理发展中的重大关系，促进城乡、区域、经济社会等协调发展，推动新型工业化、信息化、城镇化、农业现代化同步发展，使我国经济提质增效、行稳致远。

绿色是永续发展的必要条件和人民对美好生活向往的重要体现。党的十九大报告指出，必须树立和践行"绿水青山就是金山银山"的理念，坚持节约资源和保护环境的基本国策，坚定走生产发展、生活富裕、生态良好的文明发展之路。只有坚持绿色发展，才能建设美丽中国，解决人与自然和谐共生问题，推动形成人与自然和谐发展的现代化建设新格局。

开放是国家繁荣发展的必由之路。必须顺应我国经济深度融入世界经济的趋势，坚定不移奉行互利共赢的开放战略，更好利用两个市场、两种资源，把我国开放型经济提升到新水平。

共享是中国特色社会主义的本质要求。改革开放以来，随着我国国民经济和社会的不断发展，人民美好生活需要日益广泛，不仅对物质生活提出了更高要求，而且在民主、法治、公平、正义、安全、环境等方面的要求日益增长。所以，必须坚持人民主体地位，把人民对美好生活的向往作为奋斗目标。

由此可见，在中国特色社会主义新时代，在决胜全面建设小康社会，开启全面建设社会主义现代化国家新征程上，我们必须坚定不移贯彻新发展理念。

## 二、必须加快推进农业发展方式转变

当前和今后一个时期，深入推进农业供给侧结构性改革，必须加快推进农业发展方式的4个转变。

一是必须由过去注重数量向注重质量和效益转变。发展现代农业，要更加注重从满足数量需求向满足质量和效益需求转变。

二是必须由过去注重常规发展向绿色可持续发展转变。现代农业，必须要更加注重生态环境保护。要注重依靠科技进步与创新，加快推行绿色生产方式，加强农业环境治理和重大生态工程建设，积极开展化肥农药零增长行动，加快推进农业清洁生产，大力实施农业节水工程，深入实施农业标准化战略和品牌战略，大力发展农业循环经济。特别是把过量使用的化学投入品减下来，把超过资源环境承载能力的生产退出来，把农业资源综合利用起来，让透支的资源环境得到休养生息，不断增强农业可持续发展能力。

三是必须由过去农业发展主要依赖政府主导向主要依靠市场驱动转变。过去，发展农业主要依靠政府主导，随着市场经济的深入发展，农业对外开放程度不断提高，农业生产经营主体的市场意识越来越强，我们必须适应现代农业发展的新形势、新任务、新要求，进一步创新发展理念，更加注重以市场需求为导向，更加注重政策创新、更加注重引导和支持现代农业的发展。

四是必须加快推进农业发展以第一产业为主向一二三产业融合发展转变。农业是多功能产业。农业产业的特点是链条长、环节多、形态多。我们要注重以第一产业为基础，做强第一产业，做优第二产业，做活第三产业，要进一步发挥农民合作社和家庭经营在农村的基础地位作用，努力培育多元化的农村产业融合体，充分发挥农业全产业链优势，通过加快推动一二三产业融合发展，努力提高农业综合效益和竞争力，促进农业增效和农民增收。

## 三、必须加快推进农业绿色发展

推进农业绿色发展是党和政府对民生思想和"三农"思想的丰富和发展，是不断满足广大人民群众对生态环境保护与建设的现实需要和必然要求，是加快推进"精准扶贫"和全面建设小康社会的基础和保障。

习近平总书记到广西视察工作时强调指出，要切实抓好生态文明建设，大力发展特色农业，让良好生态环境成为人民生活质量的增长点，成为展现美好形象的发力点。习近平总书记关于抓好生态文明建设和绿色转型的重要论述，为新形势下加快推进农业绿色发展指明了前进的方向。

2017年10月，中共中央办公厅、国务院办公厅印发了《关于创新体制机制推进农业绿色发展的意见》（以下简称《意见》）。《意见》明确提出了推进农业绿色发展的总体要求、基本原则、目标任务和保障措施，在体制机制层面作出了一系列激励与约束并重的制度安排。推进农业绿色发展的突出亮点是4个"首次"，首次全面提出农业绿色发展的总体目标，总体目标细化为到2020年的近期目标和到2030年的远景目标；首次提出农业发展的任务；首次系统提出推进农业绿色发展的体制机制安排；首次倡导开展农业绿色发展的全民行动。农业最主要的功能就是保供给、保收入、保生态。《意见》强调指出，要正确处理好农业绿色发展与生态环境保护、粮食安全、农民增收的关系。粮食安全是农业绿色发展的底线。农民增收是基本任务。要把绿色发展贯穿于农业发展的全过程，既不因为前"两保"而牺牲生态，也不能因为"后一保"而让国家粮食安全、农产品供给出问题，让农民收入受影响。要实现保供给、保收入、保生态的协调统一。

当前，最关键、最迫切的是要加快改革创新，着力构建一整套适应农业绿色发展的支撑保障体系。要加快建立农业资源环境生态监测预警任务。要加快建立以绿色生态为导向的农业补贴体系。要加快构建支持农业绿色发展的科技创新体系，特别是要建立统一的绿色农产品市场准入标准。要建立健全推进农业绿色发展的法律法规体系。

当前和今后一个时期，要加快推进农业绿色发展，我们必须把握好农业绿色发展的内涵，特别是要做到更加注重环境友好、资源节约、生态农业建设与农产品质量安全，从根本上着力解决农业绿色发展面临的突出问题。

加快推进农业绿色发展，必须牢固树立农业绿色发展的全新理念；必须组织抓好农业绿色发展重大行动；必须大力发展特色高效农业；必须充分发挥新型农业经营主体的示范和引领作用；必须紧紧依靠科技进步与创新，加快转变农业发展方式。

## 四、必须加快推进农业经营体制机制创新

要加快推进农业供给侧结构性改革，必须加快推进农业经营体制机制创新。2017年6月，中共中央办公厅、国务院办公厅印发了《关于加快构建政策体系培育新型农业经营主体的意见》中指出，在坚持家庭承包经营基础上，培育从事农业生产和服务的新型农业经营主体是关系我国农业现代化的重大战略。加快培育新型农业经营主体，加快形成以农户家庭经营为基础，合作与联合为纽带、社会化服务支撑的立体式复合型现代农业经营体系。当前和今后一个时期，要加快推进农业经营体制机制创新，应重点抓好以下工作。

首先，要发挥政策对新型农业经营主体发展的引导作用。要注重引导新型农业经营主体多元融合发展，引导新型农业经营主体多路径提升规模经营水平，引导新型农业经营主体多模式完善利益分享机制，引导新型农业经营主体多形式提高发展质量。

其次，要建立健全支持新型农业经营主体发展政策体系。建立健全政策体系，重点完善财政税收政策，加快基础设施建设，改善金融信贷服务，扩大保险支持范围，鼓励拓展营销市场，支持人才培养引进。

再次，加强政策宣传，狠抓政策落实。要重点加强政策宣传，加强组织领导，抓好服务指导，狠抓考核督查，强化法制保障，推进依法护农。

## 五、必须加快推进农村一二三产业融合发展

中共中央办公厅、国务院办公厅印发的《关于加快构建政策体系培育新型农业经营主体的意见》中强调指出，支持新型农业经营主体发展加工流通、直供直销、休闲农业等，实现农村一二三产业融合发展。当前和今后一个时期，加快推进农村一二三产业融合发展，要注重抓好以下5项工作。

### 1.要加快推进农村电子商务发展

要鼓励和支持农业企业、农产品批发市场、农民合作社、家庭农场共建网上购销渠道，组织做好特色农产品网上大促销，打造地方特色农产品电商品牌。广西壮族自治区党委、区人民政府提出，全面实施信息进村入户工程。2017年建成2 300个益农信息社，力争2020年基本覆盖全区行政村，形成农业信息进出的统一平台。加快构建市、县、乡、村多位一体的物流配送体系。鼓励和支持发展电商产业园。

### 2.要注重加强特色小镇建设

大力发展"一乡一业""一村一品"式的特色农业产业，培育一批特色专业镇、专业村，发展宜居宜业特色村镇，形成特色产业与小城镇建设的尝试融合。深入实施农业产业融合发展试点示范工程。广西提出，重点推进宾阳、恭城、田东、富川和灵山5个示范县以及一批村镇试点，支持建设一批农村产业融合发展示范园。重点扶持柳州市鹿寨县中渡镇、桂林市恭城县莲花镇、北海市铁山港区南康镇、贺州市八步区贺街镇等4个首批全国特色小镇建设。支持各地加强特色村镇产业化支持、基础设施、公共服务、环境风貌等建设。支持有条件的乡村建设以农民合作社为主要载体，积极探索集循环农业、创意农业与农事体验于一体的田园综合体建设，让农民充分参与和受益，充分发挥农民合作社的引领作用。

### 3. 大力发展农产品加工业

要加快培育农产品加工领军企业。鼓励和引导加工企业向农业科技园区、现代农业示范区、工业园区、高新技术产业开展区、优势主产区集聚，在优势农产品产地打造食品加工产业集群，建设加工专业特色小城镇。推进粮食、水果、桑蚕、林产品、畜产品、水产品等精深加工，引导农产品加工业与休闲、旅游、文化、教育、科普、养生养老等产业深度融合发展。

### 4. 加强农产品流通和市场建设

加强跨区域农产品流通基础设施建设，加快推进"南菜北运"工程建设，加快农产品市场提档升级。加快构建公益性农产品市场体系，加强农产品产地预冷等冷链物流基础设施建设，完善鲜活农产品直供直销体系，大力推广农超对接、农企对接，大力推广"生产基地+农业企业+餐饮门店""生产基地+加工企业+商超销售"等产销模式，鼓励支持企业开设鲜活农产品直销网点。扩大"智慧农贸"市场建设试点，建立广西全国农产品批发市场信息服务平台，加快推进农产品流通。

### 5. 加快发展乡村休闲旅游产业

2017年中央一号文件明确指出，大力发展乡村休闲旅游产业。大力发展乡村旅游、休闲农业、森林健康养生等新业态，重点依托特色民俗、特色村落、特色节庆、特色餐饮、特色商品和特色农耕文化等，努力打造一批宜居宜游村庄，形成特色突出、主题鲜明的乡村旅游目的地和精品线路。广西提出，重点建设首府南宁都市休闲农业示范区、柳州都市休闲农业示范区、桂林休闲农业国际旅游示范区和富硒康养休闲农业体验产业带。引导部分现代农业示范区升级转型为休闲农业园，创建国家现代农业庄园。重点打造环首府、桂东南、桂中三大生态旅游围。大力推广"旅游+""生态+"模式，加快推进乡村旅游富民工程，积极争创休闲农业和乡村旅游示范县（点），鼓励社会资本联办乡村旅游企业，促进农业、林业、渔业与旅游、教育、文化、健康养生等产业深度融合发展。

**本文成稿**　2017年12月25日

# 新时代农业科技工作者的使命与担当

## ——在青年农业科技工作者座谈会上

贺贵柏

同志们，今年是中华人民共和国成立70周年，又恰逢百色市农业科学研究所建所65周年和广西农业科学院百色分院成立10周年。今天，我们在这里召开青年农业科技工作者代表座谈会，是一件很有意义的事情。刚才，听了老一辈农业专家和青年农业科技工作者代表的发言，很受教育、启发和鼓舞！

当前，农业科研正处在一个承前启后与继往开来的伟大时代。实施创新驱动发展战略和乡村振兴战略，对农业科技工作者提出了新的更高的要求。

下面，我谈几点看法和体会，供大家交流、思考与共勉。

## 一、要有坚定的理想与信念

习近平总书记指出，信仰、信念、信心，任何时候都至关重要。他还谆谆教导青年人，要做一个有信仰、有情怀、有担当的人，做一个有家国情怀的人，做个无愧于国家、民族和时代的人。中国共产党的创始人、马克思主义的传播者、革命先驱李大钊说过这么一句话："人生的目的就是发展自己的生命！"在历史上，许多成就伟大事业的人，在青少年时期就坚定了人生的理想与信念。例如，马克思、恩格斯，在年轻的时候，就立志要为解放全人类而奋斗，马克思25岁就写下了不朽的名著《共产党宣言》，为人类实现伟大的共产主义事业指明了方向。周恩来总理早在13岁时就立下宏伟志向"为中华之崛起而读书"。19岁时，他东渡日本留学，在和同学分手时说，我们要相会于中华与世界崛起之时！这是一个伟大的预言而不是留言。在为争取中华民族独立和中国人民解放事业的伟大斗争中，许多共产党人、仁人志士，宁死不屈，抛头颅，洒热血，这些勇于牺牲、坚贞不屈的革命烈士，他们留给我们最宝贵的财富和最重要的启示，就是他们始终把希望寄托于伟大的党，寄托于伟大的祖国，寄托于伟大的人民和美好的未来！

今天，我们赶上了一个伟大的时代。新的时代，新的任务，我们要勇于承担起历史的责任与使命。在加快推进农业农村现代化和实施乡村振兴的伟大事业中，服务"三农"理应是农业科技工作者的职责。青年农业科技工作者，要珍惜这样一个伟大的时代，要自觉用习近平新时代中国特色社会主义思想武装头脑，要把自己学到的知识和技术奉献于社会，积极投身于乡村振兴与服务"三农"的伟大实践中，努力做一个懂农业、爱农村、爱农民的时代新人。

## 二、要有为人民服务的情怀与作风

人民是历史的创造者。无论是革命战争年代，还是在建设与改革时期，中国共产党始终把为人民服务作为初心，始终把满足人民需要作为坚守人民立场的基础，始终把维护人民利益作为坚守人民立场的关键，始终坚持团结和依靠人民创造历史伟业！习近平总书记强调指出，要始终坚持以人民为中心的思想，要把人民立场作为根本立场，要把为人民谋幸福作为根本使命。

中国共产党始终把群众路线作为党的生命线和根本工作路线，作为永葆青春活力和战斗力的重要传家宝。

目前，我们正处在一个改革与创新驱动发展的伟大时代，服务"三农"应该是我们农业科技工作者的职责与使命。我们理应把希望的田野作为我们农业科技工作者的广阔舞台。通过从事农业农村工作多年的实践与经验来看，我认为，农业科技工作者特别是青年科技工作者的光荣职责就是服务"三农"，奉献青春。我常想，我就是喜欢和农民打交道，喜欢农业这一行！我们不能简单用收入的多少来衡量一个职业的高低，既选择了农业这一行，就要坚持做到不忘初心，不怕艰苦，风雨兼程、砥砺前行！

农民是我们的衣食父母，任何时候，我们都要怀着一颗敬畏和感恩的心，都要始终带着深厚感情做好农民工作，始终把广大农民对乡村振兴的期盼与对美好生活的向往作为我们工作的奋斗目标！农业科技工作者，特别是青年农业科技工作者，要有这种为民服务的情怀与作风。

## 三、要有对事业高度负责的责任与担当

习近平总书记在多种场合谆谆告诫青年人"要做有信仰、有情怀、有担当的人"。他说，幸福是靠奋斗得来的。爱尔兰剧作家萧伯纳说过这么一句精彩的话："人生真正的欢欣，就在于你自认正在为一个伟大的目标发挥自己；而不是源于独自发光、自私渺小的忧烦躯壳，只知抱怨，世界无法带给你快乐。"在《闯关东前传》有这么一句名言："是雄鹰，就要在天空中翱翔，是骏马，就是要在草原上驰骋。"

现在，我们正处于加快推进农业农村现代化和实施乡村振兴的新时代，在迈向新

时代的伟大征程中，我们都在努力奔跑，我们都是追梦人。从事农业科研事业是一项平凡而又伟大的事业。我认为，新的时代，让农业产业发展，让农业增效与农民增收，让农村美丽，应该是农业科技工作者的责任与担当！特别是作为一名优秀的青年农业科技工作者，需要知识、技术和能力。自古以来，纵观青年人的成长，每一段青春，都饱经风霜。奋斗的青春是最动人、最幸福的，又是最美丽的！作为新时代的青年农业科技工作者，要注重把工作的小目标和事业的大目标结合起来，立足岗位，立足本职，立足实际，脚踏实地做好每一项工作。每一次努力，都是为了下一次成功。

新的时代，新的目标。要守鸿鹄志，要做奋斗者。我们从事农业科研工作，不是有希望才干，而是干了才有希望。可以说，广阔的大地是青年科技工作者成长的最好舞台。作为新时代的农业科技工作者，要牢固树立新发展理念，要积极面向广阔的农村、农业和广大农民，要自觉走向基层，深入农业生产第一线，用双脚去丈量希望的田野，去亲身感受农村改革创新与乡村振兴的生动实践，用自己所学到的专业知识、专业技能和聪明才智服务"三农"，从投身到服务"三农"的伟大实践中，感悟新时代广大农民心中的"三农"梦，真正从实践中感悟青年农业科技工作者的时代使命、责任与担当，用实际行动去书写新时代的历史征程！

## 四、要有一股对事业的热爱与执着的追求

俗话说："三百六十行，行行出状元。"从事哪一项事业，选择哪一样工作，首先取决于自身的好奇与热爱。我们经常讲，好的开头是成功的一半。在实际工作中，每个人都会遇到这样那样的困难，面对困难，不同的人有不同的态度，坚持与坚强的人，他们总是有一股坚韧不拔的勇气。前不久，我观看电视《花开中国》这个节目，令人难以忘怀，同时倍受鼓舞！有一个是讲述塞罕坝第三代人弘扬老一辈人艰苦创业的精神的故事。讲述了第三代人杨丽向长辈学习，扎根塞罕坝奋斗10年，坚持植树造林，发展生态绿色经济。她深情地说，塞罕坝第一代、第二代老一辈能坚持艰苦创业几十年，刚开始，他们中的许多人连起码的住房也没有，许多人放弃了高考的机会，许多人放弃了在城里工作的机会，在塞罕坝奋斗的第一代人中，有一位老奶奶还荣获地球卫视奖。当然，也有许多人牺牲了，他们永远是我们年轻人学习的榜样。

还有一个故事讲述80后年轻科技工作者彭艳，坚持10年在海上进行科学考察与研究的故事。上海大学无人艇工程研究院院长彭艳，坚持带领80后11位女性团队成员（平均年龄32岁），克服种种困难，潜心进行海洋科考活动，每当在她们遇到困难的时候，她们就高唱《铿锵玫瑰》。她说，我们因为从事科研而变得更加美丽！正像文学教师蒙曼给她们的评价那样："低下头，柔情似水；抬起头，力量如钢。"我们作为农业科

研工作者，经常忙碌于田间地头，长期奔走于农业生产第一线，更应该像上述故事中主人翁一样，对待工作与事业，始终怀有火一样的热情，始终有一股坚韧不拔的勇气！可见，坚持是一种态度，坚持是一种热爱，坚持是一种品质，坚持是一种力量！坚持，才能有创造，才能有底气，才能有收获！不难看出，坚持和坚守是开通事业成功的金钥匙。

## 五、要有善于学习与创新的优良品质

"立身而行，以学为基"。习近平总书记多次强调指出，干部要善于学习，要注重依靠学习走向未来。大凡在事业上有成就的人，都十分注重加强学习。正如苏联文豪高尔基所说的那样"我扑在书上，就好像饥饿的人扑在面包上"。从我自身的学习体会上看，学习大体有以下几点好处：一是通过学习，不断更新和增长知识，不断培育自身创新的思维方式；二是通过学习，了解全局，拓宽视野，把握大势；三是通过学习，牢固树立科学的世界观、价值观和人生观，不断提升自身的精神境界。

新时代应该是一个书香社会。我们作为农业科技工作者，永远不要被自己所学的专业所束缚，须知，学习永远是我们内心的驱动力。面对创新驱动发展的新时代，青年科技工作者，要注重结合工作实际和自身实际，多读书，读好书，要注重有选择性地重点学习，通过学习，不断提高自己的政治思想水平，不断更新知识和提高自己的专业化水平，不断拓宽自己的视野和精神境界！努力适应乡村振兴和农业农村现代化发展的新形势和新趋势。

## 六、要有勇攀高峰与追求真理的科学精神

记得有一位科学家曾经这么说过，一个人活着是为了什么？他应该在他年富力强的时候，就要找到他人生中最重要的使命。凡是成就事业者都注重格局。格局决定视野。曾国藩关于格局的重要性说过这么一句话："谋大事者首重格局。"现代企业家马云对格局是这么理解的，他说："不是你的公司在哪里，有时候你的心在哪里，你的眼光在哪里更为重要。"

作为新时代的农业科技工作者，我们应该不忘初心，牢记使命，像老一代农业科学家那样，始终坚持服务人民和"三农"的思想，始终做到坚定农业科研的初心与梦想，始终坚持弘扬科学精神，为勇攀农业科学高峰而奋斗！大家知道，我们敬爱的农业老前辈袁隆平先生，他一生主要致力于杂交水稻研究，他说："一个基因可以拯救一个国家，一粒种子可以造福万千苍生。"一粒因袁隆平培育的杂交水稻种子，让我国占世界7%的耕地养活了占世界22%的人口！他为攻克杂交水稻研究难关，提出"禾下乘凉

梦"的杂交超级稻梦想。他为我国攀登世界杂交水稻超级稻科学研究的高峰作出历史性和里程碑式的贡献！

作为新时代的农业科技工作者，我们应该向农业科学家袁隆平学习什么？我认为，我们要学习他不忘初心、砥砺前行的创业精神，学习他追求真理、勇攀农业科学技术高峰的科学精神，学习他追随梦想、服务"三农"与造福人民的崇高精神，努力做一个富于"三农"情怀和无愧于社会、国家和新时代的农业科技工作者！

同志们，工作者是最美丽的，奋斗的青年是最幸福的！我们都很幸运，正处在一个伟大的时代，新时代、新任务、新目标、新梦想。进入新的时代，农业科研的舞台更加宽广，责任更加重大，使命更加光荣。让我们大力弘扬求实创新，担当奉献，追求真理和勇攀高峰的科学精神，始终坚持以人民为中心的思想，不忘初心，牢记使命，立足岗位，面向"三农"，勤奋工作，努力做一个新时代懂农业、爱农村、爱农民的优秀农业科技工作者，不断取得不愧于新时代的新发现、新发明、新技术，全心全意把科学精神和创新华章书写在希望的田野上，书写在现代农业发展的历史上，书写在新时代广大农民的心坎上！

希望青年农业科技工作者，自觉肩负起新时代强农兴农与服务"三农"的光荣使命，为加快推进乡村振兴和实现农业农村现代化作出新的更大的贡献！

**本文成稿** 2019年10月8日

# 第 二 部 分

## 生态农业与石山农业

# 新形势下加快推进农业绿色发展的几点思考

## ——学习习近平总书记关于绿色转型重要讲话精神的几点体会

贺贵柏

习近平总书记强调指出，"建设生态文明，关系人民福祉，关乎民族未来""良好的生态环境是最公平的公共产品，是最普惠的民生福祉"。2017年4月19—20日，习近平总书记在广西考察工作时强调指出，要切实抓好生态文明建设。广西生态优势金不换，要坚持把节约优先、保护优先、自然恢复作为基本方针，把人与自然和谐相处作为基本目标，使八桂大地青山常在、清水长流、空气常新，让良好生态环境成为人民生活质量的增长点，成为展现美好形象的发力点。2017年5月26日，习近平总书记在中共中央政治局第四十一次集体学习时明确指出，推动形成绿色发展方式和生活方式是贯彻新发展理念的必须要求，必须把生态文明建设摆在全局工作的突出地位，努力实现经济社会发展与生态环境保护协同共进，为人民群众创造良好生产生活环境。2018年6月5日世界环境日，又鲜明地提出了"绿水青山就是金山银山"的理念。可以说，习近平总书记关于抓好生态文明建设和绿色转型的重要论述，为新形势下加快推进农业绿色发展指明了前进的方向。

## 一、新形势下加快推进农业绿色发展的重要意义

一是推进农业绿色发展，是党和政府对民生和"三农"思想的丰富和发展。

二是推进农业绿色发展，是农业供给侧结构性改革的必然要求。

三是推进农业绿色发展，是不断满足广大人民群众对生态环境保护与建设的现实需要和迫切要求。

四是推进农业绿色发展，是加快推进"精准扶贫"和全面建设小康社会的基础条件和重要保障。

## 二、新形势下加快推进农业绿色发展要注意几个问题

当前和今后一个时期，要加快推进农业绿色发展，必须准确把握好农业绿色发展的深刻内涵，特别是要做到更加注重环境友好、资源节约、生态保育与农产品质量，从根本上着力解决农业绿色发展面临的突出问题。

1. 必须牢固树立农业绿色发展的全新理念

当前，农业绿色发展面临的主要问题是如何解决农业资源趋紧、农业面源污染、农业生态系统退化和农产品质量安全问题。农业绿色发展既是民生也是民意。各级领导和广大农业科技工作者，必须牢固树立和践行农业绿色发展的全新理念，采用多种形式，教育和引导广大农民和各种新型农业经营主体，不断创新发展思路和理念，紧紧依靠科技进步与创新，大力推进农业绿色发展。

2. 必须全面贯彻落实习近平总书记的重要讲话精神和切实抓好农业绿色发展重大行动

加快推进农业绿色发展，必须认真学习和深刻领会习近平总书记关于加强生态文明建设与绿色转型的一系列重要讲话精神，特别是要深入学习和全面贯彻落实习近平总书记在广西视察工作时强调指出"要切实抓好生态文明建设"的重要指示精神，严格按照国家有关政策法规和农业部的工作部署，重点抓好农业绿色发展的重大行动，主要包括畜禽粪便治理行动，果菜茶有机肥替代化肥行动，农作物秸秆处理行动，农膜回收行动以及生物保护行动。

3. 必须注重大力发展特色高效农业

发展特色农业，要注重在以下3个方面下功夫：一是要注重在"特"字上下功夫。从全市情况看，各地要因地制宜，发挥资源优势，不断调整优化农业区域布局和产业结构，积极培育和发展"一县一业""一乡一业"或"一村一品"式的特色高效农业。二是要注重在依靠科技进步与创新上下功夫。三是要注重在品牌建设上下功夫。要注重以市场为导向，加快推进农业信息化建设，努力做大做强做优具有区域特色的特色农业。

4. 必须注重充分发挥新型农业经营主体的示范与引领作用

要加快发展绿色农业，要注重充分发挥农业经营主体的示范与引领作用。特别是要注重发挥农业企业、农业合作社与农村专业大户的作用，鼓励和支持他们大力推广应用节本增效农业技术、节水灌溉技术、节能减排先进技术、土地轮休与间套种技术、农机农艺融合技术等，充分发挥新型农业经营主体的示范与引领作用。

5. 必须注重依靠科技进步与创新，加快转变农业发展方式

科技进步与创新是加快转变农业发展方式的重要支撑。当前和今后一个时期，加

快推动农业发展方式转变，重点就是推动农业由过去的主要依靠扩大面积、增加投入、粗放经营向主要依靠生态环境保护、产业结构调整优化、科技创新、劳动者素质提高与经营管理创新转变。要加快推进形成少投入、多产出、少排放与综合利用的农业生产方式与消费模式。首先，要注重依靠科技创新改造提升传统农业；其次，要注重依靠科技创新调整优化农业产业结构；再次，要注重依靠科技创新大力发展特色高效农业。

**本文原载** 2017年6月30日

# 试论广西发展低碳农业的战略选择

贺贵柏

## 一、低碳农业的内涵、产生及发展低碳农业的意义

20世纪90年代以后，我国积极探索发展高产、优质、高效、安全和生态的可持续发展农业。低碳农业的内涵更丰富，它除倡导高产、优质、高效、安全和生态的现代农业发展理念外，重点强调低能耗、低排放和低污染。由此可见，所谓低碳农业就是以低能耗、低排放、低污染为基础的一种新型的农业生产方式，又称农业发展模式。低碳农业就是追求高效率、低能耗、低排放、低污染、高碳汇和可持续的高效农业。低碳农业强调，在农业产业的各个环节，包括农业原料的开采、农产品的加工、农产品的使用和消费各个环节的低碳化。归纳起来，低碳农业的基本特征主要体现在以下6个方面，即高效率、低能耗、低排放、低污染、高碳汇和可持续性。

据科学家研究表明，近50年的全球气候变暖主要是由人类活动大量排放的$CO_2$、$CH_4$及$N_2O$等温室气体的增温效应造成的。目前，全球气候变暖及其效应已经引起各国政府的高度关注和重视。由于全球气候变暖，进一步加剧了环境、生态和能源问题的严重性，不仅威胁着农业生产的安全，迫使人们改变不可持续的生产和消费方式，而且还威胁着人类的生存和经济、社会的可持续发展，低碳农业由此应运而生。

低碳农业是低碳经济的重要组成部分。发展低碳农业已成为世界许多国家和地区探索农业发展方式转变和应对气候变化的重要举措。积极探索和发展低碳农业，对于保护农业生态环境，培育农业新的增长点，进一步推动农业产业结构的调整优化与发展方式转变，促进传统农业转型升级，加快构建现代农业产业体系，增强农业产业的市场竞争力，加快建设资源节约型和环境友好型社会，促进农业的可持续发展都具有十分重要的现实意义和战略意义。可以说，发展低碳农业是建设具有中国特色农业现代化道路的战略选择和必由之路。

## 二、广西发展低碳农业的战略措施

### （一）必须加快构建和形成低碳农业发展的战略规划

《中华人民共和国国民经济和社会发展第十二个五年规划纲要》指出，面对日趋强化的资源环境约束，必须增强危机意识，树立绿色、低碳发展观念，以节约减排为重点，健全激励和约束机制，加快构建资源节约、环境友好的生产方式和消费模式，增强可持续发展能力，提高生态文明水平。由此可见，发展低碳农业，构建绿色产业已逐步成为现代农业发展的一种潮流和趋势。一方面，要紧紧围绕发展高产、优质、高效、生态、安全农业的目标；另一方面，又要注意结合广西农业发展的实际，积极探索和大力发展低碳农业。要把发展低碳农业纳入广西经济、社会发展的总体规划中，逐步建立发展低碳农业的长效机制和科学的制度安排，使低碳农业的发展真正成为经济、社会发展的重要组成部分。

### （二）必须抓住机遇，科学引导低碳农业的发展

"低碳经济"最早出自2003年英国能源白皮书《我们能源的未来：创建低碳经济》，首次提出建立低碳经济发展模式，将其作为促进经济复苏的战略措施来抓。低碳农业是低碳经济体系的重要组成部分。《中华人民共和国国民经济和社会发展第十二个五年规划纲要》明确指出，树立绿色，低碳发展理念，发展低碳农业已被提上党和国家的重要议事日程。不难预见，发展低碳农业必将成为未来国际农业竞争力的制高点。低碳农业已成为当前世界减缓和应对全球气候变化的战略措施和战略选择，也将成为发展中国特色农业现代化的必然选择。从总体上看，广西农业正处在从传统农业向现代农业转变的过渡时期，要本着"立足当前，着眼未来，共同努力"的原则，抓住机遇，大力发展低碳农业，加快推进广西农业现代化的进程。

### （三）必须大力鼓励和支持进行低碳农业技术的研发、示范、推广和应用

低碳农业的实质是能源的低碳利用与清洁能源开发。一般来说，低碳技术可分为三大类，即减碳技术、无碳技术和去碳技术。当前和今后一个时期，要大力鼓励和支持进行低碳农业技术的研发、示范、推广和应用。要紧密结合广西农业的实际，注重围绕构建"绿色"低碳农业技术体系，"蓝色"低碳农业技术体系，"白色"低碳农业技术体系和"灰色"低碳农业技术体系，有选择性地重点研发、示范、推广和应用以下技术，即节本增效农业技术，特别是农作物免耕栽培技术，例如水稻免耕栽培技术、玉米免耕栽培技术和马铃薯免耕栽培技术；良种良法配套技术，例如农业生物与工程固碳技术、培植"固碳型"农作物技术；农作物合理间种技术、套种技术和轮作技术；生物有

机肥技术和生物防治技术；循环农业技术，例如，高效循环（立体）种养农业技术、糖料蔗制糖副产品综合利用技术、蚕桑资源综合利用技术、农作物秸秆粉碎还田技术或过腹还田技术、农村沼气高效利用技术；农机农艺融合技术；智能遮阳技术；清洁生产技术；农产品标准化生产技术，特别是绿色农产品生产技术和有机农产品生产技术；动物防疫综合技术；海水淡化技术；农业防灾、抗灾和减灾综合技术；现代农业高新技术，特别是现代农业遥感技术和现代农业信息技术，等等。加快推进建立低碳农业示范点，探索建立低碳农产品标准、标识和认证制度，努力构建具有广西特色的低碳农业技术模式和低碳农业技术体系，千方百计走出一条代价小、效益好、污染少和可持续的农业发展道路。在此基础上，积极开展农业对外交流与合作，大胆引进国内外低碳经济领域的先进装备和技术，加强国内外低碳农业的人才、技术和信息交流，千方百计加快广西低碳农业的发展。

## （四）必须加快低碳农业产业的发展

首先，要大力发展高产、优质、高效、生态、安全的农业，积极探索发展低碳农业的新路子。其次，要注重加快低碳农业产业的发展，加快构建现代低碳农业产业体系，大力发展特色生态种植业、养殖业和农产品加工业，加快推进广西农业生产经营规模化、专业化、标准化、集约化和产业化。再次，要始终坚持把科技进步和创新作为加快转变农业发展方式的重要支撑，加快建立以企业和农民为主体，以市场为导向，产学研相结合的农业技术创新体系，促进科技成果向现实生产力转化，真正把农业科技进步与农业产业结构优化升级结合起来，千方百计提高农业产业的核心竞争力。最后，要注重探索建立和完善农民科技知识培训体系，大力宣传和传授低碳高效生态农业技术知识和经营理念，不断提升广大农民的农业科技综合素质，为广西低碳农业产业的发展提供科技支撑。

## （五）必须制定促进低碳农业发展的优惠政策

首先，要以国家法律、法规为依据，始终坚持以科学发展观为指导，严格按照《中华人民共和国国民经济和社会发展第十二个五年规划纲要》的部署和要求，紧密结合广西实际，加快制定低碳农业发展的优惠政策。其次，要通过制定优惠政策，刺激、鼓励和引导有关农业科研单位、农业企业和农业推广部门，加快引进、研发和推广低碳农业技术。再次，要通过制定优惠政策，鼓励企业特别是农业资源型企业，进行清洁生产、废弃物综合利用、技术引进和研发。最后，要注意发挥政府、企业和广大农民发展低碳农业的积极性，加快形成推进低碳农业发展的整体合力，以促进广西低碳农业的发展。

## （六）必须科学引导和倡导低碳化消费

首先，政府要注重加强低碳农业知识的宣传，特别是通过优惠政策措施和激励机制，科学引导广大消费者进行低碳化消费，使低碳消费理念不断深入人心。其次，要注重加强农业技术创新，在农业产业的各个环节，推广应用低碳农业技术，改变传统的农业生产方式，大力提倡生产低能耗的农产品。再次，要大力提倡消费低碳农产品，特别是从日常生活和消费细节做起，引导人们逐步形成低碳消费的良好习惯，为促进广西低碳农业的发展营造一个良好的消费环境。

**本文原载**　广西农学报，2012，27（2）：55-57

# 新阶段广西土壤污染的现状、治理与修复的对策措施探讨

贺贵柏

广西壮族自治区简称桂，位于我国南部，地处东经104°38′~112°03′，北纬20°14′~26°23′，东面与广东省、北面与湖南省、西面与贵州和云南接壤，西南与越南相连，南临南海北部湾，南北相距606km，东西跨度769km，面积约24万km²。广西地处云贵高原东南边缘，地形复杂，地势自西北向东南倾斜，全区地势北高南低。北回归线横贯中部，南岭山地和桂南边缘山脉为自然地理重要分界线。由于广西境内四周多山，这一略呈四周高中部低的不完整的盆地地形，地质界称之为"广西盆地"。广西地处低纬度，气候属南亚热带湿润季风气候，其特点是气温偏高，雨量丰富，雨热同季，无霜期长。全区年平均气温为16~23℃，1月平均气温为23~29℃；日平均气温≥10℃的积温5 000~8 000℃，持续日数340~360d；年平均降水量1 600~2 000mm。从地域分布来看，北部和南部降雨较多，中部较少，东部较多，西部较少。广西是我国气候条件最优越的省（区）之一。由于光、温资源丰富，广西植物种类繁多。目前，全区已发现的植物共有283个科1 778个属6 000多种，是我国植物种类最多的省（区）之一，仅次于云南和四川，位居全国第3位。

广西地貌总体是山地丘陵性盆地，素有"八山一水一分田"之称，海拔在400m以上的山地（中山、低山）面积占全区总面积的40.41%，丘陵占36.63%，平地（平原台地）占19.80%，水面占3.16%。广西是我国著名的喀斯特地区，石灰岩遍布各地，形成了各种奇特的地形，秀丽的山峰，多姿的溶洞，生态旅游资源十分丰富。全区土地总面积为23.67万km²，居全国第9位。据统计，全区耕地总面积为261.42万km²，仅占广西土地总面积的11.04%，其中，水田面积为154.03万km²，占耕地总面积的58.90%；旱地107.39km²，占耕地总面积的41.1%。现有耕地面积居全国第18位，人均耕地面积居全国第22位。全区人均耕地0.056km²，已接近联合国粮农组织确定的0.053km²的警戒线。全区共辖14个地级市，85个市、县（包括自治县），总人口5 061万人，有壮、汉、瑶、苗、侗、仫佬、毛南、回、京、彝等民族，其中少数民族人口占39.3%，壮族占33%，是我国少数民族人口最多的省（区）之一。近年来，广西已成为我国南部沿海

地区和西部内陆腹地的重要接合部，具有沿海、沿边、沿江的区位优势，是我国对外开放的重要前沿阵地和窗口。

## 一、广西土壤污染的基本现状

近年来，广西农业生态环境仍然面临着水土流失严重、自然灾害发生频繁、环境污染加剧和森林破坏严重等影响农业可持续发展的问题。全区农业生态环境不同程度受到工业"三废"及化肥农药的污染，局部地区甚至已达到比较严重的程度。据不完全统计，全区受污染的农田已超过2.67万km²，约占水田面积的1.76%，每年损失粮食4万多吨；超过1 200km的河道水质不符合渔业水质标准；沿海水质恶化，每年因污染事故造成鱼类死亡2 000多吨，经济损失达上千万元。从近几年公布的资料数据看，广西的农业环境污染事故依然呈上升的趋势。

根据土壤环境主要污染物的来源和土壤环境污染的途径，土壤环境污染的类型主要分为水质污染型、大气污染型、固体废弃物污染型、农业污染型和综合污染型。

广西土壤污染主要受水质污染、大气污染和农业污染较为严重。

### （一）水质污染状况

水质污染是指污染源主要是工业废水、城市生活污水和受污染的地面水体。

广西水源丰富，年径流量大。据统计，全区集雨面积在50hm²以上的河流937条，全区地表水年径流量为1 880亿m³，占全国年径流量的7.2%。全区年平均总水量2 505m³，人均占有径流量6 500m³，比全国人均约2 700m³高出1.4倍。全区农业用水2 155 005亿m³，平均每亩耕地有水资源量6 669m³。

近年来，广西江河水源和地下水源已不同程度地受到污染。据广西环保部门的监测表明，部分河流已被轻度污染，部分河段水质存在一定程度的污染，重金属、溶解氮、氨氮、高锰酸盐指数等是主要的超标因素。部分城市地下水污染有加重的趋势。全区地下水污染的主要特点是：以点状污染为主，局部存在小范围的面状污染，主要超标因素为亚硝酸盐、氨氮、铁、锰、化学需氧量等。近海水质污染有所加重，污染浓度增加。

### （二）大气污染状况

大气污染主要指土壤污染物质主要来自被污染的大气。

近年来，工业"三废"和酸雨对环境农田、灌溉水等造成了严重的污染。城市的大气煤烟型污染主要超标$SO_2$和烟尘含量都不同程度地超过国家标准。特别是酸雨污染比较严重。据广西环境公报表明，全区14个地市都出现酸雨污染，降水的pH范围为4.62～6.67，平均值为4.89，酸雨率为13.1%，特别是城市年平均酸雨频率达40%，酸雨对土壤和农作物的影响依然存在。

### （三）农业污染状况

农业污染是指由于农业生产的需要而不断地施用化肥、农药、垃圾堆肥、厩肥、污泥等所引起的土壤环境污染。农业污染主要来源于化学农药和污泥中的重金属。由于受到大气污染、水源污染的影响及农业化学物质的大量使用，农用土地已受到不同程度的污染。调查表明，土壤污染物中最严重的是重金属铅、镉和六六六，各地土壤污染的现象比较普遍。

长期以来，由于大部分农户对土地重用轻养或只用不养，农家肥施用量逐年减少，化肥施用量逐年增多，是导致土壤板结、团粒结构差和地力下降的主要原因。据普查，广西土壤有机质含量小于2.5%的耕地面积占53.17%，缺磷面积占61%，缺钾面积占56%。土壤耕作层小于12cm的耕地面积占65.10%，耕层潜育化的渍害田面积占14.37%。

## 二、污染土壤治理与修复的对策措施

土壤是一种重要的自然资源，是人类赖以生存和发展的物质基础。目前，在学术界，对土壤污染有不同的看法。何谓土壤污染，本人认为，土壤污染是通过人类的各种活动使有害物质不断进入土壤，致使土壤中含有害物质过多，超过了土壤的自净能力，从而破坏了土壤的动态平衡，给土壤生态系统造成危害或达到危害人体健康的现象，土壤污染直接影响农产品的质量和安全，与人类的生产、生活和健康密切相关。人们研究土壤污染的发生与发展，控制与消除，治理与修复，对保护土壤生态环境，促进农业的可持续发展和人类的健康具有重要的意义。

目前，我国农业已进入高投入、高成本、高风险的发展时期。本文就新阶段广西污染土壤治理与修复提出以下对策措施。

### （一）必须注重创新发展理念，明确土壤污染治理与修复的目标

首先，要注重转变发展理念。各级政府特别是各级领导，必须带头创新发展理念。要树立和强化以下"五种理念"，即科学发展的理念、转变发展方式的理念、人与自然和谐的理念、绿色发展与可持续发展的生态文明理念。在此基础上，努力营造一个全社会都树立"既要金山银山，又要绿水青山"的新阶段创新发展理念。其次，要大力

推进生态文明建设。党的十八大强调指出，面对资源约束趋紧，环境污染严重，生态系统退化的严峻形势，必须树立尊重自然、顺应自然、保护自然的生态文明理念，大力推进生态文明建设。早在2011年3月，我国制定的《中华人民共和国国民经济和社会发展第十二个五年规划纲要》指出，节能环保被列为七大战略性新兴产业之首，其中，土壤治理与修复成为环保产业的重中之重。2013年年初，国务院办公厅又印发《近期土壤环境保护和综合治理工作安排》提出，2015年，要全面摸清我国土壤环境状况，初步遏制土壤污染的上升势头，到2020年，力争建成国家土壤环境保护体系，使全国土壤环境质量得到明显改善。目前，我国正在绘制土壤重金属"人类污染图"。广西作为全国重要的农业省（区）之一，要注重抓住战略机遇期，在国家宏观政策的指引和指导下，结合广西实际，尽快制定和明确广西土壤污染治理与修复的目标、任务和要求。

### （二）必须注重强化政府进行污染土壤治理与修复的公共服务职能

土壤污染治理与修复已成为社会一大热点和焦点问题。防治土壤污染，保障农产品质量安全，保护人民群众健康，可以说，已是时不我待、刻不容缓。目前，广西土壤环境状况不容乐观，部分地区土壤污染严重，耕地土壤环境呈现不断恶化的趋势。土壤污染治理与修复是一项长期的、艰苦的、系统的工程。各级政府必须站在建设生态文明的战略高度，引起重视，加强领导，进一步强化政府进行土壤污染治理与修复的公共服务职能。首先，要进一步强化各级政府进行污染土壤治理与修复的主导责任。要注重结合开展"美丽广西，清洁乡村"活动，将污染土壤治理与修复作为生态乡村建设目标纳入各级政府政绩考核的重要内容。其次，要进一步出台和完善有关法规和政策规定。法律和政策是加快推进土壤污染防治的关键。广西应在进一步贯彻落实《中华人民共和国环境保护法》《中华人民共和国大气污染防治法》《中华人民共和国固体废物污染环境防治法》《中华人民共和国环境影响评价法》和2013年9月13日国务院《大气污染防治行动计划》的基础上，建议尽快出台《广西土壤污染防治管理条例》，在此基础上，针对全区土壤污染实际，出台和完善有关政策规定，特别是将污染土壤治理与修复的资金投入纳入本级财政预算，并逐步增加。再次，要进一步加强生态文明建设的宣传。特别是要大力开展农村生态文明建设以及进行土壤污染治理与修复的宣传，努力营造一个让全社会人人都树立既要金山银山又要绿水青山的生态文明氛围。

### （三）必须注意加快开展农产品产地土壤污染的全面调查

据调查，我国重金属污染的面积已超过2 000万hm²，约占耕地面积的20%。长期以来，由于土壤污染的隐蔽性、潜伏性、长期性和不易修复性等特点，致使人们对土壤环境不够重视，广西至今尚未摸清全区土壤环境的质量状况。当前和今后一个时期，在国家宏观政策的指导下，广西应尽快启动和开展土壤污染，特别是农产品产地土壤污染状况的调查，可注重借鉴广东等省（区）经验，将土壤污染特别是农产品产地土壤分为厂矿企业区、污染灌溉区、大中城市郊区3类重点区域和一般农区，分别布设土壤采样点，全面监测土壤的污染状况特别是重金属污染状况。通过开展土壤污染特别是农产品产地土壤污染的调查，做到科学和全面地摸清全区土壤污染和农产品产地土壤污染的现状及问题，为今后全区乃至全国开展全面性、科学性和针对性的土壤污染治理与修复提供基础性数据和条件准备。

### （四）必须注重开展土壤污染治理与修复的技术研发与应用

技术是进行土壤污染治理与修复的重要支撑。关于污染土壤修复技术的分类，从不同的角度出发，可以对污染土壤的修复技术进行不同的分类。目前，通常将污染土壤的主要修复技术归纳为4类，即物理修复技术、化学修复技术、植物修复技术和生物修复技术。目前，世界各国针对污染土壤提出的修复措施有很多种。从实践角度看，农田土壤污染的修复技术现在采用比较多的是"生物修复"和"化学稳定"。生物修复目前使用比较多的是植物修复。植物修复，主要是种植一些重金属元素的耐性植物或超富集植物，把土壤中的重金属吸附到植物体内，然后收割植物并进行处理。植物修复可起到植物提取、根际降解、植物降解、植物稳定和植物挥发作用。植物修复是一种绿色的修复技术，值得大力提倡和推广。化学修复技术，主要采用"化学稳定"技术。所谓化学稳定，就是将化学稳定剂加入土壤中，通过对重金属的吸附、氧化还原、拮抗或沉淀作用等，以降低重金属的生物有效性和危害性。从全国情况看，我国土壤重金属污染形势严峻，全国耕地重金属污染修复任重道远。土壤修复面临的最大难题在于技术。我国土壤污染修复技术仍处在研发和产业化初期阶段。从技术应用情况看，目前，比较适合我国国情和最容易实现的方法就是采用土壤修复和改变土壤利用方式相结合。特别是在进行土壤重金属污染防治工作中，要注意采用源头控制、过程阻断和末端治理相结合，特别要注重进行源头控制。

广西土壤污染主要受水质污染、大气污染和农业污染较为严重。当前和今后一个时期，广西要在开展土壤污染和农产品产地土壤污染调查的基础上，注重广泛借鉴国内外土壤污染治理与修复的先进经验和最新研究成果，结合广西土壤污染的实际，切实做到有计划、有组织、有重点地开展土壤污染治理与修复技术的研发与应用。

### （五）必须注重开展典型地区土壤污染治理与修复

在选择污染土壤修复技术时，必须统筹考虑土壤修复的目的、社会经济状况与修复技术的可行性。在选择污染土壤修复技术时，应注重遵循以下3项基本原则，即耕地资源保护原则、可行性原则和因地制宜原则。耕地资源保护原则，主要强调在进行污染土壤修复技术的选择时，尽可能地选用对土壤肥力负面影响比较小的技术。污染土壤修复技术的可行性原则，主要强调经济方面的可行性和效用方面的可行性。因地制宜原则，主要强调在达到预期修复目标的基础上，又要注意避免对土壤本身和周边环境造成不利影响。

当前和今后一个时期，广西进行土壤污染治理与修复，要在遵循耕地保护原则和可行性原则的基础上，特别要注意遵循因地制宜的原则。广西土壤污染主要是水质污染、大气污染和农业污染。土壤污染特别是农产品产地土壤污染，主要分布在厂矿企业区、污染灌溉区和大中城市郊区这3类重点区域。今后3～5年，广西应注重开展上述重点区域和典型地区土壤污染的治理与修复，切实做到突出重点，树立典型，以点促面，加快和全面带动全区土壤污染治理与修复工作的顺利进行和稳步推进。

### （六）必须注重建立土壤污染治理与修复的质量评价标准及考核体系

继大气污染、固废污染治理后，土壤污染治理与修复正成为环保产业的新热点。可以预见，土壤污染治理与修复产业有望迎来"黄金期"。目前，制约土壤污染治理与修复产业发展的因素，除了技术和资金障碍外，缺乏统一标准是制约土壤治理与修复产业发展的另一瓶颈。

随着《重金属污染综合防治"十二五"规划》的发布和国务院《近期土壤环境保护和综合治理工作安排》方案的出台，我国土壤污染治理与修复的目标和任务越来越清晰。广西应注重抓住土壤污染治理与修复黄金期到来的大好时机，尽快出台和完善广西有关土壤污染治理与修复技术的法规和政策规定。鼓励民间环保组织参与土壤污染治理与修复的质量评估。要在国家宏观政策的引导下，积极探索建立既符合国家政策要求，又符合广西实际情况的土壤污染治理与修复的质量评价标准及考核体系，千方百计促进广西土壤污染治理与修复产业的可持续发展。

**本文原载**　广西农学报，2014（6）：83-86

# 试论百色市农业可持续发展战略

## 贺贵柏

　　农业可持续发展是人类经济社会可持续发展的基础。可持续发展农业就是一种追求农业生产全部效益得到发挥，在经济、生态、社会效益的协调中不断发展的农业。2005年10月10日，中共中央《关于制定国民经济和社会发展第十一个五年规划的建议》中明确指出："坚持以科学的发展观统领经济社会发展全局……发展高产、优质、高效、生态、安全农业……积极推行节水灌溉，科学使用化肥、农药，促进农业的可持续发展。"根据党中央、国务院提出建设社会主义新农村的战略部署，抓好百色市农业的可持续发展，以促进百色市农业由传统农业向现代农业的跨越，特别是加快百色市广大农村和农民脱贫致富进而奔上小康之路，这是中共百色市委、市政府非常重视的现实问题和战略问题，也是百色市360多万各族人民尤其是广大农民的迫切要求和良好的愿望。由此可见，抓好百色市农业的可持续发展将具有十分重要的经济意义、生态意义和社会意义。

## 一、百色市农业资源概况

### （一）土地资源

　　百色市土地总面积36 276km²，占广西总面积的15%，是广西面积最大的一个市。全市共辖12个县（区），183个乡镇（其中乡123个、民族乡37个、镇60个），乡镇总户数73.41万户，总人口368.44万人。境内山地和丘陵占总面积的90%，台地和平原占6%，其他占4%。按土地利用的类型分：园地面积286.83km²，占土地总面积的0.79%；林地面积1.82万km²，占土地总面积的50.17%；牧草地面积0.20万km²，占土地总面积的5.51%；居民点及工矿用地面积354.07km²，占土地面积的0.98%；交通用地面积78.40km²，占土地总面积的0.22%；小流域面积0.058万km²，占土地总面积的1.60%。目前，全市尚未利用的土地面积1.01万km²，占土地总面积的27.84%。

## （二）耕地资源

百色市耕地总面积为24.59万hm²，其中水田9.14万hm²，占耕地总面积的37.17%，旱地15.45万hm²，占耕地总面积的62.83%。2003年农业人口人均耕地面积1.14亩，比上年农业人口人均耕地面积1.20亩城少0.06亩，减少5%。

## （三）人口资源

全市农业人口322.18万人，占总人口368.44万人的87.44%；农业劳动力197.44万人，占农业人口的61.28%。2004年全市转移农村富余劳动力56.6万人，占农业劳动力总数的28.67%。

## （四）气候资源

据统计，1997—2003年，全市年平均气温22.36℃，年平均降水量为1 085.60mm，比全球陆面降水量800mm和全国年平均降水量648mm分别高285.60mm和437.60mm。年平均气温比广西2003年平均气温21.4℃高0.96℃，年平均降水量比广西2003年降水量1 431.80mm少346.20mm。

## （五）森林资源

百色山地和丘陵面积大，适宜发展林业的土地面积209.8万hm²，占总面积的57.8%。2004年全市森林总面积2 399万亩，森林面积蓄积量5 281万m³，其中，用材林蓄积量3 903万m³，占总蓄积量的73.90%，生态林占26.1%。2004年森林覆盖率为42.3%。

## （六）动植物资源

全市野生动物有106种，其中兽类47种，鸟类59种。属国家保护的稀有珍贵动物有20多种。全市植物资源有236科、955属、2 775种。列入国家保护的珍贵植物60多种，号称"天然的绿色宝库"。

## （七）水利资源

全市江河溪流较多，主要河流有右江、澄碧河等集雨面积在50km²以上的大小河流102条，总长度5 040km，河流密度为每平方千米0.14km。全市地表径流总量为172.4亿m³，径流深为475.1mm，地下径流总量为41亿m³，水资源总量为216.4亿m³。全市人均拥有可利用水量5 919m³，每亩耕地占有水资源为5 380m³。全市各种水利工程年可供水量35亿m³，有效灌溉面积161万亩，占耕地面积的40%；地方电力占水力发电量7.98亿kW；

累计解决农村饮水困难37.34万人和牧畜87.2万头；防洪排涝受益面积16万亩；治理水土流失面积589万亩。

### （八）农作物播种面积

据百色市农业局统计，2004年全市农作物播种面积827.9万亩，其中粮食作物播种面积478.28万亩，占总面积的57.77%；经济作物播种面积349.75万亩，占总面积的42.25%；水果面积200万亩，占总面积的24.16%；茶叶面积15.2万亩，占总面积的1.84%；桑园面积4.7万亩，占总面积的0.57%。

## 二、百色市制约农业可持续发展的主要因素

### （一）经济基础比较薄弱

从总体上看，百色市经济基础还比较薄弱。以2004年为例，全市人均GDP（生产总值）为4 378元，仅占全国GDP 10 512元和广西GDP 7 196元的41.65%和60.84%；从产业结构看，广西第二产业占三次产业的比重为54.80%，而百色只占49.80%；从城镇居民可支配收入看，全市城镇居民可支配收入为6 700元，仅分别占全国9 422元和广西8 698元的71.11%和77.03%；从农民人均纯收入看，全市为1 548元，仅分别占全国2 936元和广西2 305元的52.72%和67.16%。

### （二）农业可利用的水资源比较短缺

百色市由于降水和河川径流的时空分布不均，加上水污染，并非所有的水资源量都能为人所控制和利用，不少地方仍时常遭受干旱和洪涝灾害袭击，水的问题仍然是制约百色市经济和社会发展的重要因素。据百色市水利局统计，百色市2003年农田有效灌溉面积10.89万$hm^2$，仅占耕地总面积的24.59万$hm^2$的44.29%；农田旱涝保收面积8.55万$hm^2$，仅占耕地总面积的34.75%，农业人口人均有旱涝保收面积0.40亩，占人均耕地面积1.14亩的35.09%；需解决人、畜饮水困难的人数达173.63万人，牲畜121.02万头。

### （三）农业基础设施比较薄弱

据百色市水利局2003年统计，百色市水利工程为农业提供水量为13.3亿$m^3$，占水资源总量216.4亿$m^3$的6.16%，其中蓄水工程为农业年供水量5.0亿$m^3$，占农业年供水量的37.74%；引水工程年供水量为6.3亿$m^3$，占农业年供水量的47.15%；其他工程年供水量占农业年供水量的1.52%。2003年全市农田实灌面积8.52万$hm^2$，占耕地面积24.59万$hm^2$的34.65%，占水田面积9.14万$hm^2$的93.24%。在农田实灌面积中，达到除涝面积

1.12万hm²，占农田实灌面积8.52万hm²的13.08%。

### （四）石山地区和土坡地区水土流失比较严重

百色市大部分地区为石山地区和土坡地区，植被稀少，森林覆盖率低，水土流失比较严重。据统计，2003年全市水土流失面积达98.03万hm²，水土流失累计治理面积37.75万hm²，仅占水土流失总面积的38.51%。

### （五）农业环境污染压力加大

据百色市环保局统计，2003年工业废水排放总量为16 581 305万标m³，二氧化硫排放量为46 942.08t，烟尘排放量为34 822.22t，工业粉尘排放量20 943.45t，工业废水排放总量4 636万t，城镇生活污水排放量5 186万t。

### （六）农业产业化程度比较低

从总体上看，百色市农业产业化尚处于起步阶段。据统计，2004年全市共有各类农业产业化经营组织123个，其中区、市龙头企业13个，直接带动乡村农户16.36万户，仅占全市乡村农户数73.41万户的22.29%，人均纯收入1 067元。

### （七）农业劳动力整体素质比较差

百色市农业劳动力整体素质还比较差，尤其是科技和文化素质差，难以适应市场经济和现代农业发展的要求。据统计，在全市农业劳动力中，小学文化程度以下的约占50%以上。由于农业劳动力的文化素质低，直接影响他们科技素质的提高，进而影响农业的可持续发展。

## 三、百色市农业可持续发展的战略措施

当前和今后一个时期，百色市必须坚持以科学发展观统领经济和社会发展的全局，按照农业可持续发展观的要求，紧紧围绕实现可持续农业的3个战略目标，即实现生态可持续性、经济可持续性和社会可持续性三者之间的协调统一，针对制约百色市农业可持续发展的主要因素，有针对性地采取各种行之有效的措施，大力发展高产、优质、高效、生态、安全农业，以促进百色市农业的可持续发展。

### （一）实施农业耕地保护带动战略

当前和今后一个时期，百色市实施农业耕地保护带动战略应注意抓好如下5项具体工作。

### 1. 必须抓好耕地的科学规划与利用

根据农业可持续发展的要求并兼顾社会经济发展对耕地的合理需求，百色市应进一步明确耕地保护的长远目标和近期目标，切实抓好耕地的科学规划和利用工作，强化耕地保护目标的科学性与可行性。在耕地利用上，首先，必须考虑农业的可持续发展能力；其次，必须明确耕地保护工作要以经济建设为中心，要在确保现有建设用地实现了合理利用的前提下进行外延扩张，以实现耕地保护与农业可持续发展以及经济社会发展的"三保"。

### 2. 必须抓好退耕还林工作

森林是耕地保护的天然屏障。林业是生态农业建设的主体。要做好耕地保护工作，必须抓好退耕还林工作。根据国务院批准的《全国生态环境建设规划》，要求25°以上的耕地要全部退耕，15°~25°的坡耕地也需要根据条件和可能退耕。百色市石山和土坡面积大，退耕还林任务十分艰巨。据统计，2004年退耕还林38.8万亩，其中退耕还林8.8万亩，配套荒山造林30万亩。县（市、区）政府要高度重视退耕还林工作，确保2010年完成退耕还林工作，以缓解耕地保护的压力。

### 3. 必须建立和完善耕地的流转机制

当前和今后一个时期，百色市应注意在如下几个方面建立和完善耕地的流转机制。首先，应建立耕地有偿使用制度。在农村执行耕地有偿使用制度，耕地使用者对耕地所有者付费，使耕地所有权得到经济上的实现，促使农户改变对耕地经营的消极态度，以加快推进耕地商品经营的进程。其次，要建立地籍评价制度。各级政府尤其是县（区）政府今后应将这项工作组织化、制度化和社会化，积极探索和建立社会化和系统化的土地评价机构。再次，要建立耕地合理流转制度。市级政府尤其是县（区）政府，要充分发挥基层土地管理部门的作用，建立健全土地产权交易所，主要从事耕地的技术评价和经济评价，办理耕地使用权的转让、出售和交易等事宜，以加快推进耕地使用权流转的公开化、规范化和合理化的进程。

### 4. 必须抓好耕地的整理和复垦工作

近年来，随着百色市城镇化和工业化的不断加快，各项建设项目占用耕地不断增加。当前和今后一个时期，县（市、区）政府补充耕地要实现过去以开发荒山和荒坡为主向耕地整理和复垦的转变。要正确处理建设用地补充耕地数量和质量之间的关系，积极探索实现补充耕地和建设占用耕地数量和质量相等的具体途径和有效方式。

### 5. 必须抓好农业主体污染的防治工作

农业立体污染是一个新的概念，主要是指不合理的农业生产方式与人类相关活动所引起的，在非完全确定时空对土壤、水体、大气、生物等进行直接和复合、交叉与循环污染，从而影响农业环境格局并使生态系统受损的过程。当前和今后一个时期，百色市应注意针对农田土壤残留的农药、重金属、有机农膜、激素类以及水土和养分流失等问题，重点研究和推广应用如下5个方面的技术。一是研究与应用防治与降解新材料技术，主要包括新型肥料、生物农药、新型农膜、废弃物资源化造粒和土壤污染的微生物（生物菌剂）修复技术；二是研究和应用无害化和污染减量化生产技术，例如无公害农业标准化技术、绿色标准化技术和有机农业标准化技术等；三是研究和应用废弃物资源化技术，例如，人、畜粪便发酵与除臭技术，农业有机肥生产技术，有机与无机复混肥料生产技术等；四是研究和应用立体污染阻控技术，例如，肥料的精确化施肥技术、土壤农药残留的降解技术、生活污泥的生物消化处理技术、土壤重金属的生物与化学降解技术等；五是整合上述技术，研究和应用关键工艺与工程配套技术，为推进农业立体污染治理提供工程保障。

## （二）实施生态农业建设带动战略

实践证明，发展生态农业是实现农业可持续发展的必然选择。当前和今后一个时期，百色市发展生态农业应注意重点抓好如下3项具体工作。

### 1. 必须树立科学的生态农业发展观

百色市各级政府和有关部门应站在农业可持续发展的战略高度，坚持全面、协调和可持续的农业发展观，牢固树立生态农业的新理念，充分利用各种新闻传媒和现代信息技术，广泛宣传建设生态农业和保护生态环境的紧迫性和重要性，千方百计调动广大干部群众参与生态农业建设的积极性，教育和引导人们逐步树立绿色经济和绿色消费的观念，努力建立起一种自觉的绿色文明生活方式。

### 2. 必须建立高效的生态农业发展模式

百色市生态农业的建设模式应根据不同的地域和当地的农业生产力状况及生态现状选择不同的发展模式。百色市应注意重点推广如下7种各具特色的生态农业发展模式，即"猪—沼—果—灯—鱼""猪—沼—香蕉—灯—鱼""果—灯—黄板—套袋""猪—沼—果—灯""优质杧果—杀虫灯—塘角鱼—青蛙""猪—沼—瓜—灯""猪—沼—菜—灯"生态农业模式。

### 3. 必须重视生态农业技术创新

科技进步是推动生态农业建设的动力和保证。发展生态农业，必须重视技术创新。要重点抓好如下13项技术的推广和应用，即农业精准施肥技术、节水农业技术、立体农业开发技术、农作物病虫害综合防治技术、农业环境污染综合治理技术、农业废弃物综合利用和资源化技术、农作物免耕技术、无公害标准化生产技术、绿色食品标准化生态技术、有机食品标准化生态技术、农业生物技术、农业信息化技术和农林牧渔、种养加工集一体化技术。大力加强农业清洁生产工程建设，积极探索推广生态农业企业化经营的新路子，努力提高科技进步在推进生态农业建设中的贡献率。

### （三）实施农业产业化带动战略

百色市农业产业化的实践证明，农业产业化经营是加快农业可持续发展的必由之路，是推进破解"三农"难题的"金钥匙"，是加快农业和农村经济发展的重要途径。抓好农业产业化经营尤其是抓好龙头企业的发展具有十分重要的意义。据统计，目前百色市共有农业龙头企业21家，销售收入12.6亿元，上缴税金5 235.61万元，带动优质农产品生产基地面积153.94万亩，辐射连接农产23万户，直接带动农户数21.27万户，年收入在5 000万元以上的农业龙头企业有3家，获广西重点农业龙头企业3家，先进农业龙头企业1家。农业龙头企业具有上联市场下联基地和农民的桥梁作用。有了农业龙头企业的带动，广大农户就可以根据农产品购销合同和专业分工进行生产，不必承担直接与千变万化的市场打交道可能带来的生产与经营风险。以农产品产地批发市场为例，如百色市田阳县农副产品综合批发市场，目前是我国西南地区最大的产地批发市场。市场占地面积300亩，其中一期工程占地152亩，计划二期扩建148亩，已投入建设资金4 600多万元，年交易额达10亿多元，带动优质香蕉生产基地面积12万亩、优质杧果生产基地面积40万亩、优质秋冬菜生产基地面积35万亩。在此基础上，还培养本地农村经纪人300多人，先后和外省客商1 000多人进行农产品业务洽谈与合作，各种鲜活农产品先后销往上海、广州、武汉和北京等10多个省（市），从而促进了农业增效、农民增收和农业主导产业及相关产业的发展。

### （四）实施"品牌农业"带动战略

品牌农业是指通过相关质量标准体系的认证，取得商标的注册权，具有较高的市场认识度、知名度以及消费者的忠诚度，同时拥有较强的市场销售能力和较高经济效益的新型农业。发展"品牌产业"是提升农产品竞争力的关键因素，也是促进农业可持续发展的一项战略性措施。百色市农林牧资源丰富，土特产品多，发展品牌农业具有得天独厚的条件。当前和今后一个时期，百色市发展品牌农业应注意抓好如下两项具体工作。

1. 必须明确发展品牌农业的重点项目

百色市的田东香米、油菜、桑蚕、茶叶、烤烟、食用菌、八角、玉桂、田七、大肉姜、八渡笋、七里香猪、隆林黑山羊、西林麻鸭和德保矮马等都是百色市的特色农产品，要有计划地进行引导和重点扶持，以加快这些特色农产品向无公害、绿色食品化和有机食品化方向发展。

**2. 必须进行农业产业化经营**

通过农业产业化经营进一步加强对特色农产品的精深加工、包装和宣传，努力创造广西区级以上的特色农产品系列化品牌，利用特色农产品的品牌效应去占领市场和开拓市场。例如，百色市田东县在注意抓好"田东香米"生产基地建设的同时，引进国内先进的成套大米加工工艺和设备，采用稻米加工的精碾、抛光、色选、调质、营养强化、精包装、稻米储藏保鲜等关键技术及方法，生产出达国家一级优质米标准的"田东香"品牌大米，米质纯正、色泽透明、营养丰富、风味独特、口感良好、包装精致，理化及生物指标符合（B2725-8）标准，同时建立完善的质量认证体系和管理体系，于2000年被广西优质稻米评审委员会评为"广西第一米"。通过各种新闻媒体的宣传，"田东香米"以其质量取胜和品牌优势，畅销百色、南宁、广东、北京及我国香港和澳门等地，市场前景十分看好。

## （五）实施农业劳动力素质培训工程带动战略

农业生产是以自然为基础和以人为主体的活动。马克思十分重视教育和劳动者素质的提高。正如马克思在《资本论》中所指出的，"要改变一般人的本性，使他获得一定劳动部门的技能和技巧，成为发达的专门的劳动力，就要有一定的教育和训练"。百色市人均耕地面积少，农村富余劳动力比较多，农民受教育的程度比较低，掌握农业先进技能的比较少，抓好农业劳动力素质的培训具有十分重要的意义。当前和今后一个时期，百色市实施农业劳动力素质培训工程应注意抓好如下3项具体工作。

**1. 必须进一步创新培训机制**

县（市、区）人民政府要成立农民科技教育培训中心，整合人才资源，进一步建立和完善县（市、区）二级农民科技教育培训中心体系，确保农业劳动力素质培训工作的科学化、规范化和制度化。

**2. 必须采用多种形式抓好农业劳动力职业技能培训**

要重点围绕"绿色证书工程""跨世纪青年农民培训工程""新型农民科技培训工程""骨干农民培训工程""下山进城入谷工程"和"阳光培训工程"，抓好农业劳动力的素质培训工作，努力提高农业劳动力的综合素质和增强转移就业的能力。

3. 必须抓好各项农业实用技术的培训

特别是要把掌握新品种、新技术和实用技术推广作为培训的重要内容，千方百计提高广大农民的现代农业科技水平。

### （六）实施农业政策支撑带动战略

当前和今后一个时期，百色市在实施农业政策支撑带动战略时应注意重点抓好如下3项具体工作。

1. 必须建立健全环境指标考核制度

百色市要把生态环境规划纳入当地经济社会发展规划，以作为指导开发建设的重要依据。要大力实施植树造林、天然林保护、封山育林、退耕还林、小流域治理、水土保持、生态农业、自然保护区的建设等工程，为百色市农业再造秀美山川，创造一个良好的生态环境，为百色市的可持续发展奠定一个良好的基础。县（市、区）人民政府可试行把环境指标纳入地方国民经济核算体系，使有关环境统计指标比较准确地反映各项经济活动所造成的资源和环境变化。

2. 必须建立健全生态环境保护管理机制

县（市、区）人民政府要依法运用环保部门在生态环境保护中的综合监督地位，坚持"在保护中开发，在开发中保护"的原则，协调农业、林业、水利、水产、畜牧等部门，真正把农业生态环境保护与建设贯穿于经济社会发展的各项决策、规划、设计和实施过程中，为实现农业的可持续发展提供一个行之有效的生态环境保护管理机制。

3. 必须创新农业生态环境保护与建设的投入机制

首先，县（市、区）人民政府要建立财政预算内的农业生态环境保护与建设的财政专户，逐步加大对农业生态环境保护与建设的投入力度；其次，要大胆鼓励农民以土地使用权、劳动力、资金等形式向生态农业环境保护与建设进行投放；再次，要拓宽农业生态环境保护与建设资金投入渠道。要坚持"谁投资，谁受益"的原则，制定优惠政策，鼓励和吸引区内外投资者到百色市进行农业生态环境保护与建设项目投资及开发，积极争取国外赠款和优势贷款，以建立多元化的投资机制；此外，还可借鉴国际上生态效益的补偿办法，积极探索建立生态效益补偿机制。

**本文原载** 右江论坛，2006，20（1）：16-19

# 石山地区跨世纪农业产业结构调整优化初探

贺贵柏

党的十五届三中全会指出，"实现我国跨世纪发展的宏伟目标，必须保持农业和农村经济的持续稳定发展。没有农村的稳定，就没有全国的稳定，没有农民的小康就没有全国人民的小康，没有农业的现代化，就没有整个国民经济的现代化"。石山地区要实现由传统农业向现代农业转变，由粗放经营向集约经营转变，必须依靠科技进步，促进农业产业结构优化。调整和优化农业产业结构，是加快石山地区农业经济发展的一项根本性的措施。

## 一、石山地区农业产业结构调整优化的必然性和有利因素

石山地区，也叫岩溶（喀斯特）地形或灰岩地区。长期以来，由于石山地区经济建设的特殊性和复杂性，石山地区贫穷落后的面貌还没有从根本上得到解决，有些地方还存在着"三缺"（即缺土、缺粮、缺钱）和"三难"（即行路难、饮水难、用电难）问题。石山地区贫困落后的原因固然是很多方面的，但其中一条根本性的原因是还没有建立起能带动石山地区脱贫致富的合理的农业产业结构。石山地区调整农业产业结构既是适应社会主义市场经济发展的客观需要，也是加快石山地区农民脱贫致富奔小康的现实性选择。调整农业产业结构，一是实现石山地区农业和农村跨世纪发展目标的要求。十五届三中全会提出了从现在起到2000年，建设有中国特色社会主义新农村的发展目标。石山地区要实现农业和农村跨世纪发展目标，必须进行农业产业结构的调整和优化。二是改变目前石山地区不合理的农业产业结构的需要。以地处石山地区的广西平果县为例，该县这些年来农、林、牧、副、渔各业虽有不同程度的增长，但从产业结构的角度看，其比例还不够协调。如1997年种植业（指耕地）内部粮食作物与大宗经济作物播种面积的比例实际为1∶0.26。林、牧、渔业在大农业中所占的份额还不够大。1997年林、牧、渔业在农业总产值中的比例为44%，与该县所拥有林、牧、渔资源还不相适应。三是合理开发和优化配置农业资源的需要。据调查，目前石山地区还有许多尚未利用而宜于农用的土地资源。以平果县为例，该县已开发利用的土地面积178.39万亩，土地利用率为48.08%，尚未利用的土地面积192.63万亩，占土地面积的51.92%。在尚未利

用的土地中，有待开发的宜林荒坡71.5万亩，宜牧荒坡20.27万亩，宜渔荒水1.2万亩。由于石山地区有待开发的宜农土地比较大，这在客观上就要求调整农业产业结构。四是促进石山地区农村经济全面发展的需要。石山地区只有促进农、林、牧、副、渔业的协调发展，才能促进农村经济的全面发展。五是促进工农业协调发展的需票，例如，以甘蔗等农副产品为原料的加工业，是国家鼓励发展的产业，对农业的依赖性很大，如不进行农业产业结构的调整，就会直接影响到工厂的效益和广大蔗农的利益。

目前，调整优化石山地区农业产业结构，有不少有利的因素。一是党的十五大和十五届三中全会为石山地区农业产业结构的调整指明了前进的方向；二是20年改革开放的伟大实践，为在市场经济条件下加快石山地区农业产业结构的调整积累了丰富的经验；三是石山地区可供开发的农业资源比较丰富；四是今后国家更加重视发挥和支持中西部不发达地区的开发和发展，有利于石山地区发挥优势，加快农业产业结构的调整；五是随着石山地区农民收入的不断增加，广大农民抗风险能力有所增强；六是目前供求关系发生重大变化，已从卖方市场转为买方市场，为石山地区农业产业结构的调整提供了良好的宏观经济环境。

## 二、石山地区跨世纪农业产业结构调整优化的主要途径

"九五"计划即将结束，面向跨世纪的农业，党的十五届三中全会为我国农业和农村规划了从现在起到2010年的发展目标，石山地区如何调整农业产业结构，笔者认为，主要途径是实现5个带动战略，力争4～5年内，石山地区应实现种植业内部粮食作物和经济作物播种面积的比例达到1∶（0.35～0.40），农、牧、渔业在农业总产值中的比例达到60%。

### （一）实施政策带动战略

党和国家的政策，对社会的各个方面都具有制约和指导作用。因此，要用政策导向优化产业结构。在从社会主义计划经济体制向社会主义市场经济体制转换过程中，石山地区农业产业结构的调整和优化，必须用政策加以规范和引导。首先，必须以党的十五大和十五届三中全会精神为指导，制定规划，明确方向、重点和目标。党的十五大报告指出，"对经济结构进行战略性调整，这是国民经济发展的迫切要求和长期任务"。党的十五届三中全会又明确指出，"依靠科技进步，优化农业和农村经济结构"。农业产业结构是产业结构的重要组成部分。调整石山地区农业产业结构，使之趋向合理化逐步达到优化，是关系到石山地区加快农业经济发展的重大问题。各级党委、政府必须把合理调整石山地区农业产业结构当作加快农业经济发展的重要政策。在调整完善农业发展政策中，应当把调整石山地区农业产业结构放在十分突出的位置上。在此

基础上，制定石山地区农业产业结构调整规划，明确提出石山地区农业产业结构调整的方向、重点和目标。调整和优化石山地区农业产业结构的方向应该是，要顺应市场经济发展的规律，由传统农业向现代农业转变，由粗放经营向集约经营转变，以发展"三高"农业（高产、高质、高效）为重点，以增粮增钱为目标，因地制宜，发挥优势，调整产业、产品结构，努力实施粮食和多种经营优势互补，粮丰民富，共同发展。石山地区调整和优化农业产业结构的重点，目前和今后一个时期应放在种养业上，应选择那些市场竞争能力强和经济效益比较高的农副产品作为发展的重点。如广西平果县选定糖蔗、龙眼、山羊、陕西秦川黄牛、瘦肉型猪等作为跨世纪农业的重点发展项目。石山地区调整优化农业结构，其目标不能过高，也不能过低，要注意从实际情况出发，充分发挥优势，量力而行，科学论证。要制定配套政策，创造宽松环境。其次，石山地区农业产业结构的调整和优化，必须有一系列配套政策来引导和规范。真正做到"一个稳定""一个调整""一个制定"。"一个稳定"，就是稳定党在农村的土地政策。土地，历来是石山地区农民的"命根子"。稳定了土地，就稳住了农民的心。党的十五届三中全会指出，"稳定完善双层经营体制，关键是稳定完善土地承包关系。土地是农业最基本的生产要素，又是农民最基本的生活保障。稳定土地承包关系，才能引导农民珍惜土地，增加投入，培肥地力，逐步提高土地产出率；才能解除农民的后顾之忧，保持农村稳定。这是党的农村政策的基石。决不能动摇。要坚定不移地贯彻土地承包期再延长三十年的政策……赋予农民长期而有保障的土地使用权"。对荒山、荒坡、荒水可以采用出租、拍卖和其他转让使用权的办法。要做好群众的思想发动工作。使群众成为调整和优化农业产业结构的主体。要学会并善于利用土地政策引导石山地区广大农民积极主动并自觉参与农业产业结构的调整和优化。"一个调整"，就是调整投入政策。石山地区农业产业结构的调整是一个庞大的系统工程，是全党全社会的事情，需要全社会的重视、支持和共同努力才能做好。各级各部门各行业在研究工作，制定目标的时候，要从大局出发，牢固树立为农业服务，为农村服务，为农民服务的指导思想，根据自己的业务范围，确定石山地区农业产业结构调整的任务、规划和措施，有条件的部门和单位，要千方百计在人才、项目、资金、技术等各个方面给予扶持。要采取多渠道、多方位增加对农业的投入，努力形成农业投入主体的多元化，大力发展高效农业。财政部门和金融部门，要根据国家扶持中西部的政策，积极调整财政、信贷投向，注重增加以水利为中心内容的基础设施建设的投入，从根本上解决石山区的"三难"问题，为调整石山区农业产业结构创造条件。"一个制定"，就是制定鼓励政策。要鼓阶各级党政机关、事业单位、企业单位、经济能人和科技人员利用带薪离岗、在职和业余时间等多种形式参与农业产业结构的调整和开发，主要利用荒山、荒坡造林种果，利用荒水养鱼养殖等，为石山地区农业产业结构的调整起示范带头作用。例如，广西平果县为了鼓励调动社会各方面力量参与石山区农业产业结构的调整，县委、县政府先后出台了《关于农业综合开发若干政策问题的暂行规定》《关于鼓励机关事业单位参与经济开发的暂行规定》《关于鼓励机关企事业单位到农村兴办水果示范场的通知》《关于鼓励外商投资的暂行规定》《关于引进外地资金、项目奖助办法的暂行规定》《关于加强农业和农村若干重大问题的决定》等一系列政策性文件和优惠政策，调动了各方面力量采用"基地+农户""工厂+农户""机关+农户""经济能人+农户"等多种形式，兴办林果场237个，面积2.3万亩，覆盖农户达5 968户2.81万人。为了鼓励农民和其他经营者多投入，要在税收上给予优惠，对新开发的农产品，应以有收益的当年开始，免征农林特产税3～5年，对荒山、荒坡、荒水经营开发的，要适当确定承包期，承包期不宜过短，一般应为10～30年。要通过各种行政和法律手段，保护开发者和经营者的合法权利。

## （二）实施"三高"农业带动战略

石山地区的农村经济，过去在计划经济指导下，一讲农村经济就是种植业，种植业就是种粮食作物，种粮食作物就是山上种玉米，田里种水稻。实践证明，这条路子太窄了。在今天的社会主义市场经济体制下，必须牢固树立"决不放松粮食生产，积极发展多种经营"的方针，就石山区来讲，既要抓好田地的种植，又要抓好山上的开发；从整个农业产业结构来说，不仅要抓好粮食，也要抓好多种经营，包括果、菜、林、畜牧、水产和乡镇企业等，努力实现钱粮双丰收。石山地区，要力争建立每人0.5亩高产稳产农田，加快调整粮食品种结构，大力推广杂交玉米和优质谷生产，提高单产，确保总量稳定增长。积极探索粮食、经济作物二元结构向粮食、经济作物、饲料作物三元结构转变的路子。在稳定发展粮食生产的基础上，必须依靠科技进步，以市场为导向，以效益为中心，大力发展高产、高质、高效农业。蔬菜生产，要积极稳妥地推广优质新品种，适当扩大蔬菜集约经营面积，对适宜加工的蔬菜要进行干制和腌制，积极探索发展反季节蔬菜和无公害蔬菜的新路子。例如，广西平果县，提出到2000年，要有30%的好田、好地开发种植优质蔬菜。水果生产，要注意优化生产布局和品种结构。如广西平果县，根据本县地处亚热带的气候特点，决定大力种植优质龙眼，计划到2000年，全县种植龙眼10万亩。据统计，到1997年底已种植6.97万亩。1997年全县水果总产量已达1.08万t。畜牧业生产，主要是稳定发展生猪生产，突出发展草食型和节粮型畜禽。生猪生产，要注意抓好瘦肉型猪的开发。如广西平果县提出，力争5年内三元杂猪的推广范围达80%以上。草食型牲畜开发，要注意推广耐热抗寒良种黄牛。例如平果县，1998年从陕西引进秦川良种黄牛进行繁殖推广，并提出力争5年内，役、肉、奶型良种牛推广范围达60%以上。在扶持农民做好家庭饲养的同时，大力发展现代化养殖。草食牲畜开发，石山区要注意利用草山草坡的牧草资源，推广农作物秸秆氨化和青贮饲养技术等。林业生产，石山区要注意走封、管、造相结合的路子。在做好封山育林的基础上，注意保护水源林，大力兴办以沼气为纽带的农村能源建设，积极探索发展经济林的新路子，发展生态农业，促进石山区农村经济的良性发展。例如，平果县目前已成为广西能源建设示范县，力争到2000年，全县建成3.5万座沼气池，经济林比例达到50%，使森林覆盖率从目前的24%提高到40%。

### （三）实施特色产业带动战略

石山地区，调整农业产业结构，要因地制宜，利用优势，突出特点，加快特色产业的发展。以广西平果县为例，根据石山地区的特点和优势，经过多年的艰苦探索和努力，构建了石山区农业产业调整的新模式。1996年提出了实施石山区"三个十万工程"（十万亩任豆树、十万亩竹子、十万只山羊）的目标，据统计，目前全县石山区已累计种植任豆树11.3万亩，竹子7.3万亩，山羊饲养量达11.3万只。该县提出，力争2000年完成种植竹子15万亩，种植任豆树25万亩，山羊饲养量达13万只。石山区种植竹子和任豆树，既能涵养水源，保护生态平衡，又能促进石山区经济的发展，加快农民脱贫致富步伐。如龙色村地处平果县果化镇南部山区，全村总面积1.5万亩，其中石山面积13 060亩，占总面积的84.06%，是典型的"九分石头一分土"的石山区，自然条件十分恶劣。该村历年玉米亩产徘徊在100kg左右，农民平均纯收入不足200元，群众生活十分困难。1998年，该村积极响应县委、县政府的号召，大胆调整农业结构，积极发展任豆树生产，从而推动了畜牧业的发展。特别是1997年以来，该村得到南京爱德基金会援助后，更加激发了群众种植任豆树和养羊的积极性。据统计，全村已种植任豆树9 991亩，占总面积的66.6%，户均14.12亩，养殖山羊2 000多只，年底可出栏2 000只，总收入50万元以上，仅养羊这项人均收入可达1 370元，加上其他收入，预计全年人均纯收入2 000元以上。该村龙东屯，1997年仅养羊这项人均纯收入达1 382元，基本实现了脱贫。又如内任屯，地处平果县旧城镇西部边远石山区，全屯118户526人，劳动力275人，人均耕地0.56亩。过去，这里的农业以种植玉米为主，单产低，年年缺粮，年人均纯收入仅245元，20世纪80年代以来，该屯把脱贫的目光放在石山上，选准种植竹子作为农业产业结构调整的突破口，大胆开发荒山种植竹子，到目前已拥有3 200亩，5.5万丛竹林规模，其中已投产4.25万丛，人均81丛。据统计，1996年全屯人均纯收入1 320元，其中65%以上是靠竹子收入，已有106户解决温饱问题，1998年底该屯可全部实现温饱。

### （四）实施产业化经营带动战略

目前，石山地区以农业的广度开发为主，以资源开发和利用为出发点，调整和优化农业产业结构。实践证明，农业产业化经营是促进和带动石山地区农业产业结构调整的一条行之有效的措施。石山地区推进农业产业化经营主要有4种形式：一是机关带动。如广西平果县，近几年来通过采用"机关+农户"等形式带动。全县共兴办果场237个，面积2.3万亩，有力地促进了石山区农业产业结构的调整。二是企业带动。如平果县恒丰竹编有限责任公司，投资200万元，年生产各种工艺品100多万只，如包装筐、竹碟等各种工艺品，远销日本、美国、西欧等国家和地区，有效地促进了该县的竹子生产。据统计，该县目前已有竹子面积7.3万亩，计划2000年发展到15万亩。三是电脑信息网带动。例如，田阳县是广西重要的"南菜北运"生产基地，每年种植面积在15万亩以上，产量达30多万吨。该县为及时、有效地向外传播蔬菜生产、价格信息，于1998年8月建立电脑信息网络。该网络与农业部信息网、全国农副产品信息系统中心和广西经济信息中心联网。该县农民可以通过电脑网络随时掌握外地蔬菜信息和发布本地蔬菜信息，目前已有100多名全国各地客商和该县联系蔬菜购销生意。田阳农民依托现代科技终于实现了"网上卖菜"的梦想。四是农村各种社会化服务组织带动，如成立各种社会性协会和农民营销队伍等。总之，通过各种有效的形式，积极推进石山地区粮食产业化、糖蔗产业化、水果产业化、蔬菜产业化、畜牧产业化、水产产业化和林业产业化等，努力建设一批跨地区、规模大、起点高、效益好的种养基地和系列化加工项目，以贸工农一体化为纽带，大力推进农业产业化，促进石山地区农业产业结构的调整、优化和升级。

## （五）实施素质工程带动战略

提高农业科技水平，是推进石山区农业产业结构调整的突破口。为此，必须注重做好石山区的素质工程建设。科技是第一生产力。依靠科技开发农业，对于建立高效农业使农业不断向深度和广度发展，具有决定性作用。各级领导要增强科技开发意识，坚决贯彻中央提出的科技兴农发展战略。大力推广各种先进适用的农业科学技术。石山地区，要以县为单位，建立稳定的水稻、玉米良种繁育基地，在此基础上，大力推广高产优质的水稻，玉米杂交良种。如广西平果县提出，到2000年，推广高产优质杂交稻面积97%以上，推广高产优质杂交玉米达80%以上。大力推广水稻旱育抛秧技术及节水农业技术，真正把推广节水灌溉作为一项革命性措施来抓，千方百计提高水的利用率。要以先进适用的种植、养殖技术为主要任务，加强石山地区乡镇农林牧技术服务站的建设，稳定队伍，进一步健全县、乡、村、科技示范户四级农业技术推广网络，做好农民的科技培训，实施"绿色证书"工程，努力提高农民的科学种养水平。农民是推进依靠科技进步发展农业的主体，同样，只有石山地区广大农民真正掌握了基本的种养技术，才能在真正意义上体现依靠科技进步调整农业产业结构和发展石山区农村经济的强大威力。

**本文原载** 百色地委党校学刊，1998（4）：13-15

# 农村沼气综合利用基本模式

贺贵柏

沼气综合利用是指沼气及沼气发酵物或沼气、沼液、沼渣在现代农业生产的科学合理利用，沼气可用来烧饭煮菜、点灯照明，沼液和沼渣又是优质的有机肥料。

笔者认为，目前在农村可大力推广沼气综合利用的5种基本模式如下。

## 一、猪—沼—粮模式

该模式主要适用于种植水稻和玉米等粮食作物比较多的地区。在这些地区，沼液和沼渣主要用作水稻和玉米的基肥和追肥。一般基肥亩施2 000~2 500kg，追肥亩施1 500~2 000kg。沼液可用于浸种、叶面喷洒和防治病虫害。水稻、玉米采用沼液浸种，可起到提高发芽率、成苗率和提高产量的作用。施用沼肥，对稻飞虱、稻叶蝉、纹枯病、小球菌核病和玉米大、小斑病具有较强的抑制作用。

## 二、猪—沼—菜模式

该模式主要适用于农村种菜面积比较大的农户。施用沼肥种植蔬菜，有利于提高产量和品质，尤其是施用沼肥能促进莲藕、茄子、西红柿、大蒜和黄瓜等作物大幅度增产。

## 三、猪—沼—果模式

该模式主要适用于种植果树面积比较大的农户。沼肥既可用作果树的基肥，又可用作果树的追肥。果树开花后，用沼液进行叶面喷洒也有较好的效果。果树施用沼肥，可以降低生产成本，提高水果的产量和质量。例如，广西柑桔研究所1993年在恭城县测试施用沼渣的水果产量，平均亩产4 350kg，最高亩产达6 100kg，水果的生产成本由每千克0.40元，降低到0.08元。

## 四、猪—沼—鱼模式

该模式主要适用于农村养鱼大户或专业户。利用沼肥养鱼可起到增强光合作用、节约饵料、减少鱼病和提高产量的作用。沼液和沼渣可轮换使用,具体施用数量和方法可根据季节和鱼塘水质来确定。施用沼肥的鱼塘通常采用鱼、鲤鱼、鲫鱼和草鱼混养的办法。

## 五、猪—沼—加工模式

该模式主要适用于农村养猪大户和农副产品加工专业户,由于养猪数量多,沼气池产气量大,可充分利用沼气进行农副产品加工。

上述沼气综合利用的模式不是一成不变的,农村各地要注意因地制宜,不断完善、发展和创新。农村沼气综合利用的根本目的在于合理利用农业自然资源,保护农村环境,维护生态平衡,降低农业生产成本,发展高产、优质、高效农业。

**本文原载** 右江日报,2001-1-9

# 浅谈石山地区发展生态农业的模式选择

贺贵柏

环境保护是我国的一项基本国策。发展生态农业是优化生态环境的重要途径。目前，石山地区生态环境在很大程度上仍然存在着"局部有所改善，整体还在恶化"的状况。要改善和优化石山地区的生态环境，走出一条人口、资源、环境、经济和社会互相协调发展的新路子，实现石山地区农业的可持续发展，必须选准和构建现代生态农业模式，大力发展生态农业。本文以平果县为例，浅谈石山地区发展生态农业的5种模式选择。

## 一、大力推广封山育林型生态模式

林业是农业稳产高产的生态屏障。在大农业的发展中，农业是基础，水利是命脉，林业是屏障。水利是农业的命脉，森林又是水的基础。要改善石山地区的生态环境，必须强化封山育林意识，真正在"封"字上做好文章。无数事实证明，封山育林是涵养水源，保持水土，改良土壤，调节气候，减少旱涝灾害，实现农业持续发展的最现实最有效的保障措施。石山地区要十分重视封山育林，保护森林资源，优化生态环境。目前，在许多石山地区，"穷山""恶水"的现象正在发生变化，不再把"山"当作包袱了。在许多人的心中，开始真正树立起"出路在山，希望在山，致富在山"的思想，强化了生态环境意识，真正把生态、经济和社会效益结合起来。平果县近几年来，县、乡（镇）党委、政府高度重视石山地区的封山育林工作。建立健全封山育林工作责任制，有力地促进了石山地区封山育林工作的开展。据统计。1998—1999年，该县完成封山育林面积17.51万亩。2000年上半年，该县封山育林面积完成11.2万亩，占全年任务的112%，同比增长6.67%。

## 二、大力推广植树造林型生态模式

"十年树木，百年树人"。要优化石山地区的生态环境，必须强化植树造林意识，真正在"造"字上做好文章。植树造林，发展林业是实现石山地区生态环境与经济发展相统一的关键和纽带。平果县大胆调整和优化林种结构，林业生产开始走出了一条用材林、经济林、笋竹两用林全面发展，综合利用，高产优质高效的良性循环之路，一个生态、经济和社会三个效益相结合的高效林业生产格局初步形成。该县1997年实现造林绿化达标，森林覆盖率从1993年的10.28%提高到1998年的24.31%。据统计，1998—1999年，全县完成植树造林面积21.18万亩，主要树种有任豆树和竹子等。2000年上半年，该县完成造林面积11.63万亩，占全年任务的112%，同比增长119.9%，石山造林完成5.85万亩，占全年任务的191.67%，同比增长83.57%，其中种植任豆树2.59万亩，竹子1.63万亩。

## 三、大力推广退耕还林型生态模式

长期以来，党和政府对保护石山地区的生态环境工作非常重视，开展了大规模的封山植树治理工作，石山地区的生态环境保护工作收到了较好的效果。但必须看到，随着经济的发展、人口的增长和对森林资源不合理的开发利用，致使石山地区的自然生态环境遭到破坏，农业的防灾、减灾和抗突能力比较弱。有些地方为解决吃饭问题，以牺牲生态环境为代价滥垦滥种，甚至毁林种粮，形成越种越穷，越穷越种的恶性循环。石山地区要解决这个问题的关键是在保证粮食总产稳定增长的基础上退耕还林和种草养畜，尤其是大力推广退耕还林型生态模式。

## 四、大力推广集雨工程型生态模式

水土流失历来是石山地区人民的心腹大患。水资源短缺越来越成为石山地区农业和农村经济发展的制约因素。要实现石山地区农业的稳定发展，必须注意抓好农田基本建设，不断改善农业生产条件，提高农作物抗御自然灾害的能力。石山地区农业基本建设主要包括水利建设、土地建设和生态建设。水利建设，重点是推广集雨工程（又称地头水柜），集雨工程既是水利建设的内容，又是生态农业建设的一种重要模式。一般一个地头水柜的容积量为60m$^3$，可解决3～5亩旱作农田灌溉用水问题，如果采用滴灌等节水农业技术，可解决10～15亩旱作农田用水问题。

## 五、大力推广沼气综合利用型生态模式

实践证明，沼气建设是石山地区生态农业建设和农村能源建设的重要组成部分，是连接养殖业和种植业的桥梁和纽带。沼气建设不仅改善了石山地区的农村能源结构和生态环境，而且还促进种植业和养殖业等高效农业的发展，真正体现经济效益、生态效益和社会效益的有机统一。

**本文原载** 右江日报，2000-8-3

# 地头水柜综合利用思路

贺贵柏

目前，石山地区广大农村普遍修建了地头水柜，如何做到科学利用地头水柜，写活农业生产结构这篇大文章？笔者认为，其根本出路在于做好地头水柜的综合利用。坚持"柜地配套、突出特色、种养结合、多业并举、多种经营"的二十字原则。当前，石山地区地头水柜的综合利用应注意做好"五个结合"。

## 一、要和改革耕作制度结合起来

石山地区修建地头水柜后，要注意改革传统的耕作制度，大力推广一年2～3熟农作物耕作制度。例如，可大力推广"玉米+玉米""玉米+大豆""巴西旱稻+巴西旱稻"或"玉米+玉米+冬菜""玉米+大豆+冬菜""巴西旱稻+巴西旱稻+冬菜"等高效先进的耕作制度。

## 二、要和发展高效种植项目结合起来

平果县利用地头水柜优势，大力推广种植高效经济林和名、特、优水果共10 511亩，效果不错。农村各地因地制宜，有选择地在地头水柜附近种植牧草、甜竹、吊丝竹、任豆树等绿化植被和种植名、特、优蔬菜和水果等高效经济作物，如种植优质高产红薯和葡萄、香蕉、美国油葵等，既有利于涵养水源，调节农田小气候，改善农业生态环境，又可增加农民的经济收入。

## 三、要和发展高效养殖项目结合起来

例如，田东县布兵镇民安村一村民，1999年10月利用地头水柜（150m³）放养塘角鱼300尾，到2000年3月，平均每尾重达0.5kg以上，水柜产鱼150多千克，产值达1 000多元。

## 四、要和发展立体农业结合起来

利用地头水柜放养鱼，水面养鸭，地头水柜附近种植牧草；水面养鹅，地头水柜旁边种植优质高产红薯等青饲料饲养瘦肉型猪等多种立体开发形式，提高效益。

## 五、要和本地的优势产业和特色产业结合起来

例如，香蕉被列为田东县的优势产业和特色产业，农民就注意利用这一产业优势，在地头水柜附近种植优质高产香蕉。

**本文原载**　右江日报，2000-11-14

# 右江河谷生态环境保护与建设的几点思考

贺贵柏

改革开放以来，右江河谷的生态环境有了一定的改善，但由于历史的和自然的因素，右江河谷仍然存在着植被稀少、水土流失严重、生物多样性受到破坏、城镇环境问题突出、污染治理水平比较低等比较严重的问题。因此，抓好右江河谷生态环境的保护与建设，对于带动右江河谷南北两翼山区乃至整个地区生态、经济和社会的协调发展具有十分重要的意义。笔者认为，要抓好右江河谷生态环境的保护与建设应重点考虑以下几个问题。

## 一、科学规划，合理布局

右江河谷要实现经济、社会的可持续发展，必须确立生态经济发展的新思路。要把右江河谷建成绿化、美化、香化相结合的绿化线、风景线和致富线，必须注意科学规划，合理布局。要抓好右江河谷生态环境保护与建设，在规划上要注意以下几个具体问题：一是坚持保护、治理、开发的原则，实行保护性治理和保护性开发相结合，以治理保开发，以开发促治理，努力实现生态、经济和社会的协调发展；二是把右江两岸的绿化、南昆铁路、（平果至百色）二级公路两侧的造林和退耕还林、农田生态环境建设、农村能源建设、城镇的绿化和水资源的保护作为重点；三是体现高起点、高标准和高质量。右江河谷各县（市）只有做到因地制宜，统筹安排，科学规划，合理布局，才能保证右江河谷生态环境保护与建设有计划、有重点地进行。

## 二、突出重点，综合治理

右江河谷的生态环境保护与建设，要在山、水、田、林、路综合治理的基础上，突出重点，狠抓落实。突出重点，就是要把两路一江的造林和退耕还林，农田生态环境建设，农田水利建设，农村能源建设，森林资源和水资源的保护，城镇的绿化、美化、香化作为右江河谷生态环境保护与建设的重点。两路一江的造林和退耕还林，要注意按照自治区绿色工程建设标准要求，组织有关林业科技人员对公路、铁路两旁各宽1km，江河两岸各宽2km范围内宜林地进行一次全面的调查，通过调查，做到坚持适地适树的原则，进一步调整布局，大力发展公益林，尤其是注意引进种植珍贵树种，优化林种、树种和草种结构。在维护生态主体和不造成水土流失的前提下，适度发展各具特色的高效经济林（包括水果）和速生丰产工业原料林。农田生态环境建设重点是改革耕作制度，大力推广一年3～4熟制，大力提倡种植绿肥、推广应用生物有机肥、秸秆还田（地）、立体农业技术和节水农业技术，尽量减少化肥和农药的使用量，积极探索发展有机高效农业的新路子。农田水利建设，重点是抓好右江河提水工程建设和园田化建设，大力发展三面光水利渠道，千方百计提高水资源的利用率。农村生态能源建设重点是抓好以沼气为纽带的种、养、加"三位一体"农业。森林资源和水资源的保护，重点是保护天然林，严禁乱砍、滥伐、滥采、滥挖、滥垦。城镇的绿化，重点是抓好邕江公路沿线县城所在地和新建小城镇的绿化、美化和香化工作，建设有利于人们健康的"人居环境"和"交通环境"。

## 三、规范管理，提高效益

要抓好右江河谷生态环境保护与建设，必须注意规范各项管理，重点是强化植树造林规划的管理、林木资源的管理、基本农田的管理、右江河污染综合治理的管理、城镇规划与建设的管理。通过规范管理，力争"十五"期间右江河谷基本实现绿化、美化、香化的目标。

**本文原载**　右江日报，2001-7-29

# 浅谈石山地区石漠化综合治理的途径

贺贵柏

目前，石山地区普遍存在着植被稀少，水土流失严重，生态环境普遍脆弱的问题。抓好石山地区石漠化综合治理，对于改善石山地区农业生产条件，调整优化农业和农村经济结构，实施西部大开发战略，实现石山地区农业生态良性循环和农村经济的可持续发展，都具有十分重要的意义。笔者就目前和今后一个时期石山地区石漠化综合治理的主要途径作如下探讨。

## 一、实施农村沼气建设带动战略

多年来，石山地区农村能源紧缺是造成农民砍伐树木、破坏植被导致石漠化的主要原因，因此，以沼气带动种植业和养殖业的发展，是石山地区石漠化治理的一项"治本"措施。以平果县为例，近几年来，该县在石山区大力兴建农村沼气池，目前全县已累计完成沼气池建设44 155座，沼气池综合利用率已超过70%。2001年该县被列为广西8个沼气建设重点县之一。石山地区按每个农户建一个7～8m³的沼气池，一般情况下，可以解决本户的生活用电和有机肥源问题，"十五"期间，应力争做到石山地区户户建有沼气池。

## 二、实施封山育林带动战略

实践反复证明，林茂才能粮丰，山清才能水秀。森林植被是石山地区生态系统的主体。抓好封山育林工作是石山地区石漠化治理的一项基础性工作。近几年来，平果县进一步强化封山育林工作，目前已完成封山育林面积47.8万亩。石山地区封山育林工作的重点，一方面是抓好水源林、天然林和生态林的保护，另一方面是建立和完善封山育林的各项管理制度。

## 三、实施退耕还林带动战略

实施石山地区退耕还林（草）是党中央提出的西部大开发战略的一项重要内容。

1998年大洪灾后，党中央和国务院作出了"退耕还林"的战略决策，1999年8月5日，朱镕基总理在陕西省考察生态农业建设时又明确提出"退耕还林（草）、封山绿化、个体承包、以粮代赈"的具体措施。近几年来，平果县大力开展植林造林和退耕还林工作，目前全县累计种植竹子11.2万亩，任豆树16.8万亩，石山地区已完成退耕还林面积5 000多亩。从近几年的实践看，要使石山地区广大农民退耕还林实现"退得下、稳得住、效益好"的目标，各级政府和有关部门，要注意因地制宜，科学规划，合理布局，优化结构，有计划、有步骤、有组织、有领导地抓好石山地区退耕还林（草）工作。石山地区要根据分布于山地不同坡度大小的耕地，坡度小于15°的耕地主要用于种植粮食作物和特色高效的经济作物；坡度小于25°的耕地，实行坡改梯工程，主要用于种植特色高效的水果和经济林；坡度大于25°的耕地，退耕主要用于推广种植公益生态林、用材林和速生丰产林。

## 四、实施农业节水工程带动战略

石山地区普遍存在降水多、蓄水少，水资源利用率低的问题。因此，抓好农业节水工程建设是石山地区石漠化治理的一项行之有效的措施。石山地区应跳出单纯的工程水库的思路，千方百计走出一条森林水库、土壤水库和工程水库相结合的节水农业之路。在大力开展植树造林、涵养水源的基础上，实行坡改梯工程，平整田间土地，利用田间土地保水蓄水；因地制宜建造山间小型水库和地下水库；修建地头水柜，开展雨水集蓄利用工程建设；大力推广修建农田三面光水利灌溉渠道，开展水利渠道硬化工程建设。有条件的地方，要积极推广应用管灌、喷灌、淋灌和滴灌等现代节水高效农业技术。

## 五、实施小流域治理带动战略

结合石山地区小流域自身的特点和优势，尽快抓好小流域的开发规划、项目选择与各项综合治理措施的落实，不断改善小流域的农业生态环境，努力提高小流域治理的生态效益、经济效益和社会效益。

## 六、实施生态移民工程带动战略

根据国家的扶贫政策，认真实施生态移民工程，有计划有组织地把那些生存条件极为艰苦、温饱难以解决的农民群众搬迁出来。

**本文原载** 右江日报，2001-10-31

# 石山地区发展节水农业应注意的几个问题

贺贵柏

节水农业是现代农业的重要内容。节水农业,又称科学用水农业,就是以节约农业用水为中心,采用各种先进适用的农业措施,千方百计提高农田降水和灌水的利用率和利用效率,以达到农作物增产增收的目的。石山地区农田灌溉效率比较低,一般仅为34%~35%。因此,石山地区发展节水农业具有特殊的生态意义和经济意义。

笔者认为,当前石山地区发展节水农业要注意6个问题。

## 一、要注意推广渠道硬化技术

渠道是石山地区农田灌溉的主要输水方式。据有关资料统计,传统的水利渠道输水渗漏损失大,占引水量的50%~70%,是农田灌溉水损失的主要方面。大力推广水利渠道硬化技术,是减少农田水利渠道输水损失的重要途径。以平果县为例,近几年来,县委、县政府高度重视推广水利渠道硬化技术,发动群众大量兴建三面光渠道,取得了较好的灌溉效果。仅1999年,全县完成投资650万元,兴建一个流量以上三面光渠道34km,一个流量以下三面光渠道104km,新增有效灌溉面积30hm²,改善灌溉面积2 650hm²。

## 二、要注意推广蓄水工程技术

充分利用降水是石山地区发展节水农业的一项行之有效的措施。由于石山地区地质脆弱,溶洞比较多,降水后地表水容易渗漏和流失,因此,建造农田蓄水工程是目前解决石山地区农田用水问题的一条新路子。一般建造一个容量为60~80m³蓄水工程,可解决5~10亩农田灌溉用水问题。

## 三、要注意推广节水灌溉新技术

目前,微灌(又称微型喷灌)和滴灌是世界上最先进的灌溉方法。根据有关资料统计,采用滴灌和微灌的农作物,产量高,品质好,比采用传统的灌溉方法提高3~6

倍。滴灌主要适合于果树和蔬菜。微灌主要适合于龙眼园、荔枝园、杧果园、沙田柚园等水果类农田灌溉。微灌和滴灌技术目前在石山地区还很少应用。笔者认为，在经济条件比较好的石山地区，可通过引进示范后逐步加以应用。除滴灌和微灌外，还有渗灌，渗灌是地下灌溉技术的一种方法，也具有较好的节水效果。

## 四、要注意推广地膜覆盖技术

地膜覆盖栽培技术被称为农业的"白色革命"。推广农作物地膜覆盖栽培技术，实现了保温、保湿、保肥，改善土壤的物理性状，有利于微生物活动，促进农作物根系机能生长发育，是实现农作物增产增收的一项农业适用技术。一般石山地区人多地少，农田水土流失比较严重，推广农作物地膜覆盖栽培技术符合石山地区发展节水农业的要求。

## 五、要注意推广秸秆还田和覆盖技术

利用秸秆还田和覆盖，可起到增温保湿的作用。稻秆和玉米秆都是一种很好的有机肥料。石山地区的群众历来有利用稻秆和玉米秆覆盖农作物或还田的传统。大量的农业科学研究表明，适宜的施肥可以调节水分利用过程和提高水分的利用率。利用稻秆和玉米秆等农作物秸秆还田，可起到增加肥源，疏松土壤，保温保湿的作用。因此，石山地区要特别注意开辟有机肥源，大力推广秸秆覆盖或还田技术。

## 六、要注意推广抗旱新品种技术

种植抗旱农作物新品种是石山地区发展节水农业的又一项新的农业技术措施。石山地区要注意推广种植那些抗旱性强的旱稻、玉米、高粱新品种。旱稻重点是推广巴西旱稻。玉米重点是推广种植那些矮秆、耐旱和紧凑型新品种。高粱重点是推广种植耐旱性强的珍珠高粱。

**本文原载** 右江日报，2000-8-31

# 百色市石漠化综合治理现状与对策措施

贺贵柏

## 一、百色市农业概况

### （一）区位及农业资源

百色市地处珠江上游，位于广西西部，地处中越两国和云南、贵州、广西3省（区）交汇处，北与贵州接壤，西与云南毗邻，东与南宁紧连，南与越南交界，是广西面积最大的地级市。全市辖12个县（区），土地总面积3.63万km²，聚居着壮、汉、瑶、苗、彝、仫佬、回7个民族，总人口420多万人，其中，少数民族人口约占总人口的87%。

百色市农业资源丰富，气候资源独特。全市土地总面积5 430万亩，可利用土地面积4 035万亩。其中，山地面积4 940万亩，占土地总面积的90.98%；石山面积1 482万亩，占山地面积的30%左右；台地和平原面积313万亩，占土地总面积5.8%；耕地面积673.47万亩，占12.4%，其中水田225.59万亩，旱地447.82万亩。土地类型多，农业资源丰富。植物资源2 775种，其中药用植物1 200多种，动物资源500多种，生物多样性密度高于全国、全区平均水平，素有"土特产仓库"和"天然中药库"之美称。百色市位于亚热带地区，属亚热带季风气候，气候温暖湿润，雨热同季，年平均气温大于10℃，年平均降水量1 114.9mm，无霜期为357d。

### （二）石漠化现状

百色市是广西受石漠化影响较为严重的地区，12个县（市、区）均为石漠化片区县。全市岩溶土地面积有129 700km²，岩溶面积占全市土地总面积的35.8%，其中石漠化土地面积5 450km²，占岩溶土地面积的42%，位列广西第2，占百色土地总面积的15%；潜在石漠化土地面积4 400km²，占岩溶土地面积的33.9%；在石漠化土地中，重度石漠化土地占石漠化土地面积的81.7%，位列广西第1。全市除了右江区、田林和西林3个县（区）只有少量石山外，其余9个县均属于自治区石山重点县。《广西岩溶地区

91

石漠化综合治理规划（2008—2015年）》把百色市的平果、田东、田阳3县列入2008—2010年石漠化综合治理试点工程。2012年，百色市12个县（区）全部列入石漠化综合治理重点县，同时，又全部列入全国新阶段扶贫重点的11个集中连片的"滇桂黔石漠化片区"。

石漠化地区植被稀少，水土流失严重，旱涝灾害频繁，土地贫瘠，土地产出率低，经济发展与生态保护矛盾突出，严重制约了区域经济发展。石漠化问题是制约百色市社会经济发展和生态建设的一大难题。

## 二、百色市石漠化综合治理的主要模式及成效

多年来，百色市坚持按照生态优先、保护优先、因地制宜、分类指导、生态建设和经济发展相结合的原则开展综合治理。自20世纪80年代起，百色市利用石漠化工程、退耕还林、爱德基金、生态公益林、速丰林、封山育林、珠江防护林、农村能源建设等国家、自治区和市级工程项目进行石漠化综合治理。通过多方努力和大胆实践，开始探索出进行封山育林、人工造林、退耕还林、建设沼气、建地头水柜、生态移民、劳务输出等"封、造、退、沼、柜、移、输"多种石漠化综合治理的成功模式。

### （一）石漠化综合治理的主要模式

1. 突出以封山育林为主，"造、退、沼、柜、移、输"相结合治理模式

本模式以生态修复为主，采取封山育林和人工造林进行生态修复，本模式适宜石漠化程度深、危害重、立体条件和生产生活条件差，植被恢复难度大的山区。

2. 突出以产业开发为主，产业发展与生态建设兼顾治理模式

该模式采取一手抓发展经济果木林产业，一手抓生态环境建设与保护，实现生态治理与农民增收脱贫致富共赢的治理模式。该模式兼顾生态建设与产业发展，适宜石漠化危害较重、立体条件和生产生活条件较好的山区。

3. 突出发展地方特色农林产业治理模式

该模式注重充分挖掘本地特色资源，因地制宜，采取"宜林则林、宜粮则粮"的方式，科学合理地整合土地资源，千方百计提高土地利用率和产出效益，努力实现生态效益和农林双丰收的目标。

4. 突出以小流域为单元进行综合治理模式

该模式以小流域为单元，突出工程治理与生物治理相结合，努力实现工程效益和生态效益的最大化。

## （二）石漠化综合治理成效

经过近30年石漠化综合治理，全市共完成石漠化综合治理面积13多万公顷，其中2000—2013年的综合治理面积5.07万hm$^2$，占治理面积的40%。全市林业用地面积由1991年的102.1hm$^2$上升到281.4万hm$^2$，森林覆盖率由35.5%上升为67.37%。全市石漠化综合治理成效显著。

# 三、百色市石漠化治理存在的问题及对策措施

## （一）存在的主要问题

（1）对石漠化综合治理认识不足，重视不够。
（2）石漠化面积比较大，综合治理任务重。
（3）石漠化综合治理资金短缺。全市每年每个县平均700多万元，石漠化综合治理资金投入严重不足。
（4）农业基础设施特别是交通道路建设滞后。
（5）特色优势产业薄弱，人地矛盾依然严峻。

## （二）对策措施

（1）必须统一认识，整合资源，集中力量对石漠化片区进行综合治理。
（2）必须改变传统经营模式，加快推进石漠化片区产业转型发展。
（3）必须加强石漠化片区基础设施建设，特别是加强道路、水电和能源建设。
（4）必须注重提高石漠化片区人口综合素质，降低人口压力。
（5）必须创新政策扶持机制，统筹安排资金投入。

**本文成稿**　2019年9月25日

# 田阳县深入推进石漠化综合治理的成功实践及其启示

## ——田阳县石漠化综合治理调研报告

贺贵柏

2017年3月5日，李克强总理在第十二届全国人民代表大会第五次会议上作政府工作报告中强调指出，要加快推进生态保护和建设，加强荒漠化、石漠化治理，努力向人民群众交出合格答卷。可见，新形势下加快推进石漠化综合治理具有十分重要的意义。

为进一步总结田阳县多年来深入推进石漠化综合治理的探索与实践、做法与经验，笔者结合工作需要先后深入该县有关部门、乡（镇）、石漠化片区和示范基地等进行调查、现场参观、了解和访问，通过调查和总结，形成以下调查研究报告。笔者认为，田阳县各级党委、政府多年来坚持深入推进石漠化综合治理的成功做法与经验，对新形势下进一步加快推进百色市石漠化综合治理具有十分重要的借鉴和指导意义。

## 一、田阳县石漠化综合治理现状

田阳县地处右江河谷中部，属南亚热带季风气候，年平均气温18～22℃，无霜期352d，素有"天然温室"的美称。全县共有乡镇10个，总人口33万人。

田阳县地貌类型主要包括右江河谷平原区、南部石山区和北部丘陵区（土坡区）。全县岩溶面积106 368hm$^2$，其中，石漠化土地面积为86 477.2hm$^2$，占81.3%，潜在石漠化土地面积9 041.3hm$^2$，占8.5%，非石漠化土地面积10 849.5hm$^2$，占10.2%。岩溶区主要分布在那坡、坡洪、洞靖、巴别、五村和那满等乡（镇）。这一地区大多森林资源贫乏，自然生态环境脆弱，旱涝灾害频繁发生，农业生产条件差，群众生活贫困，经济发展缓慢。1990年，石山区农民人均纯收入仅352元。从1990年开始，该县各级党委、政府高度重视石漠化综合治理工作，积极探索石漠化综合治理的新路子，特别是在林业方面，始终坚持以封山育林为重点，"封、造、管、节"多措并举，多管齐下，经过多年坚持不懈的努力，取得了明显的效益。据统计，该县目前林业用地面积240万亩，森林面积214.5万亩。特别是"十二五"以来，该县累计封山育林面积18.31万亩，义务植树158万株，人工造林面积14.43万亩，退耕还林面积6.83万亩，石漠化综合治理面积8万亩，人均森林面积达6.05亩，活立木总蓄积量由290.2万$m^3$上升到446.01万$m^3$，森林覆盖率由51.2%上升到60.95%，森林资源稳步增长，林业产业持续健康发展，成功探索出一条符合该县实际而又具有自身特色的石漠化综合治理的创新路子。

## 二、主要做法及成效

### （一）强化领导，狠抓落实

田阳县是广西石漠化综合治理工程重点县之一。多年来，中共田阳县委、县政府高度重视石漠化综合治理工作，认真制定石漠化综合治理工作方案，明确目标，细化分工，突出重点，强化责任，狠抓落实。该县县委、县政府专门成立石漠化综合治理工作领导小组，党政主要领导亲自担任组长，切实做到主要领导亲自抓，分管领导全力抓，各有关部门分工负责具体抓。各有关乡（镇）党委、政府也相应成立石漠化综合治理领导小组，以乡（镇）为单位，严格执行分片分段工作责任制度，将任务层层分解落实到行政村、自然屯和山头地块、形成县、乡（镇）、村层层齐抓共管的工作格局，从而确保了全县石漠化综合治理工作的顺利开展和深入推进，有效地提高了石漠化综合治理的工作质量和效率。

### （二）分类指导，示范引领

多年来，田阳县在积极探索加快推进石漠化综合治理工作中，十分注重分类指导，示范引领。在分类指导方面，特别是"十二五"时期，该县注重结合实施"绿满八桂""美丽广西"和"生态乡村"等绿化建设工程，加大农业产业结构调整优化力度，科学引导石山区广大农民把"生态富民"和"产业富民"结合起来，大力发展特色高效农业、特色养殖业和特色林业。特别是在特色林业方面，先后在石山地区分类建立了竹子、任豆树、松树、苏木和茶条木5个示范样板区。通过示范引领，全县涌现出五村乡大路村，那满镇新楼村、光琴村、新仑村和那坡镇永常村等一批石漠化综合治理的先进典型，成功地找到了符合石山地区实际的"生态富民"和"产业富民"相结合的石漠化综合治理的路子。例如，田阳县五村乡大路村，全村共有5个自然屯12个村民小组，258个农户，1 081人，人均耕地只有0.8亩，农民经济来源和收入主要依靠竹子。目前，该村共有竹子面积6 400多亩，人均有竹面积5.6亩，全村年竹子、竹编收入达86.8万元以上，人均竹业收入800多元，全村258户家家建了新楼房。又如，该县那满镇光琴村是种植苏木药材创收的典型村。全村共有22个自然屯24个村民小组301户1 270人，全村年销售苏木种子和药材收入135万元，全村人均苏木产品收入达900元以上。目前，该县石山地区竹子种植面积已达6.15万亩，苏木种植面积已达30 680亩。多年的实践证明，种植竹子和苏木，既有效地改善石漠地区的生态环境，又增加了当地农民的经济收入，开始闯出了一条"生态富民"和"产业富民"相结合的石漠地区农民脱贫致富的新路子。

## （三）大胆改革，统筹推进

近年来，田阳县在加快推进石漠化综合治理工作中，积极探索，勇于实践，特别是善于用改革的精神和办法，统筹推进全县石漠化综合治理工作。首先，注重创新政策扶持措施。该县专门出台了发展农业产业资金扶持优惠政策，并制定了特色农业产业发展实施方案，鼓励引导和扶持广大农户和新型农业经营主体参与石漠化综合治理工作，特别是在争取上级有关部门支持的基础上，注重整合土地整理、农业综合开发、林业以及高效节水灌溉等项目和资金，重点向石漠化综合治理倾斜，真正从项目资金、技术支持和用地指标等方面给予优惠，从产业政策扶持上确保了全县石漠化综合治理工作的稳步推进。其次，深入推进林业改革。目前，该县已完成集体林权制度主体改革工作，全县共确权林地面积200.74万亩，占集体林地面积97.17%，确权到户面积177.99万亩，涉及农户43 596户。该县还加快推进集体林权制度配套改革，特别是重点开展林权核准转让和抵押融资等业务，到2015年，全县林权抵押贷款金额已达9 950万元。通过深入推进林权制度改革，充分发挥林业资源优势，有力地促进了全县石漠化治理工作。

## （四）创新模式，提高效益

近年来，田阳县在深入推进石漠化综合治理工作中，勇于探索，大胆实践，不断总结和创新石漠化综合治理的机制和模式。

首先，注重创新部门协作机制。石漠化综合治理工作是一项系统工程，在政府的统一领导下，以项目为载体，细化部门分工，强化部门合作，加强工程项目管理，是确保石漠化综合治理取得实质性成效的重要措施。田阳县在创新部门协作机制上，重点强化部门的项目工作主体责任。例如，县发改委主要总负责进行项目总体策划和统筹协调，县林业部门主要负责封山育林、退耕还林和造林绿化，县农业部门主要负责进行土壤改良和发展高效农业，县水产畜牧部门主要负责发展种植牧草和圈羊牲畜，县水利部门主要负责坡耕地治理和水流域治理，县土地部门主要负责土地整治与开垦、地质灾害治理等。通过明确分工，强化责任，形成了多部门协作和齐抓共管的工作格局。

其次，通过创新养殖模式，大力推广种植牧草和圈养牛羊工程。田阳县在大面积进行封山育林后，由于禁牧区禁止牛羊进入，封山育林区的群众生产受到了一定程度的影响。牛羊养殖是石漠化地区广大农户增收的重要来源，如何解决这一矛盾？该县注重改变传统的养殖方式，不断创新养殖理念，大力宣传和推广"牛羊当猪养、牧草当粮种"的种草圈养牛羊工程新模式。例如，该县坡洪镇琴华村，近年来，大力改革种植甜象草3 000多亩。据统计，田阳县种植牧草面积1.3万亩，其中，种植甜象草面积0.8万亩，年出栏山羊3.5万只，存栏4.8万只，山羊圈养率达25%。

再次，注重创新产业化经营模式。近年来，田阳县十分注重创新产业化经营模式，以油茶产业为例，该县注重依靠科技型龙头企业带动，先后引进规模比较大的新奥油脂有限公司、万家食品有限公司、珍贡植物油脂有限公司等科技型龙头企业，大胆推行"公司+合作社+基地+农户"等产业化经营模式，以龙头企业为龙头，建基地、带农户、拓市场、促销售，基本形成了从生产、技术、加工到物流的产业链条，有力地促进了全县油茶产业的发展。目前，该县共有科技型龙头企业3家，季节性小油坊57家，年茶籽加工能力达1.5万t，2014—2015年，共生产茶油448t。

### （五）注重创新金融扶贫模式

近年来，田阳县人民政府出台了《田阳县金融支持产业扶贫实施方案》和《田阳县扶贫小额信贷宣传手册》等金融扶持政策，制定了"平台助推金融扶贫，带资入股，固定分红，劳务增收"的创新扶贫模式，通过采取"政府+银行+企业+农户"的方式，通过"分贷—统营—统还—统贴—分工"的运行模式，企业按农户贷款额10%的比例每年发红利给农户。例如，该县通过招商引进广西扬翔股份有限公司投资1.5亿元实施生态养猪及有机肥加工项目，可吸纳和带动贫困户1 000户以上；广西大琅山牧业有限公司投资1 500万元实施生态肉羊圈养项目，可吸纳和带动当地贫困农户300户以上；广西宏华生牧集团公司投资800多万元实施蛋鸡养殖扶贫项目，可带动当地贫困农户增收5万～6万元。通过创新金融扶贫模式，示范和引领全县产业扶贫，深入推进石山地区石漠化综合治理，不断提高项目实施的生态效益、经济效益和社会效益。

## 三、田阳县石漠化综合治理带给我们的几点重要启示

### （一）必须注重加快推进生态文明建设

党的十八届五中全会提出的创新、协调、绿色、开放、共享的发展理念，为新形势下深入推进石漠化综合治理指明了目标和方向。要实现百色市石漠化综合治理更科学、更有质量、更有效率和可持续发展，必须自觉践行新理念，必须坚持推进供给侧改革，必须加大生态环境保护和治理力度，必须努力做到科学治理、依法治理、精准施策和标本兼治。特别是要注重深入推进百色市石漠化综合治理，加快推进农村人居环境整治和公共设施建设，不断推进既有田园风光，又有现代文明的百色美丽乡村建设。

## （二）必须注重把生态文明建设与产业富民结合起来

多年来，田阳县各级党委、政府在加快推进石漠化综合治理的实践中，始终坚持规划引领、示范带动，因地制宜，分片施策，发挥优势，在加强生态环境保护、治理、改善建设与产业富民结合起来，大力发展特色高效农业、特色高效林业、特色高效种养业等促进农民持续增收的富民产业，开始闯出了一条生态产业化、产业生态化的具有自身特色和创新意义的石漠化综合治理之路。

## （三）必须注重创新治理模式

石漠化综合治理是一项系统工程，具有长期性、综合性、复杂性、反复性的特征。田阳县的实践表明，抓好石漠化综合治理工作具有非常重要的生态、经济、社会和政治意义。可以说，石漠化综合治理，功在当代，利在千秋。多年来，田阳县在注重强化组织领导、多措并举和齐抓共管的同时，积极探索，大胆实践，勇于改革，在全面调动广大农民参与石漠化综合治理的同时，不断总结和创新石漠化综合治理模式，特别是探索走出了一条"政府+合作社+基地+农户""政府+企业+基地+专业大户"等创新的石漠化治理模式，大大提高了石漠化综合治理的效率和效益。

**本文成稿**　2017年5月31日

# 第 三 部 分

## 特色农业与现代农业产业

# 发展特色农业的几点思考

贺贵柏

笔者认为，当前发展特色农业应注意以下几个问题。

## 一、利用区域优势发展特色农业

多年的农业生产实践证明，发展特色农业必须注意因地制宜，选准符合当地区域优势和资源优势的农业开发项目。做到宜粮则粮、宜菜则菜、宜果则果、宜林则林、宜草则草、宜牧则牧，充分发挥区域的比较优势，努力提高农业生产的综合效益。例如，地处桂西地区的平果县，充分利用石山这一独特的资源优势，选准项目，变劣为优，大力推广种植任豆树和竹子，开始走出了一条"任豆树+养羊""竹子+编织"的具有石山地区特色的农业开发新路子。据统计，平果县目前共种植任豆树面积16.8万亩，竹子面积11.2万亩。

## 二、利用品牌优势发展特色农业

发展品牌农业要求发展符合"优质、高产、高效"要求的具有广阔市场前景的名、特、优品种。在推广名、特、优品种的基础上，通过深加工和精包装，真正使传统特色产品和新产品上档次、上水平。例如，地处桂西地区与云贵高原毗邻的凌云县，早在19世纪末就开始种植"凌云白毫茶"，曾在1915年获巴拿马国际博览会银质奖。20世纪90年代初，该县为进一步提高"凌云白毫茶"的品位，曾先后邀请区农业厅、桂林茶叶研究所、广西职业技术学院、广西农工商民主党、安徽农业大学和华南农业大学等单位茶叶专家前往进行技术指导，从品种选育、栽培管理、采摘加工、包装销售等各个环节进行系统化的指导和服务，从而使"凌云白毫茶"品位提高，名声大振。近几年来，"凌云白毫茶"曾先后荣获蒙古国乌兰巴托国际博览会银质奖和桂茶杯绿茶特等奖、红茶一等奖的荣誉称号，2000年又获韩国国际博览会银质奖。产品除畅销国内市场外，还远销日本、韩国和俄罗斯等国家和地区。

## 三、发展特色农业需要规模生产和规模经营

规模生产和规模经营是现代农业的一个重要特征。规模生产是基础，规模经营是关键，规模效益是目的。发展特色农业在很大程度上是强调以市场为导向而发展起来的农业生产模式，其重要特征就是强调规模生产和经营。从一定意义上讲，只有规模生产，才有规模效益。例如，地处桂西地区的田林县，因地制宜，利用土坡资源优势，自1995年以来，大力推广种植优质高产八渡笋，目前全县种植35万亩，实际投产6万亩，一般亩产鲜笋800～1 000kg，通过引进外商进行深加工和精包装，已生产出味道鲜美的"银燕牌"竹笋。该产品除在国内市场销售外，还远销新加坡、马来西亚等东南亚地区。

## 四、利用科技优势发展特色农业

调整优化农业生产结构，大力发展特色农业，必须紧紧依靠科技进步，积极推进科技与农业的结合，大力推广优质高产新品种以及各项增产增效农业新技术。例如，地处右江河谷的田东县，利用光、温资源优势大力发展亚热带水果生产，该县从1995年开始大力发展杧果生产，主要种植的品种有红象牙、象牙22号、农院3号、金穗和泰国杧等。由于原来推广种植的一部分品种因品质比较差，加上种质退化比较严重，该县从1999年开始引进我国台湾的金煌杧、台农1号和美国凯特杧等名、特、优新品种，对低产果园进行高位嫁接和改造，目前全县完成改良面积2万亩，力争用3～4年时间全面完成对低果园进行高位嫁接和改造，努力实现杧果品种的优质高产化和商品化。

## 五、利用带税优势发展特色农业

特色农业一个显著特点就是带税。发展带税农业，一方面增加农民收入，另一方面又增加地方财政收入。例如，平果县大力发展甘蔗生产和推广以名、特、优水果为主的带税农业项目。据统计，全县1999年蔗糖业为县、乡（镇）两级地方财政提供收入1 500多万元。在大力发展和巩固蔗糖业的基础上，突出以发展水果业为重点，大胆引进和推广种植各种名、特、优水果新品种，据统计，全县目前共有水果面积13万亩，其中高产优质龙眼5万亩，其他水果类8万亩，仅2000年就推广种植名、特、优水果面积3.5万亩。特别是平果县的果化镇，该镇是一个典型的石灰岩地区，耕地土层浅薄，生产条件差，该镇大力发展甘蔗生产，1999年种植甘蔗面积2.25万亩，进厂原料蔗8.4万t，增加镇财政收入80多万元。

## 六、利用产业化经营优势发展特色农业

在目前和今后一个时期，推进农业产业化经营是提高农业整体效益的根本出路。农业产业化经营水平的高低直接关系到农产品生产基地的建设和农民的增收。例如，平果县近几年来积极探索并初步走出了一条"工厂+基地+农户"的农业产业化经营之路。该县通过利用酒精厂这一龙头企业，带动了木薯生产，2000年，全县种植木薯8.5万亩，一般鲜薯收购价为每吨230～260元，最低保护价为每吨220元，增加了农民收入。

**本文原载**　农家之友，2001（2）：32

# 借鉴横县经验　加快百色地区特色农业发展

贺贵柏

2001年12月24—26日，笔者到横县参加广西农业厅召开的全区经济作物生产现场会议，通过实地参观、考察和学习，所见所闻，使笔者深深认识到，发展特色农业是市场经济发展的必然要求，是实现农业增效、农民增收和财政增长的有效途径。

## 一、横县发展特色农业的主要经验

### 1. 布局区域化

近几年来，该县以农业区域经济理论指导农业产业结构的调整和优化，明确优势产业、主导产业和支柱产业，强化产业布局的区域化，实施以附城镇为中心，大力发展茉莉花生产；以云表镇为中心，大力发展桑蚕生产和蘑菇生产；以南乡、马岭镇为中心，大力发展大头菜生产；以六景镇为中心，大力发展三月红荔枝生产；以百合镇为中心，大力发展优质黑皮果蔗生产；以那阳、莲塘镇为中心，大力发展优质茶叶生产；以西津库区为中心，大力发展优质银鱼和河蚌育珠生产的特色农业区域布局，使特色农业上规模、上档次、出精品，形成特色优势。

### 2. 生产基地化

横县在抓好特色农业布局区域化的基础上，积极推进特色农业生产的基地化。尤其是茉莉花茶、桑蚕、蘑菇、大头菜和黑皮果蔗，生产规模不断扩大，经济效益不断提高。据资料介绍，目前，横县茉莉花种植面积7万多亩，几年来，年产茉莉花6万多吨，茉莉花销售收入3.2亿元；种植优质茶叶面积2.1万亩，其中已投产面积1.58万亩，总产达3 884万元；桑园面积5.96万亩，产鲜蚕13.78万张，产值超过1亿元；目前种植蘑菇277.7万 $m^2$，预计产鲜菇2 800万kg，种植大头菜3万亩；种植优质黑皮果蔗3万多亩。横县的茉莉花产量占全国的60%以上，被新闻界和茶叶界誉为"中国茉莉花之都"，被中国花卉协会命名为"中国茉莉之乡"。

### 3. 品种品牌化

横县在发展特色农业的实践中，依靠科技，提高品质，近几年来，该县以实施"种子工程"为载体，压缩、淘汰不适销品种，大力发展优质农产品生产。目前，该县桑蚕和蘑菇生产已基本实现良种化。尤其是该县的茉莉花茶已实现了良种化和品牌化。茉莉花茶品种多达20多个，其中南山白毛茶荣获巴拿马国际农产品博览会二等奖，金花茶、郁江牌茉莉花茶、金莉牌绿茶等产品曾多次荣获国际金奖。

### 4. 经营产业化

横县发展特色农业的一条重要经验就是围绕农业的优势产业、主导产业和支柱产业，积极推进农业的产业化经营。近几年来，这县已探索出"龙头企业+基地+农户""批发市场+基地+农户""交易市场+基地+农户""中介组织+基地+农户""营销点+基地+农户"等多种行之有效的农业产业化经营模式。据资料介绍，目前，横县建有茉莉花加工企业180家、缫丝加工企业5家、水果加工企业5家、批发市场16个、茉莉花交易市场8个、农民流通中介组织62个，在全国布设农产品营销网点68个。为进一步发展壮大蘑菇业和桑蚕业，该县2000年引资3 000多万元，筹建2万t蘑菇加工厂和扩建缫丝厂，近期可以投入生产。

### 5. 服务高效化

为大力发展特色农业，近几年来，横县先后出台了各项配套性的优惠政策，简化办事程序，完善配套服务，提高办事效率，为特色农业的发展营造了一个良好的政策环境、服务环境、安全环境和收费环境，从而促进了该县特色农业的快速、稳步、健康发展。

## 二、关于加快百色地区特色农业发展步伐的一些思考

百色地区土地资源和光温资源丰富，发展特色农业具有得天独厚的条件。所谓特色农业，就是遵循市场经济规律和产业发展规律，突出本地资源优势，经营具有明显地方特色、形成产业或相当规模的农业经济。要加快发展特色农业，横县的经验值得借鉴。

第一，必须遵循市场经济规律和产业发展规律，把试验、示范、推广结合起来，把利用市场优势和发挥本地资源结合起来，把发展传统农业项目和发展现代农业项目结合起来。

第二，要避免结构雷同，切实做到因地制宜，扬长避短，突出本地的资源优势，充分发挥右江河谷和南北两翼山区的各自优势，积极探索发展一村一品、一乡一品、一

镇一品、一县（市）一品或几品式的特色农业发展模式，选准并确定适合各地发展的特色农业项目，努力培植具有本地特色的优势产业、主导产业和支柱产业。

第三，要以现代农业科技为支撑，围绕本地区各县（市）优势产业、主导产业和支柱产业，加快品种更新换代步伐，大力推广各种优质高产新品种和各项增产增效的农业新技术，努力提高特色农产品的科技含量，把发展特色农业的资源优势转变为经济优势。

第四，要围绕优势产业、主导产业和支柱产业，大力推进农业的产业化，千方百计促使特色农业上规模、上档次、上水平、上效益。

第五，要建立健全农业的保护机制，努力促进特色农业的快速、稳步、健康发展。

**本文原载** 右江日报，2002-1-9

# 发挥土坡优势　发展特色农业

## ——平果县那沙移民农业生产结构调整调查

贺贵柏

## 一、农业生产结构调整的现状

那沙乡地处平果县的东北部，全乡共辖6个行政村，89个自然屯，65个村民小组，855个农户，总人口4 668人，其中移民2 400人。全乡总面积82 000亩，其中耕地面积2 379亩，宜林坡地面积79 621亩。1999年全乡农业总产值1 001万元（当年价）。其中农业产值427万元，占54.65%，林业产值95万元，占9.49%，牧业产值478万元，占47.75%，全乡农村经济总收入2 103万元，农民人均纯收入2 435元。

### （一）粮食生产情况

1999年全乡粮食播种面积11 032亩，粮食总产量494 000kg，人均有粮105.83kg（不包括移民原籍地收入部分）

### （二）水果生产情况

1999年全乡水果总产量10t。目前，全乡共有水果面积30 407亩。其中龙眼27 000亩、李果1 000亩、蜜梨1 000亩、沙田柚600亩、牛柑果500亩、台湾大青枣220亩、荔枝150亩。

### （三）林业生产情况

全乡有林面积21 500亩，其中松木林10 000亩、杉木林8 000亩、竹林3 500亩。全乡已建有沼气池290座，沼气入户率达33.92%。

### （四）畜牧业生产情况

1999年全乡出栏肉猪4 389头，出栏羊30只，出栏家禽20 421只，肉类总产量

412t。年末大牲畜存栏1 784头，其中黄牛227头、水牛1 012头、马544匹，生猪存栏2 606头，山羊存栏40头，家禽存栏27 700只。

### （五）渔业生产情况

全乡可开发水面养鱼2 700亩，已开发养鱼100亩。

## 二、农业生产结构调整存在的主要问题

目前那沙乡在农业生产结构调整上存在的主要问题有以下方面。一是农业生产结构比较单一。全乡以龙眼开发为主，目前全乡共有龙眼面积27 000亩，占水果总面积的88.8%。二是农业科技含量比较低。主要表现在两个方面，首先，龙眼管理比较粗放；其次，部分农户仍然采用本地玉米老品种。三是资金投入严重不足。据那沙乡政府统计，2000年计划用于龙眼管理的资金200万元，实际投入25万元，其中上级扶持20万元，农民自筹5万元。四是部分移民思想不够稳定。首先，部分农户粮食未能完全自给；其次，1999年由于龙眼受霜冻影响，加上管理比较粗放，农民担心龙眼有种无收；再次是担心农业政策调整，怕原籍地农户所经营的承包耕地被农村经济合作社收回，影响家庭经济收入。五是缺乏科学系统的农业生产结构调整规划。

## 三、调整优化农业生产结构的几点建议

笔者认为，那沙乡调整优化农业生产结构，当前要注意抓好如下5项工作。

### （一）明确调整重点，发展优势产业

#### 1.调整粮食结构，增加粮食总产

一要注意调整粮食开发面积。据调查，那沙乡移民平均每户龙眼开发面积在15亩以上。要求每户要在龙眼开发面积中调整5~6亩用于种植粮食作物，农户人均在5亩以上的也可调整7~8亩用于粮食生产。如按每年亩产粮食300kg计算，户可产粮食1 500~2 000kg，力争用两年时间基本解决移民的粮食问题，用三年时间稳定解决移民的口粮和饲料粮问题，从根本上稳定移民的思想情绪；真正使移民消除思想顾虑，扎根开发那沙。二要注意调整品种结构。要在总结对新品种进行试验、示范种植成功经验的基础上，发动农民特别是移民区大力推广适应性强的巴西旱稻、早熟优质高产大豆和矮秆高产优质玉米杂交良种。三要注意选准开发模式。粮食开发可采用4种基本模式，即在龙眼地里套种巴西旱稻和大豆，可推广巴西旱稻+巴西旱稻、春大豆+夏（秋）大豆种植制度，可在现有耕地和间歇地推广种植春玉米+秋玉米或春玉米+夏（秋）大豆种

植制度。从现在开始，开发区的粮食生产就要注意由一般粮食品种向优质、专用品种转变，由单纯注重产量向提高效益转变。

2. 围绕龙眼生产，优化水果结构

在发展水果生产方面的指导思想上，必须确立"管好龙眼，发展杂果"的思想。龙眼是那沙乡的优势产业，又是主导产业，必须加强管理，确保有种有收，提高效益。加强对龙眼的管理，当前要特别注意4个问题，即围绕实施坡改梯工程抓好扩坑改土工作；开辟有机肥源，增施沼气肥等优质农家肥；推广使用高效复合有机生物肥；推广种植豆科作物，以增加土壤中的氮肥。发展杂果要注意坚持"早熟、优质、高产、高效"的原则。要大力发展那些有市场销路的短、平、快项目，选择推广种植名、特、优新品种。目前，应注意推广种植菠萝、西瓜、香瓜、葡萄、蜜梨、三华李等水果品种。要注意推广一村一品式的水果种植模式，大力发展具有本地特色的高效益农业。

3. 调整养殖结构，提高开发效益

那沙乡调整养殖结构重点是调整畜牧业结构。畜牧业要注意在发展养牛、养马的基础上重点发展养猪和养鹅。养猪重点是推广优质三元杂交瘦肉型猪，要在2~3年内，建立起瘦肉型猪生产基地，确保每户每年瘦肉型猪出栏2~3头。鹅是典型的草食型动物，养鹅重点是推广优质高产灰色鹅。可在2000年秋季引进种植优质牧草的基础上，有计划分期分批引进良种鹅进行试养，逐步扩大生产规模，尽快建立起优质高产商品鹅生产基地。同时，要注意开发现有水面，发展养鱼业。

## （二）发展生态农业，坚持持续发展

一是构建立体型林业生态模式，大力推广种植用材林、经济林和行林。林业是生态工程建设的主体，是保证农业高产稳产的天然屏障。在具体开发模式上可采用3种形式，即桐棉松、毛竹混交林，桐棉松、油茶混交林，桐棉松、油桐混交林。山坡腰部以上重点推广种植混交林。毛竹主要种植在坡脚、坡沟两旁和道路两旁。二是抓好沼气建设，大力开发农村能源。要求每个农户尤其是开发区移民，户户都要建有一座沼气池。目前，对沼气可进行多层次的开发利用，沼气可用作生活燃料，大大减少生活用柴，保护森林资源，改善生态环境。沼液可用作肥料、浸种和用作添加剂喂畜禽鱼类。沼渣是一种优质的有机肥。据有关资料表明，沼渣有机质含量达36%~49%，含氮达0.8%~1.5%，含磷达0.4%~0.6%，含钾达0.6%~12%。在沼气开发利用上，要大力推行"猪—沼—果"模式、"猪—沼—粮"模式、"猪—沼—菜"模式、"猪—沼—鱼"模式。要坚持以沼气为纽带，千方百计走出一条"养殖—沼气—种植"三位一体的生态农业的新路子。三是推广种植优质高产菠萝。可在龙眼地"边坡"种植菠萝，可引进无刺卡因、巴厘、神湾及杂交新品系57-236等品种进行试种后推广。四是推广种植优质牧草。可引进桂牧一号、黑麦草、苏丹草和美国牧草王进行试种。黑麦草适宜播种期为9—11月，生育期为当年9月至翌年5月，在冬闲田（地）种植；可收割利用多次，亩产量可达6 000～8 000kg。可在河岸两旁冬闲田开发种植黑麦草，一般一亩牧草可饲养鹅100～120羽，经济效益十分可观，真可谓草里生"金"。五是注意发展养蜂业。养蜂业是现代生态农业的重要组成部分，是高效、优质、低耗农业综合技术措施之一。养蜂不占耕地、不用粮食、投资少、见效快、收益大。利用蜜蜂为农作物授粉，可以提高产量和质量。那沙乡蜜源植物丰富，适宜发展养蜂业。

### （三）加快科技进步，提高调整质量

调整优化农业生产结构，必须紧紧依靠科技进步。建议那沙乡政府注意围绕农业生产结构的调整，下大决心推广各项增产增效农业新技术，千方百计提高农业的科技含量。笔者建议重点推广如下10项技术，即龙眼低产果园综合改造技术、巴西旱稻高产栽培技术、矮秆高产优质杂交玉米综合开发技术、优质大豆高产综合开发技术、农业节水灌溉技术、优质牧草综合开发技术、瘦肉型猪养殖技术、优质鹅养殖技术、沼气综合开发技术、立体农业开发技术。

### （四）增加资金投入，增强发展后劲

资金是农业发展的血液。那沙是广西开发最早、面积最大的移民开发区，要全面提高农业的开发效益，必须进一步加大对农业的投入。通过项目申报和宣传。争取多渠道资金投入。农业开发项目的资金投入可通过如下5个途径，一是引导农民增加投入；二是鼓励本地经济能人以独资或股份制形式兴办农业经济实体，增加资金投入；三是向农业银行申请扶贫贴息贷款；四是争取县财政专项资金的扶持；五是对外开放，引进外资。建议县财政建立扶持那沙开发区农业开发项目专项基金，以改善那沙开发区的农业投资环境，培植乡级财源，千方百计提高农业的开发效益。

### （五）制定调整规划，强化服务职能

那沙乡政府应提出一个农业生产结构全面性的调整规划。规划坚持5条原则，即坚持以龙眼为主导产业的原则；坚持以市场为导向的原则；坚持以开发土坡资源为重点的原则；坚持发展特色农业的原则；坚持示范、教育和引导农民的原则。在制定调整规划，优化生产布局的基础上，那沙乡政府应注意充分发挥自身作用，真正做到加强领导，统筹规划，协调服务，重点强化如下6个方面的服务，即科技服务、引资服务、种苗服务、农资服务、信息服务和营销服务。要为移民有效提供各项服务，建议那沙乡

建立农业开发有限责任公司，尽快推进"公司+基地+农户"的产业化经营进程，通过市场牵龙头，龙头带基地，基地连农户的形式，实行区域布局，专业化生产，企业化管理，社会化服务，实行种养加一条龙，农科教相结合，贸工农一体化的农业生产经营机制，努力构建那沙乡农业经济发展的新格局。

**本文原载**　百色工作，2000（7）：27-28

# 右江河谷发展旅游业的思考

贺贵柏

旅游业是21世纪的朝阳产业，是促进百色地区经济发展的新的增长点。百色大发展，旅游要先行。在实施国家西部大开发战略中，要使旅游业成为百色地区新的经济增长点，右江河谷必须率先发展旅游业。"十五"期间，右江河谷要大力发展以"邓小平足迹之旅"为主线的爱国主义教育旅游，发展自然景观旅游、民族风情旅游、农业观光旅游和现代工业观光旅游，力争到2005年接待入境旅客0.5万人以上，旅游外汇收入达50万美元，接待国内游客200万人以上，旅游收入达5亿元人民币以上，使旅游业真正成为右江河谷的特色产业和桂西地区独具特色的旅游黄金线。

笔者认为，"十五"期间，右江河谷发展特色旅游业应重点抓好如下5项工作。

## 一、制定发展规划，优化整体布局

制定发展规划是促进右江河谷特色旅游业发展的一项基础性工作，要加快右江河谷特色旅游业的发展，首要任务就是通过开展考察研究，右江河谷本身就是一个相对独立板块，长期以来，右江河谷以右江河为依托，形成了一个相对独立的区域单元和区域文化，充分显示出与其他地区不同的文化内涵和特色。因此，应把右江河谷的百色、田阳、田东和平果作为一个整体来考虑，制定出右江河谷"十五"期间特色旅游业的发展规划，以优化右江河谷旅游开展项目的整体布局，使右江河谷各县（市）共打"右江河谷旅游"一张牌。通过制定规划，分步实施，力争"十五"期间初步构建右江河谷特色旅游业发展的新框架。

## 二、挖掘资源优势，突出开发重点

发挥资源优势是促进右江河谷特色旅游业发展的关键。右江河谷有着丰富多彩的旅游资源。"十五"期间，右江河谷发展旅游业，重点应该是挖掘资源优势，突出开发重点。一是大力发展以"邓小平足迹之旅"为主线的爱国主义教育旅游。重点建设和开展百色起义纪念馆、红七军军部旧址、百色起义纪念碑、右江工农民主政府旧址、世纪铜鼓楼、右江河谷古人类遗址和田阳瓦氏夫人墓。二是大力发展自然景观旅游。重点是开发百色澄碧湖森林自然保护区和做好右江沿岸的绿化、美化工作。三是大力发展具有浓郁的民族民俗风情文化旅游。重点发展壮族三月三歌圩、瑶族苗族壮族村落、瑶族盘王节、瑶族茶仪和土司文化。四是大力发展农业观光旅游。重点发展以治理右江沿岸为主的特种生态林的种植绿化，利用右江河谷光温资源优势，大力发展以观光农业为特征的名、特、优、珍、稀植物园、水果园、蔬菜园、花卉园和动物园，大力发展农产品加工业。五是大力发展现代工业观光旅游。重点开发以平果铝工业基地为主的现代工业观光旅游。

## 三、抓好基础建设，优化旅游环境

抓好基础设施建设是促进右江河谷特色旅游业发展的硬件。"十五"期间，右江河谷要初步形成特色旅游业的框架，基础设施的建设要先行。一是要注意抓好各类旅游景区和景点的建设。二是要注意抓好公路建设。重点是抓好乡（镇）、村公路的建设，要做到"十五"期间，右江河谷乡乡修通柏油路、村村修通公路。力争乡（镇）通四级以上柏油路，村级公路达到乡村公路技术指标。三是要注意改造县（乡）原有的客货运输场（站），力争新建一批客货运输场（站）。四是抓好星级宾馆的建设。"十五"期间。右江河谷4个县（市），每个县（市）应建成三星级以上宾馆一家。五是加快城镇建设步伐，充分发挥城镇经济的集聚功能、人口的集结功能、发展的辐射功能和生活品质的提升功能。六是组建旅行社。力争"十五"期间为右江河谷旅游业的发展创造一个良好的旅游环境。

## 四、开发旅游精品，提供优质服务

开发旅游精品和提供优质服务是促进右江河谷特色旅游业发展的必要条件。要促进右江河谷旅游业的发展，必须抓好旅游产品的开发，要注意坚持以文物古迹开发为重点，人文景观和自然景观互补，农业观光产品与现代工业观光产品互补的旅游精品，形成历史文化遗产观光游、自然风光游、民族民俗风情游、农业观光旅游和现代工业旅游五大旅游系列产品。旅游服务要坚持"热情、周到、得体、安全"的原则。力争"十五"期末，做到旅游从业人员训练有素，服务管理规范，环境优美清洁和治安状况良好，把右江河谷旅游服务提高到一个新的水平。

## 五、拓宽招商渠道，扩大对外开放

　　拓宽招商引资渠道，扩大对外开放是促进右江河谷特色旅游业发展的重要途径。从目前看，右江河谷旅游业的发展，尚处于起步阶段，要加快旅游业的发展，关键在于右江河谷4县（市）的通力协作和实施政府主导型战略。在此基础上，拓宽招商引资渠道，扩大对外开放。旅游业的对外开放主要包括政策扶持、项目招商和旅游服务。政策扶持，就是要抓住国家实施西部大开发战略和我国即将加入WTO的良好机遇，积极争取国家政策的扶持，尽快制定放开旅游业市场的各项优惠政策，给右江河谷旅游业的发展提供政策空间、客源和资本来源。项目招商，就是要编写一批高质量的旅游项目可行性报告。建立健全旅游开展项目库，实施"走出去"的战略，选择一批重点项目和优势项目对外进行招商，通过改革和完善招商引资机制，千方百计拓宽招商引资渠道。通过重点开发项目和优势开发项目的招商，大胆引进人才、技术和资金。旅游服务也要全面对外开放，要欢迎国际、国内著名的旅游企业、管理公司和客商到右江河谷独资经营或共同经营旅行社和各种娱乐在内的旅游服务业。建议在右江河谷举行几次重大的专题旅游活动，通过借助各级新闻媒体和网络技术进行促销，力争"十五"期间形成以政府为主导，以旅游行业为骨干，全社会共同参与开发的右江河谷旅游新格局，真正把右江河谷建设成为百里旅游黄金线和桂西地区独一无二的魅力无穷的旅游黄金线。

**本文原载**　百色工作，2001（1）：25-26

# 发展家庭农场是建设现代农业的重要途径

## ——新阶段百色市发展家庭农场要注意的几个问题

贺贵柏

当前和今后一个时期，我国农业正处于高投入、高成本、高风险的新的发展阶段。新阶段如何进一步探索创新农业经营模式，以适应农业发展面临的新形势、新任务、新要求，这是摆在我们面前的一项重要课题。2013年1月31日，中共中央发出的《中共中央国务院关于加快发展现代农业进一步增强农村发展活力的若干意见》（中共中央一号文件）强调指出，要"创造良好的政策和法律环境，采取奖励补助等多种办法，扶持联户经营、专业大户、家庭农场"。这是我国第一次从国家层面和政策层面提出发展"家庭农场"的概念。那么，什么是家庭农场？概括地说，家庭农场就是指以农村家庭成员为主要劳动力，按照农业规模化、专业化、集约化、标准化和商品化的要求，以农业收入为家庭主要收入来源的新型的农业经营主体。家庭农场是我国20世纪80年代初期在全面推行家庭联产承包责任制基础上的农业经营模式的大胆创新和探索，是加快传统农业向现代农业转变的重要途径。发展家庭农场，对于创新农业经营模式，对于实现农业增效、农民增收和促进地方经济社会发展都具有十分重要的意义。

从我国发展家庭农场的生动实践和笔者从田阳县部分家庭农场的调查情况看，当前和今后一个时期，百色市发展家庭农场要注意以下几个问题。

## 一、必须注重学习和借鉴外地的成功经验

早在20世纪70—80年代，我国台湾地区就开始兴办家庭农场。实际上，在20世纪90年代初，我国就开始探索发展家庭农场的新路子。特别是上海松江、浙江宁波、安徽朗溪、湖北武汉和吉林延边等地积极培育和发展家庭农场，在促进农户的分散经营向适度规模经营，由非法人型向法人型转变，由传统农业向现代农业转变发挥了积极的作用。随着我国新型工业化和新型城镇化进程的加快，大量的农村劳动力向非农产业转移，农村空心化、农业兼业化和农村劳动力老龄化现象普遍存在。我们必须顺应农业农村发展的阶段变化，遵循农业农村经济发展的规律，注重学习和借鉴外地的成功经验，

结合本地实际，大胆实践，勇于创新，积极探索培育和发展家庭农场的新路子。

## 二、必须注重保护农业生态环境

发展家庭农场，必须始终坚持保护农业生态环境。要牢固树立农业生态环境也是生产力，农业生态环境美更是生产力的全新理念，切实做到"在保护中发展，在发展中保护"，千方百计探索走出一条实现绿色发展、生态崛起的"百色生态高效农业发展模式"。通过保护农业生态环境，促进家庭农场的可持续发展。

## 三、必须注重进行适度规模经营

2013年的中共中央一号文件明确指出，"鼓励和支持承包土地向专业大户、家庭农场、农民合作社流转，发展多种形式的适度规模经营"。发展家庭农场，必须注意进行适度规模经营。从我国国情特别是从百色市市情看，家庭农场的经营规模必须坚持适度规模经营。目前，影响家庭农场发展的一个重要问题是土地经营的规模。从台湾家庭农场特别是其他省（市）发展家庭农场的实践看，我国的家庭农场和西方的家庭农场经营模式有所不同，我国特别是百色市不适合发展规模过大的家庭农场。家庭农场只有进行适度规模经营，才能更好地应用先进的生产技术和现代生产要素，从而不断地提高劳动生产率、土地产出率和农业生产效率，加快传统农业向现代农业的转变。

## 四、必须注重发展特色高效农业

发展家庭农场，要注重在保护农业生态环境的基础上，大力发展特色高效农业。只有发展特色高效农业，才能有效地实现农业增效和农民增收的"双增"目标。要推动资源利用方式的根本转变，必须充分发挥百色市丰富的农业资源优势，因地制宜发展特色高效农业。右江河谷地区应注重大力发展亚热带特色高效农业，特别是注重发展亚热带特色水果种植、特色蔬菜种植、特色养殖和特色休闲农业。南北两翼山区，应注重大力发展生态特色水果、生态经济林、生态中草药、生态养殖、立体种养开发和生态休闲农业。

## 五、必须注重加强技术和管理培训

当前，技术水平不高和管理不规范是制约家庭农场发展的突出问题。要促进传统农业向现代农业的转变，必须加快推进农民职业化的进程。各级政府特别是县（区）、乡（镇）政府和有关部门，要注意做好家庭农场的发展调研，切实做到以服务家庭农场为出发点，以产业发展为重点，突出培训的针对性和实效性。在针对家庭农场经营者进行培训工作中，要注重做到"五个结合"，即与科学规划相结合，与保护生态环境相结合，与产业发展相结合，与传授先进适用的技能相结合，与增强创新创业能力相结合。通过开展多种形式的培训，引导家庭农场经营者学技术、学管理，千方百计增强他们的生产技能和管理水平。

## 六、必须注重典型示范与引导

发展家庭农场，典型示范十分重要。各级政府特别是县（区）、乡（镇）政府和有关部门，必须注重做好家庭农场的典型示范与引导。要注意培育和发展多种类型和各具特色的家庭农场，真正做到典型示范、总结提高、科学引导，通过典型的力量激励广大群众参与家庭农场开发的积极性、主动性和创新性，促进家庭农场的健康发展。

## 七、必须注重加强政策扶持和指导

目前，全国各地正在掀起大力发展家庭农场的热潮。国家已出台相应优惠政策，大力鼓励和支持农民以现代公司的理念来经营现代农业。由于家庭农场刚刚起步，家庭农场的培育和发展还有一个相当长的过程。各级政府和有关部门，应严格按照中央的要求，结合地方实际，科学指导家庭农场的培育与发展，特别是探索建立家庭农场注册登记制度，进一步明确家庭农场的认定标准和登记办法。要积极探索农业银行和农村信用社服务家庭农场的新模式。通过政策扶持，大力支持和鼓励有条件的地方率先培育和发展家庭农场，加快推进传统农业向现代农业的转变。

**本文成稿**　2013年10月30日

# 实施科技协同创新　加快推进百色杧果产业可持续高效发展

贺贵柏

目前，百色市已成为全国最大的杧果产业化生产基地。据统计，2014年全市杧果累计种植面积66.16万亩，总产量33.29万t，总产值170 160万元。杧果产业已成为百色市重要的现代特色农业产业。杧果产业的发展在带动区域现代特色农业产业的发展、促进农民增收和加快区域经济发展方面发挥着越来越重要的作用。如何进一步促进百色市杧果生产和经营的规模化、专业化、标准化和品牌化，加快推进百色杧果产业的可持续高效发展，是摆在百色市特别是杧果主产县（区）各级领导面前的一项艰巨的任务。2015年6月3日，百色市人民政府联合中国热带农业科学院、全国热带农业科技协作网、广西壮族自治区农业厅以及农业部国家热带果树改良中心、贵州农业科学院等部门和单位共同举办"中国（百色）杧果产业发展论坛"。与会领导和专家就广西、海南、云南、贵州、四川"实施科技协同创新战略，谱写热带果王辉煌新篇"进行了广泛的交流和深入的探讨。笔者就当前和今后一个时期如何"实施科技协同创新，加快推进百色杧果产业可持续高效发展"提出如下对策措施，供交流和探讨。

## 一、着力瞄准杧果产业发展的战略目标，加强农业科技协同创新

根据现代农业发展的要求和杧果产业发展的趋势分析，百色杧果产业发展的战略目标就是要走出一条可持续高效发展的新路子。特别是加快推进杧果生产的绿色化和有机化。为此，要注重利用广西、海南、云南、贵州、四川实施科技协同创新战略的重大机遇，着力瞄准杧果产业发展的战略目标，加快农业科技协同创新。首先，要注重进一步调整优化杧果种植的区域布局。严格按照因地制宜，科学规划，合理布局的要求，进一步调整优化全市杧果种植区域布局。特别是要注意按照《百色市百万亩杧果产业发展规划》（2014—2016年）的具体意见和要求，杧果种植坚持以右江河谷为中心向外适当拓展种植区域，按规划要求进一步扩大杧果种植规模，全市杧果规划从2014年的54万亩增加到2016年106万亩，产量目标由2014年的28万t增加到2016年40万t，加快推进

百色杧果生产由数量扩展型逐步向质量效益型转变。其次，要注重加大改造杧果中低产果园力度。特别是要注意在杧果种植优化布局和合理密植的基础上，增施有机肥，进一步加强杧果种植的水肥管理、整形修剪、促花保果、果实套袋和病虫害综合防治等增产增效和杧果改低创高技术的推广应用，确保杧果低产果园改造投产后平均亩产量提高500kg以上。再次，要注重加大宣传、示范和推广杧果标准化生产技术的力度。要在加强建设杧果无公害标准化生产基地的基础上，重点加大建设绿色杧果和有机杧果生产基地，重点围绕绿色杧果生产和有机杧果生产，大力宣传、示范和推广绿色杧果标准化生产技术和有机杧果标准化生产技术，努力打造"百色杧果"的绿色品牌和有机品牌，加快推进百色杧果生产的绿色化和有机化。

## 二、着力围绕推进杧果产业优化升级，加强农业科技协同创新

百色市应注重抓住广西、海南、云南、贵州、四川实施科技协同创新战略的机遇，着力围绕推进杧果产业优化升级，紧紧依靠农业科技创新，促进百色杧果产业的可持续高效发展。首先，要注重调整优化杧果品种种植结构。百色市杧果品种结构主要以早熟品种为主，中、晚熟品种特别是晚熟品种比较少。据统计，百色市杧果早、中、晚熟品种比例为7：2：1。全市杧果主栽品种主要有台农1号、金煌杧、红象牙杧、贵妃杧、凯特杧、桂热杧10号、桂热杧82号等，其中，杧果种植面积最大的是台农1号，2013年种植面积36.23万亩，占当年全市杧果种植面积67.23%。由于杧果早熟品种种植面积比较大，收获期过于集中（6—7月），收获期与广东、云南中晚熟品种同期，市场竞争力不强。为此，要在加快推广已有优良品种的基础上，大力引进、培育和推广优质杧果新品种，不断调整优化杧果种植结构，大力推广各项配套栽培新技术，努力提高杧果种植的生产效率和经济效益。另外，要注重抓好杧果的精深加工，不断延伸杧果产业链和提高杧果产业的综合经济效益。目前，百色市杧果仍以鲜果销售为主，虽然有少量加工，但主要以杧果果脯、果汁等初加工为主，加工产品单一，直接影响杧果的商品品质和市场竞争力。为此，必须通过科技协同创新，依靠科技型龙头企业，努力探索和开辟杧果精深加工的新途径、新工艺、新技术，不断延伸杧果产业链，努力提高百色杧果产业的综合效益和市场竞争力，真正做到依靠科技创新促进百色杧果产业的优化升级和可持续高效发展。

## 三、着力围绕杧果产业发展的科技需求，加强农业科技协同创新

要加快推进百色杧果产业可持续高效发展，必须紧紧依靠科技创新，着力围绕杧果产业发展的科技需求，加强农业科技协同创新，特别是要充分利用广西、海南、云

南、贵州、四川科技协作的长效机制，针对当前和今后一个时期百色杧果产业发展遇到的科技需求问题，进一步加强对制约杧果产业发展的共性技术和关键技术进行联合研究、示范和推广。当前，制约百色杧果产业可持续高效发展的共性技术和关键技术主要有杧果新品种选育技术、反季节杧果产期调节技术、杧果配方施肥技术、杧果高位换冠技术、杧果果实套袋技术、杧果病虫害综合防治技术、杧果低产果园改造技术、杧果标准化栽培技术、杧果采后商品化处理技术以及杧果精深加工技术等。要通过加强科技协同创新，进一步解决制约百色杧果产业发展的共性技术和关键技术，真正做到依靠科技创新促进百色杧果产业的可持续高效发展。

## 四、着力围绕提高杧果产业的市场竞争力，加强农业科技协同创新

随着我国经济社会发展和人民生活水平的不断提高，水果市场将进一步扩大。杧果属于热带、亚热带特色水果，市场潜力更大，前景更好，必须大力发展杧果产业。首先，要进一步强化品牌意识，全力打造"百色杧果"品牌。要注重整合资源，进一步挖掘和开发利用百色"中国杧果之乡"的品牌资源优势，着力创建田阳、田东、右江区、田林、西林等若干个企业知名系列杧果品牌，全力打造区域性"百色杧果"大品牌。通过"百色杧果"的品牌经营，加快推进百色杧果产业的规模化、企业化和组织化进程，努力提高百色杧果的市场认识度、市场影响力和综合竞争力。其次，要进一步加大农产品市场建设力度。特别是要注意充分发挥目前现有的田阳农副产品批发市场、田阳古鼎香农副产品批发市场、田东农副产品批发市场等县（区）、乡（镇）批发市场和零售市场的流通作用，当地政府和有关部门要发挥统筹协调和综合服务的作用，进一步加大对农业龙头企业特别是农业流通企业的支持和扶持力度，充分发挥企业在"百色杧果"品牌经营中的引领及骨干带头作用。再次，要加快推进农业信息化建设，不断探索建立和健全农产品市场信息发布制度和质量安全预警机制，努力提高杧果产业的信息化服务能力和水平。通过加强农业科技协同创新，着力提高百色杧果产业的市场竞争力。

## 五、着力围绕机制创新和模式创新，加强农业科技协同创新

随着市场经济的不断发展，百色杧果产业的发展迫切需要加快推进机制创新和模式创新。首先，要注重建立和完善杧果产业的公共服务和科技服务，特别是杧果主产区的县（区）政府，要牢固树立换思路不换产业的创新理念，进一步创新政策服务和科技服务的方式、方法，统筹和协调杧果产业在发展过程中遇到的各种困难和问题。其次，要注重借鉴外地经验，引导和支持产地杧果协会、专业合作组织和农业科技型企业为杧果产业发展提供产前、产中、产后系列化服务。特别是按产业化服务要求进行规模化、

品牌化和市场化服务。再次，要注重探索新经济条件下杧果产业发展的机制创新和模式创新。积极探索推进多种形式的产业化和社会化服务，特别是加快推进"批发市场+基地+农户""协会+基地+农户""农业专业合作组织+基地+农户""公司+基地+农户""专家+协会+基地+农户""专家+农业专业合作组织+基地+农户""科研单位+龙头企业+基地+农户"等农业产业化和社会化服务的创新机制和模式，不断提高百色杧果产业发展的组织化和社会化服务水平，加快推进百色杧果产业的可持续高效发展。

**本文原载**　广西农学报，2015，30（5）：71-73

# 打造农业与旅游业相结合的新兴产业

## ——百色市发展休闲农业前瞻

贺贵柏

休闲农业又称休闲观光农业、乡村旅游等。近年来，百色休闲农业的发展方兴未艾，开始成为人们追求的一种时尚和潮流。百色休闲农业已深受区内外、国内外众多游客的关注和喜爱。2011年是广西"休闲农业推进年"，当前和今后一个时期，如何抓住机遇，充分发挥百色得天独厚的农业自然资源优势和人文资源优势等条件，大力发展休闲农业，笔者就百色市发展休闲农业的优势条件和对策措施作如下探讨。

## 一、百色市发展休闲农业条件得天独厚

一是典型独特的喀斯特地貌，生态自然条件好，绿色旅游资源丰富，为发展休闲农业提供了丰富的自然资源、生态资源和绿色旅游资源优势。二是有着独特的亚热带特色农业资源优势，特别是右江河谷是与海南岛、西双版纳媲美的中国三大亚热带特色农业基地，为发展休闲农业提供亚热带特色农业资源优势和产业优势。三是布洛陀是珠江流域原住民族的人文始祖，以布洛陀文化为核心的壮族原生态文化，创造了悠久灿烂的农业文明，为发展休闲农业提供了农耕文化基础优势。四是百色居住着多个民族，绚丽多姿的民族文化，为休闲农业的发展提供了乡土文化和民俗文化基础优势。五是具有国家农业科技园区平台优势，为休闲农业的发展提供了科普基地、科技平台和科技支撑。六是具有红色旅游资源优势，为休闲农业的发展提供了红色旅游资源优势。

此外，以右江河为代表的水资源优势和以铝为代表的矿产资源优势以及山区丰富的土特产资源优势，也为休闲农业的发展提供了优越的条件。由此可见，百色发展休闲农业具有独特的、众多的优势，发展休闲农业大有可为。

## 二、百色市发展休闲农业的对策措施

1. 科学规划加强指导

休闲农业是现代农业的重要组成部分。要加快休闲农业产业的发展，必须制定休

闲农业产业发展规划。首先，要注重开展全市休闲农业调查研究，根据广西"十二五"休闲农业产业规划的总体要求，紧密结合百色地方资源优势的实际，认真抓好全市休闲农业发展的中长期规划编制，特别是要把休闲农业纳入全市"十二五"农业发展规划；其次，要注意根据广西提出的未来5年广西休闲农业发展的"一县一个特点，一市一条主线"的基本要求，重点规划一批休闲农业精品线路，引导各县（区）建好点，布好线，加快推进点、线一体化的进程；再次，要注意按照广西提出的"统一要求、统一布置、统一实施"的要求，切实把休闲农业纳入标准化建设体系，科学引导全市休闲农业的发展。

2. 发挥优势，突出特色

要加快全市休闲农业的发展，必须立足资源优势，抓住地方特色。要注重发挥百色得天独厚的农业生态自然资源优势、亚热带特色农业资源优势、绿色农业旅游资源优势、红色旅游资源优势、农耕文化资源优势、乡土文化资源优势和七彩的民族风情和民俗文化资源优势，加快抓好具有地方优势和地方特色的休闲农业景点和休闲农业精品线路的建设。重点探索发展如下6种休闲农业模式，即生态型休闲观光农业模式、农家乐型休闲观光农业模式、科技型休闲观光农业模式、探奇（险）型休闲观光农业模式、度假型休闲观光农业模式和民俗文化型休闲观光农业模式。要注意创新思路，突出重点，打造品牌，用特色优势和品牌优势引领全市休闲农业的发展。

3. 重点扶持，加快推进

要加快全市休闲观光农业的发展、必而注重重点扶持，加快推进。首先，县（市、区）党委、政府和有关部门，要高度重视，加强领导，尽快制定促进休闲农业发展的政策措施，以鼓励和引导休闲农业的发展；其次，要注重抓好休闲观光农业示范点和休闲农业精品线路的建设，抓好样板，树立典型，打造品牌，争取向上级有关部门推选和认定一批全区或全国休闲农业示范点、示范园区、示范县、示范乡（镇）和示范村；再次，要重点对那些有一定规模、管理规范和发展前景好的休闲农业项目，政府应给予适当的财政扶持，同时，要注意引导和鼓励金融部门给予信贷支持，充分调动社会各方力量发展休闲农业的积极性。

4. 加强培训，规范管理

目前，百色市休闲农业还处在起步阶段，要加快休闲农业的发展，必须加强培训，规范管理。首先，市政府可组建一支休闲农业专业服务队伍，以更好地加强培训和规范休闲农业的发展；其次，要充分发挥休闲农业专业服务队伍的作用，大力开展休闲农业知识培训，以创新休闲农业从业人员的经营理念，不断提高他们的现代生产技能、经营管理水平和服务水平；再次，要注意有计划地组织休闲农业经营者参加各种形式的休闲农业活动，以增长见识，开阔视野。通过培训，逐步引导休闲农业走规范化、标准化、名牌化和产业化的新路子。

5. 加大宣传，扩大影响

要加快百色市休闲农业的发展，必须加大宣传，扩大影响。首先，要注重围绕休闲农业示范点和精品线路的建设进行宣传；其次，要注重利用"中国—东盟（百色）现代农业新技术新品种展示交易会""布洛陀民俗文化旅游节"等重大节会活动，加强百色市休闲农业的宣传；再次，要注重组织开展各类休闲农业评选活动，加快休闲农业的宣传与推介。此外，要注重加强休闲农业的对外交流与合作，加大休闲农业的宣传力度，以提高百色市休闲农业的知名度和影响力。

**本文原载** 右江日报，2011-4-19

# 广西发展休闲观光农业的模式探讨

贺贵柏

何谓休闲观光农业？休闲观光农业又称休闲农业、观光农业、旅游农业、城郊旅游、乡村旅游等。休闲观光农业是指广泛利用城市郊区、乡村、农业的自然资源和人文资源，以农业活动为基础，将农业生态、农业生产、农民生活、科普教育和文化娱乐等功能结合为一体，是农业和旅游业相结合的一种新兴的产业。

休闲观光农业顺应了世界农业发展的潮流，是一种新型的农业生产经营方式。休闲观光农业改变了农业过去只注重于土地本身耕作的单一经营思想，延伸和拓展了农业的功能，是一种集生态功能、生产功能、生活功能、科普教育功能和旅游娱乐功能于一体的多功能农业，是一种打破产业界限，将旅游观光和农业的活动有机结合起来的一种综合性强的新兴产业。这种农业和旅游业的结合，可以实现观光农业带动旅游业、旅游业促进观光农业的可持续发展。休闲观光农业促进了农业生产方式、经营方式以及人们消费方式的创新，是我国现代农业和世界农业未来发展的一种新思路、新模式。从目前我国和世界各国休闲观光农业的实践看，发展休闲观光农业，市场潜力大，发展前景十分广阔。

广西休闲观光农业兴起于20世纪90年代。广西素有"八山一水一分田"之称。农业自然景观和人文景观丰富多彩，发展休闲观光农业具有得天独厚的条件。经过近20年的探索与实践，广西发展休闲观光农业的模式清晰可见。笔者试就广西发展休闲观光农业的模式作如下探讨，并将之初步总结为6种主要模式。

## 一、科技型农业园区休闲观光模式

所谓科技型农业园区休闲观光模式，主要突出以高科技含量的现代农业示范园区为载体，以开展农业高科技生产、农业奇观、科普教育、生态农业示范与农业休闲观光为一体的现代农业观光园。这种模式的主要特征，就是让游人展示现代高新农业技术和新奇特的植物、农作物和农产品。高科技农业观光富于创意和变化，它带给游人的是不可思议的神奇世界、巨大的吸引力和诱惑力，向人们充分展示现代农业的旅游魅力。例如，广西百色国家农业科技园区中国—东盟现代农业观光园。该园占地面积500亩，总投资2 000多万元。园区设有亚热带现代农业温室观光区、亚热带特色水果观光区、亚热带特色蔬菜观光区、文化娱乐区和生态农业观光区。特别是亚热带现代农业温室观光区，主要设有无土栽培展示区、名特优茄瓜展示区、新奇特瓜果展示区、名优花卉展示区、农产品超市区、农事体验区和东盟现代农业展示区等。2007年中国—东盟现代农业观光园已被国家旅游局授予"全国农业旅游示范园"。2010年又被广西电视台授予"广西十大自驾游魅力目的地"荣誉称号。又如，广西现代农业技术展示中心，又称八桂田园。八桂田园地处南宁市西乡塘区广西农业职业技术学院农业实验基地。该园占地面积300多亩，总投资3 000多万元。该园主要突出以现代农业温室栽培为特征的现代农业技术展示。温室主要设有奇瓜异果栽培区、野特菜栽培区、名优花卉栽培区、生态有机菜园、机械化育苗车间等现代农业新技术展示区，还开设有果蔬采摘区，绿色超市、趣味儿童游乐园和特色风味野菜馆等农业旅游观光项目。八桂田园是广西首家集农业科普教育、农业休闲观光、绿色餐馆和文化娱乐于一体的城郊现代农业科技型休闲观光示范园，为推进广西休闲观光农业的发展提供了里程碑的范例和意义。广西科技型农业园区休闲观光模式比较典型的还有广西现代农业科技示范园、梧州市新世纪现代农业科技示范园和玉林市科技创新示范基地等。

## 二、生态型休闲观光农业模式

生态型休闲观光农业模式重点突出以保护农业生态平衡为前提，通过生态环境保护和农业生态景观建设，为游人提供观赏和享受良好的生态环境。例如，广西百色市乐业县龙云山顾式生态有机茶园，龙云山顾式生态有机茶园是广西乐业县顾式茶有限公司投资建设。顾式生态有机茶园地处乐业县龙云山。龙云山是乐业县的风水宝地。该山海拔高度1 100～1 350m，森林覆盖率72%，年降水量1 100～1 500mm，空气湿度保持在82%～90%，年平均气温16℃左右，气候温和，夏天平均气温22℃，极端高温29℃，冬天极端低温-5℃。龙云山酷似群龙蜿蜒起伏，层峦叠嶂，形态优美秀丽，可谓龙狮凤虎，诸山栩栩如生，令人心旷神怡。顾式生态有机茶园，计划建设面积3万多亩，目前已建成生态有机茶园1 000多亩。该茶园主要种植桂绿1号和乐业1号茶树品种。龙云山海拔高，每天上午笼罩在富含游离氧的云雾里，云雾将阳光折射和漫射形成的光照，以黄光、蓝光和紫光为主，茶叶在各种漫射光的作用下积累丰富的氨基酸和芳香物质。经检测，乐业龙云山生产的顾式生态有机茶，游离氨基酸含量达7.8%，水解氨基酸总含量达25.06%，突破了中国茶叶多年来普通茶氨基酸含量4.8%，最高含量达6.4%的极限。顾式生态有机茶系列产品已经获得中绿华夏有机食品认证中心（COFCC）、国际有机作物改良协会（OIA）、美国农业部（LSDA）和欧盟（EU）有机认证。顾氏有机绿茶以"色绿、香幽、味鲜和气灵"而著称。饮用顾式生态有机绿茶，能给人带来开启智慧、快乐心灵和健康长寿的无限价值。正像《顾式茶》歌所唱到的那样："小伙喝了长得更挺拔，姑娘喝了美得赛金花！"真是云雾山里出好茶。正是乐业龙云山以其良好的生态环境和生产出驰名中外的生态有机茶而招来许多中外游客前往旅游和观光。又如，广西北海合浦星湖岛生态游。北海市合浦县的星湖岛，风景秀丽，生态环境优美，主要开展游艇、垂钓、野炊、烧烤、野营和乡舍夜宿等休闲活动。近几年，又开发了千顷果园，种植各种具有亚热带特色的岭南水果品种，初步形成了生态观光、休闲和度假"三位一体"的大型生态立体农业观光园。星湖岛又因拍摄《水浒》外景而成为吸引中外游客的"水浒城"。广西生态型休闲观光农业模式比较典型的还有南宁乡村大世界旅游景区、梧州市阳光农业生态园、贵港市北回归线小汶生态示范园、玉林市罗政生态农业旅游区、河池市长山生态农业旅游动感休闲谷、崇左市亚热带农业生态园和百色市凌云县茶山生态游等。

## 三、农家乐型休闲观光农业模式

"农家乐"是休闲观光农业的一种重要模式。农家乐模式就是注重利于当地特有的自然资源、农业资源和当地农民独特的民俗文化，向游客提供"吃农家饭，住农家屋、干农家活、买农产品和享农家乐"的各种配套性服务。例如，广西百色市乐业县的火卖村农家乐乡村旅游。火卖村农家乐，位于乐业县同乐镇西部，距县城5km。该村形似一个小漏斗的盆地。村四周山上绿树成荫，生长着茂密的原始森林，栖息着大量的珍稀动物。火卖村共有村民30多户，200多人。该村村民主要姓邹，早在清朝年间就由贵州遵义市余庆县搬迁来此居住，距今已有200多年历史。村民主要以耕种旱粮和采矿维持生活。该村保存了独具特色的自然生态和淳朴古雅的民风民俗。火卖村游览项目主要有飞虎洞、迷魂洞、大曹天坑及世界排名第二的红玫瑰地下溶洞大厅。该村备有客房150多间，可接待游客150~200人。该村农家特色菜主要有土鸡、腊肉、米酒、蕨菜以及时令瓜、果、蔬菜等。目前，乐业火卖村已建成集观光、培训、住宿和农家美食为一体的新型的休闲观光农业旅游基地。近年又被命名为"广西作家创作基地"。又如广西百色市田阳县那生屯农家乐乡村旅游。那生屯农家乐，地处广西百色国家农业科技园区核心区，该屯共有140多户，村民600多人，开展农家乐经营30户，该屯农家乐住房采用统一规划，分户投资、建设和管理。那生农家乐可容纳游客就餐400多人，可接待游客食宿100多人。农家乐美食主要有布洛陀有机米、布洛陀米酒、布洛陀土鸡、布洛陀香猪、布洛陀香鸭等壮族系列农家乐菜谱。游客到这里旅游可以参与从事种菜、种花、摘果、垂钓等农事娱乐活动。据统计，该屯农家乐2009年先后接待游客8万多人，农民旅游经营收入100多万元。由于该屯农家乐旅游经营成绩显著，2008年4月被农业部授予"全国农村适用人才培训基地"称号；2009年12月被广西电视台授予"广西十大魅力乡村"称号；2010年又被教育部授予"一村一名大学生计划"教学实习基地的荣誉称号。目前，田阳那生农家乐已形成集美食、住宿、培训和休闲观光于一体的综合性农家乐旅游基地。广西农家乐型休闲观光农业模式比较典型的还有南宁市西乡塘区美丽南方农家乐，钦州市的火龙果山庄农家乐、红豆红山庄农家乐，百色市右江区平圩民族村农家乐，凌云县金保瑶族农家乐和巴林农庄农家乐等。

## 四、探奇（险）型休闲观光农业模式

所谓探奇（险）型休闲观光农业，是在一定的自然条件和生态环境下形成的奇特景观，并以此为基础开展的休闲观光农业活动。广西号称"八山一水一分田"。特别是广西的岩溶地貌形成了许多独特的自然景观，这就为发展探奇（险）型休闲观光农业提供了良好的条件。例如，广西百色市乐业县大石围天坑群探奇（险）游。百色乐业大石围天坑群景区是一个拥有世界级科考价值和探险奇观的天坑群景区。该天坑群位于百色市乐业县，占地面积20多平方千米，"天坑"是喀斯特即可溶性岩石地貌的一种奇观。经中外地质学家实地考察，已发现乐业有垂直深度50m以上的被世界洞穴协会认定为"天坑"的有26个，占专家认定的全世界36个天坑的72%。乐业天坑群被专家认定为世界之最，其中大型和超大型天坑9个，被称为"世界天坑博物馆"。乐业天坑群中最大的大石围天坑，垂直深度613m，东西走向600m，南北走向420m，有"天然绝壁地宫"之称。天坑底部是人类从未涉足过的茂密的原始森林，并有地下河流通。天坑底部原始森林面积为世界第一，深度为世界第二，容积居世界第三。森林中还有大量珍贵的植物和动物资源。百色乐业大石围天坑群已被命名为"国际岩溶洞穴科考探险基地""国家地质公园""天坑博物馆""世界岩溶胜地"。近年来，随着乐业大石围天坑群景区基础设施的建设与完善，吸引成千上万的中外游人到此进行探险和观光。又如，广西百色大王岭原始森林景区探奇（险）游。大王岭原始森林景区位于百色市右江区，是广西水源林保护区，总面积123万亩，其中保持着原始状态的森林面积10万多亩。据不完全统计，主要有香木莲、油杉、红椿等286科667种。一年四季，清澈见底的溪流在原始森林的峡谷中欢快流淌，河流两旁古木参天，植被丰厚，藤蔓交错，犹如一把天然的大伞遮盖着整条河流。大王岭原始森林河流落差大，河中奇石林立，河水清澈透明，夏天，到这里进行原始森林漂流，清爽、刺激而又有惊无险。大王岭原始森林景区被誉为"都市旁的原始森林"，原始森林中的藤蔓世界、藤蔓王国中的激情漂流，是中国最刺激的原始森林峡谷漂流。大王岭原始森林景区除漂流项目外，又增设了科考服务、藤蔓沟探秘、森林美容浴场和旅游度假中心等各项配套服务。广西探奇（险）型休闲观光农业模式比较典型的还有百色市靖西通灵大峡谷漂流、乐业布柳河漂流、凌云纳灵洞探奇（险）游和平果敢沫岩探奇（险）游等。

## 五、度假型休闲观光农业模式

这种类型主要是通过对自然生态环境、基础设施的配套建设与综合服务等综合措施吸引和招揽游人。这种模式主要融休闲度假、体验农业、科普教育、观赏娱乐等多种功能为一体的农业观光旅游。这种模式的主要特点是规模比较大，目标层次比较高，投资比较大和功能比较多。例如，广西金满园农业科技园区，金满园地处南宁市西乡塘区坛洛镇，距南宁市中心43km，园区占地面积432亩。园内设有名特优水果休闲观光区、生态休闲垂钓区、农事体验区、文化娱乐区和食宿休闲区。食宿休闲区配有设备精良的现代化多功能会议中心。文化娱乐区设有乒乓球馆、羽毛球馆、篮球场、网球场、棋牌室、沙滩排球场和儿童游乐园等。园区内环境优美，景色宜人，食、宿、娱乐设施配套齐全，是休闲度假和娱乐健体的好地方。又如，广西百色市田阳县布洛陀杧果风情园，该园地处广西百色国家农业科技园区，位于田阳县城东部，距县城7km，是一个典型的亚热带以杧果观光和旅游度假为主题的多功能民族风情园。园区依傍南百二级公路，南昆铁路和南百高速公路横贯景区周边而过，园区对面是百色机场，该机场目前已开通百色至桂林、百色至广州航线。该园规划总面积10 560亩，已开发3 000多亩。园内有各种名特优杧果品种38个，其中，田阳香杧和金煌芒曾获中国农业博览会金质奖。目前，风情园内已建有金穗庄、香杧庄、桂香庄等度假山庄，还配套建有杧果文化廊、菜趣馆、水上娱乐、游泳池、游客摄像区和高尔夫球场等旅游基础设施，是一个亚热带集杧果观光、餐饮娱乐和休闲度假于一体的特色鲜明和功能比较完善的具有浓郁壮族特色的生态旅游度假区。广西度假型休闲观光农业模式比较典型的还有南宁市金龟湾旅游度假村、桂林市桃花江旅游度假区和百色市田东横山古寨旅游区等。

## 六、民俗文化型休闲观光农业模式

民俗文化型休闲观光农业模式主要是借助自然生态和人文生态景观，特别是利用乡情民俗和乡村特色地域文化，建立具有特色的乡村民俗文化旅游基地和开展民俗文化旅游活动。例如，广西百色田阳布洛陀民俗文化游。百色是少数民族的聚居之地，这里有壮、汉、瑶、苗、彝、仡佬、回7个民族，其中壮族人口占80%，各民族长期和睦相处，共同创造了源远流长、绚丽多彩的民族文化。在壮族及其先民心目中，布洛陀是民族文化的创始者。"布洛陀"是壮语的译音，指无事不知晓的老人，具有崇高的地位。

千百年来，人们采用各种方式祭拜他、纪念他、歌颂他。2002年，经国家有关专家学者考察论证，布洛陀是珠江流域原住民族的人文始祖，敢壮山是纪念珠江流域原住民族人文始祖布洛陀的圣地。近年来，田阳的敢壮山已成为布洛陀（壮族）民俗文化的重要旅游基地。敢壮山上有祖公祠、母娘岩、鸳鸯泉、将军洞、通天洞、红军洞等奇观异景。敢壮山又是重要的革命纪念地之一，1927年黄治峰等发动和领导的"二都暴动"就在敢壮山下举行。每年农历"三月三"歌节是壮族最大的传统节日。每年"三月三"的敢壮山歌圩，都有来自周边10多个县的10万多游人汇集到这里，载歌载舞，开展各种丰富多彩的农事体验和民俗文化活动。近年来，敢壮山已成为展示以布洛陀文化为核心的壮族原生态文化的基地，是探索珠江流域文明起源的园地。布洛陀文化不仅影响珠江流域，而且还波及和影响东南亚的泰国、马来西亚等国的民俗文化。目前，田阳县敢壮山已成为乡村民俗文化型休闲观光农业的重要基地。又如，广西桂林刘三姐景观园。刘三姐景观园位于桂林城区狮子岩山下，景区占地100多亩，投资5 000多万元，全力打造刘三姐文化，树立刘三姐文化的品牌。刘三姐景观园是国家AAA级景区，是广西首批民族风情旅游示范点。园外山清水秀，园内小桥、流水、青山、瀑布等大自然景观如诗如画，各式民族寨楼，刘三姐电影中的莫府、阿牛家、世界瑶族长发之最等人文景观星罗棋布。近几年推出的大型实景火把节"山歌牵出月亮来"，可谓原汁、原味、原生态。极富民族风情的斗鸡表演，侗族油茶，苗族神功上刀山、下火海等精彩节目，都会让游客赞不绝口、大开眼界。当您饱览了桂林山水之余，再去桂林刘三姐景观园休闲观光，您就算是真正到了桂林，真正了解"山水甲天下"的桂林。广西民俗文化型休闲观光农业模式比较典型的还有玉林市庞村清代民居群，贺州市黄洞民俗村、秀水状元村，河池市猛娥瑶寨民俗村，来宾市孟村民俗村，百色市隆林县龙洞大寨瑶族村，张家寨民族村等。

**本文原载** 中国农业信息，2010（7）：61-64

# 右江河谷地区香蕉产业发展现状及对策建议

吴兰芳　潘廷由　王葫青　李文教　韦保特　罗芳媚

香蕉是热带、亚热带地区的重要水果之一，在世界水果贸易中占有极其重要的位置。右江河谷地区位于广西百色市，包括右江区、田阳县、田东县和平果县的平原地带，是全国四大干热河谷之一，该地区热量充足，雨水充沛，属典型的南亚热带季风性湿润气候区，是香蕉经济栽培适宜区之一。由于香蕉生长快、供果期长、效益好，近几年来右江河谷地区香蕉种植规模不断扩大，香蕉产业得到了迅速发展，但仍存在一些亟待研究和解决的问题。为此，通过分析右江河谷地区发展香蕉产业的气候资源优势，探讨了香蕉产业健康、可持续发展的新途径，力求右江河谷地区香蕉产业走向专业化、集约化经营，打造出自己的品牌。

## 一、右江河谷地区香蕉产业发展概况

据资料记载，右江河谷地区香蕉种植业距今已有300多年的历史。目前，百色市香蕉种植总面积约0.69万hm²，产量达到24.73万t，产值5.7亿元，而右江河谷地区香蕉种植面积达到0.65万hm²，产量达到24.16万t，产值5.5亿元，占百色市香蕉总面积的94.2%，产量占到百色市香蕉总产量的97.7%。相比2014年，右江河谷地区香蕉种植面积增加了0.18万hm²，产量增加了73%。

其中，右江区种植面积0.037万hm²，产量0.73万t；田阳县种植面积0.18万hm²，产量4.8万t；田东县种植面积0.40万hm²，产量18万t；平果县种植面积0.03万hm²，产量0.58万t。2015年，除右江区种植面积不变，田阳县、田东县和平果县香蕉种植面积比2014年分别增长了70.33%、33.57%、37.03%。由于技术管理水平参差不齐，产量以田东县居高，每亩产量平均达到3 200kg。

## 二、右江河谷地区香蕉产业发展优势

右江河谷地区位于广西西南部，地理位置东经106°30′～107°30′、北纬23°15′～23°55′，该区地势平坦，平均海拔125～150m，属亚热带季风气候。右江河谷作为每年

"中国—东盟（百色）现代农业展示交易会"的落户点，区位优势明显，交通便利，且该地区夏天基本无台风、冬天极少出现霜冻，光热雨量充足，素有"天然温室"之称，其得天独厚的气候资源非常有利于香蕉的生长。

### （一）温度适宜

右江河谷地区香蕉产业之所以能够迅速发展，与该地区的气候条件密切相关。该地区热量资源丰富，据数据分析显示，该地区年均气温达22.0℃，≥10℃年有效积温达7 700～7 850℃，其中，最冷月（1月）平均气温12.8～13.5℃，最热月（7月）平均气温28.2～28.4℃，无霜期达350～357d。香蕉全生育期要求年平均气温20℃以上，稳定通过10℃的活动积温6 000℃。最适宜的日平均生长温度为24～30℃，温度过高或过低都对香蕉生长不利。

低温影响香蕉根系吸收及叶片合成功能，温度降到10～15℃时生长缓慢，10℃时停止生长，低于5℃叶片出现寒害症状，气温降到1～2℃时叶片枯萎，如果温度降至0℃及以下，则整株死亡。当温度高于35℃时会使香蕉的果柄无法正常运输营养物质，导致香蕉生育期延长，另外，在香蕉生长期间，如果温差过小，很难保证香蕉体内糖分和淀粉的集聚。可见，右江河谷地区适宜的温度为香蕉的生长提供了有利条件。

### （二）雨量充沛

香蕉为大型草本果树，假干疏松，叶片宽大，蒸腾作用强，全生育期要求充足的水分，营养生长旺盛期和花芽分化果实膨胀期需水量最多。据测定，香蕉每形成1g干物质需吸收600g水，一般认为，月降水量要大于100mm，不得少于50mm，以150～200mm最适宜。干旱使香蕉生长缓慢，焦果短小、产量低、品质差；水分过多可造成香蕉的根系缺氧，出现根腐叶黄现象。如果蕉园长时间处于受涝情况下，将导致植株死亡。

最理想的年降水量为1 500～2 500mm且分布均匀。右江河谷年降水量1 100～1 200mm，年平均相对湿度76%～79%，6—10月相对湿度为80%～83%，降水量主要集中在5—8月，5月上旬到中旬雨量较均匀，6—8月会有雨量高峰和次峰，干雨季较分明。由于地处右江河谷，灌溉方便，可以配套相应的灌溉设施，在干旱或少雨的季节及时灌水，避免出现缺水现象，保证香蕉的正常生长。

### （三）光照充足，且基本无台风影响

香蕉属喜光性果树，光照充足利于其生长和结果，若光照不足，则生育期延长，果实瘦小，欠光泽，产量和品质下降。所以，在香蕉生长过程中，既要保证光照充足，又要避免因光照强度过强而引起叶片果实灼伤。经调查及数据分析发现，香蕉生长的最

适宜光照强度0.2万～1.0万lx，在这种光照强度下香蕉光合作用增加，生长速度加快；透光量要维持在14%～18%，且日照天数要占香蕉生长总天数的3/5以上，才有利于香蕉的生长发育。

右江河谷地区光资源丰富，其中4—10月日照充足，年平均日照时数为1 767～1 823h，有利于香蕉进行光合作用，创高产稳产。另外，香蕉根系较浅，抗风性较差，宜选在常风小的地方种植，右江河谷的大风天气以田阳最多，年平均3.7d，右江区及田东年平均2.2～3.4d，做好择地种植工作即可。

### （四）土地资源丰富

右江河谷地区主要以赤红壤为主，土壤多为黄沙土，土层松厚肥沃，结构性好，矿物丰富，pH值5.5～7.0，耕作层60～80cm，富含有机质、保肥保水性能良好，是适宜香蕉生长的地区。同时右江河谷地区总耕地面积4.5万hm²，其中水田2.15万hm²，旱地2.35万hm²，适宜种植香蕉的土地面积广、范围大，为香蕉生产用地提供了保障。

## 三、右江河谷地区香蕉产业发展中存在的问题

### （一）标准化生产水平低，果品质量不高

绝大部分蕉农没有经过专业的技术培训，从建园、蕉果护理到采收都是凭经验管理，缺乏一套规范化的栽培管理措施。一些产区多年连作，出现土壤板结、病虫害严重等情况，加上滥用化肥、农药，造成蕉园生产环境日趋恶化，导致香蕉产量和质量下降。部分果农缺乏病虫害防治知识，发现问题盲目用药，造成病虫害防治不及时，甚至出现农药过量等现象。也有部分蕉农环保意识不强，将用过的薄膜、纸袋随地扔弃，造成了严重的白色污染。采后处理设施相对落后，大部分果农采收主要还是"人扛肩挑"，造成果实碰伤、擦伤，严重影响果品的质量。以上这些都不利于右江河谷地区香蕉产业的可持续发展。

### （二）经营模式落后，组织化程度低

右江河谷地区香蕉种植模式多为家庭式分散经营，资金、技术投入少，果园基础设施（如道路系统、供水设施等）相对落后，经营管理粗放，抗灾能力和风险承受能力低。多数香蕉只经过简单的催熟后在街边出售，商品档次低，市场竞争力差。农民组织化程度低，一方面没有进行统一规划和布局，种植结构不太合理，农户往往是根据当年市场价格，来决定下一年的种植时间和种植面积，这样就很容易出现种植时间过于一致，导致香蕉成熟期过于集中，出现同时间大量上市的现象，容易导致价格下跌；另一

方面香蕉批发市场少、规模小，以零星路边集贸市场为主，没有形成一个完善的市场销售渠道。

## （三）保鲜、贮运、加工及采后商品化处理技术相对落后

香蕉是呼吸跃变型水果，贮运保鲜难，近几年香蕉产后损失率高达50%。由于受传统生产方式的影响，无伤采收和采后商品化处理意识较低，大部分生产企业、蕉农都是人工采收，机械伤较严重；加上采后处理及保鲜贮运等技术设施又相对落后，香蕉经过简单采收、包装就直接上市，严重影响果品贮藏，货架期短，直接降低了商品质量和市场竞争力。

## （四）病虫害日益严重，后备品种不足

近年来，香蕉产业的病虫害现象越来越严重，如束顶病、花叶心腐病、枯萎病、病毒病等病害，白粉虱、叶螨、线虫等虫害不断加剧。病虫害严重时，可造成减产甚至绝收。而大剂量的使用化学农药，不仅使环境日益恶化，还影响香蕉的口感和品质。当前，右江河谷地区种植的香蕉品种多为从国外引进的威廉斯、巴西两大品种，分别占右江河谷香蕉种植面积的65%和30%，种植品种趋同性较高，缺乏可以替代的抗逆性强的新品种。

# 四、右江河谷地区香蕉产业发展对策

## （一）加强香蕉相关标准制定及标准化生产，打造香蕉品牌

随着生活水平的不断提高，人们对食品的质量安全要求也越来越高，要打造出右江河谷地区高产、优质的香蕉产业，政府及相关农业部门要制定相关的标准化生产技术，加大宣传培训力度。从种苗培育、标准建园、栽培技术、水肥管理、蕉果护理及采后处理等各个环节运用标准化管理，做到统一标准生产技术流程，提高香蕉质量和产量，并建设高产优质栽培示范基地，推广水肥一体化技术，达到节本增效的目的。另外，要加强对香蕉药物残留量的检测及监督，努力生产出优质、卫生、安全的果品。同时，要注重引导品牌创建，可以中国—东盟（百色）现代农业展示交易会作为契机，对右江河谷地区的香蕉品种进行整体包装、集中推介，不断扩大右江河谷香蕉的市场知名度和影响力，提高香蕉的市场竞争力。

## （二）建立香蕉生产协调机制

组织水果生产部门、企业、专家学者等各方面人员定期召开香蕉产业协调会，对

国内外香蕉生产的前沿信息进行交流和研究，及时为种植者、经营者提供各种有效的技术信息、市场信息、价格信息，引导蕉农合理安排种植时间，避开上市高峰期，形成合理有序的竞争发展局面。另外，相关部门要加快信息化网络平台的构建，完善基层技术网络推广，积极做好指导示范工作，使广大蕉农及时准确地了解科技动态和市场信息，掌握各项标准化技术措施。

### （三）提高组织化程度，积极引导规模经营

各级政府、香蕉相关主管部门及科研单位要注重发挥科技服务作用。针对产业化经营仍处于较低水平的问题，应大力引进和扶持较大规模的、有发展潜力的生产、销售大户和龙头企业，推行"公司+农户"的形式将规模小的生产农户组织起来，形成大规模的香蕉生产经营组织，统一管理、统一销售，有利于降低劳动成本，实现生产、销售一体化经营。对龙头企业的扶持，要注重企业的管理水平和创新能力，加强与科研单位的交流与合作，加快技术创新，使香蕉产业越做越大，越做越强。

### （四）加强采后保鲜处理及深加工技术研发

国际国内市场对蕉果外观和品质的要求越来越高。蕉果机械伤既影响商品外观及贮藏，又降低了香蕉的商品质量。因此，应严格遵守香蕉的标准化采收及保鲜包装技术，最大限度地减少蕉果的机械损伤，提高香蕉的商品质量，从而提高经济效益。另外，香蕉还可以制作成香蕉汁、香蕉片、香蕉酒等，从而提高香蕉产业的总体产值，既可以降低鲜果的销售压力，又能解决机械损伤的劣等蕉果。因此，政府可以加大对右江河谷地区香蕉深加工行业的扶持，多鼓励发展香蕉深加工企业，让香蕉转变为果汁、果脯、果酱、果胶等商品，提高香蕉附加值，实现香蕉产品消费形式的多样化，创造更多的经济效益，形成香蕉产业链，真正实现香蕉产业的商品化。

### （五）重视优良品种的选育和引进，为香蕉产业持续发展保驾护航

右江河谷地区政府及相关部门应该有针对性地制定科研项目，与科研机构配合积极引进或选育出高产、优质、抗逆性强的优良品种，以解决后备品种不足的问题，特别要加强抗病种质的引进。另外，科研部门要积极与育种公司、种植大户联系，承担香蕉新品种的区域试验和生产试验，从中筛选出农艺性状稳定、口感好、品质佳的新品种进行大面积的示范推广。同时，要加强专家学者的交流研究，学习国外先进的香蕉生产技术，进一步提升香蕉的品质。

**本文原载**　南方农业，2016（10）：51-54

# 桂西南秋玉米缓控释肥施肥效应研究

韦德斌　刘永贤　向　英　费永红　钟　维

玉米是桂西南地区主要的粮食作物，其生物量高、需肥量大。在习惯生产中，人们为提高其产量，盲目大量施用化肥，追肥的次数较多，这样不仅耗工多，生产成本增加，同时导致了肥料利用率降低，增产不增收，而且严重破坏了土壤养分平衡与土壤生态环境，给当地农业可持续发展带来了严重的威胁。缓控释肥是一种新型复合肥料，能按照玉米不同时期需要的养分比例及数量，缓慢趋向释放与需肥规律基本相一致的肥料养分，可避免土壤中养分过量，协调土壤养分供应与玉米养分吸收之间的矛盾，提高肥料利用效率，减少施肥次数，减轻环境污染。大量研究结果表明，在玉米生产中，施用缓控释肥能提高养分利用率40%～45%、节省肥料15%～20%，且基肥一次施用能够满足玉米整个生育期对养分的需求，无须追肥，节省劳力投入。为此，本试验引进了6种不同的缓控释肥，在桂西南玉米主产区开展不同缓控释肥对秋玉米的生长、产量与单位肥料农学利用率研究，同时，还设置了不同施肥量的对比，以期获得玉米高产、优质、高效的最适控释施肥量，为控释复合肥料在桂西南地区大面积推广提供科学依据和技术支撑。

## 一、试验材料与方法

### （一）供试材料

供试玉米品种：桂单0810，由广西农业科学院玉米研究所提供。

供试肥料：大展复混肥由重庆多来利化肥有限公司提供，雷力复混肥由北京雷力绿色肥业连锁有限公司提供，氯环掺混肥由广西新世纪农业科技有限公司提供，金正控释复合肥由山东金正生态工程有限公司提供。

### （二）试验地点

试验设在广西农业科学院百色分院/广西百色市农业科学研究所试验田内。原始土样养分状况：速效氮65.8mg/kg，速效磷48.4mg/kg，速效钾75.3mg/kg，有机质1.76%。

## （三）试验设计

试验设6种不同类型的缓效肥（F$_{1-6}$），2种不同施肥量（D$_{1-2}$）：D$_1$为450kg/hm$^2$，D$_2$为600kg/hm$^2$，1个不施肥对照（CK$_1$）和一个习惯施肥对照（CK$_2$），共14个处理，每个处理重复3次，区组内随机排列，共42个小区，每个小区为21m$^2$（表1）。

**表1　试验处理设置**

| 序号 | 不同施肥量 | 不同类型缓效肥 | 处理说明 |
|---|---|---|---|
| 1 | | F$_1$ | 450kg/hm$^2$（14-5-10）大展复混肥：硫酸钾型缓释生态肥 |
| 2 | | F$_2$ | 450kg/hm$^2$（15-10-15）雷力复混肥：含有机质3%，海藻8% |
| 3 | D$_1$ | F$_3$ | 450kg/hm$^2$（20-5-10）氯环掺混肥：含有机质20%，黄腐酸7% |
| 4 | | F$_4$ | 450kg/hm$^2$（16-4-10）氯环掺混肥：含有机质25%，黄腐酸10% |
| 5 | | F$_5$ | 450kg/hm$^2$（18-8-16）金正控释复合肥：硫酸钾型 |
| 6 | | F$_6$ | 450kg/hm$^2$（18-8-16）金正控释复合肥：硫酸钾型 |
| 7 | | F$_1$ | 600kg/hm$^2$（14-5-10）大展复混肥：硫酸钾型缓释生态肥 |
| 8 | | F$_2$ | 600kg/hm$^2$（15-10-15）雷力复混肥：含有机质3%，海藻8% |
| 9 | D$_2$ | F$_3$ | 600kg/hm$^2$（20-5-10）氯环掺混肥：含有机质20%，黄腐酸7% |
| 10 | | F$_4$ | 600kg/hm$^2$（16-4-10）氯环掺混肥：含有机质25%，黄腐酸10% |
| 11 | | F$_5$ | 600kg/hm$^2$（18-8-16）金正控释复合肥：硫酸钾型 |
| 12 | | F$_6$ | 600kg/hm$^2$（18-8-16）金正控释复合肥：硫酸钾型 |
| 13 | 当地习惯（CK$_2$） | | 300kg/hm$^2$基肥+225kg/hm$^2$攻苞肥普通复混肥（15-15-15） |
| 14 | 空白（CK$_1$） | | 不施肥 |

## （四）试验实施

试验于2012年8月15日进行播种，8月21日（播种后6d）补苗，8月28日（播种后13d）间苗定苗，在8月25日（播种后10d）、9月16日（播种后32d）各喷一次杀虫剂，9月12日（播种后28d）培土，10月8日（播种后6d）喷除草剂，9月20日（播种后36d）对习惯施肥（CK$_2$）处理施攻苞肥。种植密度为52 500株/hm$^2$，所有缓控释肥都作为基肥一次性施完，小区施肥均匀。

## （五）测定项目与方法

株高是指根基部至最新叶片叶基高度，茎粗以基部节茎为准，用游标卡尺进行测定。株高、茎粗、穗位高、每小区测10株，每个处理重复3次，每个处理共测30株。

单位肥料农学利用率（kg/kg）=[施肥处理产量（kg）−不施肥处理产量（kg）]/肥料用量（kg）（$N+P_2O_5+K_2O$）

## （六）统计分析

试验数据统计与分析均在Excel 2003程序中进行。

# 二、结果与分析

## （一）不同缓释肥对秋玉米生长性状的影响

表2试验结果表明，在不同的施肥水平下，这6种不同的缓释肥对秋玉米的株高与穗位高均有促进作用。与$CK_2$（习惯施肥）相比，在$D_1$（450kg/hm²）施肥量下，6种不同的缓释肥的玉米株高与穗位高平均提高2.46%与2.76%；在$D_2$（600kg/hm²）施肥量下，平均提高4.49%与5.32%。与$CK_1$（不施肥，空白对照）相比，在$D_1$施肥量下，6种不同的缓释肥的玉米株高平均提高26.07%与38.08%；在$D_2$（600kg/hm²）施肥量下，平均提高28.57%与41.52%。

这6种不同的缓释肥中，与$CK_2$相比，除$F_3$与$F_4$（氯环掺混肥）这两种缓释肥对秋玉米的茎粗有所降低外（在$D_1$施肥量下，分别降低2.26%与2.05%；在$D_2$施肥量下，分别降低0.57%与0.28%），其他均有所提高，其中以$F_6$（金正控释肥）最为明显，与$CK_2$相比，在$D_1$施肥量下，提高2.26%；在$D_2$施肥量下，提高8.49%。

表2 不同处理的玉米生长性状

| 不同施肥量 | 不同类型缓效肥 | 株高（cm） | 茎粗（cm） | 穗位高（cm） |
|---|---|---|---|---|
| | $F_1$ | 273.37 | 1.433 | 118.73 |
| | $F_2$ | 271.93 | 1.433 | 119.93 |
| $D_1$（450kg/hm²） | $F_3$ | 267.90 | 1.382 | 123.20 |
| | $F_4$ | 265.40 | 1.385 | 117.40 |
| | $F_5$ | 271.47 | 1.42 | 115.73 |
| | $F_6$ | 268.67 | 1.446 | 116.43 |

（续表）

| 不同施肥量 | 不同类型缓效肥 | 株高（cm） | 茎粗（cm） | 穗位高（cm） |
|---|---|---|---|---|
| D₂<br>（600kg/hm²） | F₁ | 279.67 | 1.479 | 115.60 |
| | F₂ | 276.10 | 1.518 | 123.83 |
| | F₃ | 266.83 | 1.406 | 119.47 |
| | F₄ | 272.37 | 1.41 | 118.80 |
| | F₅ | 271.73 | 1.522 | 121.77 |
| | F₆ | 284.10 | 1.534 | 129.67 |
| CK₂ | | 263.3 | 1.414 | 115.38 |
| CK₁ | | 214.0 | 1.168 | 85.87 |

注：表中数据均为各处理3个重复的平均数，下同。

## （二）不同缓释肥对秋玉米产量结构的影响

从表3的结果中可以发现，与CK₂（习惯施肥）相比，只有F₅和F₆这两种缓释肥对秋玉米的各种产量结构指标等均有提高。在D₁施肥量下，F₅和F₆处理的穗长、穗粗分别提高4.20%和1.34%、0.80%和0.47%，穗行数、行粒数、千粒重分别提高1.54%和1.54%、0.27%和0.80%、0.07%和0.01%；在D₂施肥量下，F₅和F₆处理的穗长、穗粗分别提高3.27%和5.19%、1.61%和1.66%，穗行数、行粒数、千粒重分别提高3.08%和3.08%、2.67%和0.27%、0.40%和2.16%。

**表3　不同处理的产量结构等指标**

| 不同施肥量 | 不同类型缓效肥 | 穗长（cm） | 穗粗（cm） | 穗行数（行/穗） | 行粒数（粒/行） | 千粒重（g） |
|---|---|---|---|---|---|---|
| D₁<br>（450kg/hm²） | F₁ | 16.76 | 4.572 | 12.5 | 36.9 | 374.76 |
| | F₂ | 17.03 | 4.573 | 12.9 | 36.3 | 358.33 |
| | F₃ | 16.77 | 4.568 | 13.1 | 35.6 | 351.29 |
| | F₄ | 17.16 | 4.585 | 12.9 | 36.5 | 377.84 |
| | F₅ | 17.86 | 4.687 | 13.2 | 37.6 | 378.22 |
| | F₆ | 17.37 | 4.672 | 13.2 | 37.8 | 377.97 |

（续表）

| 不同施肥量 | 不同类型缓效肥 | 穗长（cm） | 穗粗（cm） | 穗行数（行/穗） | 行粒数（粒/行） | 千粒重（g） |
|---|---|---|---|---|---|---|
| D₂（600kg/hm²） | F₁ | 17.60 | 4.638 | 13.1 | 37.1 | 358.18 |
| | F₂ | 17.58 | 4.627 | 13.0 | 37.6 | 375.65 |
| | F₃ | 17.65 | 4.628 | 12.9 | 37.9 | 380.94 |
| | F₄ | 17.78 | 4.693 | 13.2 | 37.9 | 367.87 |
| | F₅ | 17.70 | 4.725 | 13.4 | 38.5 | 379.44 |
| | F₆ | 18.03 | 4.727 | 13.4 | 37.6 | 386.11 |
| CK₂ | | 17.14 | 4.65 | 13.0 | 37.5 | 377.94 |
| CK₁ | | 13.26 | 4.25 | 12.0 | 24.9 | 316.13 |

## （三）不同缓释肥对秋玉米产量及单位肥料农学利用率等的影响

试验结果表明，在这6种缓释肥中，F₅和F₆这两种金正缓释肥能明显提高秋玉米的产量。与CK₂（习惯施肥）相比，在D₁施肥量下，F₅和F₆处理的产量分别提高0.14%和3.79%；在D₂施肥量下，F₅和F₆处理的产量分别提高15.67%和13.54%。

这6种缓释肥均能明显提高秋玉米的单位肥料农学利用率。与CK₂相比，在D₁施肥量下，F₁和F₂处理的肥料农学利用率分别提高47.86%和17.08%，F₃和F₄处理分别提高7.63%和40.18%，F₅和F₆分别提高25.40%和35.24%；在D₂施肥量下，F₁和F₂处理的肥料农学利用率分别提高23.49%和17.68%，F₃和F₄处理分别提高32.54%和53.78%，F₅和F₆处理分别提高25.40%和13.04%。对收获后各处理间的田间持水量变化影响不大（表4）。

表4　不同缓释肥对秋玉米产量及农学利用率等的影响

| 不同施肥量 | 不同类型缓效肥 | 产量（kg/hm²） | 农学肥料利用率（kg/kg） | 收获后田间含水量（%） |
|---|---|---|---|---|
| D₁（450kg/hm²） | F₁ | 9 373.20 | 29.78 | 19.5 |
| | F₂ | 9 731.70 | 23.58 | 19.6 |
| | F₃ | 8 901.30 | 21.68 | 20.9 |
| | F₄ | 9 298.50 | 28.23 | 18.7 |
| | F₅ | 10 260.60 | 25.26 | 21.2 |
| | F₆ | 10 634.85 | 27.24 | 20.5 |

（续表）

| 不同施肥量 | 不同类型缓效肥 | 产量（kg/hm²） | 农学肥料利用率（kg/kg） | 收获后田间含水量（%） |
|---|---|---|---|---|
| D₂（600kg/hm²） | F₁ | 9 814.80 | 24.87 | 19.9 |
| | F₂ | 11 175.30 | 23.70 | 20.3 |
| | F₃ | 11 092.95 | 26.69 | 20.1 |
| | F₄ | 11 061.90 | 30.97 | 19.5 |
| | F₅ | 11 851.35 | 25.25 | 20.1 |
| | F₆ | 11 633.85 | 22.77 | 19.6 |
| CK₂ | | 10 246.20 | 20.14 | 19.8 |
| CK₁ | | 5 487.15 | — | 19.7 |

## 三、小结与讨论

本试验研究结果表明，缓释肥对秋玉米的株高、茎粗、穗位高等均有促进作用。与 $CK_2$（习惯施肥）相比，这6种不同的缓控释肥在2种不同的施肥量下（450kg/hm² 和600kg/hm²），秋玉米的株高、茎粗、穗位高、穗长分别平均提高3.48%、2.36%、4.04%；产量与单位肥料农学利用率平均提高1.53%和28.28%。其中 $D_1F_5$ 组合[600kg/hm²（18-8-16）金正控释复合肥]的增产效果较为明显，比习惯施肥可增产15.67%，$D_1F_4$ 组合[600kg/hm²（16-4-10）氯环掺混肥]的单位肥料农学利用率较高，比 $CK_2$ 提高53.78%。这可能是因为适量缓控释肥可根据作物对养分的需要来调控其养分释放速度，能显著提高和优化秋玉米中后期农艺性状和叶面积等光合性能指标，进而提高产量，这样保证玉米各生育阶段养分供应的同时又防止了肥料淋失浪费，从而提高了肥料的农学利用率。

**本文原载**　江苏农业科学，2015，43（4）：94-96

# 广西百色市香蕉枯萎病的发生情况及防控措施

潘廷由　吴兰芳　王葫青　李文教　黄文武　韦保特　罗芳媚

香蕉枯萎病又称巴拿马病、黄叶病，是由尖孢镰刀菌古巴专化型（*Fusarium oxysporum* f. sp.*cubense*）引发的真菌性土传病害，主要为害植株维管束导致其死亡，在目前是一种可防不可治的毁灭性病害。香蕉枯萎病最早于1896年在巴拿马发现，1967年，我国台湾地区首次发现香蕉枯萎病为害，几乎摧毁了台湾的香蕉产业。目前，我国广东、海南、云南等地的大部分香蕉产区均有枯萎病发生。2007年，广西首次确认香蕉枯萎病疫情以来，在短短几年之内该病迅速扩展蔓延，遍及广西南宁的西乡塘、武鸣、隆安及钦州的浦北等香蕉主产区，给蕉农造成了巨大的经济损失。而广西百色市，尤其右江河谷一带以其优越的地理和光热条件及轻枯萎病为害的优势，近两年，吸引了大批种蕉大户纷纷到百色发展香蕉产业。为了全面深入了解百色香蕉产业的发展及枯萎病对百色香蕉产业的影响，本文主要通过对百色香蕉主产区8个乡镇的香蕉种植情况、枯萎病发生情况进行调研，针对百色香蕉产业发展过程中存在的问题及面临的挑战，提出一些建设性的建议和意见，为相关部门制定相应的防控措施提供参考依据。

## 一、百色市香蕉种植情况

百色市地理气候条件复杂，山地多海拔高，适宜种植香蕉的区域主要分布在右江河谷的右江区、田东、田阳及平果、南盘江流域的隆林、百南河流域的那坡等县中低海拔无霜期长的地区。百色市2003年香蕉种植面积高达22万亩，但因香蕉价格低迷、香蕉龙头公司的退出、秋冬菜的发展，之后种植面积不断下降，2011年降到3万亩左右。

近年来，随着交通、水电环境改善、机械整地的普及、水肥一体化技术的推广及土地流转政策的实行，香蕉种植面积得到快速发展。到2016年，全市香蕉种植总面积为9.93万亩，预计产量21.95万t，其中香蕉面积7.67万亩，产量17.90万t，西贡蕉面积2.25万亩，产量4.05万t。

百色香蕉种植以公司（大户）为主，如田东县香蕉种植公司种植面积为4.18万亩，占全县香蕉种植的97.0%；田阳县大户种植7 746亩，占全县的62.4%。种植品种以桂蕉6号、桂蕉1号等威廉斯品种为主，约占80%；西贡蕉（粉蕉）以金粉1号为主。

百色香蕉种植主要集中在田阳、田东、平果3个县的8个乡镇，截至2016年，以上3个县香蕉种植面积达6.03万亩，占全市香蕉种植面积的78.62%，其中田阳县种植面积1.38万亩，约占全市种植面积的17.99%，主要集中在百育镇3 377亩、那满镇8 532亩、那坡镇1 206亩；田东县种植面积4.31万亩，约占全市种植面积的56.20%，主要集中在祥周镇11 971亩、平马镇3 928亩、林逢镇6 793亩、思林镇12 070亩和作登乡8 341亩；平果县的太平镇4 081亩。西贡蕉主要集中种植在隆林县的平班镇、者保乡、桠杈镇、天生桥镇，那坡县的百南乡等地。

## 二、百色市香蕉枯萎病发生情况

百色市香蕉产业的迅速发展，也将香蕉枯萎病带到了这块净土上。2014年，百色市香蕉首次发现香蕉枯萎病。2016年10月，国家现代农业技术体系广西香蕉创新团队对百色地区香蕉枯萎病疫情普查结果显示，在调查的8个香蕉主产乡镇的35个香蕉园中发现7个染病蕉园，蕉园染病率为20%。发病蕉园主要分布在田东县思林镇坛乐村，祥周镇祥周村、布兵村、保利村瀑布蕉园，田阳县百育镇九合村蕉园，那满镇新立村蕉园，那坡镇那驮村蕉园，总体发病程度都较轻，除祥周镇祥周村19队一组蕉园发病程度为3级外，其余6个蕉园均为1级，染病株率较低，蕉园内偶见病株。发病的7个蕉园中种植公司（大户）蕉园占5个，散户蕉园占2个。发病蕉园的病株呈点状零星分布。如右江河谷东部的田东县思林镇坛乐村一蕉园，坡地黏土，2013年种植2 350亩，2015年发现少量枯萎病株，2016年株发病率为0.06%，其中有0.3亩为发病中心；河谷中部的田东县祥周镇保利村一本市老板蕉园380亩，平地沙壤土，2016年4月种植，株发病率为0.037%；河谷西部的田阳县那坡镇那驮村蕉园2015年种植，2016年株发病率为0.027%。

## 三、香蕉枯萎病传播扩散

香蕉枯萎病是典型的土传病害，主要通过带病蕉苗、带菌土壤、灌溉水、地表水等传播。病原菌可以随着带病蕉苗远距离传播。一旦蕉园发生病害，就会随着农事操作、运输工具、雨水、灌溉等方式向四周蔓延，香蕉感病后发展迅速，如右江河谷腹地的田东县祥周村，该村民多年种植香蕉，其19队一组有80亩香蕉，2014年发现有零星几株黄叶病，2016年香蕉黄叶病发病率已达15.6%。

据调查，目前在百色地区，香蕉枯萎病快速扩散的主要原因是种苗带病，由于对枯萎病的为害和防控认识不足，有些蕉农直接在染病蕉园旁边育苗，育苗土壤未做消毒处理，育成的二级苗直接销售，出现带病种苗。据调查，百色现有6个香蕉二级育苗点，百色地区的散户蕉农多从此调苗，而祥周育苗点距离祥周病区，仅200m左右的距离，存在极大的安全隐患。另外是管理水平，蕉农对香蕉枯萎病的防控意识不强，缺乏专业防控知识的普及，在农事操作时，不注重工具的消毒，蕉园无围墙、人员流动大，容易将病土带到健康蕉园，一些散户蕉农发现病株后没有采取隔离措施，仍在病园内进行常规护理，造成病菌迅速传播。

## 四、枯萎病防控建议

香蕉枯萎病在百色市2014年开始出现，发病面积不是很大，为害还不是很严重，但如果不采取措施，任由其发展下去，该病定会迅速传播，将会给百色市香蕉产业带来巨大的损失。所以，必须采取有效措施，防止该病蔓延。

1. 引起高度重视，加强宣传与培训

政府管理部门、农技推广、香蕉产业体系，要加强枯萎病防控知识的宣传力度，举办香蕉枯萎病综合防治技术培训，主要培训镇、村农技人员及香蕉种植户等，培训专家要指导蕉农识别枯萎病症状及具体防控措施，增强蕉农对枯萎病的认识及防控意识，使蕉农认识到该病对香蕉产业的危害严重性，把防控香蕉枯萎病变成群众的自觉行为。

2. 加强对种苗的检疫监管

各级农业检疫、植保等部门要严格种苗管理，对用于组培苗生产的吸芽要严格检疫，杜绝在病区及其邻近蕉区选取，从源头上切断病菌传播。蕉苗需进行产地和调运检疫，严禁从病区调运二级苗。育苗棚应选在地势高、远离蕉类作物的地方，需用无香蕉枯萎病病菌的土壤培养，用无污染的水灌溉，采用福尔马林、多菌灵等药剂消毒出入大棚的工具，进出口设消毒间，严禁非蕉苗生产人员进入棚内。同时，加大财政投入，扶持建设一些规范化、标准化的育苗基地，使种苗质量得到保障。

3. 封锁病区，防止病害扩散

对于零星发病的蕉园，要及时进行隔离，把病株及其周围临近几株封锁起来，防止人、畜进出，严禁挖动植株，在植株高15cm处用浓度为10%的草甘膦注射病株5~10mL，杀死病株后撒施石灰并用薄膜覆盖起来。病区内要实行独立排灌，防止带菌水流入无病蕉园，在病区使用的工具最好单独使用，或进行消毒处理。

4. 选种健康蕉苗和抗（耐）品种

种植者应购买经过检疫合格的香蕉种苗，如广东省农业科学院新育成的中蕉3号、中蕉6号、中蕉9号和广西农业科学院生物技术研究所、广西植物组培苗有限公司、广西美泉新农业科技有限公司等育成的桂蕉9号等抗（耐）枯萎病新品种。

5. 重视栽培管理

增施有机肥、磷钾肥和含锌、锰、硼等微肥，增强植株抗病能力。施用拮抗生物菌肥，多施用蔗渣、石灰等物质调节土壤酸碱度，从而破坏香蕉枯萎病的发生条件而抑制枯萎病发生。在香蕉营养生长期施用生物有机肥可以显著降低枯萎病的发病率。同时，施用米乐尔等防治地下害虫，防止伤根，减少感染机会。研究表明，生物有机肥和有机肥都可以有效的防治香蕉枯萎病，防病效果分别达到55.4%和28.5%。香蕉枯萎病易在pH值6以下，肥力低的沙质、沙壤酸性土壤中发生。该病和土壤pH值呈显著负相关，所以通过施用碱性肥料调节土壤酸碱度，是防控香蕉枯萎病关键技术之一。

6. 实行轮作或套作

通过轮作或套作，能有效改善土壤微生物环境，减少病原菌数量，是防治枯萎病的有效措施。对于发病株率达5%以上的蕉园，可与水稻、甘蔗、花生、玉米等作物进行多年轮作，还可通过韭菜套作达到防控效果。水稻轮作联合稻秆的添加能有效降低土壤中的尖孢镰刀菌（FOC）数量和下茬香蕉枯萎病的发病率，实践证明，蕉园与水稻轮作两年后，发病率从30%～50%降为0.8%～6.3%。研究表明，韭菜可显著抑制香蕉枯萎病病原菌菌丝的生长和孢子的萌发，并提高土壤酶活性以及土壤微生物的数量，对香蕉枯萎病起到明显的防控效果。

**本文原载**　中国南方果树，2017，46（4）：160-162

# 反季节杧果高产栽培技术

梁忠明

杧果是世界五大热带水果之一，营养价值高，味道香甜可口，深受人们喜爱。近年来随着杧果种植业的迅速发展，在正常的栽培管理下，成熟期大批的杧果挤入市场，使得产品的供给量增大，供过于求。且杧果保鲜技术尚在探索阶段，市场的杧果供应时间较短，难以满足市场需求，鉴于此，我国各主产区探索反季节杧果生产，通过人为调节花期，使其按预期成熟采收，解决杧果集中上市的许多弊病。现将近些年来反季节杧果主要栽培技术措施介绍如下。

## 一、影响反季节杧果产量的主要因素

影响反季节杧果产量的因素主要表现在3个方面，具体见表1。

表1　反季节杧果产量的影响因素

| 序号 | 影响因素 | 原因 | 表现 |
|---|---|---|---|
| 1 | 果树生理代谢失调 | 由于催花配套栽培技术应用少，长期用药过量等原因，造成植株生理代谢失调 | 花穗较长、两性花形成比例不合理等不良现象，造成坐果率很低，生理落果较多 |
| 2 | 不良气候 | 杧果的开花结果期正处于低温干旱的冬春季节，其产量受冬春不良气候影响较大 | 低温阴雨会造成落花、授粉不良、花穗变黑、坐果率低，减产很多，且有利于炭疽病、白粉病发生发展，造成落果；高温干旱会造成花芽分化期难于抽穗 |
| 3 | 缺肥水 | 部分果园施肥少，果树营养不良，从而影响产量 | 缺肥、缺水都会严重影响杧果产量的提高 |

## 二、反季节杧果高产栽培技术

### （一）合理修剪

杧果进入结果期后枝条逐渐密集，必须进行合理修剪。主要通过短剪、删疏和回缩等手段，调整枝条的数量和分布，促进枝条均衡生长，维持枝条均势，以保证各部位的枝条能吸收到充足的养分和阳光，从而有利于减少病虫害和促进花芽分化、开花和结果。

### 1. 生长期修剪

为了培养稳健、中庸的结果母枝，利于花芽分化，生产上主要采取抹芽和疏梢等手段，适当删除过密芽（枝）、细弱枝和病虫枝，以改善树冠的通风透光条件。

### 2. 采果后修剪

在反季节生产条件下，根据产期目标，其修剪应在采果结束前一周至后一周内进行。以短截结果母枝为主，疏去过密枝、弱枝、下垂枝、已无结果能力的衰老枝、病虫枝和枯枝；回缩树冠之间和树冠内部的交叉枝、重叠枝。回缩强度以短剪至1~1.2cm粗的枝段为宜。

## （二）科学施肥

杧果施肥不可过量和偏施。肥料总量要充足，营养元素匹配要合理。根据笔者的生产经验，反季节生产杧果年度施肥宜分两次进行。

### 1. 壮果肥

一般在第二次生理落果结束后施用，施肥量占施肥总量的1/3。建议每株施用三元复合肥0.4~0.5kg，氯化钾或硫酸钾0.5kg，饼肥0.5kg。一般在树冠两侧开挖10~15cm深、100~120cm长的肥沟，施后覆土。

### 2. 采果前后肥

一般在采果结束前一周至后一周施用。先将农家肥和磷肥堆沤腐熟后一次施入，其他化学肥料用量占总施肥量的2/3。建议每株施用农家肥20~30kg，三元复合肥0.5~1kg，钙镁磷肥0.5~1kg，尿素0.1~0.2kg。具体用量应结合上年产量、土壤养分状况和树势等综合确定。在树冠相对的两侧沿滴水线挖穴，规格为40cm×40cm×120cm，施后覆土。

## （三）促梢、控梢和催花

### 1. 促梢

一般要加强水肥管理以促发2次夏梢。施肥后如土壤干旱，应及时灌溉以满足杧果枝梢发生和生长所需的水肥条件。待新梢抽生长度达5cm时要及时抹芽，每个剪口留3个生长势均匀、位置合理的壮芽。新梢抽生期要做好针对炭疽病及蓟马、卷叶蛾等为主的病虫害防治。在不影响产量的前提下，成龄树其结果母枝留两蓬夏梢即可。因此，在生长两蓬梢以后，有条件的果园可用小型拖拉机驱动圆盘耙等农机具耕松果园行间，在控制杂草的同时对果树断根，实现果树管理从促梢到控梢的平稳过渡。

### 2. 控梢

主要是利用植物生长调节剂对枝梢的营养生长进行人工干预，限制新梢发生，促进树体内部有机营养和矿质营养的积累，协调营养生长和生殖生长的矛盾，诱导和促进结果母枝的花芽分化，为生殖生长创造条件。目前生产上常用的植物生长调节剂主要有多效唑、乙烯利，搭配使用矮壮素。药剂的使用主要分为根际土施控梢药剂和叶面喷施控梢药剂两种方式，第一种主要是使用多效唑。根际土施多效唑比较适宜，效果最好。过早施用其剂量的把握难度较大，过量使用使枝梢短缩、叶片密集郁闭、通风透光性能差，花、果期容易引发病虫害，而过晚施用又往往造成第二蓬梢顶芽萌动甚至第三蓬梢抽出，导致控梢难度和成本加大乃至推后花期。第二种主要是喷施其他药剂等措施配合多效唑才会奏效。

### 3. 催花

杧果成花一般需要两个条件：一是树体积累了丰富的营养物质；二是适宜的外部环境如适度的干旱和低温。催花并非杧果开花的必要步骤，只是控梢的延续和补充，它主要是利用植物生长调节剂来促进芽的萌动和抽生。控梢和催花之间有直接的因果效应关系。生产中如控梢得当，催花则水到渠成甚至无须催花。杧果常用的催花药剂主要有硝酸钾、硼砂、萘乙酸、乙烯利和爱多收等。催花方法为，将以上药剂溶于15kg清水中，搅匀后均匀喷布在叶片正、反两面至适度滴水，一般喷1～2次。杧果自然花期常遇不良气候影响。为了趋利避害，杧果催花应根据控梢的实际情况在雨季即将结束前及时进行。

## （四）保花、保果

催花以后，杧果管理进入了保花保果阶段。在以上管理条件下，杧果的保花保果要从提高坐果率和控治病、虫、草害两方面着手。

### 1. 提高坐果率

为了提高坐果率，除了控梢期间喷洒乙烯利、矮壮素以提高两性花的比率，抽花后在果园饲喂苍蝇以促进授粉之外，可在花果期使用赤霉素、萘乙酸、4-D、6-BA等植物生长调节剂进行保花保果。

### 2. 施壮果肥、叶面肥

依赖激素进行保果效果往往大打折扣，还需配合施肥等措施。生产上在抽花到第二次生理落果结束这段时间配合激素保果，在叶面喷施糖类、氨基酸、核苷酸和多肽等有机营养和尿素、磷酸二氢钾等无机营养中的两种并保持轮换使用，常取得理想的效果。

3.控治病、虫、草害

控治病、虫、草害是杧果保花、保果的重要内容。方法为：一是抽花前1个月，用10%草甘膦铵盐水剂杀灭杂草，清园后用干枯的杂草覆盖树干周围地面；二是抽花后、开花前，选用药效持久的杀菌剂和杀虫剂并适度加大药量喷布果树，以降低病源菌和虫口基数；三是花期应预防白粉病、炭疽病并加强对蓟马、横纹尾夜蛾等虫害的防治。

## （五）其他需要重点注意的事项

（1）杧果控梢正值雨季，水、热资源匹配良好，尤其适合果树的营养生长。此时的降雨频次多、强度大、持续时间短，控梢应抢天时进行，间隔不应少于7d。若有降雨应在雨后叶片干后进行突击。倘因降水使控梢延迟，最多不宜超过10d，以免贻误时机导致抽发新梢。若有新梢抽出，应使用梢即枯或相应浓度的乙烯利喷洒冒梢枝条进行杀梢，如人工摘除，其后应对相应枝条点喷乙烯利，其有效浓度和上次控梢相同。

（2）叶蝉和蓟马是为害母枝的主要虫害。特别是蓟马，蓟马是嗜嫩的害虫。因个头小，不易引起人们重视。在新梢抽生期受蓟马为害的叶片其叶背往往呈棕色，控梢期间喷洒乙烯利后极易脱落；在幼果期经蓟马为害的幼果其果面呈棕到灰色，容易造成落果。可用毒死蜱1 000倍液喷施防治。

（3）由于植株个体发育不尽相同，开花不够整齐，控梢期间应因树制宜、点面结合。在做好每轮次控梢工作的同时，对于结果母枝粗壮、叶色浓绿的壮旺树，在使用乙烯利控梢3次以后，每次控梢结束后可按相同浓度的药液酌情点喷，以促进抽花整齐、花期基本一致。

（4）使用乙烯利必须稳妥安全，不可随意增加药量。初始控梢应在叶面喷施多效唑3次且枝梢叶片转绿后使用，乙烯利用量的起点不宜过高。中期使用应以每喷雾器15mL为度，不宜突破，以免造成大量落叶，影响产量。后期使用更不宜太高，以免杀死花芽，推后花期。

（5）控梢至第二次生理落果这段时间不宜施入化学肥料尤其是氮肥，因为控梢期间施用化学肥料，一是导致根部活动加剧，舒缓植物生长调节剂对枝梢的控制；二是消耗树体内已经积累的有机物质，两者均能造成顶芽的萌动甚至抽梢，从而导致花期延迟。而抽花到第二次生理落果这段时间施用化肥，则会加剧养分同化吸收和开花结果需要有机营养和能量的矛盾甚至出现抽梢，进而影响坐果。

**本文原载**　大科技，2013（12）：289-290

# 玉米间作花生最佳模式探讨

费永红　韦德斌　钟　维　向　英

玉米、花生作为目前广西西部地区重要的旱地作物，随着耕地面积不断减少，生产中难免顾此失彼，二者争地矛盾日益突出。玉米与花生间作是一种典型的禾本科与豆科作物间作模式，间作能改善花生铁营养和田间小气候，提高玉米对强光和花生对弱光的吸收利用能力，实现对光的分层、立体高效利用，同时发挥直根系与须根系、需氮多和需磷钾多的互补效应，可缓解二者竞争矛盾，是二者实现高产高效的重要途径。但间作不一定具有产量优势，只有合适的行距配置才能获得间作的产量优势。目前，学者对不同区域的玉米花生间作模式、群体光合效应及产量效益等方面做了大量研究，但其中关于广西西部地区玉米间作花生的种植模式的研究报道相对较少。鉴于此，笔者进行了玉米与花生不同间作模式的试验研究，以期探寻最佳的玉米间作花生模式，为当地推广玉米花生间作的高产高效栽培技术提供参考。

## 一、材料与方法

### （一）试验材料

供试玉米品种为玉美头105，由广西壮族自治区玉米研究所选育并提供；花生品种为桂花22号，由广西农业科学院经济作物研究所选育并提供。

### （二）试验方法

试验于2012年春季在靖西市农业科学研究所进行，试验地前作为玉米，肥力中等、较均匀。试验设置10种种植方式，分别为单作玉米（$CK_1$）、单作花生（$CK_2$）和玉米—花生间作（设1∶1、1∶2、1∶3、1∶4、2∶2、2∶3、2∶4、2∶6共8种模式，编号$T_1 \sim T_8$），玉米种植密度均保持4.5万株/$hm^2$，每种种植模式种植2个带，带长6m，3次重复，重复间人行道留1m。采用随机区组设计，各种植方式的具体规格见表1。水肥管理与大田高产栽培一致。

表1　春玉米间作花生的不同栽培模式设计

| 栽培模（玉米与花生行比） | 玉米（m） | | | 花生（m） | |
|---|---|---|---|---|---|
| | 大行距 | 小行距 | 株距 | 行距 | 株距 |
| 1∶1间种模式（T₁） | 0.8 | 0.0 | 0.28 | 0.4 | 0.2 |
| 1∶2间种模式（T₂） | 1.2 | 0.0 | 0.18 | 0.4 | 0.2 |
| 1∶3间种模式（T₃） | 1.6 | 0.0 | 0.14 | 0.4 | 0.2 |
| 1∶4间种模式（T₄） | 2.0 | 0.0 | 0.11 | 0.4 | 0.2 |
| 2∶2间种模式（T₅） | 1.2 | 0.4 | 0.28 | 0.4 | 0.2 |
| 2∶3间种模式（T₆） | 1.6 | 0.4 | 0.22 | 0.4 | 0.2 |
| 2∶4间种模式（T₇） | 2.0 | 0.4 | 0.18 | 0.4 | 0.2 |
| 2∶6间种模式（T₈） | 2.8 | 0.4 | 0.14 | 0.4 | 0.2 |
| CK₁-单作玉米（6行以上） | 0.7 | 0.0 | 0.32 | 0.0 | 0.0 |
| CK₂-单作花生（10行以上） | 0.0 | 0.0 | 0.00 | 0.4 | 0.2 |

### （三）调查项目及方法

玉米、花生田间调查项目主要是各生育进程、植株性状、倒伏性及病虫害；成熟期收获测产，玉米实收带区中间行玉米计产，折算成标准含水量14%的产量，花生实收小区1个间种带的产量，折算亩产；测产同时在测产带以外随机选取20个玉米果穗及10株花生进行产量性状的室内考种。

### （四）调查项目及方法

采用Excel和DPS软件对数据进行统计分析。

## 二、结果与分析

### （一）不同间作模式对玉米主要农艺性状的影响

由表2看出，不同间作模式间的穗粗、穗行数及行粒数差异不明显，其他性状有一定差异。T₇的株高最高，与CK₁及其他间作模式的株高差异显著；T₁、T₂的穗位相对较高，与T₃、T₈的穗位高差异显著，与其他模式的穗位差异不明显；T₄的茎粗最粗，与T₅、T₆、T₇及T₈的茎粗差异显著，与其他模式的茎粗差异不明显；T₅的穗长最长，与T₇

的穗长差异显著，与其他模式的穗长差异不明显；T₁的千粒重最高，与T₇的千粒重差异显著，与其他模式的千粒重差异不明显。

表2　不同间作模式下玉米及花生主要农艺性状的表现

| 栽培模式 | 玉米 | | | | | | | | 花生 | | | |
|---|---|---|---|---|---|---|---|---|---|---|---|---|
| | 株高（cm） | 穗位高（cm） | 茎粗（cm） | 穗长（cm） | 穗粗（cm） | 穗行数（行） | 行粒数（粒） | 千粒重（g） | 株高（cm） | 单株荚数（荚） | 单株粒数（粒） | 百粒重（g） |
| T₁ | 224.33b | 76.00a | 1.54ab | 19.30ab | 4.63a | 13.63a | 34.70a | 351.13a | 47.88ab | 10.17d | 17.93c | 63.60a |
| T₂ | 221.67bc | 76.33a | 1.53ab | 19.33ab | 4.67a | 13.43a | 35.03a | 344.67ab | 43.90cd | 11.10d | 20.57c | 63.37ab |
| T₃ | 222.33bc | 71.00b | 1.53ab | 19.37ab | 4.73a | 13.60a | 36.57a | 342.03ab | 46.56ab | 17.23abc | 33.53b | 62.49ab |
| T₄ | 224.00bc | 72.67ab | 1.58a | 20.07ab | 4.90a | 13.33a | 37.23a | 346.70a | 45.77bc | 16.30bc | 33.07b | 62.21ab |
| T₅ | 222.67bc | 72.00ab | 1.49bc | 20.63a | 4.90a | 13.57a | 39.33a | 349.07a | 48.43a | 14.17cd | 22.77c | 60.91ab |
| T₆ | 225.00b | 75.33ab | 1.48bc | 19.97ab | 4.60a | 13.70a | 37.83a | 337.73ab | 47.94ab | 18.47abc | 31.40b | 60.92ab |
| T₇ | 228.33a | 74.33ab | 1.46bc | 18.37b | 4.60a | 13.70a | 35.43a | 322.30b | 46.15abc | 21.13a | 40.03a | 58.32b |
| T₈ | 220.67c | 71.00b | 1.44c | 19.37ab | 4.77a | 13.40a | 37.07a | 328.43ab | 46.32abc | 19.10ab | 33.07b | 61.82ab |
| CK₁ | 223.00bc | 74.33ab | 1.55ab | 19.53ab | 4.67a | 13.47a | 35.77a | 336.50ab | — | — | — | — |
| CK₂ | — | — | — | — | — | — | — | — | 42.93d | 20.67ab | 40.00a | 61.45ab |

注：同列数据后小写英文字母不同者表示差异显著，大写英文字母不同者表示差异极显著。表3同。

## （二）不同间作模式对花生主要农艺性状的影响

由表2可知，不同间作模式下的花生农艺性状有一定差异。株高方面，T₅最高，与CK₂、T₂及T₄的株高差异显著；单株荚数方面，T₇最多，与T₁、T₂、T₅及T₄的单株荚数差异显著，与其他模式差异不明显；单株粒数方面，T₇最多，与CK₂差异不明显，与其他模式差异均达显著水平；百粒重方面，T₁最高，与T₇差异显著，与其他模式差异不明显。

## （三）不同间作模式对玉米与花生产量的影响

### 1. 玉米产量

由表3可知，CK₁产量明显高于间作玉米产量，且与其他间作模式的玉米产量差异均达到极显著水平。不同间作模式下，T₅、T₆的玉米产量相对较高，与T₃的玉米产量差异达到显著水平，与其他模式玉米产量差异不明显。

2. 花生产量

由表2可知，$CK_2$也明显高于间作花生产量，且与其他间作模式下的花生产量差异达到极显著水平。$T_4$的花生产量虽比$CK_2$减产27.78%，但相对其他间作模式产量最高，达3 624.15kg/hm²，其与$T_3$、$T_7$、$T_8$的花生产量差异不明显，但与$T_1$、$T_2$、$T_5$及$T_6$的花生产量差异达到极显著水平。$T_1$的花生产量最低，只有1 327.80kg/hm²，比$CK_2$减产73.54%，比$T_4$减产63.36%，与$T_5$的花生产量差异不明显，与其他间作模式的花生产量的差异均达到显著水平。

表3　不同间作模式下玉米及花生产量及经济效益表现

| 栽培模式 | 玉米 | | | | 花生 | | | | 总产值（万元/hm²） | 总利润（万元/hm²） | 经济效益排名 |
|---|---|---|---|---|---|---|---|---|---|---|---|
| | 产量（kg/hm²） | 产值（万元/hm²） | 成本（万元/hm²） | 利润（万元/hm²） | 产量（kg/hm²） | 产值（万元/hm²） | 成本（万元/hm²） | 利润（万元/hm²） | | | |
| $T_1$ | 5 104.20bcB | 1.225 | 0.675 | 0.550 | 1 327.80eD | 1.062 | 0.840 | 0.222dD | 2.287 | 0.772dC | 10 |
| $T_2$ | 5 074.50bcB | 1.218 | 0.675 | 0.543 | 1 950.75dCD | 1.561 | 1.120 | 0.441dD | 2.778 | 0.983dC | 8 |
| $T_3$ | 4 608.30cB | 1.106 | 0.675 | 0.431 | 3 324.75bB | 2.660 | 1.260 | 1.400bcBC | 3.766 | 1.831bcAB | 5 |
| $T_4$ | 5 193.60bcB | 1.246 | 0.675 | 0.571 | 3 624.15bB | 2.899 | 1.344 | 1.556bBC | 4.146 | 2.127abAB | 3 |
| $T_5$ | 5 352.00bB | 1.284 | 0.675 | 0.609 | 1 521.75deD | 1.217 | 0.840 | 0.377dD | 2.502 | 0.987dC | 7 |
| $T_6$ | 5 508.00bB | 1.322 | 0.675 | 0.647 | 2 569.35cC | 2.055 | 1.008 | 1.047cC | 3.377 | 1.694cB | 6 |
| $T_7$ | 5 052.30bcB | 1.213 | 0.675 | 0.538 | 3 450.00bB | 2.760 | 1.120 | 1.640bB | 3.973 | 2.178abAB | 2 |
| $T_8$ | 5 028.75bcB | 1.207 | 0.675 | 0.532 | 3 398.85bB | 2.719 | 1.260 | 1.459bBC | 3.926 | 1.991abcAB | 4 |
| $CK_1$ | 6 575.70aA | 1.578 | 0.675 | 0.903 | —— | 0 | 0 | —— | 1.578 | 0.903dC | 9 |
| $CK_2$ | —— | —— | —— | —— | 5 018.10aA | 4.018 | 1.680 | 2.338aA | 4.018 | 2.338aA | 1 |

注：玉米价格按2.4元/kg计算，花生价格按8元/kg计算。

## （四）不同间作模式对经济效益的影响

如表3所示，从综合经济效益上来看，$CK_2$的总利润最高，$T_1$、$CK_1$、$T_2$及$T_5$的总利润相对较低。不同间作模式下，$T_4$的总产值及总利润最高，总利润达2.127万元/hm²，其与$CK_2$、$T_3$、$T_7$、$T_8$的总利润差异不明显，但与$T_6$的总利润差异显著，且与$T_1$、$T_2$、$T_5$及$CK_1$的总利润差异达到极显著水平。

## 三、结论与讨论

本试验结果表明，不同间作模式间的玉米的穗粗、穗行数及行粒数差异不明显，间作对玉米的农艺性状的影响主要体现在株高、穗位高、茎粗这些植株性状上。不同间作模式对花生的农艺性状的影响主要表现在株高、单株荚数及单株粒数方面，在一定的行数范围内，受边际效应影响，单株荚数以及单株粒数随着花生行比的增加而增加。

与单作相比，不同的间作模式下，间作玉米及花生产量均有所减产。不同间作模式间，$T_5$、$T_6$的玉米产量较高，但与大多数模式的玉米产量差异不明显。玉米/花生间作时，花生产量随着间作模式的不同而不同，其中$T_3$、$T_4$、$T_7$、$T_8$的花生产量优势明显。

8种不同的间作模式下，$T_4$的总产值及总利润最高，经济效益最高，其次为$T_7$。本试验研究发现，单作花生比玉米/花生间作的利润要高，仅从经济效益上分析，间作花生与单作花生相比没有经济优势，但是，玉米与花生间作可以改善玉米花生根区的营养状况，促进土壤养分活化，提高土壤肥力，具有一定的生态效应。合理的间作模式不仅要有利于作物产量的提高，还能维持并提高土壤肥力以获得经济效益和环境效益最大化。总之，在实际的生产中，建议根据需要因地制宜选择间作模式，如以玉米为主，选择行比为$T_5$和$T_6$的模式；以花生为主，则选择行比为$T_4$和$T_7$的模式。

**本文原载**　农业与技术，2016，36（16）：54-56

# 水稻机械化插秧技术推广困难的原因及解决措施

梁忠明

水稻是我国粮食生产的一种主要作物，水稻生产的全过程机械化的实现是增强农业生产能力、降低成本的重要环节，它直接影响农民致富奔小康与新农村建设的进程。近年来，国家对农业的投入日益增多，机械化插秧技术推广工作经长时间的探索终于走出一条成功之路，发展飞速，使广大农民看到了实现水稻生产机械化的大好前景，应用机械化插秧的劲头高涨。在取得一定推广成效的同时，要不断总结经验，分析并解决农业生产实践中遇到的问题与困难，以加快水稻机械化插秧技术推广工作的进一步推进。

## 一、水稻机械化插秧技术的优点

目前，水稻机械化插秧技术与传统插秧技术相比，主要优点表现为育秧时间短、插秧成本低、育秧成本和用地成本低、减轻病虫害发生、稻米产量高品质好，具体内容见表1。

表1　水稻机械化插秧技术优点

| 序号 | 优点 | 主要内容 |
| --- | --- | --- |
| 1 | 育秧时间短 | 一般秧龄为15~20d，而机械化的秧龄为7~10d |
| 2 | 插秧成本低 | 一般手工插秧作业费用为1 500~1 800元/hm²，而机械化插秧费用为750~1 050元/hm² |
| 3 | 育秧成本和用地成本低 | 手工插秧的秧田与大田用地的比例为1：（15~20），机械化插秧的秧田与大田用地的比例为1：（100~120） |
| 4 | 减轻病虫害发生 | 与手插和抛秧相比，机械化插秧实现了抗病虫害能力强，错开了水稻病虫的生理发生周期，因此病虫害轻 |
| 5 | 稻米产量高品质好 | 用药次数减少，稻谷农药残留低，所以提高了水稻品质 |

## 二、推广机械化插秧技术的意义

### （一）为实现水稻增产增收提供保障

机械化插秧可以有效地控制苗数及其均匀度，机插秧的每亩基本苗较少，可以有效避免个体间争光争肥情况的发生，可大幅度提高分蘖成穗率，对水稻的通风透气以及进行防病治虫作业都很有利，这些优点奠定了水稻增产增收的良好基础。

### （二）农业现代化发展的需要

农业机械化是农业现代化的重要标志，是实现农业高效、快速、标准化生产的基本条件。水稻机械化插秧可极大地促进水稻生产规模化、机械化、标准化的发展，提高农民生活质量，提高农业生产水平，推动现代农业和社会主义新农村建设。

### （三）机械化插秧具有"六省"和"两增"优点

大量生产实践表明，水稻机械插秧有省田地、省种子、省肥料、省农药、省穴盘、省工时和增收入、增效益的优势。农民平均节本增收约60元/亩，机插比人工抛秧的工作效率提高5~6倍。

## 三、当前水稻机械化插秧技术推广中存在的问题

### （一）农机与农艺难融合

机插种植技术需要农机与农艺技术结合与协调。只有掌握好种子处理和浸种催芽、选种搭配、均匀播种、育秧软盘泥土的厚度、秧苗管理等，并且运用得当，才能突破机插秧技术关。

### （二）机插成本太高

农民对水稻机械化插秧的认识比较模糊，对其发展前景信心不足，由于机插机具价格昂贵，农民害怕承担投资风险，多数持观望态度。

### （三）育秧难度大

由于农村主要务农劳力年龄偏大，受传统育秧的影响，他们认为手工插秧简单，机械育插秧技术既烦又难，不容易接受机械化育插秧技术。因育秧管理不善，育秧机插技术把握不到位，容易出现出苗不齐、秧苗烧坏，使农民产生较多的顾虑。

## （四）技术队伍建设和人员培训问题

当前农村劳动力的结构是年龄大、文化水平低、实际工作经验多、对新技术接受得慢。插秧机在农业机械中属于复杂机械，需要全面掌握才能很好地使用。而农艺要求的时间性很强，这就要求要充分保证插秧机的使用时间性，以免由于操作不当在使用时耽误农时。

## （五）政府投入问题

近年来，政府加大了对农业生产的投入，使广大农民看到了政府对做好农业生产、实现粮食高产和稳产的决心。但是农民的富裕程度还没有达到相应的水平，要在仅有的土地上投入太多的资金而回收慢、见效迟缓，农民还缺乏勇气。政府在投入方面所采取的措施还没有满足机械化插秧快速发展的要求。

## （六）经营规模问题

水稻生产规模问题是实现机械化插秧的一个基本问题。过去集体时期的土地分包到户后，单块地的规模没有改变，部分有机械化插秧积极性的农民的土地被包围在中间，没有机耕作业道机器进不去田，只能望"机"兴叹，使其使用机械化插秧的积极性受到了影响。

# 四、做好水稻机械化插秧技术推广的对策

推广和发展水稻机械化插秧技术是实现现代农业的必由之路，是提高农业机械化综合水平的重要指标。因此，我们要千方百计破解机插技术推广的难题，抓住机遇，促进机插技术的推广与发展。

## （一）突破育秧技术难关

实践证明，育秧是机械插秧好坏的关键所在，推广机械插秧的关键就是攻破育秧难关。为此，农艺、农机等部门应加强配合，共同研讨，以解决机插技术这一难题，只有研究出一套合适的机械插秧的低成本、简易育秧方式，才能为推广机械插秧技术提供有力保障。

## （二）加大水稻机械化插秧技术推广的宣传

加大宣传力度，宣传新型水稻插秧机的优越性，让更多的农户了解插秧机、认识插秧机，消除农民的思想顾虑。一是组织现场会，召开乡镇农机干部、种粮大户和有意

使用插秧机的农户到现场学习机械插秧情况，使广大干部群众了解插秧机的可靠性、适用性。二是召开经验介绍会，发挥机械插秧示范户的作用，请他们来讲机械插秧技术和机械插秧省本、增产的好处及注意的问题。三是通过电视台、报纸等媒体进行宣传，使农民对插秧机有全面的认识了解，为插秧机的推广打下扎实的基础。

### （三）厂商和经销商要履行"三包"服务承诺

要及时负责地为用户排忧解难。在农忙时节要派技术员到当地维修网点和农机站进行服务，并及时提供零配件供应，为推广插秧机提供技术保障，解除农户的后顾之忧。

### （四）加强对插秧机驾驶员的技术培训

新型插秧机技术含量高，对广大插秧驾驶员是一项新技术。因此要加强对广大插秧机驾驶员进行技术培训，使驾驶员全面掌握插秧机的日常管理、使用和维修，并会实际操作，排除一般故障，并派技术人员到厂方学习修理技术，以解决目前修理技术力量不足的问题。

### （五）着力培养机械插秧主体

种植大户、农机大户和农机合作社是机械化插秧技术的生命所在，在一定范围内是乡亲们的致富带头人，是推广机械插秧的领头雁，只有给予他们一定的政策优惠，帮助他们开展跨区作业，订单作业，提高单机的作业量，增强插秧机开展社会化服务的能力，使他们赚到钱，并形成推广和使用机械化插秧技术的能力，通过他们去推广和影响广大农民，只有这样，机械化插秧技术才能有生命力，才能得到推广应用。

### （六）加大政策扶持，全力提高机械插秧水平

由于插秧机投入较多，利用率低，利润薄。因此，插秧机械的推广离不开政府的扶持，政府要增加对插秧机械补贴比例，激励促进农户购机，另外还应把与机械插秧配套的工程纳入政府补助范围，如育秧盘、工厂化育秧、机插作业面积等列入扶持补助的范围，为加快推广插秧机械提供政策保障。

### （七）加强水稻生产机械化基础设施建设

要积极争取各级政府的支持，将农村机耕道路、农机库棚、水稻育秧大棚等设施建设，纳入农业和农村基础设施建设的重要内容，争取政府补贴，不断增大投入力度。同时，要利用标准农用土地整理项目，推进水稻种植区农田整治和改造，为水稻生产机

械化发展创造条件。

## （八）鼓励和支持土地规模经营

种田大户和农机合作社是实现农业机械化的重要抓手，更是普及农业机械化的带头人。因此，政府部门要加强土地承包经营权流转管理和服务，健全流转市场，在依法自愿有偿流转的基础上要加快土地向种植大户和农机合作社流转和集中，使一家一户的生产方式向规模化、集约化、专业化的生产方式转变，并形成多种形式的规模经营，以促进种田大户、农机合作社在机械插秧技术推广方面的大发展。

综上所述，随着插秧机机械性能的不断完善和提高，机插成本、高产等优势的显现和机械插秧服务组织的不断形成和完善，农艺配套技术的不断结合和规范，以及社会的进步、生产力的发展和对农业机械化插秧技术的认识。机械化插秧技术的推广应用将会逐年增加，不断发展，以实现水稻生产全程机械化。

**本文原载**　大科技，2013（11）：296-297

# 广西百色试点西瓜新品种区域试验

罗思良　潘廷由　钟　维　吴兰芳　周连芳

西瓜是广西重要的园艺作物，常年种植面积为9.8万$hm^2$以上，随着西瓜产业的不断发展，市场对西瓜新品种多样化提出要求，为了适应广西西瓜生产发展需要，在广西农业厅种子管理局和广西农业科学院园艺研究所的主持下，组织实施广西西瓜新品种区域试验，2015年共引进国内西瓜新品种17个，分别在桂林、北海、百色、藤县等不同气候、不同地质特点的地区进行西瓜新品种区域试验，以期从中选出适合广西栽培的西瓜优质新品种进行推广，满足西瓜产区对优新品种的需要。

## 一、材料与方法

### （一）试验材料

参试品种17个，分大果型（A）和小果型（B）共2组。大果型（A）组参试品种：$A_1$、$A_2$、$A_3$、$A_4$、$A_5$共5个品种，对照为广西三号（$CK_A$）。小果型（B）组参试品种：$B_1$、$B_2$、$B_3$、$B_4$、$B_5$、$B_6$、$B_7$、$B_8$、$B_9$、$B_{10}$、$B_{11}$、$B_{12}$共12个品种，对照为正大麒麟（$CK_{B1}$）和珠农黑美人（$CK_{B2}$）。具体见表1。

表1　品种编号、品种名称及供种单位

| 编号 | 品种名称 | 供种单位 |
|---|---|---|
| $A_1$ | 巨龙 | 安徽江淮园艺种业股份有限公司 |
| $A_2$ | 美丰 | 安徽江淮园艺种业股份有限公司 |
| $A_3$ | 农富甜王 | 珠海农富种苗有限公司 |
| $A_4$ | 亨利 | 江苏正大种子有限公司 |
| $A_5$ | 长龙 | 安徽江淮园艺种业股份有限公司 |
| $B_1$ | 维纳斯 | 上海实满种业有限公司 |
| $B_2$ | 小贵一号 | 先正达种苗（北京）有限公司 |

（续表）

| 编号 | 品种名称 | 供种单位 |
| --- | --- | --- |
| B₃ | 农富威豹 | 珠海农富种苗有限公司 |
| B₄ | 小贵 | 江苏正大种子有限公司 |
| B₅ | 甜仙子118 | 江苏正大种子有限公司 |
| B₆ | 黑金刚 | 海南富友种苗有限公司 |
| B₇ | 超级甜王 | 海南富友种苗有限公司 |
| B₈ | 青玉 | 南宁市鸿恩利种苗有限公司 |
| B₉ | 翠富 | 北京世农种苗有限公司 |
| B₁₀ | 玉麒麟 | 广西特色作物研究所 |
| B₁₁ | Xg-14 | 广西农业科学院园艺研究所 |
| B₁₂ | 小霸王 | 桂林市蔬菜所 |

## （二）试验设计

采用完全随机区组排列，设3次重复，小区面积25m²（小区长10m，宽2.5m），每小区种1行，大瓜组每行移栽种植健康瓜苗20株（533株/亩），株距为50cm，小瓜组每行移栽种植健康瓜苗25株（667株/亩），株距为40cm，A组设一个对照，B组设两个对照，A组的对照为广西三号（ACK），四周种植临近小区品种5株以上的保护行。

## （三）试验概况

### 1.试验地概况

试验田位于广西百色市田阳县百育镇百色市农业科学研究所试验基地，地理位置为东经106°98′，北纬23°68′，海拔82.5m。试验面积2 001m²。试验田土壤属潴育性沙质壤土，肥力中上，阳光充足，排灌方便，地势平坦，便于耕作管理、运输和观察记载，前作玉米，符合试验要求。

### 2.试验安排

春茬3月15日浸种催芽，4月8日移栽，西瓜苗龄22d，2叶1心时移植大田，4月22日施促苗肥，4月28日施促蔓肥，5月15日施膨瓜肥，6月15日B组小型瓜测产验收，6月21日A组大型瓜测产验收；秋造7月15日浸种催芽，8月8日移植，西瓜苗龄22d，2叶1心时移植大田，8月20日施促苗肥，8月27日施促蔓肥，9月5日施膨瓜肥，10月8日B组小型瓜测产验收，10月15日A组大型瓜测产验收，取2茬平均值。

3. 栽培管理

采取两蔓整枝，在第2朵花或第3朵花时留瓜，一株一瓜。施足基施，适施促苗肥，巧施促蔓肥，加大膨瓜肥，栽培管理与当地的大田生产一致。病虫害管理，春茬以防治虫害为主，苗期有黄守瓜，伸蔓期蚜虫，花期蓟马、烟粉虱、斜纹夜蛾等，采用啶虫脒、吡虫啉、苏云金杆菌、虫螨腈·高氯等药剂防治；秋造因夏季雨水增多，病害比较多，如根腐病、西瓜疫病等，用烯酰·甲霜灵、阿米西达（嘧菌酯）、甲基硫菌灵等化学药剂防治，虫害相对较少。

## 二、结果与分析

### （一）大果型西瓜

由表2可知，参试品种瓤色均为红色；$A_5$果皮最厚，$A_1$果皮最薄，$A_4$为无籽西瓜品种，其他品种有少量黑籽；产量从高到低依次为$A_5$、$A_2$、$A_3$、$A_1$、$A_4$，其中$A_5$、$A_2$产量比$CK_A$高，$A_5$比$CK_A$增产47.3%，增产效果明显，中心含糖量比$CK_A$减少0.5个百分点；$A_2$比$CK_A$增产11.8%，中心含糖量比$CK_A$减少0.8个百分点，其他品种产量均比$CK_A$低。

表2　大果型西瓜（A组）区域试验中的综合性状

| 编号 | 单果质量（kg） | 折合亩产量（kg） | 果形 | 果实外观 | 瓤色 | 果皮厚度（cm） | 中心含糖量（%） | 纤维 | 无籽性 |
|------|------|------|------|------|------|------|------|------|------|
| $A_1$ | 2.15 | 1 295.7 | 椭圆形 | 浅底绿色条纹 | 红色 | 0.8 | 9.4 | 无 | 少量黑籽 |
| $A_2$ | 2.38 | 1 652 | 圆形 | 浅底绿色条纹 | 红色 | 0.9 | 9 | 无 | 少量黑籽 |
| $A_3$ | 2.24 | 1 441.9 | 圆形 | 浅底绿色条纹 | 红色 | 0.7 | 8.5 | 无 | 少量黑籽 |
| $A_4$ | 2.65 | 1 043.1 | 圆形 | 浅底绿色条纹 | 红色 | 0.9 | 10.8 | 无 | 无籽 |
| $A_5$ | 3.01 | 2 177.2 | 椭圆形 | 浅底绿色条纹 | 红色 | 1.1 | 9.3 | 无 | 少量黑籽 |
| $CK_A$ | 3.1 | 1 477.4 | 圆形 | 浅底绿色条纹 | 红色 | 0.9 | 9.8 | 无 | 无籽 |

### （二）小果型西瓜

由表3可知，参试品种瓤色均为红色，$B_6$果皮最厚，$B_1$、$B_3$、$B_5$、$B_7$、$B_8$果皮最薄；$B_{11}$无籽，其他品种有少量黑籽。

圆形瓜以$CK_{B1}$为对照，产量从高到低依次为$B_{11}$、$B_7$、$B_{10}$；$B_{11}$产量比$CK_{B1}$增产

11.3%，中心含糖比CK$_{B1}$增加8.7%，表现优良，B$_7$、B$_{10}$产量比CK$_{B1}$低。

椭圆形瓜以CK$_{B2}$为对照，产量从高到低依次为B$_{12}$、B$_4$、B$_3$、B$_9$、B$_2$、B$_1$、B$_8$、B$_6$、B$_5$，其中B$_{12}$、B$_4$、B$_3$、B$_9$、B$_2$这5个品种产量都比对照高，B$_{12}$比CK$_{B2}$增产42.7%，中心含糖与CK$_{B2}$相近；B$_4$比CK$_{B2}$增产26.2%，中心含糖与CK$_{B2}$相近；B$_3$比CK$_{B2}$增产24.7%，中心含糖比CK$_{B2}$减少12.9%；B$_9$比CK$_{B2}$增产6%，B$_2$比CK$_{B2}$增产4.3%，B$_1$、B$_8$、B$_6$、B$_5$4个品种产量都比CK$_{B2}$低。

表3　小果型西瓜（B组）区域试验中的综合性状

| 编号 | 单果质量（kg） | 折合亩产量（kg） | 果形 | 果实外观 | 瓤色 | 果皮厚度（cm） | 中心含糖量（%） | 纤维 | 无籽性 |
|---|---|---|---|---|---|---|---|---|---|
| B$_1$ | 2.09 | 1 257.6 | 椭圆形 | 底浅绿色条纹 | 红色 | 0.6 | 9.2 | 无 | 少量黑籽 |
| B$_2$ | 2.42 | 1 383.7 | 椭圆形 | 底浅绿色条纹 | 红色 | 0.7 | 10.3 | 无 | 少量黑籽 |
| B$_3$ | 2.13 | 1 654.8 | 椭圆形 | 底浅绿色条纹 | 红色 | 0.5 | 9.4 | 无 | 少量黑籽 |
| B$_4$ | 2.35 | 1 674.3 | 椭圆形 | 底浅绿色条纹 | 红色 | 0.7 | 10.7 | 无 | 少量黑籽 |
| B$_5$ | 2.08 | 1 131.9 | 椭圆形 | 底浅绿色条纹 | 红色 | 0.6 | 9.4 | 无 | 少量黑籽 |
| B$_6$ | 2.2 | 1 214.8 | 椭圆形 | 底深绿色网纹 | 红色 | 1 | 9.4 | 无 | 少量黑籽 |
| B$_7$ | 2.28 | 1 410.2 | 圆形 | 底浅绿色条纹 | 红色 | 0.6 | 10 | 无 | 少量黑籽 |
| B$_8$ | 2.31 | 1 240.9 | 椭圆形 | 底浅绿色条纹 | 红色 | 0.6 | 10.8 | 无 | 少量黑籽 |
| B$_9$ | 2.1 | 1 405.6 | 椭圆形 | 底浅绿色条纹 | 红色 | 0.8 | 11.1 | 无 | 少量黑籽 |
| B$_{10}$ | 2.33 | 1 282 | 圆形 | 底深绿色条纹 | 红色 | 0.8 | 13.2 | 无 | 少量黑籽 |
| B$_{11}$ | 2.53 | 1 634.7 | 圆形 | 底深绿色网纹 | 红色 | 0.7 | 11.2 | 无 | 无籽 |
| B$_{12}$ | 2.52 | 1 893.7 | 椭圆形 | 底浅绿色条纹 | 红色 | 0.7 | 10.7 | 无 | 少量黑籽 |
| CK$_{B1}$ | 2.8 | 1 462.2 | 圆形 | 底深绿色条纹 | 红色 | 0.9 | 10.3 | 无 | 少量黑籽 |
| CK$_{B2}$ | 2.63 | 1 326.4 | 椭圆形 | 底深绿色网纹 | 红色 | 0.8 | 10.8 | 无 | 少量黑籽 |

## （三）品种分述

### 1. 大果型西瓜

A$_1$：平均单果质量2.15kg，综合抗性中强，生长势中强，口感品质好，商品性好，中心含糖量9.4%，平均亩产量1 295.7kg。

$A_2$：平均单果质量2.38kg，综合抗性强，生长势强，口感品质好，商品性好，中心糖度9.0%，平均亩产量1 652kg。

$A_3$：平均单果质量2.24kg，综合抗性中强，生长势中强，口感品质好，商品性好，中心糖度8.5%，平均亩产量1 441.9kg。

$A_4$：平均单果质量2.65kg，综合抗性中强，生长势中强，口感品质好，商品性中，中心糖度10.8%，平均亩产量1 043.1kg。

$A_5$：平均单果质量3.01kg，综合抗性强，生长势强，口感品质好，商品性好，中心糖度9.3%，平均亩产量2 177.2kg。

$CK_A$：平均单果质量3.1kg，综合抗性强，生长势强，口感品质好，商品性好，中心糖度9.8%，平均亩产量1 477.4kg。

2. 小果型西瓜

$B_1$：平均单果质量2.09kg，综合抗性强，生长势中强，口感品质好，商品性好，中心糖度9.2%，平均亩产量1 257.6kg。

$B_2$：平均单果质量2.42kg，综合抗性强，生长势强，口感品质好，商品性好，中心糖度10.3%，平均亩产量1 383.7kg。

$B_3$：平均单果质量2.13kg，综合抗性中强，生长势中强，口感品质好，商品性好，中心糖度9.4%，平均亩产量1 654.8kg。

$B_4$：平均单果质量2.35kg，综合抗性中强，生长势中强，口感品质好，商品性好，中心糖度10.7%，平均亩产量1 674.3kg。

$B_5$：平均单果质量2.08kg，综合抗性强，生长势强，口感品质好，商品性中，中心糖度9.4%，平均亩产量1 131.9kg。

$B_6$：平均单果质量2.2kg，综合抗性强，生长势强，口感品质好，商品性好，中心糖度9.4%，平均亩产量1 214.8kg。

$B_7$：平均单果质量2.28kg，综合抗性强，生长势强，口感品质好，商品性好，中心糖度10%，平均亩产量1 410.2kg。

$B_8$：平均单果质量2.31kg，综合抗性强，生长势强，口感品质好，商品性好，中心糖度10.8%，平均亩产量1 240.9kg。

$B_9$：平均单果质量2.1kg，综合抗性强，生长势强，口感品质好，商品性好，中心糖度11.1%，平均亩产量1 405.6kg。

$B_{10}$：平均单果质量2.33kg，综合抗性强，生长势强，口感品质好，商品性好，中心糖度13.2%，平均亩产量1 282kg。

$B_{11}$：平均单果质量2.53kg，综合抗性强，生长势强，口感品质好，商品性好，中心糖度11.2%，平均亩产量1 634.7kg。

$B_{12}$：平均单果质量2.52kg，综合抗性强，生长势强，口感品质好，商品性好，中心糖度10.7%，平均亩产量1 893.7kg。

$CK_{B1}$：平均单果质量2.8kg，综合抗性强，生长势强，口感品质好，商品性好，中心糖度10.3%，平均亩产量1 462.2kg。

$CK_{B2}$：平均单果质量2.63kg，综合抗性强，生长势中强，口感品质好，商品性好，中心糖度10.8%，平均亩产量1 326.4kg。

## 三、小结

根据各品种的综合表现，在百色试点表现优良的品种有大果型西瓜长龙、美丰，小果型西瓜小霸王、小贵、农富威豹、翠富、小贵一号，但百色试点的试验数据仅代表参试品种在本地区的表现，要综合其他试点的数据进行统计分析。2015年随着新修订《中华人民共和国种子法》的实施，西甜瓜定为非主要农作物，原先实行强制性品种审定推广制度取消。因此，本次区域试验中表现优良的西瓜品种，可不再进行下一轮的生产试验。

**本文原载**　长江蔬菜，2016（16）：53-56

# 生长调节剂对台农一号杧坐果及无胚果
# 果实品质的影响

黄　杰　韦爱琳　费用红　罗思良　苏伟强

杧果（*Mangifera indica* L.），为漆树科杧果属的常绿乔木，具有速生快长、适应性广、结果早、丰产稳产、收获期长等特点。杧果果实发育开花受精后子房开始膨大，经45d后迅速增大，采果前10~15d增长极缓慢或不增长，这时主要是增厚、充实、增重。台农一号杧果实呈卵形，单果重无胚果一般为50~150g，正常果为200~425g，正常果果核较大，可用于育苗。无胚果由于没有受精，无法发育形成胚，自身缺乏内源激素源，不能满足幼果正常生长发育的需要；内源激素的缺乏和生理活性下降以及养分不足，一是有可能导致大量的落果，二是影响幼果正常生长，果实偏小，失去商品价值。

当前，我国杧果生产正由数量型向质量型转变，科学地应用生长调节剂来调控果树的生长发育，是实现优质、丰产、高效果品生产的一条重要途径。应用外源生长调节剂能促进杧果营养生长、提高两性花比例、克服大小年现象、改善果实品质，同时可以刺激具有单性结实能力的子房组织膨大。海南省农业科学院郭利军老师等指出研究杧果中常用植物生长调节剂的合理施用方法，制定其使用规程，使果农掌握正确的施用浓度、次数、时间和方法，实际操作中不随意增加施用次数或浓度，对减少杧果中植物生长调节剂残留具有重要的意义。正因为生长调节剂在杧果生长过程中占有重要地位，如今市面上新型生长调节剂品种繁多，所以对新型生长调节剂的使用方法研究具有巨大的应用潜力。本研究从补充内源激素不足和叶面补充养分角度，叶面喷施不同配比的生长调节剂，以满足杧果果实生长对激素和养分的要求。

## 一、材料与方法

### （一）试验地概况

试验在广西百色市田阳县百育镇那戈屯杧果试验基地进行，果园地处右江河畔，土壤属潴育型沙质壤土。

## （二）供试材料

试验树2006年种植，原品种为紫花杙，于2011年高接换种的台农一号杙，供试树15株，选择树势旺盛、树冠结构良好的树体。氯吡苯脲为上海士锋生物科技有限公司生产的99%粉剂，膨大奇（胺鲜酯1.2%、吡效隆0.1%、三十烷醇、6-苄基腺嘌呤）为山东侨昌生物科技公司水剂，奥仕达葡萄膨大剂为陕西杨凌澳邦生物科学有限公司生产的水剂，赤霉素为上海同瑞生物科技有限公司的4%水剂，尿素是四川美丰化工股份有限公司生产的总氮（N）≥46.4%。

## （三）试验设计

试验共设4个处理，分别为处理TT-A：99%氯吡苯脲38.4g/hm²+尿素5.4kg/hm²+赤霉素2 400mL/hm²+氯化钙5.4kg/hm²；处理TT-B：膨大奇3 000mL/hm²+尿素5.4kg/hm²+赤霉素2 400mL/hm²+氯化钙5.4kg/hm²；处理TT-C：奥仕达葡萄膨大剂6 000mL/hm²+赤霉素2 400mL/hm²+氯化钙5.4kg/hm²；处理TT-D：奥仕达葡萄膨大剂6 000mL/hm²+赤霉素2 400mL/hm²+氯化钙5.4kg/hm²；以喷施清水处理作对照。单株小区，3次重复。为方便田间管理和试验操作，每个处理的3株供试树按顺序相连排列。

## （四）处理方法

将药剂溶于水中，用喷雾器喷湿果穗至滴水；注意不使药液喷到相邻小区。处理TT-A、TT-B、TT-C于谢花后3月28日第1次喷施，之后每7d喷施1次，连喷3次；处理TT-D在4月5日小果绿豆大小时喷施，仅喷施1次。

## （五）调查内容及方法

在坐果稳定后于6月4日记录结果数，包括正常果数和无胚果数。于6月29日果实成熟期每株树随机采样15个无胚果果实，编号装入果袋，每个处理采样45个果实，计算其平均单果重。单果重调查完成后，将样果作催熟处理后常温下放置10d进行果实品质调查，检测果实耐贮性、可溶性总糖含量、果实成熟转色情况等。各阶段数据形成表格记录。

# 二、结果与分析

## （一）对坐果的影响

从表1可以看出，坐果稳定后，CK的坐果数最低，其他处理组坐果总数在200~256个，以处理TT-C为最大。正常果数结果率低，仅2~3个，且处理TT-A、TT-B、

TT-D与CK无明显差异。无胚果数以处理TT-C的最大（253个），处理TT-D、TT-B次之，CK最低，处理TT-A与CK差异不大。喷施的调节剂和浓度相同、次数不同的处理TT-C与处理TT-D对比，以喷施次数多的处理TT-C结果树较多。从结果可以看出，4个处理组合对杧果正常果的坐果并无显著影响，相比CK，各处理促进了无胚果数的增加。

表1　坐果情况

| 处理 | 结果总数（个） | 正常果数（个） | 无胚果数（个） |
| --- | --- | --- | --- |
| TT-A | 200 | 2 | 198 |
| TT-B | 223 | 2 | 221 |
| TT-C | 256 | 3 | 253 |
| TT-D | 244 | 2 | 242 |
| CK | 191 | 3 | 188 |

注：每个处理的数据为3次重复的平均值。

## （二）对杧果无胚果果实品质影响分析

### 1.对杧果无胚果单果重影响

从表2可以看出，处理TT-A的无胚果平均单果重小于CK，处理TT-B、TT-C、TT-D均大于CK，其中以处理TT-C的最大，为131g。由此表明，处理TT-A的主要调节剂氯吡苯脲对增加无胚果单果重无促进作用；在处理TT-B、TT-C、TT-D中以处理TT-C奥仕达葡萄膨大剂连续喷3次对提高无胚果单果重的效果最显著。

表2　无胚果单果重情况记录

| 处理 | 无胚果采样个数（个） | 总重量（kg） | 平均单果重（g） |
| --- | --- | --- | --- |
| TT-A | 45 | 3.06 | 68 |
| TT-B | 45 | 5.25 | 117 |
| TT-C | 45 | 5.91 | 131 |
| TT-D | 45 | 4.53 | 101 |
| CK | 45 | 3.24 | 72 |

### 2.对无胚果果实品质的影响

台农一号杧果果实催熟后正常的转色是果皮由青到青带黄，后又由淡黄色转为全熟的金黄色。从表3可以看出，正常转色情况以处理TT-A表现最好，处理TT-D表现比较差，且低于CK。出现这种情况，初步判断为杧果催熟转色情况与所采样品大小、本身老熟程度及在催熟过程中一些不可控因素有关。无胚果好果率与CK（31%）相比，处理TT-A、TT-B、TT-C均大于CK，而处理TT-D小于CK，其中以处理TT-C好果率最高。从表3可以看出，使用生长调节剂的4个处理果实可溶性总糖均低于CK，而其中以处理TT-C与CK的差异最小，说明喷施的生长调节剂并不能提高无胚果果实可溶性总糖的含量。

**表3 无胚果果实品质情况**

| 处理 | 正常转色情况（%） | 好果率（%） | 可溶性总糖（%） |
|---|---|---|---|
| TT-A | 95.56 | 35.67 | 21.0 |
| TT-B | 77.78 | 35.33 | 22.6 |
| TT-C | 91.11 | 46.33 | 24.0 |
| TT-D | 68.89 | 24.67 | 21.3 |
| CK | 93.33 | 31.00 | 25.0 |

注：正常转色情况为观察催熟5d时果皮变色的情况；好果率（%）=催熟10d后好果个数÷采样总数×100。

## 三、结论与讨论

试验结果表明，喷施不同种类、不同浓度、不同次数的生长调节剂对台农一号杧果坐果和无胚果可溶性总糖无明显影响，提高台农一号杧果的坐果率的根本措施是提高授粉受精率，激素处理仅能起到辅助作用。对无胚果单果重有不同程度的增加作用，以喷施3次的300倍奥仕达葡萄膨大剂6 000mL/hm²的无胚果单果重最重，采收时的产量也最高，说明该组合效果好，值得进一步研究。

本研究中，使用生长调节剂主要是促进无胚果果实单果重的增加从而提高产量，但杧果的总体品质并没有得到提高，在注重有机食品的今天，更应该注意药剂品种、浓度等方面的研究和最佳组合的探索，要全面达到丰产优质的效果，关键的措施还是以肥水为主，同时控制好花期，提高正常果的坐果率，仅仅依靠生长调节剂有很大的局限性。

**本文原载** 现代农业科技，2018（10）：140-141

# 依靠科技创新 助推区域扶贫甘蔗产业高质量发展

贺贵柏 吴兰芳 黄文武 岑积仁

甘蔗产业既是百色的传统优势产业，又是促进农业增效、农民增收和财政增长的特色优势产业和长效扶贫产业。近年来，在国家糖料产业技术体系的指导下，百色综合试验站围绕产业体系下达和布置的各项工作目标任务，紧密联系蔗区产业发展实际，注重以体系技术为支撑，以广西农业科学院百色分院、百色市农业科学研究所为技术依托，通过加强综合试验站的建设，加快甘蔗新品种、新技术的示范和推广，为全市甘蔗产业的发展提供了重要的科技支撑，有力地促进了蔗区甘蔗产业的发展。

据统计，2014/2015年榨季，百色市甘蔗种植面积125.18万亩，平均单产4.07t，总产509.94万t。2018/2019年榨季，通过调整优化甘蔗种植区域和生产布局，全市甘蔗种植面积71.44万亩，其中，推广种植高产高糖甘蔗优良新品种52.28万亩，占甘蔗种植面积的73.18%；糖料蔗总产276.31万t，进厂原料蔗257.78万t，产糖量32.98万t，榨季平均蔗糖分13.21%，糖料蔗总收入140 332万元，涉及蔗农人口21.91万人，蔗农人均种蔗收入6 405.24元，糖业税收1.3亿元。

自2009年甘蔗产业百色综合试验站成立以来，先后荣获区、市级科技进步奖6项，发表科研论文、调研报告36篇，出版《现代甘蔗产业技术路径与选择》著作1部，申报技术规程1个。由于综合试验站科研及推广工作成效显著，2019年荣获广西农牧渔业丰收奖。站长贺贵柏被体系评为"十二五"时期优秀站长、2016年度优秀站长。2016—2019年度，被中共百色市委、市人民政府授予"农牧渔业优秀农业专家"称号。百色分院成功荣获首批"全国农产品质量安全与营养健康科普工作站"。

## 一、突出抓好试验示范，为产业研究夯实基础

通过体系建设以来的探索与实践，笔者认为，综合试验站的基本职责就是进行甘蔗新品种、新技术、新成果的试验、示范、培训、推广与产业服务。概括起来说，综合试验站的基本职责或主要任务就是"试验、示范、培训、推广、服务"10个字。

体系成立以来，百色综合试验站紧紧围绕体系下达的基础性工作、重点任务和应急性技术服务等工作，先后主要参与承担"甘蔗聚合选择技术研究与新品种选育""蔗

区品种多系布局的关键技术研究与示范""甘蔗螟虫综合防控技术研究与示范""甘蔗主要病虫害监测与抗性鉴定技术研究""甘蔗专用肥及新型缓控释肥研究示范""甘蔗光降解除草地膜及其配套栽培技术研究与示范"等各项产业技术研究、试验与示范。在完成体系布置和下达的各项试验、示范工作任务的基础上，百色综合试验站还注重结合百色甘蔗产业发展实际和广大蔗农对新品种、新技术的需求意愿，自行设计和进行甘蔗优良新品种、新技术集成示范，"看蔗选种"高产高糖栽培技术示范，甘蔗一次性施肥高效栽培技术示范，宿根蔗节本增效栽培技术示范等。始终注重在各个环节规范和高标准抓好各项试验、示范工作，圆满和出色完成了体系下达的各项试验、示范工作任务，工作成效显著，2017—2018年，体系和广西片区两次在百色综合试验站召开试验、示范工作现场观摩会。2017年和2018年，百色综合试验站承担的体系国家甘蔗品种区域试验，年度评比先后荣获第一名、第二名。2019年被体系列入张福锁院士主持的"2+X"试验项目。

## 二、突出抓好优良新品种推广，为加快产业品种更新换代提供保障

2013—2018年，先后引进甘蔗新品种122个，示范推广甘蔗优良新品种23个，推广甘蔗优良新品种累计达到163.95万亩，实现甘蔗增产106.57万t，增糖17.98万t，新增收入18.54亿元，新增利润15.10亿元，新增税收1.31亿元，实现总经济效益106.23亿元。

推广甘蔗优良新品种、新技术对推动甘蔗产业绿色发展、农业增效和农民增收发挥突出作用，社会效益和经济效益显著，得到当地政府和农民的认可。以2018年"看蔗选种"高产高糖栽培示范为例，展示桂糖40号、桂糖46号、桂糖08-1589、桂糖49号、百蔗15-173、百蔗15-704等28个品种（系），2019年1月经专家验收，桂糖10-2022亩产高达16.79t、百蔗15-173亩产高达16.73t，其余品种蔗茎产量亩产均在10t以上。

## 三、突出抓好各项节本高效农业绿色技术的推广，助推甘蔗产业提质增效

百色站重点示范和推广甘蔗新品种、甘蔗一次性施肥及配套栽培技术、宿根甘蔗机械化及一次性肥药节本增效栽培技术示范、甘蔗脱毒健康种苗技术、冬植蔗栽培技术、甘蔗全程机械化技术、甘蔗中耕培土肥药一体化技术、甘蔗生物防治技术等各项节本高效农业技术，推动甘蔗产业提质增效和绿色发展。2013年以来，在示范县推广甘蔗一次性施肥配套栽培技术累计163.52万亩，经专家验收，甘蔗产量比对照区

（5.823t）增15.5%；蔗糖分比对照区（15.07%）提高0.14%（绝对值）。实现甘蔗增产122.75万t，增糖17.11万t，新增收入15.87亿元，增收节支13.51亿元，新增税收1.25亿元，实现总经济效益91.99亿元。2013—2018年，推广一次性使用吡虫啉颗粒剂、棵棵无损等长效低毒农药防治甘蔗螟虫累计247.03万亩，防治示范区平均螟害株率比对照区降低12.54%（绝对值），平均断尾株率降低3.39%（绝对值），平均螟害节率降低2.81%（绝对值）。

2019年，在试验站和5个示范县建立甘蔗新品种、新技术示范基地11个，面积1 200亩，共开展甘蔗新品种示范与繁育面积1 000亩，甘蔗机械化及配套栽培技术示范225亩，开展甘蔗新品种、甘蔗一次性施肥及配套栽培技术、宿根甘蔗机械化及一次性肥药节本增效栽培技术示范870亩，甘蔗轻简栽培技术集成与应用61.5亩。经组织有关专家实地测产验收结果，示范区平均单产为6.594t/亩，蔗糖分为14.74%；示范区比传统种植对照区蔗茎产量增12.93%；示范区生产成本降低20.33%。

## 四、突出抓好产业关键技术培训，助推产业科技扶贫

百色市是全国典型的贫困地区之一。甘蔗是一项见效快的长效扶贫产业，在百色扶贫攻坚中具有重要的地位和作用。以甘蔗产业主产区田林县为例，2018年甘蔗种植面积16.05万亩，参与种蔗农户1.088万户4.35万人，其中贫困户4 000多户，占全县贫困户的40%，种蔗面积2.8万亩，进厂原料蔗11万t，收入5 800多万元，贫困户户均甘蔗收入1.45万元。在科技扶贫工作中，百色市十分注重发挥产业体系综合试验站的作用。

综合试验站积极联合产业示范县农业推广部门、制糖企业，针对各地制约甘蔗产业发展的关键技术，分阶段先后采取有针对性的产业关键技术培训。2010—2014年重点培训蔗农示范和推广高产高糖以及其他综合性好的甘蔗优良新品种；2015—2018年，重点培训蔗农示范和推广甘蔗一次性施肥技术；2019年，重点培训蔗农示范和推广宿根蔗节本增效高产栽培技术、甘蔗生产全程机械化技术。2009年至今，先后开展产业技术培训共225期11 477人次。通过开展有针对性的产业技术培训，从而加快推进百色甘蔗生产良种化、机械化和科学化进程。

近年来，综合试验站始终坚持将甘蔗产业作为当地"5+2"特色产业扶贫项目进行扶持和发展。注重进行甘蔗产业技术需求调研，积极开展甘蔗产业技术培训和技术服务。特别是重点围绕加快推进甘蔗产业高质量发展与促进农民增收，重点抓好甘蔗优良新品种与各项轻简节本增效技术的示范和推广。百色蔗区甘蔗优良新品种的区域布局基本合理，品种多系布局基本形成。通过示范推广甘蔗优良新品种，实现增产106.57万t，蔗农增收18.54亿元。

## 五、突出抓好科技协同创新，助推体系科技成果转化

综合试验站作为甘蔗主产区的一个重要的科技创新平台，服务甘蔗产业发展是综合试验站的一项基本职责和重要任务。近年来，积极探索和推行5种创新的科技协同创新模式，即"试验站+政府+农业推广部门+基地+农户""试验站+制糖企业+基地+农户""试验站+双高业主+基地+农户""试验站+体系专家+基地+农户""试验站+专业大户+基地"。通过创新科技协同创新模式，加快推进甘蔗新品种、新技术、新成果的转化应用。2010—2018年，本站联合田阳县、田东县农业推广部门，在田阳县百育镇四那村那生基地、田东县林逢镇英和基地完成甘蔗良种繁育面积952亩，先后繁育桂糖31号、桂糖32号、桂糖42号、福农41号、海蔗22号等甘蔗优良新品种9个，繁殖甘蔗种茎和脱毒健康种苗4 200t，示范、繁育和推广甘蔗优良新品种面积5 250亩。

## 六、突出抓好产业调研与咨询，为体系和地方政府产业决策提供服务

体系成立以来，百色综合试验站十分重视抓好产业调研与咨询，积极联合市、县、乡农业推广部门开展多种形式的产业调研与咨询。建站以来，百色综合试验站根据产业体系要求，每年认真组织团队成员深入5个示范县开展甘蔗产业调查工作，为体系地方政府和制糖企业决策提供科学依据。通过"中国—东盟"百色现代农业展示交易会平台、微信群、QQ群、电视报道、广西壮族自治区农业科学院网站、广西百色国家农业科技园区网站新闻报道等形式，广泛宣传体系新技术新成果，接待各种咨询53 000多人次，撰写甘蔗产业各类调研报告12篇。2019年，百色综合试验站与市农业机械化管理局联合，以创新现代农业社会化服务为载体，以推进农业技术集成化、劳动过程机械化为目标开展合作，签订农业科技合作、创新服务"三农"协议，站长贺贵柏为田阳南华糖业有限责任公司作《提高认识，增强信心，加快推进甘蔗产业高质量发展》专题培训，为加快推进田阳糖厂蔗区甘蔗产业高质量发展，稳定甘蔗种植面积，实现农民增收提供技术支撑。

**本文成稿**　2020年1月20日

# 加快推动广西甘蔗产业绿色发展的路径选择

贺贵柏

推动农业绿色发展，是农业供给侧结构性改革的主要内容，是农业发展观的一场深刻革命。2019年中央一号文件强调，大力发展紧缺和绿色优质农产品生产，推进农业由增产导向转向提质导向。农业农村部《农业绿色发展技术导则（2018—2030年）》指出，全面构建高效、安全、低碳、循环、智能、集成的农业绿色发展技术体系，加快推动农业科技创新实现"三个转弯"，即从注重数量为主向数量质量效益并重转变、从注重生产功能为主向生产生态功能并重转变、从注重单要素生产率提高为主向全要素生产率提高为主转变。可见，加快构建广西甘蔗产业绿色发展技术体系，是加快推动甘蔗产业绿色发展，提高广西乃至我国甘蔗产业质量效益竞争力的必由之路。

近年来，国际食糖市场波动大，特别是面对国际食糖连续低迷和价格冲击，广西甘蔗种植面积和产量不断下降，甘蔗生产者积极性不高，制糖企业亏损严重，甘蔗产业形势严峻。在国际食糖市场严峻的新形势下，广西作为中国著名的"糖都"，甘蔗产业如何做到突出重点，突破难点，综合施策，特别是如何做到依靠科技创新，加快推动广西甘蔗产业绿色高效发展，这是各级领导、甘蔗生产者、制糖企业和社会各界共同关注的一个重大问题。笔者认为，新形势下要加快推动广西甘蔗产业绿色高效发展，要注重选好路径，着力推进，加快发展。

## 一、广西甘蔗产业发展现状

食糖是我国重要的农产品。在我国糖业生产中，糖料主要由甘蔗和甜菜组成，近年来，甘蔗糖约占87%，甜菜糖约占13%，甘蔗糖处于我国食糖组成的核心地位，而广西是甘蔗糖的核心产区。近年来，广西产糖量占全国产糖量60%以上。据广西糖料生产部门统计，2018/2019年榨季，广西甘蔗种植面积77.333万hm²，进厂原料蔗5 471万t，产糖634万t，农民种蔗收入283.42亿元。2019/2020年榨季，广西甘蔗种植面积76万hm²，预计进厂原料蔗5 400万t，产糖量630万t，甘蔗种植面积、产糖量与上榨季基本持平，蔗农种蔗收入预计稳中有升。近年来，广西甘蔗主产区主要有57个县（市、区）。2017/2018年榨季，全区共有制糖企业集团20家、糖厂91家，日榨蔗能力达69.5万t以上，其中，日榨蔗能力万吨以上的糖厂21家，糖厂平均日榨能力达6 700t。2019/2020年榨季，广西全区糖业企业集团约6家，产业集中度可达80%以上。

## 二、加快推动广西甘蔗产业绿色发展的路径选择

为适应国内外糖业发展新形势的要求，广西政府制定了一系列关于加快推进甘蔗制糖产业高质量发展的相关政策，加快构建广西甘蔗绿色生产技术体系，推动甘蔗产业从传统要素驱动为主向依靠科技创新驱动为主的转变，加快推动甘蔗产业由增产导向转向绿色生态，努力提高广西甘蔗产业的质量效益竞争力，加快推动广西甘蔗产业"二次创业"与高质量发展。在此基础上，本文对广西甘蔗制糖产业相关数据进行整理分析，提出以下对策措施，以期为加快推动广西甘蔗产业绿色发展过程中路径的选择提供参考建议。

### （一）必须抓好甘蔗生产保护区的划定与建设

早在2017年3月，国务院就下发了《关于建设粮食生产功能区和重要农产品生产保护区的指导意见》（国发〔2017〕24号文件）。2018年4月，广西糖业发展办公室已组织完成横县、鹿寨县、武宣县、合浦县、扶绥县和宜州区6个试点县（区）糖料蔗生产保护区划定工作。2019年，全区已完成64个县（市）糖料蔗生产保护区划定工作任务，全区完成糖料蔗生产保护区划定面积76.8万hm²，提前一年完成国家下达的76.667万hm²划定任务。全区33.333万hm²"双高"基地是糖料蔗保护区的核心区域，对43.333万hm²非"双高"基地蔗区按高标准农田要求进行规划和建设，努力实现糖料蔗生产达到集中连片、旱涝保收、稳定高产和生态友好的发展目标。在抓好甘蔗生产保护区规划和建设的基础上，加快推行订单农业。据有关部门统计，截至2019年10月25日，2019/2020年榨季全区已签订备案订单农业合同44万份，涉及蔗农72万户，订单面积占甘蔗种植面积的99.74%，全区甘蔗生产基本实现订单农业全覆盖的目标。甘蔗生产保护区的划分以及订单农业政策的实施，有利于稳定甘蔗种植面积和调动广大蔗农的生产积极性，推动甘蔗生产以市场为导向健康可持续发展，取得了阶段性预期的良好效果，在一定程度上促进了广西甘蔗制糖产业实现向稳向好的高质量发展。

### （二）必须转变甘蔗生产经营方式

根据广西壮族自治区物价局商品处抽样调查统计，2016/2017年榨季，以甘蔗亩产量5.46t计，亩产值2 794.16元，亩种植成本2 199.23元，亩利润594.93元，吨蔗成本402.79元，吨蔗净利润108.96元。如按"双高"基地甘蔗亩产8t计，每亩净利润871.68元。

目前，广西甘蔗产业综合竞争能力不强，主要原因是甘蔗生产专业化程度不高，糖料蔗生产成本高，制糖企业"散、小、弱"，集团化程度低，产业聚集度不高。以广西百色市甘蔗种植情况为例，据百色市农业科学研究所国家糖料产业技术体系百色综合试验站年调查统计，全市甘蔗种植专业户种植面积在3.333 hm²以上的有469户，其中，种植面积在3.333~13.333 hm²的户数350户，占专业户的74.62%，总种植面积2 275.2 hm²；种植面积在13.333~33.333 hm²的户数为100户，占专业户的21.32%，总种植面积为2 241.6 hm²；种植面积在33.333 hm²以上的户数为19户，占专业户的4.05%，总种植面积为1 250.533 hm²（表1）。全市甘蔗生产适度规模经营专业户469户，规模种植面积5 875.667 hm²（含专业合作社），占全市甘蔗种植面积51 540 hm²的11.4%。

表1　百色市甘蔗生产专业户种植面积统计

| 种植规模（hm²） | 种植户（户） | 种植面积（hm²） | 占全市专业户比例（%） |
| --- | --- | --- | --- |
| 3.333~13.333 | 350 | 2 275.2 | 74.62 |
| 13.333~33.333 | 100 | 2 241.6 | 21.32 |
| 33.333以上 | 19 | 1 250.533 | 4.05 |

由此可见，广西甘蔗生产中存在蔗田零散分布、种植户多采用分户经营，专业大户等新型经营主体较少。2018年田林县甘蔗种植面积1.117万 hm²，其中专业户种植仅有0.439万 hm²，仅占全县种植总面积的3.926%，甘蔗生产专业化程度低，直接影响到甘蔗生产的规模经营、机械化生产和甘蔗生产规模效益的提高。当前和今后一个时期，必须加快推进甘蔗生产适度规模经营，进一步转变甘蔗生产经营方式。要以绿色转型为导向，加快转变甘蔗产业的增长方式。要重点加快实施5个方面的转变，一是由过去注重提倡甘蔗高产高糖良种向高糖高产高抗良种转变；二是由过去注重扩大甘蔗种植面积向主要依靠科技创新提高甘蔗单产和甘蔗产业经济效益转变；三是由过去轻视病虫害防治向重视甘蔗病虫害综合防治转变；四是由过去分散经营、粗放经营向规模经营和集约经营转变；五是蔗糖加工由过去产品单一、高能耗向产品多样性、循环农业、低碳农业和绿色农业转变。要注重依靠新型农业经营主体，按照农机农艺融合技术，特别是甘蔗生产全程机械化的要求，加快推进甘蔗生产专业化和规模化经营。

## （三）必须加大甘蔗优良新品种的推广力度

良种是实现甘蔗生产高产高糖高效的关键。多种方式获取和推广适宜当地的主推甘蔗品种，是提高甘蔗单产、蔗糖含量，增加农民、制糖企业和整个甘蔗产业收益的重要手段。2009—2017年，百色市农业科学研究所、国家糖料产业技术体系百色综合试验站联合5个产业示范县推广甘蔗优良新品种累计达5.533 7万hm²，共计示范推广甘蔗优良新品种23个，实现增产69.75万t，增收4.953亿元。依靠科技创新推动甘蔗产业绿色发展和高质量发展，首要的任务就是抓好甘蔗良种的推广。

近年来，广西各地加快推广高产高糖甘蔗优良新品种，种植面积比较大的甘蔗优良新品种有桂糖42号、桂柳05-136、桂糖46号、粤糖00-236、粤糖93-159等甘蔗优良新品种。特别是桂糖42号、桂柳05-136、桂糖46号等多个高糖高产及综合性状好的甘蔗优良新品种种植面积不断扩大，甘蔗生产的区域布局和品种多系布局进一步优化，甘蔗种植结构日渐趋向合理。

目前，广西蔗区主要有崇左蔗区、来宾蔗区、农垦蔗区、柳州蔗区和百色蔗区等。近年来，蔗区甘蔗单产大都在5~6t，与国际上先进国家和地区相比，甘蔗单产仅处于中间水平，但广西通过努力提高甘蔗单产、糖分和增产的潜力是很大的。从广西目前甘蔗种植结构和品种结构来看，各甘蔗优势主产区必须进一步加大甘蔗品种改良和优良新品种的推广力度，各蔗区要注重根据自然条件和生产条件，有选择性地推广应用我国近年来新育成的那些高糖、高产、适应性强、宿根性好、抗逆性强、易脱叶、抗倒伏和适合机械化作业的甘蔗优良新品种。特别是要注重大力推广种植那些高糖高产和其他综合性状优良的甘蔗新品种，例如，桂糖42号、桂糖46号、桂柳05-136、海蔗22号、福农41号、云蔗05-51等甘蔗优良新品种。力争3~5年，从根本上实现广西甘蔗优良新品种的多系布局，为构建全区甘蔗现代生产体系提供良种支撑。在推广应用甘蔗优良新品种的基础上，同时要大力推广应用各项节本轻简高效的农业绿色技术，为加快构建甘蔗现代化生产体系提供科技支撑。

### （四）必须加快推广甘蔗生产全程机械化技术

从目前甘蔗生产的国际竞争来看，机械化程度低是我国甘蔗生产成本高的主要原因，也是影响甘蔗生产国际竞争力的决定性因素。多年来，由于受自然条件和生产条件的制约，广西甘蔗生产主要以农户小规模人工种植为主，传统的生产方式严重的束缚了甘蔗生产效率的提高。据调查，在目前人工种植条件下，甘蔗种植每亩人工成本高达1 226元，占甘蔗生产成本的50%以上。据统计，广西2017/2018年榨季，全区耕、种、管、收综合机械化率为46%，其中机收率仅为4%，在全区"双高"基地面积中，耕、种环节基本实现了机械化，机收率只占15%。当前和今后一个时期，要降低广西甘蔗生产成本，提高生产效率和增强国际竞争力，必须大力推广应用甘蔗生产全程机械化技术。要大胆探索和加快推进甘蔗生产专业化进程，通过甘蔗生产专业化，加快推进甘蔗生产适度规模经营和甘蔗生产全程机械化，要千方百计探索走出一条甘蔗生产专业化、规模化、机械化和社会化服务的新路子，从根本上提高广西甘蔗产业的生产效率和国际竞争力。

## （五）必须加大各项轻简高效农业绿色技术推广力度

广西各主要蔗区，要根据自然条件和生产条件的差异，在加大甘蔗优良新品种推广的基础上，积极探索和示范推广各项节本轻简高效农业绿色技术。重点示范和推广甘蔗脱毒健康种苗技术、工厂标准化健康种茎生产技术、冬植蔗栽培技术、甘蔗叶粉碎还田增氮技术、农机农艺融合技术、甘蔗全程机械化技术、甘蔗降解膜全膜覆盖技术、甘蔗缓释肥一次性施肥技术、宿根蔗机械化破垄松蔸一体化技术、机械化精量播种栽培技术、甘蔗生物防治技术、甘蔗病虫害绿色防控技术、甘蔗间套种增产增效技术、无人机智能农业技术以及甘蔗绿色食品加工制造技术等各项加快推动甘蔗产业提质增效与绿色发展的产业关键技术。注重依靠科技创新进一步延伸甘蔗制糖产业链，加快推进甘蔗产业多样性发展。力争3～5年，努力实现依靠科技创新推动广西甘蔗产业绿色发展和高质量发展。

## （六）必须进一步创新政策和服务措施

甘蔗产业是广西在全国最具影响力的传统优势产业，地位重要，影响面广。多年来，广西产糖量占全国产糖量的60%以上，是享誉中国和世界的"糖都"。实践证明，广西甘蔗产业的发展，对促进农民增收和脱贫致富、增加地方财政收入、加快农村劳动力向二三产业转移、工业反哺农业和加快推进农业现代化、加快民族地区和边疆民族工业的发展、促进地方经济可持续发展、促进食品工业和相关产业的发展、保障国家食糖供给和维护食糖安全、促进我国食糖行业健康稳定可持续发展和促进人类的身心健康等方面提供了有力的支撑，有着不可或缺的作用，具有重要的经济意义、政治意义和战略意义。

当前和今后一个时期，要注重依靠政策创新，着力营造有利于加快推动广西甘蔗产业绿色发展与高质量发展的政策环境，重点督促抓好以下5个方面的工作：一是要用足用好现有甘蔗产业政策，严格执行糖料蔗生产保护区和糖料蔗种植良种补贴政策；二是要注重发挥"双高"基地政策的示范和引领作用；三是注重鼓励和支持甘蔗专业化生产和适度规模经营，加快推广应用以甘蔗全程机械化为主线构建甘蔗现代化生产技术体系，转变甘蔗生产经营方式，千方百计降低甘蔗生产成本，提高甘蔗生产效率和增强甘蔗产业体系竞争力；四是注重创新保险扶持政策，要注重总结百色市田东县进行甘蔗政策性保险的做法和经验，加快推进广西甘蔗政策性农业保险；五是突出创新金融扶持政策，要大胆鼓励和支持甘蔗生产经营方式创新，大力支持甘蔗种植重点户、专业户和其他新型农业经营主体，依靠科技创新和管理创新进行甘蔗专业化规模化生产、集约化经营和社会化服务，积极探索和加快构建甘蔗产业绿色金融服务体系。

## 三、结论

综上所述，要加快推动广西甘蔗产业高质量发展，必须牢固树立绿色兴农与绿色兴蔗的全新理念，紧紧依靠科技创新，采取切实有效的对策措施，特别是要进一步强化本文提出的6个方面的对策措施，加快推动广西甘蔗产业转型升级、绿色发展与高质量发展，努力提高广西甘蔗产业在国际市场上的质量效益与竞争力。

**本文原载**　甘蔗糖业，2020（2）：69-73

# 第 四 部 分

## 现代农业实践与经验

# 沿海省市发展现代农业的成功经验
## ——东部沿海地区考察散记

贺贵柏

为更好地实施西部大开发战略，发展贫困地区的现代农业，不久前组团先后赴浙江、上海、江苏、山东、辽宁进行发展现代农业的考察。笔者认为，东部沿海地区发展现代农业的经验，很值得借鉴。

## 一、以优化生态环境为基础，大力发展生态农业

优化农业生态环境，发展生态农业是实现农业现代化的重大课题和促进农业可持续发展的必然选择。东部沿海地区在发展生态农业方面已迈出了可喜的一步。例如，浙江杭州的植物园，可称得上是江南发展生态农业的典范。该园面积3 700多亩，是一个集植物科研和园林观光为一体的生态植物公园，先后种植了从国内外搜集来的栽培植物品种3 500多种。植物园以竹类、松类和杉类居多，也最引人注目。目前，杭州植物园已是一个以园林景观为主体的集生态、旅游、观光为一体的现代农业园。又如，辽宁省盘山县稻田生态渔业已成为该县农业经济的主导产业和支柱产业，稻田渔业已发展到10万亩，农村平均两人经营一亩稻—鱼双作田，该县1999年稻田渔业产量达6 000t，产值达6亿元，占农业总产值的25%以上，农村人均稻田渔业纯收入948元，占年度农业人均纯收入3 504元的26.9%，从事稻田渔业的农民达3万多人。由于该县发展稻田生态渔业成绩显著，被农业部授予"丰收计划"荣誉称号。

## 二、以生产优质农产品为重点，大力发展优质高产高效农业

种苗是农业新的经济增长点，也是异常活跃的产业群。一般认为，在提高农作物单产的综合措施中，种苗的作用占25%～80%。例如辽宁的普兰店市，该市针对农产品开发出现的形状奇特化、颜色异彩化、营养保健化、色艳味美化和野味自然化的特点，确定了引种的"八字方针"，即引洋、优质、串季、养野，千方百计从国内外引进优质

183

新品种。据统计,该市199年共引进优质高产新品种407个,其中粮油255个,蔬菜140个,畜牧9个,药材3个。1999年,该市与日本客商签订了优质米销售合同1 200t,共创产值288万元,农民增收150万元,从而开创了大米迈出国门,发展创汇农业的新路子。近年来,该市推广种植的"香糯米""红香米""越富优质米"在第三届中国科技之星国际博览会上荣获"科普金奖"。由于该市近几年来始终坚持实施农业名牌战略,从而步入了现代农业发展的快车道。据统计,目前该市科技在农业增长中的贡献率已达50%以上。

## 三、以高新技术为动力,大力推广农业高新技术

在东部沿海地区,农业科学技术已成为农业现代化的强有力支柱。农业适用技术已得到大面积的推广应用,高新技术的推广也已有了良好的开端。例如,上海市的孙桥高新农业开发区,开始走出了一条发展设施农业的新路子,其主要内容包括农业水利设施、农业生态工程设施、农业生物工程设施、农业生物生长环境调控设施、农业建筑工程设施和农业现代化管理设施。据统计,近几年来,上海每年有100多项科技成果被推广应用,年创产值2亿多元。上海农业科学技术在市郊农业增产中所占的比重已高达42%~50%。又如山东省,全省目前已建立了10个农业高新技术开发区,生物工程技术、遗传杂交技术、高油高赖氨酸玉米栽培、高蛋白优质小麦栽培、抗病棉花良种繁育、蛋鸡雌雄变异、海珍品人工育苗、工厂化养殖和计算机自控灌溉等技术已进入推广应用阶段,科技进步对农业生产的贡献率已达45%以上。尤其是山东省的寿光市,其农业新品种、新技术推广面积高达98%,科技进步在农业增长中的贡献率已达55%。

## 四、以农产品加工增值为目的,大力推进农产品加工企业化

东部沿海地区大力支持以农副产品为原料的加工业的发展,千方百计提高农副产品的附加值。例如,浙江湖州南浔区,全区14个乡(镇)已有2个乡镇工业产值超10亿元,3个乡镇工业产值超3亿元,有6家企业集团被农业部列为全国1 000家最佳经济效益乡镇企业。由于乡镇企业的不断发展壮大,从而加大了对农业的投入,该区每年反哺于农业的资金投入达800多万元。又如辽宁省长海县獐子岛镇,近年来大力发展水产品加工,1999年全镇水产品总产量7 179t,上缴国家税金2 572万元,人均收入8 035元。

## 五、以开辟农产品市场为主线,大力推进农产品经营产业化

农业产业化是推进农业市场化的必然选择。在这方面,山东寿光市已经走出了一

条"批发市场+基地+农户""直销市场+基地+农户""企业+基地+农户"的农业产业化的成功之路。该市的蔬菜批发市场占地面积550亩，共投资2亿多元，年交易蔬菜28亿kg，交易额达20多亿元，已成为全国最大的蔬菜集散中心、信息交流中心，被农业部确定为全国"十大市场"之一。目前，该市场先后在北京、天津、上海、南京等城市建立了200多个优质蔬菜直销市场，开通了寿光至北京的"绿色通道"，同时还组建了五大出口加工企业群体，该市农产品出口创汇4 000多万美元。

**本文原载**　广西工作，2000（18）：33-34

# 内陆"三市"发展现代农业的成功经验及几点启示

## 贺贵柏

2004年7月，我随平果县农业考察团一行35人，先后考察了重庆市、武汉市和长沙市（以下简称"三市"）加快发展现代农业的情况。考察团先后考察了重庆市正邦现代农业有限公司、华中农业大学、武汉市江下区"万亩花卉基地"、武汉友芝保健乳品有限公司、湖南省农业科学院、湖南天心牧业有限公司等单位的现代农业示范基地。"三市"发展现代农业积累了许多成功的经验，也给我们许多有益的启示。

## 一、"三市"发展现代农业的成功经验

近几年来，"三市"坚持实施农业稳市战略，始终坚持以农业增效、农民增收和农产品国际竞争力增强为目标，加快推进传统农业向现代农业的转变，他们的成功经验，主要体现在"五个加快"。

### （一）加快推进种业产业化

近几年来，"三市"加快调整优化农业产业结构，大力发展畜牧、水产、林果、蔬菜、农产品加工等都市特色农业，加快推进种业产业化。例如，重庆市正邦现代农业有限公司是一家专门从事现代农业开发的股份制公司，下设6个专业研究所，公司共有700多人，其中高中级专业技术人才55人，正式员工162人，临时工500多人。该公司主要以开发各种名、特、优水果为主，拥有育苗基地2 500亩，采穗圃380亩，共繁育各种水果品种1 350多个，每年出圃合格壮苗1 000万株以上。目前，该公司已投资开发有2万亩优质柑橘基地、2万亩优质大五星枇杷基地、万亩优质油桃基地、万亩优质日本甜柿基地、万亩优质梨基地、万亩优质樱桃基地、万亩优质无花果基地、0.5万亩无核葡萄基地。该公司供苗客户已遍及四川、重庆、广东、广西、贵州、云南、湖北、湖南、江西、福建、浙江、安徽、陕西、甘肃、河南等省（区、市），是西南地区知名度最高的优质果苗推广企业之一。该公司的战略目标是力争在5年之内建成中国南方最大的优质种苗开发集团公司。又如湖南天心牧业有限公司，是1987年经国务院批准建立的全国五大菜篮子工程试点示范企业之一，2000年被湖南省人民政府授予农业产业化龙头

企业称号。该公司占地面积1 000多亩，建有5万t优质饲料厂和8万头养猪生产线，是一家集种猪、饲料生猪养殖、产品加工和销售一条龙的农业龙头企业，是湖南省最大的种猪供应基地，供我国香港和澳门活大猪出口创汇基地。该公司推广养殖的瘦肉型猪瘦肉率高达64%～66%。该公司生产的"天心牌无公害猪肉"品牌，荣获湖南省农业厅环境监测管理站和湖南省质量技术监督局的双认证，质量保险由中国人民保险公司承保。该公司在抓好集约化养猪的同时，大胆引进长白公猪（丹麦）、大约克公猪（英国）、杜洛克公猪（美国）和长大杂二元母猪，常年供应瘦肉型种猪1万多头。

### （二）加快推进高新农业技术产业化

近几年来，"三市"加快推进高新农业技术产业化。例如，湖南省农业科学院，现有职工3 000多人，其中高级技术职称专家410人。科坛巨人袁隆平院士被誉为"杂交水稻之父"，荣获国家特等发明奖、首届国家最高科技奖和11次国际大奖，全院被国务院授予国家有突出贡献专家称号的有4人，被批准享受国务院特殊津贴专家的有59人。该院通过实施名人、名牌、集团战略，面向国内、国外两个市场加快发展高新农业技术产业，已初步形成了种子种苗、农化产品、农产品加工和特种技术四大农业高科技产业，1999年和2001年，该院先后成立了"袁隆平农业高科技股份有限公司"和"湘科农业科技产业集团"，使农业高科技开发步入了集团化、国际化发展的轨道。该院先后与韩国、越南、巴基斯坦等20多个国家的相关单位建立了农业高科技贸易伙伴关系，将优质杂交水稻、农用稀土、茶叶加工等技术和产品打入了国际市场。该院通过农业高科技开发，经营总收入达到10亿多元，获纯利2亿多元。

### （三）加快推进奶业生产企业化

从考察情况看，以上"三市"奶业发展势头强劲，乳品生产开始步入企业化的轨道。据统计，仅武汉市，2003年1—6月，奶牛存栏达到1 850头，同比增长22%，鲜奶产量39 400t，同比增长22%，其中奶农养牛增长较快，存栏同比增长35%，达到13 022头，占全市总量的70%，生产鲜奶27 138t，同比增长26%。乳品生产方面，穗尔康扬子江、光明、友芝友、香满楼、海浪、妙士6家乳品加工企业2004年上半年共生产销售液态奶60 850t，同比增长50%，其中鲜牛奶、甜牛奶、酸牛奶产量增长较快，分别比上年同期增长57%、91%和76%。近几年来，武汉市不仅奶业发展势头强劲，而且奶业生产开始走出了一条企业化的新路子。例如，武汉友芝友保健乳品有限公司，1998年开始投产，目前已发展成为集奶牛饲养、乳品加工、乳品科研、乳品销售于一体，产、加、销一条龙，贸、工、农一体化的乳品加工龙头企业。该公司是武汉市最大的无公害奶牛生产企业，共有员工3 000多人，其中各类工程技术管理人员780人，送奶员

2 100多人，存栏奶牛3 000多头，建立优质牧草基地5 000多亩，日产鲜奶100t以上，年产鲜奶4万t以上。乳制品主要有瓶装系列、塑杯系列、利乐枕无菌包装等七大系列，30多个品种。该公司与摩迪集团在公司内部进行质量认证，成为中南5省同行中率先通过ISO 9002国际质量体系认证的企业，荣获"中国国际食品博览会金奖"等20多项荣誉称号。

### （四）加快推进科技成果转化与服务社会化

从考察情况看，以上"三市"在加强农业科学研究的同时，坚持以市场为导向，加速农业科技成果转化，积极开展农业科技服务。例如，湖南省农业科学院，近几年来每年进行农业科研课题研究100多项，其中国家和省部级重点攻关课题占60%以上。杂交水稻研究雄居世界领先地位，获国家特等发明奖，推广到100多个国家和地区，累计增产稻谷4 000亿kg。湘研辣椒组合及其推广两次荣获国家科技进步奖，累计推广面积2 000多万亩，新增经济效益100多亿元。两系杂交高粱不但品质优，而且产量高，一季加再生亩产超过1t，获国家发明奖。此外，优质稻选育、油菜"三系"配套、果菜新品种选育、控释肥料研究、稀土农用研究、机采茶树栽培技术研究等一批农业科技成果具有国内领先水平，已为社会创造了巨大的经济效益。目前，该院各项农业科技试验、示范基点遍布全省，专业点100多个，综合点20多个，并通过技术承包和技术服务，向企业和农户提供优质种子、种苗、农资和技术培训，从而加速农业科技成果的推广。"九五"以来，该院科技成果的推广与应用率达42%以上，平均每年为社会新增经济效益达50亿元以上。

### （五）加快政府职能转变进程

从考察情况看，要加快现代农业的发展，以上"三市"在转变政府职能上重点是全力打造服务型政府。以重庆市为例，"重庆发展论坛"指出，重庆市作为全国唯一的农村人口大于城市人口的城市，农村经济的发展是能否实现小康的关键。重庆市人民政府提出："按照'一年重点突破，三年基本到位，五年规范完善'的要求，更新行政理念，改革行政体制，转变政府职能，改进管理方式，使政府的行政模式由管制型向服务型转变。"又如，东西湖区是湖北省和武汉市农村现代化建设试点区，区委、区人民政府牢固树立"跳出农业抓农业、跳出农村抓农村"的全新理念，加快实施农业稳区战略，率先提出了农田变花园、农民变员工、村民变居民、农村变城镇的"四变"发展目标，通过转变政府职能，采取"三大举措"即全面整合农业资源，加强农产品产地市场建设和大力加强基础设施建设，以加快现代农业的发展。

## 二、"三市"加快现代农业发展几点有益的启示

第一，要加快现代农业的发展，必须进一步强化对农业基础地位的认识，牢固树立"跳出农业抓农业，跳出农村抓农村"的全新理念，进一步转变政府职能，切实加强对农业和农村工作的领导。

第二，要加快现代农业的发展，必须紧紧围绕调整优化农业产业结构，加快推进种子种苗生产的产业化进程。

第三，要加快现代农业的发展，必须以农业增效、农民增收、农产品国际竞争力增强为基本目标，大力发展优质、高产、高效、卫生、安全农业。

第四，要加快现代农业的发展，必须依靠科技进步发展农业，加快推进高新农业技术产业化。

第五，要加快现代农业的发展，必须加快推进农业科技成果的转化与服务社会化。

**本文原载**　右江论坛，2004，18（3）：69-70

# 新阶段加快推进百色深度贫困地区
# 高质量脱贫的对策措施探讨

贺贵柏

脱贫攻坚是全面建成小康社会，实现第一个百年奋斗目标最艰巨的任务。党的十八以来，以习近平同志为核心的党中央把脱贫攻坚摆在治国理政突出位置，多次发表重要讲话，作出一系列重大部署。党的十九大把精准脱贫明确为对全面建成小康社会最具有决定性意义的三大攻坚战之一，吹响了坚决打赢脱贫攻坚的时代冲锋号。习近平总书记深刻指出，反贫困是古今中外治国理政的一件大事。脱贫攻坚事关党的执政安危和人心向背。2017年6月23日，习近平总书记在山西省太原市亲自主持召开了全国深度贫困地区脱贫攻坚座谈会并发表重要讲话。他强调指出，深度贫困地区是脱贫攻坚的坚中之坚，要全面把握深度贫困的主要成困，加大力度推进深度贫困地区高质量脱贫。

百色市是全国有名的革命老区和贫困地区，全市土地总面积3.63万km²，辖12个县（市、区），2016年全市总人口417万人，财政收入123.22亿元，城镇居民人均可支配收入26 919元，农民人均纯收入9 348元。研究如何做好新阶段深度贫困地区脱贫攻坚，攻克深度贫困堡垒，高质量打赢脱贫攻坚战，是实施乡村振兴战略的重要前提和基础，是改善革命老区民主问题的现实需要和迫切要求，是决战贫困决胜小康的重大政治使命和必然要求。高质量打赢脱贫攻坚战，对于加快推进百色革命老区经济社会发展，都具有十分重要的现实意义和深远的历史意义。

笔者在认真总结分析百色深度贫困地区贫困现状、主要特征及原因的基础上，注重总结本地经验和借鉴外地经验，有针对性地提出新阶段百色革命老区高质量脱贫的对策措施。

## 一、百色深度贫困现状、主要特征及原因分析

### （一）贫困现状

据统计，2016年全市共有贫困人口51.4万人，贫困发生率为15.04%。全市人均纯收入在2 000元以下的贫困户34 176户，占全市贫困户130 573户的26.2%，年人均纯收

入在500元以下贫困户3 911户，占全市贫困户的3%。

深度贫困主要分布在北部山区的凌云县、乐业县、隆林各族自治县和南部山区的靖西市、德保县、那坡县6个县（市），贫困人口发生率高于20%，均高于全市和广西全区水平。

### （二）贫困的主要特征及原因分析

在上述6个县（市）中，深度贫困人口主要分布和集中在大石山区、少数民族聚集区、水库移民区和边境地区。

深度贫困的主要特征表现为，贫困规模比较大，贫困程度比较深，贫困的连片性和整体性强。

造成深度贫困的原因是多方面的，既有历史原因，又有现实条件；既有经济原因，又有社会原因；既有客观原因，又有主观原因；既有间接原因，又有直接原因。

从目前百色深度贫困的分布区域和主要特征分析，造成深度贫困的主要原因主要表现为，自然条件恶劣，生态环境脆弱；农村基础设施薄弱，生产条件差；贫困人口文化程度低，整体素质差；"等靠要"思想严重，脱贫内生动力不足；缺乏特色产业支撑，农民收入不稳定；资金投入比较单一，扶贫模式不够创新。

## 二、新阶段加快推进百色深度贫困地区高质量脱贫的对策措施

### （一）必须抓好深层次调查研究

要注重围绕深度贫困地区进行系统性的脱贫攻坚调查研究。首先，要紧紧围绕实施乡村振兴战略进行调查研究。要把加快推动深度贫困地区脱贫攻坚和实施乡村振兴结合起来，特别是要坚持以产业发展和振兴乡村经济为主攻方向。其次，要聚焦深度贫困地区贫困现状、主要特征及原因，特别是要有针对性地对深度贫困地区当前发展不平衡不充分进行深层次调查。再次，要突出破解深度贫困地区发展的重点和难点。要重点围绕生态扶贫、教育扶贫、产业扶贫、项目扶贫、科技扶贫、健康扶贫、金融扶贫、基础设施扶贫和基本公共服务扶贫等扶贫工作中的突出问题进行系统性和分类性调查研究。通过抓好深层次调查研究，为做好深度贫困地区脱贫攻坚顶层设计、高质量脱贫规划和加快推动区域协调发展提供科学依据。

### （二）必须抓好高质量脱贫规划

抓好深度贫困地区高质量脱贫规划是有序和稳定推进脱贫攻坚的基础性工作，各级党委、政府必须引起高度重视。首先，要坚持以新发展理念为指导进行规划。要始

终坚持创新、协调、绿色、开放、共享的新发展理念，通过理念创新引领规划创新。其次，要坚持以政策为导向进行规划。要坚持以党的十九大精神和习近平总书记新时代扶贫思想为指导，要站在加快实施乡村振兴战略、加快推进农业农村现代化、加快推进统筹城乡协调发展和全面建设小康社会的战略高度，要在开展深入调查研究的基础上，切实抓好深度贫困地区的发展规划。再次，要坚持以问题为导向进行规划。特别是要重点围绕破解深度贫困地区的难点和可持续发展进行规划，要重点做好教育规划、产业规划、基础设施规划、公共服务体系规划和贫困劳动力素质提高培训规划等，切实做到有计划、分阶段、有步骤地加快推进深度贫困地区的脱贫攻坚和可持续发展。

## 三、必须进一步优化扶贫质量

要在"五个优化"上下功夫。一是要优化扶贫策略。要实施长效和可持续发展的扶贫攻坚优化策略。二是要优化扶贫资源。各级政府要进一步整合资源，要千方百计把优质资源向深度贫困地区、贫困家庭和贫困人口倾斜，通过资源优势助力脱贫攻坚。三是要优化政策体系。要在充分利用好现有扶贫政策的基础上，积极探索进一步创新体制，完善制度，形成加快推动脱贫攻坚的创新政策支撑体系。四是要优化扶贫队伍。各级党委、政府要根据新阶段深度贫困地区扶贫攻坚工作的任务和要求，注重选派那些政治过硬、思想觉悟高和综合素质好的干部充实到扶贫工作队伍，特别是要注重选拔那些"懂农业、懂扶贫、会扶贫"的优秀中青年干部，深入深度贫困地区第一线进行扶贫攻坚，使他们通过实践的磨炼健康成长。五是要优化社会力量。要切实做到有计划地整合和组织社会力量，构建多方参与的扶贫攻坚工作体系。

## 四、必须转变扶贫发展方式

目前，贫困人口主要分布在深度贫困地区。各级政府要注重在总结扶贫工作经验的基础上，积极探索，大胆实践，进一步转变扶贫发展方式。在转变扶贫发展方式上，要注重做到"六个结合"。一是要注重把硬实力扶贫和软实力扶贫结合起来。特别是要注重把农村基础设施建设、教育扶贫、科技扶贫、文化扶贫和完善公共服务体系和保障体系紧密结合起来。二是要注重把供给式扶贫和长效保障式扶贫结合起来。三是要注重把物质文明建设和精神文明建设结合起来。四是要注重把精准扶贫和可持续扶贫结合起来。五是要注重把行动扶贫和完善制度扶贫结合起来。六是要注重把单户扶贫和区域联动扶贫结合起来。

## 五、必须进一步创新扶贫模式

创新扶贫模式是加快推进深度贫困地区高质量脱贫的重要途径。各级政府要注重在认真总结本地多年扶贫工作经验的基础上，注重学习和借鉴外地经验，不断创新和完善扶贫模式。现阶段，要注重创新和完善"政府+企业+基地+农户""政府+社会组织+合作社+农户""公司+合作社+基地+农户""公司+合作社+贫困户""互联网+现代农业+基地+农户"等各种行之有效的扶贫模式。要注重因地制宜，发挥优势，特别是通过引导贫困户通过选择分工就业型、生产带动型、入股分红型和职业农民培训等方式，引导贫困户自强自立、发展生产和增加收入。要通过不断创新和完善扶贫模式，加快推动深度贫困地区高质量脱贫。

## 六、必须用足用好农业农村发展政策

党的十八大以来，党中央、国务院和有关部门，先后制定了一系列加快推进农业农村发展的政策，必须进一步加强学习，深刻领会，广泛宣传，要千方百计用足用好农业农村发展政策。新阶段要加快推进深度贫困地区高质量脱贫，必须充分利用好国家支持农业农村发展的一系列优惠政策。一是要用足用好国家支持加快推进农业农村现代化的政策；二是用足用好国家支持贫困地区发展的扶贫政策；三是用足用好国家加强生态环境保护和生态文明建设的政策；四是用足用好国家支持实施乡村振兴战略的优惠政策；五是用足用好国家支持农村经济社会发展和统筹城乡经济社会发展的配套政策。要学会和善于利用各项优惠政策，加快推进深度贫困地区农民脱贫奔小康和经济社会发展。

**本文成稿**　2018年12月27日

# 新阶段创新区域农业科研工作路径探析

## ——以广西农业科学院百色分院为例

贺贵柏　潘廷由　梁忠明　吴健强　韦德斌　向　英

【研究意义】当前，世界农业已进入一个科技创新创业最为活跃的新时期。我国农业也正处于由传统农业加速向农业现代化转型的新阶段，而农业转型的关键在于科技创新（胡豹和顾益康，2011）。这就要求建设具有中国特色的农业现代化，就必须走"科技驱动、内生增长"的科学发展道路，因此，深化改革、推动创新是当前及今后农业科技的重点任务。近年来，广西农业科学院与地（市）级政府共建区域性农业科研分院的探索与实践证明，院—市共建区域性分院，对于加快区域农业科技创新，加强区域农业科技合作与成果转化，促进区域现代农业乃至经济社会发展均具有重要意义。

【前人研究进展】地域农业是地学和农学的交叉学科，其特点是地域性、综合性和实用性（许越先，2005）。孙站成和梅方竹（2005）研究表明，区域农业科技创新体系的核心功能是技术创新。这就要求区域农业科技创新体系建设要注重突出区域特色和优势，以服务区域现代农业的发展，并通过创建区域农业创新体系，逐步健全和完善国家农业创新体系，形成区域性的国家科技创新高地。蔚家祥和孔怡（2008）提出，地市级农业科研机构是国家农业科技创新和应用体系的重要组成部分，是区域农业科技创新的主体，主要以应用技术研究与技术推广研究为主，担负着提升农业科技创新能力，促进农业科技成果转化与提供农业科技服务的重要职能，对区域现代农业的发展发挥着技术支撑与引领的作用。徐荃子（2007）针对制约西部区域农业科技创新能力发展所在的问题，提出了相应的政策建议，树立农业科技创新理念，加大农民教育培训力度，增加农业科技创新资金来源，构建多元化的推广和中介服务体系等。班明辉等（2010）提出，当前我国农业发展已经进入高投入、高成本、高风险的新阶段，而加强区域农业科技合作，开展大协作、大联合、大整合，已成为农业科研院所新一轮发展竞争的主要趋势。韦志扬等（2013）认为，广西农业科技创新体系应由农业科技研发体系、农业科技成果转化体系、农村科技服务体系、基层农业技术推广体系构成，其重点任务，一是加强农业科技研发平台建设，进一步完善农业科技研发体系；二是加强农业科技成果转化平台建设，进一步完善农业科技成果转化体系；三是加强农业科技服务平台建设，进一步完善农村科技服务体系；四是完善基层农业技术推广体系，促进农业先进适用技术向基层转移聚集。

【本研究切入点】随着我国农业科技体制改革的不断深化，农业科技创新体系日趋完善，逐步形成了融农业科研、教育、推广于一体的农业科技创新体系，但鲜见有关广西农业科研机构与地方政府联手共建区域性农业科技创新体系的研究报道。

【拟解决的关键问题】以深化院—市共建区域性农业科研机构为切入点，系统分析广西发展区域性农业科研机构的成功经验及其今后面临的挑战，寻求新的发展路径，为新阶段创新区域农业科研工作及逐步健全和完善国家农业科技创新体系提供参考依据。

## 一、院—市共建区域性农业科研分院的现状及成效

广西农业科学院以创新区域农业科技合作机制为突破口，自2009年以来，先后与桂林、柳州、河池、玉林、钦州、贺州、百色7个地（市）级政府在原有市级农业科学研究所的基础上共建区域性农业科研分院，分别是桂北分院、桂中分院、桂西分院、桂东南分院、北部湾分院、贺州分院和百色分院。

2009年9月16日，广西农业科学院与百色市人民政府在百色市农业科学研究所的基础上共建广西农业科学院百色分院（以下简称百色分院）。百色分院前身为广西百色农业试验站，是广西最早设立的4个农业试验站之一。全院共有耕地面积45.0hm²，其中百育本部12.8hm²，农业试验站2.2hm²；全院事业编制130人，在编人员91人，其中科技干部25人，技术工人55人；主要承担和完成上级业务主管部门下达的农业科研任务，从事农作物新品种和新技术的引进、选育、试验、示范与推广，开展具有本地特色的农业技术推广应用研究。

自百色分院成立以来，始终以服务区域现代农业发展为立足点，紧紧围绕"科研立院、特色办院、人才强院、创新兴院"的指导思想，着力加强现代农业科研院（所）的建设。在科技人才队伍建设、农作物新品种引进与选育、农业技术示范与推广、农业科技成果转化等方面均取得新进展。随着百色分院科研事业的发展，特别是结合科研课题的需要和产业发展，先后充实大学本科以上毕业生7人入岗工作，改善人才队伍结构，提高了人才队伍的素质，科研队伍逐步实现年轻化、知识化和专业化。2009—2012年百色分院围绕"双高"甘蔗优良品种引进筛选、高产高糖栽培示范这一目标，引进桂糖系列"双高"甘蔗优良品种23个进行新植和宿根示范种植，经区科技厅、农业厅专家组现场验收，新植蔗蔗茎亩产最高达12.85t，宿根蔗蔗茎亩产最高达14.06t，两年平均蔗茎亩产量达11.26t，蔗糖分达15.29%，每亩含糖量达1.72t。重点推广桂糖31

号、粤糖00-236和桂糖03-2287等品种，在田东县、田阳县、平果县、田林县、右江区5个县（区）推广面积5.55万亩。平均蔗茎亩产6.73t，蔗糖分15.96%，亩含糖量1.06t，总产值1.8亿元。百色分院以项目建设为中心，以加快成果转化为切入点，积极探索，大胆创新，进一步增强科技对区域现代农业的引领能力和支撑能力。据统计，百色分院自成立以来，共立项争取获得科研项目经费超过1 200万元，已结题和验收的科研项目9项，正在实施的科研项目21项，发表农业科技论文30余篇。在科研获奖方面，先后荣获百色市科技进步二等奖3项，三等奖1项，创新奖1项；荣获广西农业科学院科技进步二等奖3项，三等奖1项。

## 二、面临的主要困难及问题

### （一）高层次科技人才缺乏是制约区域农业科研事业发展的瓶颈

在百色分院现有的科技干部队伍中，拥有研究生及以上学历3人，仅占科技干部人数的8.33%；本科学历14人，占38.89%；大专学历9人，占25.0%，中专学历8人，占22.22%。从职称方面来看，具有副高职称仅2人，占科技干部人数的5.56%；中级职称19人，占52.78%；初级职称15人，占41.67%。可见，百色分院的人才结构队伍中高层次科技人才十分紧缺，势必影响其承担重大科研项目的能力，从而也制约了区域农业科研事业的快速发展。

### （二）财政经费紧缺影响了科研人员工作积极性

在广西农业科学院的7个分院中，除桂东南分院、桂西分院、北部湾分院和贺州分院4个分院属财政全额拨款的事业单位外，桂北分院、桂中分院和百色分院3个分院目前尚属于财政差额拨款的事业单位。作为农业科研单位其经济效益创收能力相对较弱，进而导致科研、办公经费不足，科技人员的工资和福利待遇无法得到保障，势必影响其从事农业科研事业的积极性、主动性和创造性。

### （三）科学高效的农业科技成果转化机制尚未真正形成

院—市共建区域农业科研分院是加强科技合作，促进科技创新的重要形式和有益探索。虽然目前的农业科研工作成效显著，但广西农业科技尚处于科学积累阶段，所开展的农业科研工作多数仍以单项技术研究、申报专利和撰写科技论文为主，缺乏应用多项技术开发新产品、新工艺的能力，农业企业也缺乏创新的动力与能力。此外，由于农业科技推广经费不足，从事成果转化的科技人员较少，导致广西出现农业科技成果转化不畅、科研与经济脱节的问题，农业科技成果无法快速、高效地转化为实际生产力。

## 三、发展路径探析

### （一）创新工作理念，服务区域现代农业发展

农业科研工作具有很强的公共性、地域性、长期性和风险性（尹成杰，2013），因此农业科技工作者必须自觉适应现代农业发展的新形势、新任务、新特点，遵循农业科研自身的规律和特点，进一步创新工作理念。百色市地处广西西部，其农业生产条件相对较差，要加快推进传统农业向现代农业的转变，就必须充分发挥百色分院作为区域农业科研机构的带头作用，总结经验教训；并通过"走出去，引进来"的交流形式，多借鉴国内外先进农业科研单位的成功经验，进一步解放思想，创新理念，积极探索，大胆实践，不断提高农业科研工作的质量与水平，更好地服务和推进区域现代农业的发展。

### （二）做好科研定位，发挥区域特色农业优势

做好科研定位，对带动区域农业产业和现代农业的发展，整合优势资源，充分调动农业科研人员的工作积极性、主动性和创新性均具有重要意义。关键是要做好"五个结合"，即注重与发展现代农业相结合，注重与发展区域特色农业产业相结合，注重与构建现代农业产业相结合，注重与整合广西农业科学院的人才、技术优势相结合，注重与广西农业科学院的科研成果及转化优势相结合。针对百色市着力发展蔗糖、秋冬菜、杧果和香蕉等特色优势产业的现状，百色分院应结合当地产业需求，依托国家甘蔗产业体系、广西杧果产业体系地方创新团队及农业部农作物区域试验站、科技部"星火计划"重点项目等，做好科研项目的选题、论证和申报，通过项目实施，促进区域特色农业发展。

### （三）抓好示范培训，推进科技成果转化进程

农业科技成果转化具有周期性、地域性和风险性的特点（丁中文等，2004），而农业科技创新工作的重心就在于将科技优势转化为发展优势，并坚持以服务区域现代农业发展为主线。首先，要加强试验、示范基地建设。应适当扩大示范规模，提升示范质量。以农业部农作物区域试验站、国家现代农业产业技术体系和地方创新团队建设为载体，围绕广西农业科学院近几年所取得的各项农业科技成果，重点抓好甘蔗、杧果及其他农作物新品种、新技术的成果示范。其次，要加强科技培训工作。采取多形式、多渠道进行科技培训，尤其是现场观摩，提高基层农技推广人员、农村经济合作组织和农村重点户、专业户的农技操作水平，使科技优势转化为生产优势。其三，要鼓励和支持农业科技成果转化。以市场为导向，整合各种优势资源，特别是加强与基层农技推广部门

或农业企业的合作，积极探索既适应区域特色又科学高效的成果转化新机制、新模式。此外，要建立和完善农业科技成果激励机制。明确对农业科技人员的奖励条件，特别是对农业科技成果完成人员和为成果转化作出重要贡献的农业科技人员给予奖励，充分调动其推动农业科技成果转化的积极性和主动性。

### （四）健全管理机制，不断提高科学管理水平

农业科研管理必须适应现代农业发展的新形势、新特点，并遵循农业科技发展的规律和特点（蒋娟等，2009）。提高科学管理水平的关键在于，一是进一步创新管理理念。要推动研发管理向创新管理转变，就必须坚持以规范管理、目标管理和绩效管理为基础的科学管理。既要重视技术创新，又要重视管理创新，把技术创新和管理创新有机结合起来。二是进一步加强科研管理。不断完善科研工作目标管理责任制，积极探索从科研特点出发，适合评价技术人才和管理人才的考评制度，强化科研工作的绩效管理和科学管理。三是建立和完善各项管理制度。尤其是要建立和完善人事管理制度、财务管理制度和后勤管理制度，加快推进各项管理的规范化、制度化和科学化，不断提高科学管理水平。

### （五）坚持以人为本，着力提升人才支撑能力

高层次科技人才缺乏是制约区域农业科研事业发展的瓶颈，而要改变这一现状，就必须坚持以人为本，加强科技人才队伍建设，着力提升人才支撑能力。首先，重视科技人才培养。既要重视对专业技术人才的培养，又要重视对管理人才的培养，尤其要善于发现和培养懂技术、懂经济、懂管理的优秀人才。其次，加强团队协作能力培养。根据科技人员的专业特长，明确分工，责任到位，通过科研项目的组织实施，强化团队的协作精神及能力。此外，重视人才服务能力建设。尊重科技创新和人才成长规律，注重人才评价的科学性和全面性，在人才的招录、培养等方面，切实做到以人为本，努力打造一支业务水平高、创新意识强、团队协作精神好的科技人才队伍，着力提升人才支撑能力。

### （六）加强交流合作，稳步提升科技服务实力

在实施创新驱动发展战略的大背景下，必须树立"大科技、大开放、大合作"的发展思路，农业科技也必须探索出一条"开放+联合"的创新之路，以市场为纽带，借助外力提升农业科技创新水平。一是大力推进协同创新。创新对外交流与合作的理念，努力构建开放型的农业科技创新格局。加强与中国农业科学院、华南农业大学、福建农林大学、广西大学等农业科研院（所）、高等院（校）及相关农业企业的交流与合作，

通过联合申报农业科技研发和攻关项目，加快推进协同创新。二是深入推进院地合作。充分利用广西农业科学院的人才、科技、成果优势，结合百色分院自身的地域优势和成果转化优势，协同攻关，加快推进区域现代农业发展。三是加大农业科技成果的对外宣传力度。发挥百色分院和广西百色国家农业科技园区的平台优势，着力面向东盟国家进行示范与宣传，促进中国—东盟科技合作与技术转移平台建设。

**本文原载**　南方农业学报，2015，46（2）：361-364

# 借鉴陕西经验 抓好西部开发

## ——赴陕西考察报告

贺贵柏

陕西是中华民族和华夏文化的重要发祥地，千百年来，陕西人民创造了举世闻名的黄土文化。中国历史上先后有14个封建王朝在此建都，被誉称为"秦中自古帝王都"。延安，又是中国革命的"摇篮"。中共中央和毛泽东同志在这里领导中国革命13个春秋，创建了中华人民共和国。陕西省地处我国的西北部，土地总面积20.56万km²，北部是陕北高原，中部是关中平原，南部是秦巴山区，总人数36多万人。全省设西安、咸阳、宝鸡、铜川、渭南、汉中、延安7个省辖市和榆林、商洛、安康3个地区，下设84个县、6个县级市、17个市辖县级区。近几年来，陕西全社会固定资产投资规模逐步加大，1998年为543亿元，1999年为640亿元，2000年计划730亿元，力争80亿元。就经济增长速度看，连续几年高于全国平均水平，2000年10月29日至1月6日，笔者有幸随广西考察团一行300多人，先后赴陕西省西安市和宝鸡市考察学习，当笔者踏上这块神奇而又令人心旷神怡的土地时，最令笔者感动和难忘的是，浩如烟海的"八百里秦川"实施西部大开发的浪潮一浪高过一浪……

通过考察学习，笔者认为，陕西的做法很值得我们借鉴，他们在实施西部大开发中，主要选择实施如下5个战略重点。

## 一、实施"山川秀美工程"战略

生态环境是人类生存和发展的基本条件，是经济社会发展的基础，是实施西部大开发的核心问题。陕西省地跨黄河、长江两大水系，被列为全国生态环境建设重点治理区。这里水土流失、沙化和荒漠化十分严重。据统计，全省水土流失面积13.75万km²，占全省土地面积2/3。1997年8月5日，江泽民总书记在《关于陕北地区治理水土流失、建设生态农业的调查报告》上作了"再造一个山川秀美的西北地区"的重要批示，1998年，他在陕北视察工作时再一次向全国发出建设西北山川秀美工程的伟大号召。1999年8月5日，朱镕基总理在陕西视察工作时进一步作出了实施"山川秀美工程"的战略部署，明确作出了"退田还林（草）、封山绿化、个体承包、以粮代赈"的指示。陕西省委、省人民政府高度重视，及时组织力量编制"山川秀美工程"规划纲要，在具体措施上提出并做好"5"个结合，即坚持应用工程措施、生物措施与农学措施相结合；治理与开发相结合；治理开发与预防保护相结合；政府组织、企事业单位和广大农民参与相结合；依靠科技进步与推进生态环境建设相结合。通过实施"5个结合"，全省生态环境建设取得显著成效。据统计，目前陕西省已有森林面积592万hm²，森林覆盖率达38.3%；建设基本农田278.26万hm²；建设拦泥淤地坝3.53万座，每年可拦蓄径流量18.8亿m³，拦泥2.2亿t，年减少输入黄河泥沙13亿t，大大减缓了黄河下游泥沙淤积的速度，为治理黄河作出重要贡献。

## 二、实施以高速公路为重点的基础设施建设带动战略

经济的繁荣在很大程度上取决于资源快速而有效的流动，而交通作为社会经济活动的基础作用，就在于为社会资源的迅速流动提供畅通的渠道。西部大开发，基础建设必须先行。多年的实践表明，西部穷，穷在基础设施落后，东西部差距拉大，主要是西部基础设施差，尤其是以高速公路为主要标志的交通不发达。为此，陕西省在实施西部大开发中构建了"基础建设先行"的战略思想，提出了公路运输向高速网络发展、铁路运输向枢纽型发展、民航实行国际国内结合型发展和水运、管道运输向配套型发展的基本思路。该省近期重点是加快以高速公路为重点的基础设施建设。在公路建设中，该省提出重点改善和提高以西部为中心，辐射全省重点城市和旅游热点的公路干线，加快小城镇之间和贫困地区公路建设，提高公路网络密度和通达程度。1999年，该省新建公路1 000km，其中高速公路103km。全省通车里程达43 210km，实现了乡乡通公路的目标。目前，陕西省的公路布局初步具备了以西安为中心，呈"米"字形向外辐射的良好格局。2000年计划用于公路建设资金投入80亿元，新增公路里程1 000km，新开工建设的项目有西安汉中高速公路、榆靖高速公路和西康公路秦岭隧道等。西安至武汉和西安至合肥的高速公路已列入国家建设计划。该省提出用8～10年时间，投资1 300万元，使全省高等级公路里程达到3 100km，以9条国道主干线为骨架的通江达海，连接每个地市的高等级公路网络。

## 三、实施高新技术产业带动战略

陕西是中国航空、航天、兵器、机械、电子、仪器仪表、农业等领域重要的科研和生产基地，又是全国重要的科教基地和信息枢纽。全省具有独立开发能力的国家、部属和一批重点院校的科研单位898个，拥有各类专业人员83万人，其中科学家和工程师

近10万人，总量居全国第8位，在西部地区占首位，综合科技实力仅次于北京、上海，居全国第3位。特别是空间技术、电子信息、机电一体化、新材料和高效节能技术领域的优势十分突出。军工企业中的40%以上的设备具有国际先进水平。我国的第一架民用飞机、第一块集成电路板、第一枚运载火箭、第一枚彩色显像管就诞生在陕西。由此可见，陕西具有实现高新科技产业新的飞跃的基础和条件。目前，在实施西部大开发中，陕西把科技产业作为实施"科技兴陕"战略的"重头戏"来抓，作为全省经济的第一增长极，大胆探索科技风险投资和高科技成果产业化相结合的新路子。该省在抓好杨陵、西安、宝鸡3个国家级高新技术开发区和咸阳、渭南两个省级高新技术开发区建设同时，集中力量抓好20个重大科技产业化项目，加快培育大唐电信、西安软件基地、通观数据、绿色日用化工产品以及陕西种业等10个高新技术企业及产品，使之尽快形成规模经济。计划2000年实现重大科技产业化项目产值达200亿元，实现利税40亿元，技工贸总收入达到370亿元。计划2003年，全省高新技术产业产值增加值占GDP的比例达25%以上，高新技术产业的产值利税率和科技进步因素对经济增长的贡献率达50%以上。把陕西建设成为我国西部地区名副其实的现代高新技术产业高地，成为我国西部地区的"硅谷"，在西部大开发中发挥技术创新基地的作用。

## 四、实施旅游业带动战略

陕西不仅文物荟萃，民风古朴，而且山川秀美，自然景观多姿多彩，为在西部开发中发展旅游业提供了丰富的人文资源和自然资源。这里有数十万年前的兰田文化、大荔人文化和仰韶文化的典型代表半坡文化。6000年前，生活在西安城东的半坡村人，开启了人类文明的曙光。从陕北到陕南，无论是长城内外，还是八百里秦川和汉江两岸，到处都有灿烂的古代文化遗址。陕西地上地下文物遗存极为丰富，目前已发现大型帝王陵72座，各类文物点3 570处，国家级文物保护单位283个，馆藏各类珍贵文物56万件。其中国家一级文物3 526件，国家级文物123件。黄帝陵、乾陵、茂陵、阳凌、秦兵马俑、法门寺、西安碑林、半坡遗地、道教圣地楼观台和历史博物馆等，都是驰名中外的重要文物景点。众所周知，秦岭雄险，巴山锦绣，西兵华山"奇险天下"，太白山高耸入云，黄河壶口瀑布气势磅礴。这些自然景观与人文景观交相辉映，勾画出一幅绚丽光彩的旅游蓝图，这就为陕西旅游业的发展开辟了广阔的天地。陕西省委、省人民政府提出，要紧紧抓住西部大开发的机遇，努力把陕西建成全国一流的旅游胜地，并提出了实现这一目标的"四个创造一流"，即创造一流的旅游精品，提供一流的旅游服务，创造一流的旅游环境，做到一流的旅游促销。与此同时，加强西北5省（区）的联合与协作，依托大西北，共打"西北旅游"一张牌。陕西旅游业的发展一直受到省委、省人民政府的高度重视。因而发展速度较快。据统计，1999年该省共接待境外旅游者63万人次，旅游外汇收入2.7亿美元；国内来陕游客2 600万人次，旅游收入88亿人民币；全年国际国内旅游总收入110.4亿人民币，比上年增长17.4%，占全省国内生产总值的6.7%。目前，该省提出重点抓好周、秦、汉、唐四大文化旅游区以及汉阳陵、秦陵博物馆等一批重点文物景点的开发建设，力争2000年接待境外游客70万人次，创汇2.8亿美元，接待国内游客2 700万人次，实现收入100亿人民币。

## 五、实施对外开放带动战略

陕西省委、省人民政府提出，要进一步加快对外开放步伐，真正做到在西部大开发中全方位扩大对外开放。大力开拓海外市场，大力调整和优化出口商品结构，扩大省内机电产品、机械成套设备、高附加值产品出口比重，力争2000年实现出口12亿美元。要进一步加大与东部省（市）的合作，吸纳东部西进的资金、技术和人才等生产要素。力争2000年实现利用外资总额3.6亿美元。通过扩大对外开放，促进陕西经济在西部大开发中获得快速、稳定、健康发展。

**本文原载** 广西农学报，2000（4）：62-64

# 借鉴灵山经验，推进百色地区农业产业化经营

## 贺贵柏

2002年3月19—21日，区农业厅在灵山县召开了全区农业产业化工作会议，通过现场参观和典型经验介绍，笔者认为，灵山现在探索农业产业化经营方面做了许多有益的探索，积累了许多宝贵的经验，很值得百色地区学习和借鉴。

## 一、灵山县推进农业产业化经营的主要经验

### 1. 出台相关政策，形成良好的政策氛围

中共灵山县委、县政府认为，农业要发展就必须改变传统观念，寻找新的适应市场经济发展的农业产业化经营模式，该县1999年制定出台了相关政策，县、镇都先后成立了农业产业化工作领导小组，建立工作目标管理责任制，定期进行检查考核，对带动强的龙头企业和从事农业产业化工作的先进单位和先进个人进行表彰、奖励，从而形成了推动农业产业化经营的良好政策氛围。

### 2. 发展优势产业，为农业产业化经营打下基础

优势产业是农业产业化经营的基础。灵山县在巩固提升原有特色优势产业的基础上，提出了"一县多业、一镇一业或多镇一业、一村一品或多村一品"的农业产业结构调整优化的总体工作思路，科学规划，突出重点，全县19个镇都培植了优质稻、甘蔗、荔枝、龙眼、香蕉、西瓜、茶叶、扁柑、冬菜、果苗十大优势产业，畜牧业、水产业和农产品加工业也不断发展壮大，形成了各具特色、多业并举的发展规模，为推进农业产业化经营打下了坚实的基础。

### 3. 狠抓基地建设，形成产业化、规模化生产新格局

灵山县依托各类龙头企业，围绕主导产业，着力抓好农业产业化基地建设，推进区域化布局、基地化生产。目前，全县共建立了各具特色的农业产业化生产基地面积93.9万亩，辐射面积130万亩，其中万亩以上基地15个，千亩以上155个，50亩以上的家庭果园1 200多个；万头猪场1个，千头猪场3个；年养禽1 000羽以上的农户1 011户，

5 000羽以上的农户236户。通过产业化基地建设，全县形成了产业化、规模化生产的新格局。

**4.打造农产品品牌，抢占国内外市场**

几年来，中共灵山县委、县政府大力开展品牌创建活动，1993年灵山县蔗糖产量名列全国百强县第39位，1994年的水果产量名列全国百强县第5位，灵山扁柑曾被评为全国优质水果，红碎茶曾被农业部评为优质农产品，灵山香荔、桂味荔枝先后在第一、第二届中国龙头企业注册的商标达36个。许多已注册商标的农产品分别销往全国大中城市的超市，甚至销往日本和我国香港、澳门等。

**5.构建多种经营模式，实现了一体化经营**

经过多年尤其是近几年的大胆探索，灵山县已建立和完善农业产业化的利益联结机制，比较突出的有4种经营模式，即龙头企业带动型，能人带动型，协会带动型，市场带动型。具体表现为"公司+基地+农户""公司+协会+农户""企业+中介组织+农户""批发市场+农户"等经营模式，有效地实现了一体化经营，从而提高了农产品及加工品的市场竞争能力。目前，该县具有一定规模的加工型龙头企业67家，种养大户23 000户，各种农民专业合作经济组织62个，农产品综合批发市场139个。

**6.建设农科示范园，建立信息服务中心**

近几年来，中共灵山县委、县政府着力实施"十百千工程""种子工程"以及"教育和信息服务工程"。目前，该县已建设10个具有一定规模的农业科技示范园，扶持发展100个经济特色村，培养1 000名乡土拔尖人才。每年引进试种和推广的农业新品种达30个以上。在抓好各种形式的农业培训的基础上，2001年，县财政还投资200万元建设县、镇、村三级"镇村电子信息馆"25个，建立科技信息中心和农业信息服务中心，农户可在互联网上及时了解各种农产品供求信息，外地客商也迅速了解灵山县农产品及其加工品的生产经营情况，有效地解决了农产品卖难的问题。

## 二、推进百色地区农业产业化经营的几点思考

各地的实践证明，农业产业化经营是发展现代农业的重要途径，也是推进农业现代化的必然选择。目前，百色地区农业产业化经营正处于起步阶段，如何加快百色地区农业产业化经营的进程，笔者认为，要注意抓好如下5个方面的工作。

**1.转变政府职能，切实加强领导**

在我国加入WTO和市场经济条件下，推进农业产业化经营对农民、对企业、对政

府都具有十分重要的意义。各级政府要真正把加快农业产业化经营作为促进农业产业结构调整，提高农业效益和增加农民收入的一项重要工作列入议事日程，真正转变政府职能，制定切实可行的发展规划、政策措施和管理办法，千方百计为农业产业化的发展创造一个良好的环境。

### 2. 抓好农业产业化基地的建设

农业产业化基地是加快农业产业化发展的基础和保证，也是龙头企业的第一生产车间。没有稳固的农业产业化基地，龙头企业就难以持续健康发展。百色地区各县（市）要注意围绕主导产业和优势产业，建立和发展一批布局合理、有地方特色的农业产业化基地，尽快实现农业生产的优质化、基地化、规模化、专业化、商品化和标准化。

### 3. 大力扶持和培育龙头企业

龙头企业是农业产业化的核心，也是按产业化组织农业生产的关键所在。各县（市）应注意围绕主导产业和优势产业，坚持"突出重点，多元发展，群体推进"的原则，加快扶持和培育龙头企业。"十五"期间，应重点扶持和培育加工型企业，流通型企业、科技型企业、农产品批发市场型企业和各种中介组织。不论是哪种类型和所有制形式的龙头企业，只要具有市场开拓能力，能进行农产品加工，能促进农民增产增收，能促进区域经济发展的龙头企业，各级政府和有关部门都应该给予鼓励和扶持。

### 4. 建立完善的农业产业化经营机制

要促进农业产业化经营稳步健康发展，实现机制创新十分重要。要注意构建龙头企业和农户通过松散、紧密或半紧密等形式结成互利互惠的合作伙伴，建立和完善一体化内部的利益补偿机制和积累机制，真正实现"风险共担，利益共享"的目标。

### 5. 依靠科技进步推进农业产业化经营

"十五"期间，百色地区各县（市）应注意重点引导和扶持龙头企业在产业化经营的各个环节推广和应用各项先进适用技术和高新技术，要加快农业信息化建设步伐，千方百计提高科技在发展农业产业化经营中的贡献率。

**本文原载** 右江日报，2002-4-17

# 借鉴海南经验，加快广西农业现代化建设步伐

贺贵柏

2001年12月上旬，笔者随平果县农业考察小组一行5人赴海南进行热带农业考察。海南和台湾是我国的两大宝岛，面积相近，自然条件大致相同。海南简称琼，北隔琼州海峡与广东省相望，是我国目前最大的经济特区。海南省地理位置位于北纬3°30′~20°17′、东经108°15′~120°05′，主岛海南岛面积3.4万km²（海岸线长1 617.8km），其余为西沙群岛、南沙群岛、中沙群岛等岛礁，总人口711万人，下辖2个地级市（海口市、三亚市），7个县级市、6个自治县、4个县。海南全岛属于热带地区。中国的热带包括边缘热带和中热带地区，面积仅为8万km²，海南则占42.5%。海南省属热带季风气候，长夏无冬，年均气温24~25℃，最冷的1月大部分地区平均气温在17℃以上，年日照时数2 177h以上，年降水量达1 700mm以上。可以说，海南岛是"天然大温室"，拥有中国最稀缺的热带气候资源。海南属典型的岛屿型经济。1998年海南办特区，10多年来尤其是近几年来，海南省各级党委、政府充分发挥热带农业资源优势，紧紧围绕"热"字做文章，大力发展具有海南特色的热带高效农业。

目前，海南农业开始走出了一条环境生态化、生产基地化、耕作机械化、管理集约化、经营产业化和服务社会化的现代农业发展的新路子。

## 一、海南发展热带农业的主要经验

### （一）实施结构调整带动战略，强化农业产业的区域规划和布局

实践证明，实施农业产业结构调整带动战略是促进海南农业迅速发展的主要原因。海南岛有土地面积5 086万亩，其中台地占49.5%，山地占25.4%，丘陵占13.3%，平原占11.2%。目前尚有1 315.5万亩可开发为农用土地（尚不包括宜林宜牧的土地资源），是中国南方荒地资源最多的省份之一。近年来，海南大力调整农业产业结构，打破过去以蔗粮为主的农业经济格局，加速发展热带水果、反季节瓜菜、渔业、畜牧业等产业，使热带农业资源优势越来越充分地发挥出来，并不断转化为经济优势。以种植为例，据资料统计，截至2000年热作种植面积达56万hm²。计划到2010年达到67万hm²，

207

其中橡胶用地将稳定在45万hm²左右，主要是增加其他热作和水果生产用地。现阶段，海南可以推出三大系列名牌，一是以椰子、槟榔、胡椒、咖啡等为主的热带经济作物系列；二是以杧果、菠萝、龙眼、荔枝等为主的热带水果系列；三是以椒、豆、瓜、茄等为主的反季节瓜菜系列。在推进农业产业结构调整过程中，海南十分注意做好农业产业区域规划，分类指导，实行区域化布局，基地化生产。琼北丘陵种植区，主要种植椰子、胡椒、橡胶、咖啡、南药、香草兰、可可等作物；中部山地丘陵种植区，主要种植橡胶、咖啡，大叶茶和槟榔等作物；琼西南丘陵台地种植区，主要种植椰子、橡胶、腰果、剑麻、香草兰、丁香树和槟榔等作物，除上述热带作物外，适宜在海南发展的水果品种很多，在近中期内重点发展杧果、香蕉、荔枝、龙眼和红毛丹。由于近年来海南加大农业产业结构调整力度，从而使热带农业成为海南经济效益最好的产业之一。

## （二）实施市场带动战略，加快推进农业产业化的进程

近几年来，海南始终坚持以市场为导向，加快推进农业产业化经营步伐，农业经济效益不断提高。近阶段，海南农产品商品率已达75%，比全国平均水平高出20多个百分点。热带高效农业迅速崛起以其较强的市场竞争力和巨大的发展潜力，实现了由主要追求农产品数量增长向农业经济增长方式的转变。海南的主要做法，一是以支柱产业为主导，大力推进热带农业的基地化生产。据资料统计，全省共有连片规模种植的万亩水果基地8个，其中规模较大的有琼海市九曲江乡、万宁市龙滚镇的5万亩菠萝基地。全省万亩以上冬季瓜菜生产基地达20个，其中5万亩以上的有11个。二是积极扶持加工龙头企业，将单一的农业优势转化为农业加工优势。目前该省已有以农产品为原料的加工企业700多家，其产值占全省轻工业总产值的68%，橡胶年加工量达25.5万t，香蕉粉年加工能力达1 200t，槟榔、椰子、杧果、腰果、咖啡等热带作物及瓜菜等农副产品加工初具规模。椰树、椰风、恒泰、椰岛等饮料加工企业（集团）闻名国内外。三是大力拓展运销渠道，将单一的农产品优势转化为农业商品优势。前几年，海南省政府提出以运销加工为中心组织生产，国营、集体、个体一起上，海运、空运、陆运相结合，开辟了海南农产品运销内地市场的"绿色通道"，全省70%的冬季瓜菜运销内地市场，形成了一批运销专业户，初步发展了冷藏保鲜运输。全省共有各种农民专业协会组织795个，会员3.65万人，农民已成为市场流通的主体。目前，海南省政府又提出重点抓好农产品市场体系建设，农产品市场体系包括中心批发市场、现贷批发市场和专业批发市场、初级市场（集贸市场）3个层次。尤其是重点发展农产品批发市场网络，包括综合批发市场、专业批发市场和各类农产品流通中介组织，建立起立足海南、面向全国、走向世界的农产品市场体系。

### （三）实施科技兴农带动战略，大力推广各项农业新技术

建省以后尤其是1996年海南农业科技年以来，省政府加大了"科技兴农"的力度，大力推广各项农业新技术，加快了农业科技进步的步伐，增加了农产品的科技含量。先后重点推广了粮食耕作制度改革、抛秧新技术、反季节瓜菜综合栽培技术，大面积推广应用低毒高效农药，并在全省各地逐步建立健全了农业科技推广体系。近几年来，海南组织实施农产品名牌战略，已推出"新一号"无籽西瓜等24个冬季瓜菜品种，被评为"海南省优质农产品"，扩大了其在全国的知名度。据资料统计，近几年来，海南共取得农业科研成果729项，其中省部级科技进步奖、星火计划奖264项（其中一等奖22项）。目前全省农业科技进步对热带农业的贡献率已达40%以上。

### （四）实施农业对外带动战略，加强农业的对外开放与合作

目前，海南农业已初步实现了由自给自足的传统农业向现代商品农业的转变。可以说，随着现代农业的推进，海南热带农业是开放的产业，开放的重点是向现代化农业倾斜，实行开放、促动、牵引战略。目前，到海南参与热带农业开发的主要来自我国台湾及新加坡的客商，尤其是我国台湾客商。海南实施农业对外开放带动战略，重点是加强琼台农业合作，通过加强琼台农业合作，可促进海南农业开放、开发，同时解决我国台湾农业的出路问题。自琼台农业合作以来，台资农业企业积极引进和推广大量台湾优良种苗，目前已经引进的台湾优良种苗达80多类，500多个品种，其中不少品种已成为海南的"名牌产品"和"拳头产品"。据统计，目前台商投资海南热带农业企业已达300多家，农业项目300多个，实际累计投入资金已达3亿多美元。通过加强琼台农业合作，大大提升了海南农产品的档次和品质，提高了农业整体生产水平，有力地促进了海南调整和优化农业产业结构的步伐。

### （五）实施农业社会化服务体系带动战略，建立和完善农业的保护机制

近几年来，海南省政府从服务组织入手，改革、发展和完善农业社会化服务体系，以满足现代农业发展的需要。实施农业社会化服务体系带动战略，重点是建立健全乡村集体经济组织内部的服务组织、国家经济技术部门的服务组织、大中专院校的服务组织、科研单位的服务组织、联合体和个体的服务组织。在建立健全农业社会化服务组织的基础上，海南注意制定优惠的农业税收政策，并对农产品尤其是大宗农产品和农用物资进行价格保护。例如，对农资的经营销售，可借鉴海南绿岛公司的经营经验。海南绿岛公司首创的农资连锁经营新模式，采取"统一进货，统一配送，统一价格，统一核算，统一形象，统一管理"的"六统一"的原则，特别强调公司的"真诚优质服务，无

假无劣经营"的宗旨和理念，使公司的连锁经营取得了良好的经济效益和社会效益。海南通过采取一系列社会化服务措施，从而加强了对农业生产力和农民利益的保护，使农业得以持续稳定发展。

### （六）实施可持续发展带动战略，抓好农业生态环境的保护和建设

海南岛原生长着3 000多种热带植物，中华人民共和国成立后从国外引进1 000多种。目前，栽培面积较大，经济价值较高的热带作物主要有橡胶、椰子、槟榔、咖啡、胡椒、剑麻、香芋、腰果、可可等，这些热带作物产品相对内地市场而言，具有稀缺性和独特性，国内外市场前景广阔，农业效益可观。在海南4 680多种植物资源中，药用植物3 100余种，乔灌木2 000余种，其中经济价值较高的植物800多种，被列为国家重点保护的特种与珍稀树木20余种，果树（包括野生）142种。尽管海南有着丰富而独特的热带农业资源优势，但如果对其进行掠夺性的开发利用，其结果是可想而知的。为此，海南省政府强调，一定要树立可持续发展的思想，在开发过程中，对现有资源要进行合理、科学、综合的开发利用，对可再生资源要及时加以培植。近年来，海南省政府要求，各县（市）要从森林植被保护、农田基本建设及农田耕作制度改革、重点地区专项治理等方面提出具体目标和要求，然后分步组织实施。在此基础上，大力发展无公害农业和发展绿色食品，采取各项行之有效的措施保护农业生态环境，以保证农业的可持续发展。

## 二、借鉴海南经验，加快广西农业现代化建设步伐

广西地处亚热带，属亚热带湿润气候，年降水量1 200～2 000mm，发展高效农业具有十分优越的条件。广西应注意借鉴海南发展热带农业的经验，以加入世界贸易组织为契机，进一步加强与海南进行发展高效农业的交流与合作，不断加快广西农业现代化的建设步伐。

广西应自觉接受我国加入WTO的机遇和挑战，积极借鉴海南发展热带农业的经验，用实现"富民兴桂新跨越"的总体要求，进一步调整和制定广西发展高效农业的思路、目标和措施，加大农业产业结构调整的力度，努力推进广西农业由数量型增长向质量效益型增长的根本性转变。

广西应注意借鉴海南大胆引进国内外优质高产新品种的经验，以海南为"桥梁"和"纽带"，结合广西实际，因地制宜，扬长避短，不断引进海南乃至马来西亚、我国台湾等地的名特优新品种及各项增产增效的农业适用技术和高新技术，积极探索加快发展农业高新技术及其产业的新路子，不断提高广西的农业科技含量，努力推进广西农业

的科技进步和创新。

广西应注意借鉴海南经验，紧紧抓住国家实施西部大开发的良好机遇，有针对性地选择一批规模大、科技含量高的农业项目，进一步加强与新加坡、我国台湾、海南等国家和地区进行项目合作与开发，努力扩大利用外资规模，提高利用外资水平，加快推进广西农业的对外开放。

广西应注意借鉴海南经验，进一步建立健全各项农业保护机制，主动接受我国加入WTO的严峻挑战。

广西应注意借鉴海南经验，建立健全农业社会化服务体系，尤其是农业产业化服务机制，努力推进广西高效农业的基地化生产、产业化经营和社会化服务的进程。

广西应注意借鉴海南经验，进一步加强农业生态环境的保护和建设，以促进广西农业的可持续发展。

**本文原载** 广西农学报，2002（4）：60-62

# 借鉴苏南经验 发展现代工业

## ——苏州市发展现代工业的成功经验及几点有益的启示

贺贵柏

2001年7月2—20日，笔者有幸参加了中共平果县委在江苏省苏州市委党校举办的"平果县乡（科级）领导干部培训班"，通过参加这期培训班的理论学习和实地考察苏州的现代工业，笔者感到，苏州市发展现代工业积累了许多非常宝贵的值得我们学习和借鉴的经验，并给我们许多有益的启示。

## 一、苏州市发展现代工业的主要经验

### （一）调整发展战略，营造工业优势

改革开放以前，农业是苏州市经济的主角。改革开放以后，苏州市迅速调整经济发展战略，把实现工业化作为发展经济的主旋律。他们始终坚持以不断解放思想为先导，逐步形成了上下一致发展工业经济的共识，全市6个县（市）、4个区、162个乡镇，各念各的"发展经"，各打各的优势仗，积极探索发展现代工业的新路子。20世纪80年代初，他们抓住了市场供需矛盾突出，日用消费品供应匮乏的机遇，大规模兴办乡镇工业，可以说，苏州农村是中国乡镇工业的发源地之一，正是乡镇工业的蓬勃兴起，才使苏州的经济迈上了一个新的台阶。当时乡镇工业的兴起和发展并不是一帆风顺的，社会上各种非议和批评比较多，甚至有人说"乡镇工业是不正之风的根源"。在这种情况下，苏州的各级党委和政府始终保持清醒的头脑，他们大胆地支持了这一新生事物，从而使乡镇工业破土而出，茁壮成长。进入20世纪80年代中后期，他们抓住国家实施沿海发展战略和国际产业结构调整的机遇，加大招商引资力度，全面实施外向带动战略，从而促进了乡镇工业的迅速发展，使乡镇工业在苏州经济中"三分天下有其二"。1992年，邓小平同志南方谈话以后，他们又抓住上海浦东开放开发和沿江重点发展机遇，再一次掀起了发展工业的热潮，全市先后办起了5个不同类型的国家级开发区和9个省级开发区，从而加快了工业的专业化生产、社会化协作、集约化经营和科学化管理的

进程。1994年，苏州市所有的乡镇工业产值都超过亿元，其中有69个乡镇产值超10亿元，13个乡镇产值超20亿元，100多个村的产值超亿元，由于乡镇工业的发展，使苏州的经济总量又上了一个大的台阶，为苏州现代工业的发展奠定了坚实的基础。

## （二）调整产业布局，营造结构优势

近几年来，苏州市坚持以产业升级和结构优化为目标，以提高企业市场竞争力为核心，根据区域的产业基础和比较优势，充分发挥市场机制的作用，通过政策导向，合理确定区域发展重点。沿上海、苏州市区周边地区，开发与城市大工业的配套协作，发展劳动密集与资本、技术密集相结合的加工制造业；沿江地区依托港口优势，重点发展冶金、石化、建材、电力等工业；各级各类开发区，大力发展高新技术产业；苏州市区重点发展电子信息、机电一体化、精细化工、新材料、生物医药和环保产业；苏州古城区重点发展服装服饰、食品加工、印刷包装、工艺美术以及旅游精品等都市型工业。常熟市重点发展机械、服装、化工等产业。昆山市重点发展电子信息、精密机械、食品等产业。吴江市重点发展丝绸纺织、通信电缆、电子信息等产业。太仓市重点发展石化、能源、轻纺等产业。特别是张家港市，虽然工业经济起步较早，并且在苏南地区率先形成了以加工工业为主体的区城工业体系，由于乡镇工业初创时期，经济发展走的是依靠外延扩张的粗放经营之路，致使工业经济的结构性矛盾日益突出，1992年以来，张家港市坚持把调整优化工业布局作为振兴工业经济的一项关键性的措施来抓。他们严格按照"改造传统产业，壮大支柱产业、发展新兴产业"的思路，加大工业行业结构的调整力度，全市形成了以冶金、纺织、机电、轻工、化工、建材为主体的六大支柱产业。2000年，张家港市工业企业完成销售收入431亿元，比上年同期增长27.5%，入库税收19亿元，增长38.9%。通过调整和优化产业布局，苏州市区和各县（市）逐步形成了鲜明的产业特色。

## （三）深化企业改革，营造机制优势

转换企业经营机制，建立现代企业制度，是建立社会主义市场经济的基础性工作。随着市场经济体制的逐步建立，"苏南模式"单一的以集体经济为主的运行体制出现了许多明显的弊端。面对规模竞争垄断化，全面竞争立体化，无情竞争两极化，国内竞争国际化，许多企业出现了发展机制退化、竞争机制弱化、约束机制软化等问题，为了尽快建立与市场经济体制相适应的运行机制，激发经济发展的活力和动力，苏州市从1996年年底开始，全面加快了工业企业的改革步伐。1997年，苏州市国有工业企业和集体工业企业分别占全市工业企业数的15.5%和43%。随着经济体制改革的深入发展，全市所有制结构发生较大的变化，全市呈现出了国有、集体、股份制企业、股份合作制企业、三资企业、个体私营企业等多种所有制经济，混合所有制经济并存、共同发展的新格局。1997年，苏州市非国有工业经济比重达到84.5%，高于全国平均水平。苏州市在实现工业企业体制创新方面，主要抓了如下3项工作。首先，多形式推进产权制度改革，在界定和理顺产权关系的基础上，积极推进现代企业制度。主要采用存量资产的转换、增量扩股、整体拍卖和摘帽转私。在转制企业中形成了多元投资主体并存的新格局。1998年，苏州市在股份有限公司、有限责任公司和股份合作制3种企业中，股本金总额为67.74亿元，其中乡村集体股占50.62%，社会法人股占17.14%，企业职工股占23.25%，社会自然人股占8.49%。企业改制后重在机制创新，转换经营机制，建立现代企业制度。苏州市在推进乡镇企业产权制度改革中，紧紧围绕建立崭新的企业法人制度、合理的企业组织制度、科学的内部管理制度、规范的财务制度和分配制度以及严格的审计制度。其次是放手发展个体私营经济。苏州市在加快企业产权制度改革的同时，把大力发展非公有制经济，作为加快所有制结构调整，促进投资主体多元化和培育新的经济增长点的一项重要措施来抓。在产业导向、土地批租、工商管理、金融信贷和税收政策等方面，与其他所有制经济一视同仁，千方百计为个体私营经济营造一个宽松的发展环境，从而有力地促进了个体私营经济的发展。2000年，苏州市农村个体私营企业已超过1万家，总资产190.75亿元，占全市乡镇总资产的16.7%。再次是大力引进外资，发展外向型经济。苏州市坚持"优势互补、互惠互利、共同发展"的指导思想，加大招商引资力度。2000年，苏州市全年新增合同外资46.78亿美元，实际利用外资28.83亿美元，分别比上年增长31.1%和0.9%。至2000年末，全市累计合同外资355.6亿美元，世界500强跨国公司中有77家来苏州投资兴办172个项目，合同外资52.6亿美元，累计实际利用外资203亿美元，外资投资企业经营效益良好。2000年全年涉外税收62.2亿元，占全市财政收入的39.3%。通过企业改革，实现体制创新，建立现代企业制度，不仅较好地解决了目前工业经济中深层次矛盾和困难，而且为苏州市工业经济跨世纪发展注入了活力，增强了后劲，构筑了新的发展优势。

### （四）加快科技创新，营造科技优势

一是有重点地运用高新技术和先进适用技术改造传统产业，培育壮大化工、机械、丝绸、纺织、轻工、工艺等支柱产业，促进产业技术升级。化工行业，重点研究、开发和应用高效连铸连轧的关键技术和先进的节能技术，发展新型钢材、高精度铜材、铝材、稀土材料等，建立以普通钢与特殊钢相结合的钢材生产基地；机械行业，重点发展精密机械、环保机械、纺织机械、汽车及零配件等；建材行业，重点发展新型墙体材料、防水材料、卫生用具等；丝绸、纺织行业，重点研究、开发和应用整套设备及工艺技术，建立以名特优质产品为依托的丝绸、纺织生产基地和服装加工基地；轻工、工艺

行业重点发展造纸、新型家电、绿色食品、日用品苏绣、雕刻等，建立纸及纸制品重要生产基地。二是大力发展高新技术产业。苏州市坚持立足现有产业基础，充分发挥科技优势，大力发展电子信息、机电一体化、生物医药和新材料等高新技术产业。"十五"期末，争取建成1~2个国家级软件园区、电子信息制造占全市工业总产值的比重达30%，高新技术企业达到800家，科技进步对工业增长的贡献率达到50%以上。三是兴建高新技术产业开发区。苏州区即苏州国家高新技术产业开发区，1992年以2 000万元贷款起步，8年来一直保持了年均60%以上的发展速度，资金利润率高达36%以上。目前，区内新建高新技术项目200余个，其中国家级和省级火炬项目80多个，投资额占总投资的76%，2000年，国内工业产值达152亿元，其中高新技术产业产值占80%。区内已形成了以电子信息、精密机械、生物医药、新型家电等为主体的高新技术产业群。苏州建立高新技术产业开发区的实践证明，发展高新技术产业是我国经济尤其是工业经济发展的客观要求。

### （五）转变政府职能，营造"服务"优势

邓小平同志曾说过"领导就是服务"。可见，在社会主义市场经济条件形势下，转变政府职能，营造优质高效的服务是促进工业经济发展的重要保证。随着社会主义经济新体制的逐步形成，苏州市强调"小政府、大社会、大服务"的管理职能，把工作重心转到管规划、管协调、管配套、管税收、管社会、管服务的"六管"上，把不应由政府管的事坚决放掉，并建立一系列的社会中介服务机构来代替过去由政府直接管理的事务性工作。随着政府管理的内容转向主要以服务为主，在管理方法和手段上也实行新的转变。例如，过去外商到苏州投资，先后需要10多个部门和单位才能办完有关项目手续，工作效率比较低，外商有意见。1992年，邓小平同志南方谈话以后，苏州市委、市人民政府决定，成立一条龙项目审批服务办公室，又称马上办办公室，即在3个工作日内把有关手续全部办完，大大地提高了工作效率，也树立了政府办事优质高效的良好形象。

## 二、苏州市现代工业发展的几点有益的启示

第一，必须始终坚持党的基本路线不动摇，始终坚持邓小平理论不动摇，始终坚持发展现代工业经济不动摇。

第二，必须始终坚持解放思想，实事求是的思想路线，一切从实际出发，充分发挥自身优势，积极探索具有自身特色的现代工业发展的新路子。

第三，必须坚持推进企业改革，不断实现工业体制和制度的创新。

215

第四，必须坚持依靠科技进步，大力发展高新技术产业，不断实现科技创新。

第五，必须坚持遵循经济发展规律，切实转变政府职能，千方百计为促进现代工业的发展提供优质高效的服务。

**本文原载**　右江论坛，2002，16（2）：59-60

# 借鉴苏南经验　争创"两个文明"

## ——苏州市坚持抓好"两个文明"给我们的启示

贺贵柏

2001年7月2—20日，笔者参加中共平果县委在江苏省苏州市委党校举办的"平果县乡（科级）领导干部培训班"，通过参加这期培训班的理论学习和实地参观考察苏州园林、苏州工业园区、西山国家级现代农业示范区、张家港市、江阴华西村、常熟市任阳镇蒋巷村、招商城和隆力奇集团等地区和单位的先进典型，使自己增长了知识，开阔了眼界，找到了差距，学到了经验，增强了信心。苏州市抓好"两个文明"建设积累了许多非常宝贵的值得我们学习和借鉴的经验，并给我们以许多有益的启示。

## 一、苏州市抓好"两个文明"建设的主要经验

苏州市地处江苏省东南部的长江三角洲平原中心地带，是我国著名的历史文化名城，又是世界闻名的旅游城市。改革开放以来，苏州人始终坚持党的基本路线不动摇，始终坚持邓小平理论不动摇，始终坚持抓好"两个文明"建设不动摇，从而使苏州市的经济社会发展异常迅猛。目前，苏州已步入了全国经济发达城市的行列。2000年，全市国内生产总值1 544亿元，人均国内生产总值2.7万元；财政收入完成158亿元，占国内生产总值的比重达10.3%；城镇居民人均可支配收入9 274元，农民人均纯收入达5 487元。近年来，苏州市先后被评为全国创建文明城市工作先进市、国家卫生城市、全国"双拥"模范城、全国文化模范市和中国优秀旅游城市等荣誉称号。改革开放的实践证明，苏州市真正实现了物质文明和精神文明建设的双丰收，他们的主要经验如下。

### （一）坚持"发展是硬道理"的战略思想，不断实现观念上的创新

发展是时代的最强音，也是解决经济社会生活中一切矛盾和问题的根本出路。改革开放以来，苏州人的高明就在于抢抓机遇，用好机遇，加快发展。20世纪90年代，他们把邓小平同志重要谈话、上海浦东开发、长江沿江重点开发作为经济上新台阶的三大机遇。苏州6个县（市）、4个区、162个乡镇，各念各的"发展经"，各打各的优势

仗，从而使苏州经济步入了快车道。1994年，苏州市所有乡镇工业产值全部超亿元，其中有69个乡镇工业产值超10亿元，13个乡镇工业产值超过20亿元，还有100多个村的工业产值超过亿元。改革开放以来，苏州经济发展速度之快，效益之好，一条重要的原因就是苏州人坚持与时俱进，不断实现观念上的创新。他们主要是做到5个方面的观念创新：一是始终坚持经济建设是"主旋律"和"主战场"的观念；二是抢抓机遇的观念；三是对外开放的观念；四是开拓进取的人才观念；五是争创第一的观念。

### （二）树立"可持续发展战略"的思想，加大力度抓好生态环境的保护和建设

多年来，苏州被冠以"江南水乡"的美誉。在很大程度上与苏州人注重抓好生态环境的保护与建设是密不可分的。尤其是改革开放以来，苏州人口出生率得到有效控制，自然增长率进入零增长状态。山林、耕地等国土资源保护力度加大，生态建设步伐加快。城市环境综合整治定量考核连续9年进入全国重点城市前10名，苏州市以及所辖的张家港市、昆山市被命名为国家环保模范城市，苏州新区被命名为全国首家ISO 14000试点示范区。苏州市人民政府提出，"十五"期间，全市人口自然增长率稳定在零增长状态，总人口600万人；资源开发利用更趋合理；城市建成区绿化覆盖率达到37%，人均公共绿化达到$8m^2$，城市空气质量达到国家二级标准以上，城市生活用水集中处理率达到80%，城乡生态环境有较大改善。

### （三）充分发展区位优势，选准经济发展新的增长点

苏州经济发展的道路，是一条坚持改革开放和不断寻求新的增长点以使经济腾飞之路。改革开放以来，苏州充分发挥地处长江三角洲中心地带的区位优势，选准经济发展新的增长点，从而加速了经济发展的步伐，奠定了苏州市经济持续快速健康发展的坚实基础。他们突出抓了如下5个方面的工作。

#### 1.加大城镇建设力度，努力构建城乡经济一体化的新格局

目前，苏州已走出一条城市规划与建设现代化、农村城镇化、城乡经济一体化的新路子。就苏州农村现代化而言，他们走的是一条具有江南水乡特色的城镇化道路，已走过了从造田、造厂到造城的三大步。现在，一个以3县（市）为依托，东园西区等中心城市为龙头，城乡一体化，共同繁荣的现代化布局框架已经形成。2000年苏州市完成社会固定资产投资516.34亿元，比上年增长8.7%，其中国有单位投资133.64亿元，城乡集体投资100.96亿元，私营个体投资82.61亿元，分别比上年增长9.5%、12.1%和144.30%。全年施工房屋面积1 459.5万$m^2$，竣工房屋面积670.84万$m^2$，分别比上年增长

19.9%和4.7%。市区建成区面积86.53km²，建成绿化覆盖率达31.10%。随着创建国家卫生城市和卫生镇的推进，城乡环境面貌也发生了显著的变化。目前，苏州市大力实施城市化战略，按照"城市现代化、农村城镇化、城乡一体化"的要求，坚持高起点规划、高质量建设、高效能管理，进一步加快城市建设，积极合理发展中小城市，择优培育中心镇，全面提高城镇发展质量，全方位推进城市化发展。

2. 扩大对外开放，大力发展外向型经济

苏州是一个以外向型经济为主要特征的城市。从20世纪80年代中期起，苏州市就适时抓住了对外开放的机遇，积极推进经济由内向型向外向型战略转移。苏州市外向型经济的发展先后经历了3次高潮，即"三外"齐上、兴建开发区和创立工业园区。近几年来，苏州市外向型经济发展速度快，效益好。2000年，全年新增合同外资46.78亿美元，实际利用外资28.83亿美元，分别比上年增长31.1%和0.9%。全市累计合同外资355.6亿美元，世界500强跨国公司中有77家来苏州投资兴办了172个项目，合同外资52.6亿美元，累计实际利用外资突破203亿美元。全年涉外税收62.2亿元，占全市财政收入的39.30%。全年实际进出口总额200.7亿美元，比上年增长59.90%，其中出口总额104.81亿美元，比上年增长51.3%，出口总额占国内生产总值的比重达56%。全年新签对外承包劳务合同额1.22亿美元，完成营业额1.2亿美元，分别比上年增长13.7%和7.6%。年末在外劳务人员6 426人，其中当年新派劳务人员3 625人。

3. 发挥人文景观和自然风光的优势，大力发展现代旅游业

苏州处在经济文化比较发达的环太湖经济带中心，自身和周边地区科技商务活动频繁，发展旅游业具有得天独厚的条件。改革开放以来，苏州的旅游业已实现了从"事业型"向"产业型"的转变，1992年以后，苏州市实施了"政府主导、社会齐上、集约经营、共同发展"的大旅游发展战略，充分发展"人间天堂，苏州之旅"的品牌优势，使全市旅游业呈现快速健康有序的发展态势。2000年，全市全年实现旅游总收入141.88亿元，比上年增长16.6%。现在，苏州市已形成了3个度假区、200多个景点、百个旅行社、星级宾馆、定点商店、旅游车船公司等旅游服务单位。苏州市提出，要按照现代旅游产业的思路，认真解决好体制、规划、市场、环境等问题，充分挖掘和利用旅游资源，使旅游业有一个大发展，使之成为支柱产业。

4. 加快建设高技术产业为主导的现代工业制造业基地

改革开放以后尤其是1992年以来，苏州市加大工业结构调整力度，大力发展以电子信息制造业为重点的新兴主导产业，努力推进传统产业技术改造和产品升级换代，从而促进了工业运行质量明显提高。2000年全市实现工业总产值360亿元，其中高新技术

产业占工业总产值的25.1%。实现利税总额178.8亿元。"十五"期间，苏州市提出坚持以产业升级和结构优化为目标，以提高企业市场竞争力为核心，优先发展高新技术产业，兼顾发展高税收、高就业产业，逐步把苏州建设成为一个以高新技术为主导、新兴产业和传统产业相结合、出口加工为特色、规模化和专业化相配套的现代制造业基地。立足现有产业基础，充分发挥科技优势，大力培育和发展电子信息、机电一体化、生物医药和新材料等高新技术产业。

5. 大力发展现代农业

在推进农业现代化的问题上，苏州市探索的主题是农业现代化、农村工业化和城镇一体化建设。按照1997年江苏省农林厅、统计局制定的指标，苏州市农业现代化评价综合得分76分，比全省59分高19分。2000年，全市实现农林牧渔业总产值170.5亿元，按可比价计算，比上年增长4.3%。粮食和经济作物种植面积的比例由上年的67：33调整为54：46；养殖业的比重达到48.5%，比上年提高1.9个百分点。全市稳产高产农田达80%，农业生产基地化达70%，养殖业产值占农业总产值的比重达50%，农业机构的综合水平达78%，科技对农业的贡献率达54%，农村的城镇化已经超过50%。

## （四）强化"服务"意识，转变政府职能，提高办事效率

苏州市人民政府认为，政府管理体制的改革，是市场经济体制运行的保证。随着社会主义市场经济的逐步形成，苏州市强调"小政府，大社会，大服务"的管理职能，把工作重心转到管规划、管协调、管配套、管税收、管社公、管服务等"大管"上，把不应由政府管的事坚决放掉，并建立一系列的社会中介服务机构来代替过去由政府直接管理的事务性工作。随着政府管理的职能转向主要以服务为主，在管理方法和手段上也实行新的转变。例如，过去外商到苏州投资，先后需10多个单位才能办完有关项目手续，不仅涉及面广，而且办事拖拉。1992年，邓小平南方谈话以后，苏州市委、市人民政府决定，成立一条龙服务办公室，又称"马上办"办公室，即在3个工作日内把有关手续全部办完，大大地提高了工作效率，也树立了政府的良好形象。

## （五）培育和弘扬"苏州人精神"，大力推进两个文明建设比翼齐飞，共同发展

苏州的发展，不仅形成了物质形态的成果，而且形成了许多光彩夺目的精神成果，作为反映当代苏州人精神主流的"苏州人精神"，其内部结构是社会主义市场经济精神与观念文化的优秀传统和谐的结合。这是改革开放以后苏州人思维观念转型的结构模式，是一种新时代的革命精神。早在20世纪70—80年代，苏州人就注意把科学社会

主义理论、党的路线方针政策同本地的具体情况相结合，同无锡、常州等地一道，闯出了一条闻名全国的"苏南模式"的成功之路。在社会主义市场经济的大潮中，苏州涌现出大到"张家港精神""吴江人精神"小到乡、镇、村的开拓创业与艰苦拼搏的精神，这类带有各自特点，从不同侧面反映人的精神风貌成果，又常被人们统称为"苏州人精神"。"苏州人精神"就是苏州570多万人在新时期实践中逐步形成的革命精神，它既继承发展了心系国家、整体为重、勤劳奋斗的优良传统精神，又吸取了世界文明的自主、平等、效率和拼搏进取的市场经济精神。苏州的巨变也可以说是苏州人精神结出的丰硕成果。最能反映苏州人精神面貌的是江泽民总书记亲笔题写的"团结拼搏，负重奋进，自加压力，敢于争先的张家港精神"。1992年，55岁的秦振华被任命为张家港市委书记。他第一次提出了"三超一争"的口号，即工业超常熟，外贸超吴江，城建超昆山，各项工作争第一。当时，常熟市工业总产值比张家港多10多个亿；吴江市外向型经济发展速度之快，外贸收购额在江苏夺得了"十连冠"；昆山市的城市建设闻名全国。"三超一争"被称为张家港旋风，在江南土地上不胫而走。张家港人是这样讲的，也是这样干的。张家港人用20d架设了总长8km的绿色镀锌塑的铁丝网隔离带；90d砌了一幢8 000m²的港务局大楼；160d兴建一座与保税区配套的长江流域最大的万吨化工码头；200d保税区通过国家海关总署验收合格正式投入营运。张家港经济实力的增长，令人吃惊和振奋。1991年，这个82万人口的县级市，国民生产总值是32亿元，到1994年，竟跃为152.5亿元，3年翻了两番多，年均增长68%。如按全市工农业总产值计，1994年竟突破了500亿元，工业利税达28.3亿元。这是一个火箭式的速度，是一个神奇的速度，是张家港精神创造的张家港速度。1992年，张家港提出"三超一争"的目标，当年便全部实现，张家港获得了苏州市工业、外贸、精神文明三只金杯，这一年还获得了全国卫生城市称号。1993年，在苏州开展的五杯竞赛中，张家港又一举囊括了工业振兴杯、农业丰收杯、多种经营致富杯、外贸创汇杯、精神文明新风杯5只金杯，在苏州各县（市）名列第一。同年，还荣获全国综合整治优秀城市称号。1994年，张家港市再次五大金杯独揽，蝉联苏州市各县（市）竞赛之冠，同时又荣获国家级卫生城市的光荣称号。除了张家港市之外，还涌现了像华西村和蒋巷村这样"两个文明"协调发展的典型。可以说，以张家港精神为代表的"苏州人精神"，已成为我们这个时代的精神，它是邓小平同志建设有中国特色社会主义理论与实践相结合的生动体现，也是我国人民新时期精神风貌的缩影。可以说，弘扬"苏州人精神"是促进物质文明和精神文明建设比翼齐飞，共同发展的光明之路。

## 二、苏州市"两个文明"协调发展有益的启示

改革开放20多年来，是苏州历史上发展最快、最好、文化最大的时期，可以说，苏州市之所以取得"两个文明"建设的伟大成就，归结到底，就是邓小平理论在苏州的成功实践。通过学习考察，笔者认为，苏州市"两个文明"协调发展有以下五点有益的启示。

第一，必须始终坚持解放思想，实事求是的思想路线，一切从实际出发，积极探索具有自己特色的发展路子。

第二，必须始终坚定不移地执行党的基本路线，坚持以经济建设为中心，大力发展社会生产力，咬定发展不放松。

第三，必须始终坚持"两手抓，两手都要硬"的方针。

第四，必须始终坚持改革开放的基本方针，与时俱进，在继承中发展，在实践中创新，特别是大力推进制度创新和体制创新。

第五，必须坚持可持续发展战略，努力抓好生态环境的保护与建设。必须始终坚持把党的建设放在重要地位，切实推进新时期党的建设这一新的伟大工程。

**本文原载** 右江论坛，2001，15（3）：57-59

# 发展县域经济的道路选择

## ——平果、宾阳、横县发展县域经济的几点启示

贺贵柏

如何发展县域经济？发展县域经济要选择怎样的发展道路？这是各级领导十分关注的一个重要课题，也是摆在县级党政领导班子的重要议事日程。带着新形势下如何选择发展县域经济的道路这样一个新的课题，2005年5月20—24日，笔者随广西区党校2003级经济学研究生班的师生一行30多人，先后深入到横县、宾阳和平果县进行发展县域经济的实地考察。通过实地调查、了解、座谈和访问，以上3县发展县域经济的探索，从不同的侧面给提供了发展县域经济道路选择的新启示。

## 一、实施工业化带动战略

党的十六大报告指出："走新型工业化道路……实现工业化仍然是我国现代化进程中艰巨的历史性任务。"从以上3县发展县域经济的实践看，实施工业强县战略，既是发展县域经济的现实选择，又是发展县域经济的战略选择。以平果县为例，近年来，该县牢固树立把工业经济作为县域经济主体观念，紧紧依托国家重点工程平果铝的优势，进一步拓宽"借铝兴平"和工业强县的发展思路，通过平果工业园区，大力打造以铝业为核心的支柱产业集聚平台，逐步形成了以铝为核心的包括建材、化工、制糖和农产品加工的工业产业体系，加快推进特色工业化进程。平果工业园区，近期规划面积为 $4.8km^2$，远景规划面积为 $10km^2$。该园区累计完成投资13.6亿元，其中投资1亿元以上的企业10家。2004年，该园区实现工业产值18.5亿元，实现税金1.2亿元，新增就业人数2 239人。2004年，该县规模以上工业企业完成增加值31.86亿元，增长41.14%，实现利税总额20.68亿元，增长104%，工业在3次产业中的比重达73.75%，工业对县域经济增长的贡献率达92.26%。由于该县加快以铝为核心的特色工业发展，从而促进了该县县域经济的快速健康发展。2004年，该县生产总值达50.54亿元，比上年增长25.5%；3次产业比例为13.02：73.75：13.23；全县固定资产投资完成13.92亿元，增长2.37%；财政总收入完成7.46亿元，增长25.58%。该县生产总值、财政收入、全社会固定资产

投资、工业增加值等均提前实现"十五"计划目标，在全国西部经济百强县中名列22位。2003年被广西区党委、政府评为广西经济十佳县，名列第一。

## 二、实施城镇化带动战略

党的十六大报告指出："要坚持大中小城市和小城镇协调发展，走中国特色的城镇化道路。"从以上3县的考察情况看，抓好城镇化建设是加快推进工业化的基础，也是统筹城乡经济发展和促进县域经济发展的战略选择。以平果县为例，近年来，该县以建设桂西次中心城市为目标，加大城镇建设力度，为促进工业和相关产业的发展，提供了重要支撑。一是抓好科学规划。该县分别邀请了广州、福建、浙江及区内有关单位和专家对城市建设和小城镇建设进行调查、规划和论证。二是拓宽融资渠道。近年来，通过多渠道筹集资金5.15亿元，用于市政基础设施建设，从而使县城区面积由原来的6km$^2$扩大到现在的14.6km$^2$，城区人口达10万人。三是依法盘活和经营土地。为更好地盘活存量土地，优化配置土地资源，该县成立了土地储备中心，进一步加强了对国有土地的管理，依法按照招标、拍卖和挂牌进行土地经营。四是创新城市经营理念和经营方式。在经营理念上，牢固树立"一手抓新建和改造，一手抓管理和服务"的全新理念。在经营方式上，积极探索运用市场手段加快城镇建设的新路子。该县成立了"平果鑫铝资产经营投资有限责任公司"，目前该公司已融资1.2亿元用于城镇建设项目。在此基础上，加大城镇建设项目的引资力度，先后引进城镇建设项目20多个。五是抓好示范工程建设。首先，抓好外资投资房地产开发示范项目建设。该项目占地面积19.1万m$^2$，分两期开发，一期开发住宅278套，建筑面积31 360m$^2$，营业商铺100间，建筑面积9 800m$^2$；二期开发商品住宅536套，建筑面积60 000m$^2$，营业商铺106间，建筑面积9 000m$^2$。目前，一期开发小区已按规划设计要求竣工交付使用，二期开发小区正在建设中。其次，抓好旧房改造示范工程建设。旧房改造工程全长415m，涉及改造户68户85间民房，改造立面总面积6 000m$^2$。3年来，旧房改造工程先后投入资金923.6万元，其中政府投入427万元，居民自筹496.6万元，完成旧房立面改造面积22.44万m$^2$。六是抓好市场建设。目前，该县新建综合批发市场8家，专业批发市场6家，初步形成了区域性的商贸中心。计划投资在3亿元以上的万冠商业广场等5家商贸流通企业，将于2005年底和2006年初相继建成并投入使用。由于该县加快城镇建设步伐，投资环境得到了较大的改善，外地客商到平果投资和创业的越来越多，初步统计，外地客商到该县从事个体工商户和私营企业经营达1 400多家。

## 三、实施民营经济带动战略

党的十六大报告指出："必须毫不动摇地鼓励、支持和引导非公有制经济发展……充分发挥个体、私营等非公有制经济在促进经济增长、扩大就业和活跃市场等方面的重要作用。"从以上3县发展县域经济的实践看，民营经济已成为县域经济新的增长点和重要支撑。以宾阳县为例，近年来，该县积极探索非公有制的多种实现形式，以建设民营经济强县为目标，加快推进民营经济发展步伐。目前，该县已形成了建材、五金、竹编、纸品、皮革加工、缫丝、农产品加工等30多个民营经济优势行业，其中，金属制品业产品品种100多种，年产值1亿多元；竹编企业24家，年出口供货总额达1 580多万美元；造纸企业126家，年产量达13万t；皮革加工企业12家，年加工皮革150多万张。民营企业的许多产品销往意大利、美国、日本、东南亚和中东等60多个国家和地区。该县恒利皮革制品有限公司还被评为广西出口创汇明星企业。目前，该县民营企业已发展到438家，个体工商户发展到23 700户。从2000—2004年，在该县全部财政收入中，来自民营经济的收入年均增长20.82%，民营经济提供的税收占财政收入的80%，民营经济已成为该县县域经济发展的重要支撑。

## 四、实施农业产业化带动战略

党的十六大报告指出："积极推进农业产业化进程，提高农民进入市场的组织化程度和农业经营效益。发展农产品加工业，壮大县域经济。"从考察以上3县发展县域经济的实践看，推进农业产业化经营是发展壮大县域经济的必由之路。以横县为例，该县地处亚热带，是广西最大的桑蚕和蘑菇生产基地、国家商品粮和蔗糖生产基地、全国最大的茉莉花生产和花茶加工基地，茉莉花和花茶产量均占全国总产量的50%以上，被国家林业局和中国花卉协会命名为"中国茉莉花之乡"。近年来，该县以增加农民收入为出发点，大力扶持和发展农产品加工企业，以龙头企业为依托，加快农业产业化结构的调整、优化和升级，有力地带动了农业和农村经济的发展。目前，该县已形成6个农业龙头型产业，一是以3家制糖企业为龙头，形成"甘蔗—制糖—酒精—造纸"产业链，2004年蔗糖种植面积23.47万亩，产糖料蔗101.9万t，年产白砂糖12万多吨；二是以180多家茉莉花加工企业和香精加工企业为龙头，形成"茉莉花、玉兰花、茶叶—花茶、香精加工"产业链，2004年茉莉花种植面积7.5万亩，产鲜花6万t，茶叶种植面积2.5万亩，加工花茶100多万担；三是以3家缫丝企业为龙头，形成"桑蚕二缫丝"产业链，2004年桑蚕种植面积8.66万亩，产茧1.41万t，生产生丝8.14t，产值1.2亿多元；四是以兴辉食品加工厂和金牌帆船甜玉米加工厂为龙头，形成蘑菇、法国豆、竹笋、菠萝、甜玉米、橘子等"种植—加工—运销"产业链，2004年全县蘑菇种植面积400万m²，加工蘑菇1.7万t，产值达1.08亿元，甜玉米种植面积7万多亩，年产鲜苞5.7万t；五是以9家淀粉加工厂为龙头，形成"木薯种植—加工—运销"产业链，2004年加工生产淀粉7 480t；六是以10家精米加工企业为龙头，形成优质谷"种植—加工—运销"产业链，2004年优质谷种植面积达72.98万亩，占水稻种植面积的85.56%。由于该县大力发展农业产业化经营，有力地促进了农业和农村经济的发展。2004年，该县农业生产总值完成27.14亿元，增长5%，农民人均纯收入2 319元，增长13.73%。

## 五、实施"质量兴县"带动战略

党的十六大报告指出："走新型工业化道路，必须发挥科学技术作为第一生产力的重要作用，注重依靠科技进步提高劳动者素质，改善经济增长质量和效益。"从考察以上3县发展县域经济的实践看，必须注重改善经济增长质量和效益。以宾阳县为例，近年来，该县以实施民营经济强县为目标，深入开展建设"诚信宾阳"和"质量兴县"的活动，坚持把打造"宾阳制造"品牌作为发展县域经济的重要工作来抓。在全社会大力营造"求质量、求生存"的良好舆论氛围，全力打造"宾阳制造"品牌，并出台了《宾阳县质量兴县工作规划》等相关政策文件。目前，该县有效注册商标98件，其中广西著名商标6件。壮锦、竹编和瓷器堪称宾阳"三宝"。由于该县以打造"宾阳制造"品牌为重点，有力地促进了工业经济和民营经济的发展。

## 六、实施环境优化带动战略

环境优化是发展县域经济的生命线。从考察以上3县发展县域经济的实践看，3县都注重在抓好硬环境建设的同时，狠抓优化投资软环境的建设。以横县为例，该县狠抓投资软环境的建设，2004年先后制定出台了《关于进一步优化和规范投资软环境的若干规定》《横县招商引资目标责任考核和奖励办法》《关于招商引资奖励办法》等政策性文件，严格执行招商引资"九不准"规定，积极开展招商引资"零投诉服务活动"。该县还成立了投资投诉中心，进一步建立健全项目代办和督办制度，真正把招商引资目标管理责任落实到单位和个人。由于该县营造了"亲商、安商、富商"的软环境，全县招商引资工作成效显著。2003年至今，该县共引进项目175个，合同引进资金29.67亿元，实际利用内资7.29亿元，实际利用外资995万美元，成功引进了23家投资1 000万元以上的企业。

**本文原载**　右江论坛，2005，19（2）：41-42

# 加快小城镇建设推进农村城市化

## ——右江河谷小城镇建设的几点思考

贺贵柏

城市化是指一个社会由传统落后的农村社会向现代先进的城市社会转型的一个历史过程。马克思曾说过，"人类的现代历史就是乡村城市化的历史"。城市化是一个地区走向现代化的主要标志之一，其水平高低是衡量一个地区社会经济发展程度的重要尺度。加快小城镇建设是推进农村城市化的必然要求。"十五"期间，右江河谷地区经济的发展，既需要培育并形成自身的特色产业和特色经济，又要建设一批以城镇经济为纽带，布局合理，设施配套，交通便利，环境优美，风格独特，初步形成优势集中、特色鲜明的新型小城镇，使其成为农村一定区域内政治、经济、文化、科技和信息服务的中心，努力构筑以县域经济为中心，以小城镇为纽带，城乡一体、工农结合的经济发展新格局，千方百计走出一条具有右江河谷自身特色的乡村城市化道路，以展示农村城市化的光明前景。

目前，右江河谷已具备了加快小城镇建设的基础和条件。如何加快小城镇建设，推进农村城市化，笔者认为，"十五"期间应重点抓好如下5个方面的工作。

## 一、做好科学论证，制定发展规划

从东部沿海地区小城镇建设的实践看，在农业与工业结合的农村经济中，小城镇是农副产品的集散地，是农村工业的聚集中心，是农业产前、产中、产后的服务中心，是农村区域性的第三产业中心，是容纳大量从农村中转移出来的非农业人口的居民点。要加快农村现代化的进程，必须加速建设现代化的小城镇。"十五"期间，要适应农村现代化发展的要求，右江河谷必须以农村现代化为目标，抓紧做好小城镇建设规划。要按照"小机构、大服务"的目标，积极探索"科学规划、合理布局、综合开发、配套建设、优化环境、体现特色"的现代化小城镇建设的新路子。制定小城镇发展规划，要注意三个问题，一是在编制总体规划和建设规划前，可到我国东部沿海地区和桂东南地区去考察学习，认真借鉴他们发展小城镇的成功经验。在此基础上，因地制宜，结合右江河谷各县（市）的实际，提出和编制切实可行又体现高起点、高标准、高水平的小城镇建设总体规划和项目建设规划。二是在规划设计上，要根据"相对集中"的原则，切实做好各类建设用地的规划，把新区开发和旧镇区改造结合起来，真正做到节约用地和合理用地。三是在建筑设计上，要注意依靠科技进步，把借鉴东部沿海经验、桂东南经验和继承本地传统民居特色结合起来，在与主体格调和色彩协调的基础上，力求做到层次与造型上的多样化。实践证明，做好科学论证，制定发展规划，是加快小城镇建设的前提和基础。

## 二、抓好建设试点，强化分类指导

右江河谷小城镇的建设要注意积极引导，加快而又稳定发展。因此，抓好小城镇建设试点工作至关重要。小城镇试点工作总的要求是建设好各具特色的试点小城镇，真正做到以点促面，以点带面，指导好整个右江河谷的小城镇建设。右江河谷各县（市）应强化分类指导，做好确定各自的小城镇建设试点，要从规划、建设、管理全过程抓起，确保做到建设一片，验收一片，使用一片，见效一片。建议"十五"期间的头两年，右江河谷各县（市）应先抓1~2个建设试点，力争"十五"期末，右江河谷邕色公路沿线乡（镇），小城镇建设全部按规划进行建设，以初步构筑右江河谷小城镇建设的新框架。

## 三、拓宽融资渠道，筹措建设资金

"十五"期间，要注意依靠政府、企业、个体工商户、农民和引进外资等渠道增加对小城镇建设的投入。要注意在利用国家实施西部大开发优惠政策的基础上，积极争取国家和自治区在资金上的扶持。"十五"期间，正是农民向小康生活目标迈进的关键时期，要注意调动广大农民向往城市文明和城市文化的积极性，引导、鼓励和支持农民尤其是进城农民，主要依靠自身的力量，带资进镇经商办企业，也可以直接投资用于基础设施、社会设施和教育文化设施的建设。通过农民投资建设自己的"农民城"，走公用设施有偿服务的新路子，以促使广大农民成为小城镇建设的主力军。要采取相应政策，拓宽融资渠道，千方百计筹措小城镇建设资金，以加快右江河谷小城镇建设的步伐。

## 四、加强法制建设，严格城镇管理

小城镇的发展，基础在建设，关键在管理。在小城镇的建设和管理工作中，必须加强法制建设，真正做到有法可依，有法必依，执法必严，违法必究。建制镇要严格按照《城市规划法》实施规划管理，集镇要严格按照《村庄和集镇规划建设管理条例》进行规划、建设和管理。在目前和今后一个时期，小城镇的管理，重点是抓好规划管理、土地管理、户籍管理、项目管理和资金管理。通过加强法制建设和严格城镇管理，促使右江河谷小城镇建设的稳步健康发展。

## 五、建立服务体系，提高服务质量

小城镇建设要为农业发展和农业现代化服务，要为工业尤其是为乡镇企业服务，要为发展第三产业服务，要为农村科技、教育、文化和卫生事业服务，要为培育和完善社会主义市场经济体系服务。各县（市）应积极探索建立健全小城镇建设社会化服务体系的新路子，通过各种形式向小城镇建设和广大农民提供建设规划、建筑设计、建材供应、人才培训和新结构、新材料、新技术。各级建设主管部门应切实加强对小城镇建设社会化服务体系工作的引导和领导，千方百计提高小城镇建设社会化服务的质量，为加快小城镇建设步伐创造一个宽松的发展环境。

**本文原载**　百色工作，2001（4）：25-26

# 新形势下创新科技扶贫的路径选择

## ——从全区科技扶贫现场会得到的启示

贺贵柏

坚决打赢脱贫攻坚战是我国全面建成小康社会和实现第一个百年奋斗目标最艰巨的任务。党的十九大把精准脱贫明确为对全面建成小康社会最具有决定性意义的三大攻坚战之一，再次吹响了坚决打赢脱贫攻战的冲锋号。党的十八大以来，以习近平同志为核心的党中央把脱贫攻坚摆在治国理政的突出位置，作出了一系列重大决策部署。我们一定要认真学习和深刻领会习近平总书记关于扶贫工作的重要论述和一系列新理念、新思想、新战略，真正把思想和行动统一到党中央的决策部署上来，坚定信心，真抓实干，攻坚克难，坚决打赢脱贫攻坚战。对于如何做好科技扶贫工作，习近平总书记作出了一系列论述。他强调指出，治贫先治愚。要帮助贫困地区群众提高身体素质、文化素质、科技素质和就业能力，打通孩子们通过学习成长，青壮年通过多渠道培训、就业改变命运的通道。习近平总书记关于做好科技扶贫的一系列重要论述，为当前和今后一个时期扶贫工作指明了方向。

新形势下，如何进一步创新理念、拓宽思路，特别是紧紧依靠科技创新助力科技扶贫、助推乡村振兴，是各级领导和各界人士共同关注的一个重大问题。为更好地总结近年来广西科技扶贫的做法和经验，2018年8月1—3日，广西区政府在天峨县召开了"全区农业农村科技支撑乡村振兴工作推进暨科技扶贫现场会"。会议参观了广西天峨县农业科技园区、天峨现代特色农业（核心）示范区、广西创业型科技特派员示范基地和天峨县宏义龙滩珍珠李专业合作社等。会议听取了天峨县人民政府、桂林市科学技术局、广西农业科学院、广西杨翔股份有限公司、广西田园生化股份有限公司、玉林市科学技术局和田东县科学技术局等单位的科技扶贫工作经验介绍。在全区科技扶贫现场总结会上，区科技厅党组副书记、副厅长刘建宏同志作会议总结。区科技厅党组书记、厅长曹坤华受区人民政府领导的委托，对下一步全区科技扶贫工作进行进一步的动员和部署。

从现场会的现场参观、典型经验介绍到领导的总结讲话，充分反映和体现了广西科技扶贫的思路、做法和经验，进一步指明了新形势下科技扶贫的新路径。

## 一、突出科技扶贫理念，加强科技协同创新

首先，要认真学习和深入贯彻落实习近平总书记关于做好"三农"和扶贫工作的一系列重要论述，牢固树立依靠科技创新助推乡村振兴与科技扶贫的新理念。其次，要牢固树立教育扶贫和科技扶贫相结合的理念，一方面，要重视抓好贫困农户的子女教育，通过教育，使他们有文化、懂知识、长才干；另一方面，要重视抓好贫困农户的科学知识与技术的培训工作，通过培训，不断提高他们掌握现代科学技术的能力和水平，从而加快推进产业扶贫和科技扶贫。再次，要牢固树立科技创新是推动"科技扶贫"的"牛鼻子"的全新理念。近年来，天峨县注重写好科技特派员文章、电商扶贫文章和智慧农业文章，紧紧抓住科技创新这个"牛鼻子"，有力地促进全县科技扶贫工作。目前，全县共创建科技扶贫基地72个，全县共发展特色林果种植面积89.6万亩，香猪2.42万头，肉牛、肉羊6.01万头，年栽培食用菌2 000万棒以上，特色产业覆盖全县85%以上的贫困户。

## 二、突出抓好企业带动，助推产业壮大升级

近年来，随着现代农业的不断发展和扶贫进程的深入推进，新型农业经营主体特别是龙头企业，已逐步成为助推产业壮大升级的重要力量。以广西田园生化股份有限公司为例，该公司是一家以经营有害生物防治、园林植保营养、新型药肥、品牌农产品与智能农业机械为主要业务的企业集团，公司核心业务定位于"为农业产业链提供产品和服务"。公司注册资本1.26亿元，目前拥有员工2 000人，销售服务覆盖全国20多个省（市），合作的批发商为4 000多个、零售商为5万多个，公司是国内生产和销售规模最大的水稻、甘蔗农药企业，在全国农药制剂行业中名列第2位。2016年以来，该公司先后承担国家级和自治区级重大科技专项15项，先后投入科技经费6 886万元，研发投入占公司年销售收入的3%以上。目前，公司累计拥有发明专利172件。公司已成功开发杀虫药肥24个，已获农业部登记14个，已进行产业化生产6个。目前，公司已自行开发和投入运行的智能无人机和其他先进的设备1.5万台，其中，智能无人机400多台，无人机的操控性能和适应性在国内处于领先水平。由于该公司注重紧紧依靠科技创新和加快推进科技成果转化，为科技扶贫插上了金色的翅膀，取得了显著的经济效益和社会效益，近两年转化的科技成果达30多项，形成产值达20多亿元。

## 三、突出抓好示范引领，不断提高科技服务产业发展的水平

抓好科技扶贫，示范引领很重要。首先，要注重抓好农业科技园区和现代特色农业示范区的建设。目前，广西已累计启动创建现代特色农业示范区2 200多个。通过抓好现代特色农业示范区的建设，广西已初步形成了以来宾、柳州、崇左和南宁为重点的蔗糖加工集聚区、现代农牧产业集聚区、北部湾粮油加工集聚区、桂东南和桂西北林产品加工等特色农产品加工集聚区、桂北果蔬加工聚集区和产业带，积极探索和努力打造集现代农业与休闲农业于一体的特色农业园区，加快推进一二三产业融合发展。以玉林市为例，目前，共建有现代特色农业示范区123个，解决贫困户就业3.42万人。其次，注重抓好科技扶贫示范。以天峨县为例，该县注重按照"一乡一业、一村一品"式的原则，因地制宜，因乡因村施策，依托科技资源，以特色水果、核桃、油茶、林下养殖和食用菌等特色产业作为重点，成功创建和打造一批科技示范基地。目前，天峨县、乡、村三级特色农业示范基地分别为28个、41个和135个，全县9个乡（镇）和94个行政村已实现扶贫产业示范基地全覆盖。2017年，广西首个山区特色水果生产机械化示范基地落户天峨。

## 四、突出模式创新，大力营造农业科技创新的良好环境

模式创新和机制创新是深入推进科技扶贫的润滑剂。近年来，广西各地都在积极探索创新的科技扶贫模式。这种创新的科技扶贫模式主要有"党建+科技+合作社+农户+企业+基地""科技特派员+合作社+农户""科技特派员+项目+农户""公司+协会+专业合作社+农户""科技特派员+产业扶贫"行动计划、"互联网+特色农业""基因+产品+服务+互联网""一十百千万"精准扶贫新模式、一二三产业融合的现代农业科技产业园模式以及开展"一村一卡"科技特派员便民服务活动等创新的科技扶贫模式。以广西扬翔股份有限公司创新推行的"一十百千万"精准扶贫模式为例，该公司成立于1998年，是农业产业化国家重点龙头企业，旗下子公司32家，共有员工5 000多人，该公司主要经营养猪和服务两大板块，公司重点致力于打造"基因+产品+服务+互联网"综合模式的大型农牧企业。2017年，该公司完成饲料总销售172万t、生猪销售145万头、猪精销售223万袋、服务母猪30多万头，销售总收入63.3亿元。该公司在产业扶贫中，充分发挥龙头企业科技力量的辐射带动作用，将生态养殖与科技扶贫有机结合，从刚开始的安排技术骨干下乡对贫困户进行"科技扶贫""饲料扶贫"等单一模式，逐步探索、总结和创新推出"一十百千万"精准扶贫新模式。"一"就是由龙头企业统一规划建设生态养殖场组建1个专业合作社；"十"就是每个合作社最少吸纳

10户建档立卡贫困户入社；"百"就是每个合作社最少流转土地100亩；"千"就是每个合作社每年最少出栏肉猪1 000头；"万"就是每个入社贫困户年收入不少于10 000元。龙头企业是整个产业链的核心中枢，发挥"动车头"作用，主要负责产前、产中、产后全方位的服务，为合作社提供"六个统一"服务，即统一规划、统一建设、统一供苗、统一供料、统一技术服务、统一回收产品，最大限度降低养殖成本，提高经济效益。目前，该公司推行的"一十百千万"精准科技扶贫模式已在广西区内多个县（市）得到推广，累计建成健康养殖小区20多个，吸纳贫困户小额信贷2.7亿元，帮扶建档立卡贫困户5 575户，帮助52个贫困村发展集体经济，辐射带动3.2万人口脱贫，创造直接、间接经济效益10亿元。

## 五、突出抓好新型职业农民培训，加快推进科技成果转化

培育新型农业经营主体和新型职业农民，是发展现代农业和扩大农民就业的一项重要措施。实施乡村振兴战略，广大农民是主力军。要加快推进科技扶贫，必须大力培育新型职业农民。所谓新型职业农民，主要是指那些以农业为职业，掌握一定专业技能、有文化、懂技术、会经营的职业化农民。从近年来的科技扶贫实践看，各地都十分注重抓好新型职业农民的培训工作。以天峨县为例，该县择优选聘区级科技特派员55名、企业型科技特派员7名和农民扶贫培训专家36个，实现全县94个行政村和社区科技特派员全覆盖。该县注重根据产业发展需求和科技特派员资源，组建特色水果、食用菌、核桃、油茶、中草药7个专家团队，重点负责组织开展项目实施、试点示范、技术攻关和技术培训等工作，确保技术指导到位。目前，全县共为贫困村举办产业技术培训班106期，培训农民9 000多人次，提供产业技术咨询5 600多人次，提供产业技术指导380多次，指导帮扶农民专业合作社35个、种养大户48家、家庭农场28家、青年农场主26人，培养农村科技致富带头人33人，有力地促进了该县特色农业产业和现代农业的发展。

**本文原载**　右江日报，2018-9-2

# 新时代加快推进百色革命老区农业现代化的战略思考

贺贵柏

当前，我国农业发展已进入加快转型升级的历史阶段。大力发展现代农业，加快推进农业现代化进程是实现乡村振兴的必由之路。百色市地处中国西南部，位于广西西部，于东经104°28′~107°54′，北纬22°51′~25°07′，东与南宁相连，南与越南交界，西与云南毗邻，北与贵州接壤，全市辖11县1区，土地总面积3.63万km²，总人口410万人。有壮、汉、瑶、苗、彝、仡佬、回7个民族，其中少数民族人口占总人口的87%。百色市农产品资源丰富，素有"土特产仓库"和"天然中药库"之称。优势农产品主要有蔬菜（番茄、辣椒）、水果（杧果、香蕉等）、茶叶、油茶、烤烟、中药材、香料等。全市土地总面积5 430.57万亩，可利用土地面积4 045.515万亩。其中山地面积4 940.7万亩，占土地总面积90.98%；石山面积1 482万亩，占山地面积的30%左右；台地和平原面积313.5万亩，占土地总面积5.8%；耕地面积368.25万亩，占土地总面积6.78%。全市耕地保有量708.9万亩，2017年，年内完成粮食种植面积316.25万亩；蔬菜种植面积180万亩，其中，秋冬菜种植面积130万亩，总产量360万t以上；果园面积达278万亩，总产量135万t，产值58亿元以上；糖料蔗种植面积稳定在83万亩，产量320万t；茶园面积稳定在36万亩，鲜叶产量5.35万t；2016年农村居民可支配收入9 348元；森林覆盖率达67.5%；2017年实现贫困人员脱贫17.6万人。

百色起义是邓小平等老一辈无产阶级革命家亲自发动和领导的闻名中外的革命运动，百色是一个集老、少、边、山、穷、库、移于一体的著名的革命老区和典型的贫困地区。实施乡村振兴战略，发展现代农业，对于促进百色革命老区脱贫致富，对于实现与全国人民同步奔小康，对于实现中华民族的伟大复兴，都具有十分重要的经济意义、政治意义和战略意义。

新时代加快推进百色革命老区农业现代化的战略思考如下。

## 一、必须以习近平"三农"思想为指导，牢固树立和深入践行新发展理念

党的十八大以来，在以习近平同志为核心的党中央坚强领导下，坚持把解决好"三农"问题作为全党工作重中之重，持续加大强农惠农政策力度，扎实推进农业现代化和新农村建设。要加快推进百色现代农业的发展，必须以习近平"三农"思想为指导，牢固树立和深入践行新发展理念。首先，必须树立创新理念和强化创新思维。党的十八届五中全会提出创新、协调、绿色、开放、共享的发展理念。当前百色也和广西、全国一样进入全面建成小康社会的决胜阶段，创新已成为百色革命老区加快弯道超车、实现跨越发展的"金钥匙"。抓创新就是抓发展，谋创新就是谋未来。新形势下，必须牢固树立和深入践行新发展理念，强化创新思维，真正把新发展理念和创新思维转化为加快推进百色革命老区农业现代化的强大驱动力。其次，必须以习近平"三农"思想为指导。习近平总书记在党的十九大报告中指出，农业农村农民问题是关系国计民生的根本性问题。没有农业农村现代化，就没有国家的现代化。他还特别强调指出，加快推进农业农村现代化，走中国特色的乡村振兴之路，让农业成为有奔头的产业，让农民成为有吸引力的职业，让农村成为安居乐业的美丽家园。习近平总书记十分关注百色革命老区的建设。他强调指出，百色革命老区也要和全国一样同步全面建成小康社会。在进入新时代的伟大征程中，百色革命老区作为广西的农业大市，必须认真学习和深入贯彻习近平总书记关于"三农"工作的一系列重要论述，切实做到以习近平"三农"思想为指引，抢抓机遇，加快发展，努力走出一条具有革命老区特色的农业现代化之路。

## 二、必须加快推进农业绿色发展

推进农业绿色发展是党和政府对民生思想和"三农"思想的丰富和发展，是不断满足广大人民群众对生态环境保护与建设的现实需要和必然要求，是加快推进"精准扶贫"和全面建设小康社会的基础和保障。近年来，习近平总书记对如何建设生态文明，加快推进绿色转型，先后发表了许多重要指示和讲话。2017年4月19—20日，习近平总书记在广西考察工作时强调指出，要切实抓好生态文明建设，大力发展特色农业，让良好生态环境成为人民生活质量的增长点，成为展现美好形象的发力点。习近平总书记关于抓好生态文明建设和绿色转型的重要论述，为新形势下加快推进百色市农业绿色发展指明了前进的方向。

当前，推进百色市农业绿色发展的物质基础条件已基本具备，生态环境总体得到改善，加快推进农业绿色发展的经济社会发展环境已经形成。据统计，全市2016年粮

食作物种植面积27.04万hm²，粮食产量118.36万t；蔬菜种植面积10.14万hm²，蔬菜产量234.05万t，增长5.4%；果园面积14.02万hm²，水果产量97.8万t，增长21.1%；全年肉类总产量26.4万t。2016年全市森林面积244.35万hm²，森林覆盖率达67.4%。

当前和今后一个时期，要加快推进百色农业绿色发展，要做到更加注重环境友好、资源节约、生态农业建设与农产品质量安全，从根本上着力解决农业绿色发展面临的突出问题。

首先，必须牢固树立农业绿色发展的全新理念。各级领导和广大农业科技工作者，必须牢固树立和践行农业绿色发展的全新理念，采用多种形式，教育和引导广大农民和各种新型农业经营主体，不断创新发展思路和理念，紧紧依靠科技进步与创新，大力推进农业绿色发展。

其次，必须组织抓好农业绿色发展重大行动。要严格按照国家有关政策法规和农业部的工作部署，积极投身农业绿色发展的重大行动，主要包括畜禽粪污治理行动、农作物秸秆综合利用行动、果蔬菜有机肥替代化肥行动、农膜回收行动以及生物保护行动。以畜禽粪污治理行动为例，国务院印发了《关于加快推进畜禽养殖废弃物资源化利用的意见》提出，到2020年全国畜禽粪污综合利用率达到75%以上，加快推进种养结合、生态循环和绿色发展。要注重学习和借鉴外地经验，积极探索可复制、可推广的各种先进的治理模式，加快推进全市农业绿色发展。

再次，必须紧紧依靠科技创新发展现代农业。要加快推进形成少投入、多产出、少排放、高效率的绿色农业生产方式。通过转变农业发展方式，加快推进百色市农业绿色发展。

## 三、必须大力发展特色高效农业产业

百色地处广西西部，生态环境良好，必须立足自身优势，大力发展特色高效农业产业。

首先，要注重在"特"字上下功夫。从全市情况看，各地要注重做到因地制宜，充分发挥资源优势，不断调整优化农业区域布局和产业结构。右江河谷地区，要注重做大做强做优糖料蔗、番茄、杧果、香蕉等特色主导产业；北部山区，要注重做大做强做优茶叶、桑蚕、水果、油茶等特色优势产业；南部山区，要注重做大做强做优桑蚕、烟叶、水果、田七等特色优势产业。要积极发展"一乡一业"或"一村一品"式的特色高效农业。

其次，必须充分发挥新型农业经营主体的示范与引领作用。要加快发展现代农业，必须充分发挥农业经营主体的示范与引领作用。特别是要注重发挥农业企业、农业专业合作社、家庭农场与农村专业大户的作用，要鼓励和支持他们大力推广应用各项节本增效的绿色农业技术。特别是大力推广应用土壤修复技术、测土配方施肥技术、农业标准化生产技术、农作物间套种技术、土地轮作技术、农机农艺融合技术以及农业生物防治技术等，充分发挥新型农业经营主体的示范与引领作用。

再次，要注重在品牌建设上下功夫。要探索加快推进农产品"区域品种"和"企业品牌"建设相结合，要加快推进农业供给侧结构性改革，注重以市场为导向，以产品质量为核心，加快推进互联网+特色农业产业的发展。

## 四、必须加快转变农业发展方式

新时代百色市农业发展方式仍然面临着耕作管理粗放、农业资源短缺、生态环境矛盾突出和农业综合竞争力不强等问题。必须正确认识和把握新时代百色市农业发展面临的新变化、新特点、新趋势，抢抓机遇，迎接挑战，积极探索和加快推进全市农业发展方式实施"五个转变"，即努力实现农产品供给由主要依靠数量增长向主要依靠数量质量效益并重转变；努力实现农业生产条件主要由"靠天吃饭"向提高物质技术装备水平转变；努力实现农业劳动力由传统农民向现代职业农民转变；努力实现农业的传统粗放经营向农业技术创新与集约经营转变；努力实现农业发展主要依靠资源消耗向资源节约和环境友好的绿色农业转变。要紧紧围绕以转变农业发展方式为切入点，大力推进家庭经营、合作经营和农业企业经营等农业经营方式创新，积极引导、鼓励和扶持农村专业大户、家庭农场和农业企业等新型农业经营主体，深化农村改革，特别是要注重依靠科技创新，加快转变农业发展方式，加快推进农业发展以第一产业为主向一二三产业融合发展转变，努力提高农业经营的专业化、集约化、组织化和社会化水平。

## 五、必须加快推进农村土地流转

农村土地经营权有序流转是中央深化农村改革的重要内容，是发展现代农业的重大举措，是发展现代农业的必由之路。土地流转有利于优化土地资源配置和农地利用效率的提高，有利于保障粮食安全和主要农产品供给，有利于促进农业新品种、新技术与新成果的推广与应用，有利于提高农业劳动生产率和转变农业发展方式，有利于促进农业增效和农民增收，有利于提高现代农业经营管理水平，加快推进传统农业向现代农业的转变与跨越。当前，百色土地流转主要有转包、出租、借用、转让、入股等方式，流转方式呈现出多样化的趋势。从全市看，农村土地承包关系整体上是稳定的，土地流转的势头是好的。但由于多年来存在的土地粗放利用的惯性思维，加上制度不健全、机制不完善和监督管理不到位等多种因素的影响，一些地方出现了带倾向性和苗头性的问题，主要是有些地方存在认识误区，未能正确处理土地承包制的稳定和土地流转的关系；一些地方热衷于搞行政命令，片面追求流转速度；有些地方流转土地后擅自改变农业用途，开始出现"非粮化""非农化"问题；一些地方由于土地流转不当，容易引发社会矛盾，影响社会稳定。

当前和今后一个时期，百色市要加快推进农村土地流转，要注重抓好以下几项工作。一是要注重尊重农民意愿和规范农村土地流转行为。农村土地流转要坚持的根本原则就是保障农民利益。农村土地经营权流转的主体是农民。引导土地流转要积极稳妥，不能人为定任务、下指标或将流转面积纳入政绩考核等方式来推动土地流转。各级政府和有关部门，要在指导思想上和实际工作中，必须执行最严格的耕地保护制度，必须进一步规范有序推进农村土地流转。关键要做到政策底线不能突破，不改变土地的集体所有制性质，不改变土地用途，不损害农民土地承包权益。要采取切实可行的措施，进一步规范农村土地流转行为，依法保护农民利益。二是要抓好农村土地确权工作，为农民土地流转打好基础。三是要加快培育新型农业经营主体。四是要加快建立健全农村产权平台，努力做好各项配套服务工作。五是要切实加强组织领导。各级党委和政府要充分认识引导农村土地经营权有序流转发展农业适度规模经营的重要性、复杂性和长期性，切实加强组织领导，严格按照中央政策和国家法律法规办事，及时查处在土地流转工作的各种违纪违法行为。各级政府和有关部门，要坚持从实际出发，加强调查研究，做好分类指导，建立和健全齐抓共管的各项管理与服务工作机制，科学引导农村土地经营权有序流转，以促进农业适度规模经营健康发展。

## 六、必须加快发展农业适度规模经营

土地适度规模经营是发展现代农业的必由之路。早在2014年11月20日，中共中央办公厅、国务院办公厅就印发了《关于引导农村土地经营权有序流转发展农业适度规模经营的意见》（以下简称《意见》）。《意见》强调指出，要以发展农业适度规模经营为目标，促进粮食增产与农民增收；以农户家庭经营为基础，积极培育新型农业经营主体；以尊重农民意愿为前提，引导农村土地规范有序流转的创新改革思路。《意见》指出，要合理确定土地经营规模。现阶段，对土地经营规模相当于当地户均承包地面积10～15倍，务农收入相当于当地二、三产业务工收入的，应当给予重点扶持。发展土地适度规模经营，要特别注意以下几个问题。

首先，要注意做好因势利导。土地是农民最基本的生活保障，经营权的流转是一个不平衡的、渐进的过程。随着工业化、城镇化快速发展，许多地方已经具备了发展土地适度规模经营的条件。确定适度规模经营的标准，应坚持从实际情况出发，做好分类指导。从近年的实践看，农业适度规模经营一般为100～200亩。随着现代农业的发展，适度规模经营的面积可以适当放宽。

其次，要高度重视农民的利益保护。在推进土地适度规模经营过程中，要高度关注农民的利益保护。要注意不能利用简单的行政干预手段来推进土地流转和适度规模经营。要更加重视保护农民的主体地位，更多支持通过保底分红等方式流转土地的新探索，更稳定持久地保障农民的土地收益权。

再次，要注重探索多种形式的农业适度规模经营。要加大政策宣传力度，除了土地流转之外，还可以通过发展农户间的联合与合作以及农业社会化服务来提高组织化和规模化水平。

**本文原载**　*广西农业学科与产业发展——广西农学会成立80周年论文集，2018：334-337*

# 应用型农业科研院所促进区域
# 农业产业发展的对策探讨
## ——以广西农业科学院百色分院为例

罗思良

百色市位于广西西部，属于亚热带季风气候，雨热同季，夏长冬短，非常适宜农业的发展。百色是农业大市，年种植圣女番茄等蔬菜4万hm²以上，拥有广西最大的南菜北运基地，每年9月至翌年4月，百色的蔬菜源源不断运往外地，百色市田阳县作为北方城市冬季蔬菜供应的"南菜园"，在蔬菜产业界有"北有寿光，南有田阳"之说；百色也是中国著名的杧果之乡，种植面积达7.2万hm²，产量达到100万t，是全国最大的杧果生产基地；百色是广西蔗糖的重要生产基地，甘蔗种植面积5.93万hm²，产量达315.6万t，蔗糖业产值15.4亿元。蔬菜、杧果、甘蔗产业成为带动百色区域农业经济发展，实现农业增收、农民增效和财政增长的优势产业和主导产业。

广西农业科学院百色分院（以下简称"百色分院"）地处百色市农业产业的中心地段百育镇。多年来，通过引进新技术、新品种并进行试验示范，筛选出适合当地发展的品种和技术，为区域农业产业的发展提供大量优良品种和技术，促进了区域农业产业发展。近几年来，由于完成的科研课题任务与区域产业发展联系不紧密，导致技术集成对区域内的农业产业发展的助推作用不明显。文章以百色分院为例，通过分析应用型农业科研所在区域农业产业发展中的优势及不足，提出促进区域农业产业发展的对策。以促进科技与产业的融合，把区域农业产业做大做强。

## 一、应用型农业科研院所促进区域农业产业发展的技术优势

多年来，百色分院持续开发农业科研项目研究，通过引进新品种、新技术并进行观察试验和适应性栽培，筛选出适宜本地的技术、品种，为区域农业产业的发展提供了大量优良品种和技术。百色分院负责广西百色甘蔗产业体系建设，通过"科研院所+基层农技推广部门+公司"的合作推广模式，推广了大量甘蔗新品种，如粤糖00-236、粤

糖60号、柳城05-136、桂糖31号、桂糖32号等，产生了良好的社会效益和经济效益，深受蔗农与糖企的欢迎，随着新品种推广面积的逐步推大，百色蔗区品种多系布局基本形成。百色分院经过多年的试验，总结出在不同蔗区、不同土壤条件和不同气候环境下的甘蔗一次性施肥配套技术，在甘蔗示范县累计推广5.46万$hm^2$。通过应用一次性施肥配套技术，使甘蔗的出苗率提高了15%以上，每公顷减少肥料、施肥用工等成本1 500元以上，蔗茎产量比常规施肥增产超过7.5t/$hm^2$，增产增收效果明显。

## 二、应用型农业科研院所在促进区域农业产业发展中存在的不足

### （一）科研管理机制不完善

现行的农业科研体制是在计划经济体制建立起来的，一直采用高度集中统一的管理模式，实行"任务国家下，经费国家拨，成果国家包转化与推广"的运行机制。科研单位只向上级领导机构、垂直管理部门负责，处于相对比较封闭的状态。国家事业单位资金来源以政府财政拨款为主，主要任务是完成国家下达科研课题，为科研而科研，缺乏面向农村，服务农业，解决产业需求的动力和压力，真正开展满足实用需求的少，有效的成果也少。以百色分院为例，该院是百色国家农业科技园区二级机构，科研业务方面，受广西壮族自治区农业厅、广西农业科学院等上级业务单位管理，该院科研项目的申报流程是，先向业务主管部门申请项目，再组织人员进行项目研究、管理，最后是项目的结题汇总和上级业务部门对该项目的结题考核。这种以完成上级科研任务为主的管理模式，体现为被动地接受上级部门分配的科研任务，造成应用型农业科研院所从事的科研项目及课题与农业产业关联不大。百色的优势主导产业是杧果、蔬菜及甘蔗产业。百色分院从事的科研项目涉及甘蔗、西瓜、水稻、香蕉、玉米等，除了甘蔗属于主导产业项目外，其他都是边缘化的农业项目。从事的农业科研与主导产业联系不紧密，应用型农业科研院所对主导产业的科技支撑作用没有得到充分发挥。

### （二）科技成果转化人才匮乏

由于历史原因，不少农业科研院所仍属于差额拨款单位，科研人员的福利待遇没有得到落实，加之农业科研工作环境艰苦，工作压力大，使得人才引进工作常常处于"招不进，留不住"的尴尬境地。从事农业科研的人才尚且青黄不接，更不用说成果推广的人才了。应用型农业科研单位主要业务是农业科研，成果转化处于次要地位，况且也没有规定科技成果必须要进行转化，不少科研项目处于闭门造车的状态，与农业产业和农民的生产需求相脱节。另外，成果转化机制不健全。成果转化机制是连接成果与产业生产需求的桥梁和纽带，目前农业科研成果转化制度、分配激励措施尚不健全，加之

成果转化经费的缺乏，致使科研成果转化困难重重。

### （三）农业科研成果转化渠道不畅

应用型农业科研院所的科研成果转化工作有待加强，其在技术拓展与延伸以及服务产业发展等方面的作用未充分发挥，加之农业科研单位在职称评定、职务晋升时未将科技成果转化数量、效益以及推广面积等作为评定指标，挫伤了从事科技成果转化工作人员的积极性，影响了农业科研成果转化工作。另外，应用型农业科研院所与县（乡）级的农业技术推广部门衔接得不好，成果转化渠道不畅通，造成科技成果转化率不高。

## 三、应用型农业科研院所促进区域农业产业发展的对策

### （一）优化科研管理机制

传统应用型农业科研院所以完成上级部门安排的科研课题为主要任务。工作流程包括项目申请、项目实施、项目结题汇报。这种管理模式的弊端就是应用型农业科研院所被动接受上级的科研任务，任务及成果与区域产业没有关联或是关联不大。要将传统以上对下的垂直管理模式转变为"上对下，下对上，上下自由沟通"的模式，即上级可以为下级农业科研院所安排科研项目，科研院所为上级立项部门反馈区域产业中存在的关键性技术问题，立项部门根据农业产业中的关键性技术问题进行立项，再由具有研发解决产业关键性技术问题能力的科研院所完成项目任务。这种下上互通模式，不仅能顺利解决产业发展中存在的问题，还能将农业科研成果与农业产业发展紧密联系在一起。

### （二）完善绩效考评制度

农业科研院所原有考评制度多体现为"重科研，轻推广"，年度考评目标以专利、论文、成果等的数量为主，没有把农业新技术、新品种的示范推广，以及促进农业科技成果的转化推广应用等列入考核目标。因此，要进一步完善绩效考评制度，按工作性质对科技人员进行分类评价，将科技创新能力、科技成果推广和服务"三农"工作等作为考核指标，适当增加农业科研成果转化和服务"三农"工作考评指标的权重。

### （三）加强区域产业关键性技术的深入研究

农业产业发展过程中总会遇到各种难题，特别是制约整个产业发展的关键性技术难题，这也是科研工作者需要解决的重要而紧迫的难题。制约产业发展的关键性技术难题多具有解决难度大、风险高等特点，如荔枝蒂虫的防治、台农杧的无胚果等问题，涉及多个学科，需要农业科研院所、高校、涉农企业、种植大户等联合攻关，从产业关键

性问题的内在机理开始研究，探索技术解决方案，再将技术方案在生产中进行实践、验证及熟化，切实解决技术难题。

## （四）促进成果研发部门与推广部门的有机衔接

现代农业的发展离不开科学技术的支撑，要切实提高农业科技成果转化率，以推动关键性技术成果向区域农业产业转化及推广。科学研究是根本，成果转化是驱动力，政府部门应根据本地特点制定适合本地区发展的科技成果转化政策，理顺各种关系，畅通转化渠道，提高农业科技成果的转化率。应用型农业科研院所在政府部门相关成果转化政策的指引下，充分整合上级农业科研机构、涉农企业、县（乡）级农业推广部门，农业产业种植大户等各方面的资源，加强部门间合作，实现应用型农业科研院所与成果推广部门的有机衔接。

## （五）加大农业产业科技人员的培训力度

随着农业产业的不断发展，主导产业的转化升级，农业科技的支撑作用日益凸显。农业技术能够提高作物产量、质量，增加农民收入，要使农业产业关键性技术的作用发挥出来，就必须加大对农业产业科技人员的培训力度：一是进行学员的甄选，选择思想进步、示范带动能力强的种植户，把新技术、新的管理模式等传授给他们，让他们把这些成果、技术带到千家万户，起到以点带面的作用。二是培训内容要结合区域产业关键性技术、种植户的生产需求等来选择，多层次、多渠道开展形式多样、内容丰富、重点突出、针对性强的培训工作，解决种植户在生产过程中遇到的各种实际问题，使培训效果得到进一步巩固和提高。

## （六）提高基层农业科研工作者的工资和待遇水平

应用型基层农业科研院所大多数地处距离城镇较远的地区，农业科技工作者工资待遇低，生活条件艰苦，农业科研人才引进工作常常处于"招人难，留人更难"的尴尬境地。近年来，百色分院共招聘新职员13人，至今已有7人调离，离职率达53.8%。要促进农业科研工作顺利开展，加强农业产业关键性技术的研究和推广，就必须有高水平的科技人才团队作支撑，这就要切实提高基层农业科技工作者的工资、待遇水平，让更多的青年科技人员投身到农业科技这个基础研究的行业中来，使人才"招得来，稳得住"，能沉下心进行农业科研工作，为区域农业产业的发展作出贡献。

**本文原载**　农业科技管理，2019，38（2）：82-84

# 德保县甘蔗产业绿色高质量发展调研报告

贺贵柏　吴兰芳　向　英　韦德斌　潘廷由　黄文武　周连芳　黄翠美

为了深入贯彻落实习近平总书记关于脱贫攻坚的重要指示精神，具体落实农业农村部关于产业扶贫和科技扶贫的工作部署要求，以实际行动贯彻落实广西区党委、区人民政府关于大力发展现代特色农业以及加快糖业高质量发展的决策部署，国家糖料产业技术体系百色综合试验站、广西农业科学院百色分院、百色市农业科学研究所联合德保县蔗糖生产服务中心以及广西田阳南华糖业有限责任公司（以下简称田阳南华糖业）一行11人，2020年5月27—28日，先后深入德保蔗区的足荣镇巴明村百京屯、那甲镇中屯村、隆桑镇陇坛村、燕峒乡城屯村、龙光乡那练村5个乡（镇）的有关村、屯甘蔗生产基地进行实地参观和调研。在实地参观和调研的基础上，又召开了产业和科技扶贫调研座谈会，参加座谈会的主要人员有德保县人民政府领导、德保县辖区12个乡（镇）分管甘蔗生产的领导、有关蔗区村干部和甘蔗种植重点户、专业户代表，以及县直有关部门负责人共46人参加了调研座谈会。通过实地参观调研和座谈，大家重点就如何加快推动德保县当前特别是"十四五"时期甘蔗产业提质增效与绿色高质量发展，千方百计做大做优做强甘蔗产业，提出了许多有重要参考价值的意见、建议和措施。

## 一、德保县甘蔗产业发展现状

德保县位于百色市西南部，地处南亚热带，东部与田东县、天等县接壤，西部与靖西相连，北面同田阳区毗邻，全县面积2 575km$^2$，大部分属喀斯特地貌，石山面积1 792.72km$^2$，占全县总面积69.62%，山地面积2 018.8km$^2$，占全县总面积78.4%。全县12个乡（镇）180个行政村，其中贫困村80个，全县总人口约36.58万人，其中农村人口33.3万人。据有关数据统计，德保县耕地面积60.3万亩，其中水田22.2万亩，旱地38.1万亩。

甘蔗产业是德保县的一项传统优势农业产业。多年来，中共德保县委、县人民政府高度重视抓好甘蔗产业的发展，特别是2007年恢复蔗糖生产以来，甘蔗种植面积逐年扩大，甘蔗生产稳步发展。据统计，2007/2008年榨季，全县甘蔗种植面积3.91万亩，产量13.88万t，甘蔗总收入3 818万元。2013年全县甘蔗种植面积发展到8.51万亩，覆盖全县12个乡（镇）、173个行政村、1 101个自然屯，种蔗农户1.43万户，蔗农人口5万多人，进厂原料蔗25.73万t，实现甘蔗总收入1.132 1亿元，创造了德保县甘蔗产业发展最好的历史纪录。

2013年以后，由于受国际食糖市场价格波动的影响，加上制糖企业（德保华宏公司）长期拖欠蔗农蔗款的不良影响，严重地挫伤了广大农民发展甘蔗生产的积极性。全县甘蔗种植面积逐年减少，甘蔗产业发展极不稳定，综合效益难以保证。特别是2015年以来，全县甘蔗种植面积一直处于低位运行，每年甘蔗种植面积为2.5万～3万亩。据统计，2015—2019年，全县5年累计甘蔗种植面积12.95万亩，进厂原料蔗39.49万t，甘蔗总收入1.906 5亿元。全县累计种植甘蔗农户1.19万户，其中种植甘蔗的贫困户3 310户，占蔗农户数的27.81%，全县蔗农户均种蔗收入1.6万元。实践表明，甘蔗产业是一项促进农业增效、农民增收和财政增长的特色优势扶贫产业。

## 二、当前德保县甘蔗产业发展面临的主要困难和问题

### （一）蔗区个别乡（镇）对发展甘蔗生产认识不足，重视不够

多年来，中共德保县委、县政府对发展甘蔗产业是重视的，并把甘蔗这一传统优势产业列为全县重点产业进行规划和发展，但在实际工作中，个别乡镇未能做到根据当地实际情况，因地制宜，分类指导，有计划、有选择、有重点地发展适合本地自然条件、生产条件和产业技术基础的甘蔗产业，特别是在产业发展的指导思想上，误认为甘蔗是传统优势产业，可任其自然发展。加上有些干部认为，发展其他新的产业，容易引起上级领导关注，容易出成绩，容易有政绩，忽略了甘蔗这一短、平、快的惠民富县的实实在在的长效扶贫产业。

### （二）甘蔗生产区域布局不够合理，产业化程度低

据德保县蔗糖生产服务中心2019年统计，在全县蔗区12个乡镇中，种植甘蔗面积达8 000亩以上的乡镇只有1个（龙光乡），种植甘蔗面积达3 500～8 000亩的乡镇只有1个（东凌镇），种植甘蔗面积达1 500～3 500亩的乡镇有3个（那甲镇、隆桑镇、足荣镇），种植甘蔗面积在1 000亩以下的乡镇有7个。从以上统计数据可以看出，种植甘蔗面积在1 000亩以下的乡镇占比58%以上。种蔗区域零星分散，不便管理，运输成本高，甘蔗生产基地规模小，产业化程度低，难以形成规模效益。

### （三）传统的甘蔗生产模式严重地制约了甘蔗产业的发展

目前，全县甘蔗机械化生产水平低，甘蔗生产成本相对较高，加上甘蔗生产单位

面积产量低，甘蔗生产的效益尚未得到充分体现。

### （四）产业技术队伍建设薄弱

一是县、乡产业技术队伍力量严重不足，产业发展的人才支撑难以保证；二是蔗区村、屯产业指导员力量不足，业务水平低，难以适应现代甘蔗产业发展的需要。

### （五）广大基层干部群众，特别是蔗农，对发展甘蔗生产心存疑虑

特别是本县没有稳固的制糖企业支撑，蔗农有思想顾虑，存在观望态度，甘蔗生产积极性不够高。

## 三、加快推动德保甘蔗产业绿色高质量发展的对策措施

### （一）增强发展信心，切实加强领导

多年的实践证明，甘蔗产业是一项促进农业增效、农民增收和财政增长的特色优势扶贫产业。当前和"十四五"时期，要抓住机遇，加快发展，确保完成全县甘蔗种植10万亩的目标任务，千方百计做大做优做强德保甘蔗特色优势产业。通过调研，笔者认为，德保县发展甘蔗产业特别是做大做优做强甘蔗产业的条件是具备的。

（1）县委、县人民政府已将甘蔗列为全县现代特色农业进行谋划和布局，全县已划定甘蔗生产保护区面积6万亩。

（2）甘蔗生产的自然条件和生产条件比较好。主要蔗区土壤团粒结构好，土层深厚，土质肥沃，全县境内以石山为主，山峦连绵，受台风影响少，甘蔗宿根性强，蔗茎粗壮，可有效防止甘蔗中后期倒伏，甘蔗长势好，产量高。例如，足荣镇巴明村百京屯赵国水，他是该屯的支部书记，多年来带头发展甘蔗生产，由于耕地面积有限，赵国水只能靠自家的3亩多耕地发展甘蔗种植，他注重加强精细管理，甘蔗宿根性强，一种可收7~8年，每亩甘蔗产量平均达7t以上，年收原料蔗21t以上，在他的带动下，该屯户户种植甘蔗，是典型的甘蔗种植高效迷你户。又例如，东凌镇东凌村，土壤肥沃，生产条件好，素有"四川小盆地"之称。该村种蔗农户27户，种蔗面积554亩，2019/2020年榨季，入厂原料蔗2 627t，平均亩产4.736t，户均种蔗20.5亩，户均产量97t，全村种蔗总收入131.35万元，户均种蔗收入4.86万元。

（3）广大蔗农掌握基本甘蔗生产技术，生产积极性高，效益好。例如，龙光乡那练村足翁屯，全屯共有农户13户，是国家城乡统计监测点，全屯除劳动力外出务工外，有8户在家全部种植甘蔗，年入厂原料蔗689t，平均每户86.13t，户均种蔗收入4.3万元，产量高，收入可观。又例如，东凌镇平交村，地处云贵高原余脉，是典型的深度

贫困村，该村以土坡丘陵为主，全村种蔗农户96户，种蔗面积1 047亩，户均种蔗10.9亩。2019/2020年榨季，入厂原料蔗4 226t，总收入210多万元，户均产量44t，平均亩产4.036t，户均种蔗收入2.2万元。

（4）国家和自治区食糖产业政策有利于甘蔗产业的发展。

（5）田阳南华糖业有限责任公司已于2019年和德保县签订了原料蔗收购服务，从根本上解决了蔗农的后顾之忧。

上述这些有利条件，为德保"十四五"甘蔗产业的规划与发展提供了条件，奠定了基础。为此，蔗区各级党委、政府必须统一认识，增强信心，高度重视抓好甘蔗生产，进一步创新和强化甘蔗生产考评制度，真正从思想认识、工作部署和工作措施上，切实加强对发展甘蔗产业的组织领导。

### （二）制定发展规划，强化计划落实

甘蔗产业要发展，规划是基础。通过调研分析，笔者认为，"十四五"时期，要加快推动德保县甘蔗产业绿色高质量发展，必须抓好甘蔗产业发展规划。要在现有蔗区的基础上，进一步加大规划和调整力度，不断优化甘蔗生产区域布局和种植结构。德保县气候类型为热带、亚热带季风气候，年均气温19.5℃，年平均降雨1 462.5mm，气候条件适合发展甘蔗生产。根据德保县不同区域的自然条件和生产条件以及多年的气象资料分析，笔者认为，德保县中东部地区应以足荣镇、那甲镇、隆桑镇为核心优势蔗区进行规划布局，核心优势蔗区规划种植甘蔗面积19 500亩，即规划每个乡（镇）种蔗面积分别为6 500亩，辐射带动城关镇、马隘镇、都安乡3个乡（镇）；西南部地区应以龙光乡、燕峒乡为核心优势蔗区进行规划布局，核心优势蔗区规划种植甘蔗面积46 500亩，即规划龙光乡种蔗面积26 500亩、燕峒乡种蔗面积20 000亩，辐射带动荣华乡等乡镇；东北部地区应以东凌镇为核心优势蔗区进行规划布局，核心优势区规划种植甘蔗面积20 000亩，辐射带动敬德镇、巴头乡2个乡（镇）。通过编制"十四五"甘蔗产业发展规划，构建德保县以中东部、西南部和东北部三大区域为核心优势蔗区的甘蔗生产新格局。要在制定全县甘蔗产业发展规划的基础上，强化年度计划和落实，力争3～5年，确保实现全县完成甘蔗种植任务10万亩和进厂原料蔗50万t的奋斗目标，为做大做优做强德保县甘蔗产业稳定面积基础和产量保障。

### （三）创新政策措施，加大产业扶持力度

甘蔗产业既是助农增收产业，又是长效扶贫产业，既是富民兴县产业，也是富民兴边产业。要加快推动甘蔗产业绿色高质量发展，必须进一步创新政策措施，加大产业扶持力度。要在用足用好用活国家和自治区给予优惠政策的基础上，建议县委、县人民

政府尽快出台《德保县甘蔗产业绿色高质量发展扶持政策措施》。在政策创新方面，要注重突出以下6个方面重点。一是要注重扶持甘蔗优良新品种的示范、繁育和推广；二是要注重鼓励和扶持种蔗重点户、专业户带头进行甘蔗专业化生产；三是要注重鼓励和扶持甘蔗生产种、管、收全程机械化作业；四是要注重鼓励和扶持推广各项节本增效的农业绿色生产技术；五是要注重改善蔗区生产条件，特别是抓好蔗区水利设施建设和蔗区产业机耕路，确保运输畅通；六是要积极探索推行甘蔗生产政策性保险制度，不断创新金融绿色信贷模式。

### （四）转变甘蔗生产方式，鼓励适度规模经营

"十四五"时期，要按照农业产业化的规律和要求，在鼓励农户科学种蔗的基础上，积极探索，大胆实践，加快推动甘蔗生产由传统生产方式向科学种植和高效管理转变，加快推进甘蔗生产的规模化、专业化和产业化进程。特别是注重鼓励农村能人、甘蔗生产重点户、专业户和新型农业经营主体，连片种植，规模经营，加快发展。例如，甘蔗生产重点户，原来种蔗5~10亩，可鼓励和扶持其扩大到50~60亩；甘蔗生产专业户，原来种植50~60亩，可鼓励和扶持其扩大到200~300亩。要鼓励和引导他们依靠科技创新和加强经营管理，进行甘蔗适度规模经营和专业化生产，真正发挥他们扎根新农村、一心一意种好蔗和服务乡村振兴的"领头羊"作用。

### （五）依靠科技创新，加快推动甘蔗产业提质增效

要加快推动甘蔗产业绿色高质量发展，必须注重依靠科技创新加快推动甘蔗产业提质增效。一是要注重结合德保县蔗区自然条件和生产条件，科学编制全县"十四五"甘蔗产业发展规划，精准制定年度甘蔗生产计划，进一步优化甘蔗区域布局和生产结构；二是要注重抓好甘蔗优良新品种的示范和繁育，建议每个乡（镇）都要建设甘蔗良种示范基地和繁育基地，确保甘蔗良种就近供应，降低甘蔗生产成本；三是要大力宣传和推广甘蔗优良新品种，特别是要重点推广那些高产高糖、适应性强、宿根性好、抗逆性强、脱叶性好以及适合机械化生产的甘蔗优良新品种，例如，桂糖46号、柳城05-136、福农41号等桂糖系列、桂柳系列和福农系列等甘蔗优良新品种；四是要大力宣传和推广各项精简节本增效的农业绿色技术，例如，甘蔗健康种苗繁育技术、宿根蔗大田种苗健康补苗技术、春季早种丰产栽培技术、甘蔗机械化作业技术、甘蔗一次性肥药施用技术、宿根蔗小锄低砍高效栽培技术、甘蔗间套种技术以及甘蔗病虫害绿色防控技术等；五是要加快推动甘蔗生产适度规模经营和专业化进程，切实转变甘蔗生产方式，向科学高效管理要质量要效益。

## （六）支持制糖企业发展，创新产业服务模式

"十四五"时期，要加快推动甘蔗产业绿色高质量发展，必须注重发挥辖区制糖龙头企业的作用。2018年8月，德保华宏糖业有限责任公司因多年经营亏损和银行借贷等原因，决定不再生产和经营，但是周边制糖企业当前都存在"吃不饱"状态，糖料蔗不愁销路。2019年，田阳南华糖业积极主动深入德保县蔗区做好调研和服务，目前，已与德保县蔗区绝大部分蔗农签订了糖料蔗收购订单合同，由田阳南华糖业负责收购和压榨。据调研，田阳南华糖业日榨能力可达6 000t，一个榨季可榨蔗60万t以上，可同时满足田阳蔗区和德保蔗区的榨蔗需要。建议德保县人民政府和蔗糖服务部门，要注重加强与田阳南华糖业的交流与合作，辖区政府要重点抓好甘蔗产业发展规划、制定配套政策措施，创新管理方式和服务模式，加强宣传发动，完善甘蔗生产考评制度以及协调和支持制糖企业开展甘蔗种、砍、运、榨一条龙服务。田阳南华糖业要从长远发展考虑，充分发挥自身优势，积极主动作为，不断创新产业服务方式与模式，在核心优势蔗区乡镇建立和完善甘蔗收购中转站3~6家，特别是主动配合辖区政府进行甘蔗种植规划、扶持政策支持、甘蔗种植技术指导以及做好各环节的配套服务，千方百计让蔗农满意，让政府放心。建议政府要注重进一步加强与制糖企业的合作，成立甘蔗榨季工作领导小组，特别是加强砍、运、榨各环节全程监管与服务，坚决杜绝司机坑农等不良现象。

总之，通过调研，笔者认为发展甘蔗产业对于促进农业增效、农民增收，对于增加地方财政收入和促进县域经济高质量发展，对于巩固全县脱贫攻坚成果和深入实施兴边富民战略，都具有十分重要的意义，为此，必须进一步加大发展甘蔗产业的力度。"十四五"时期，德保全县规划甘蔗种植面积扩大到10万亩，按亩产原料蔗5t计，全县甘蔗原料蔗总产可达50万t，按每吨500元计，全县原料蔗总收入可达2.5亿元，总产糖量6.271万t，食糖总收入3.38亿元，蔗糖总收入5.88亿元，总经济效益4.54亿元，总税收4 394万元。如按亩产原料蔗6t计，全县甘蔗原料蔗总产可达60万t，按每吨500元计，全县原料蔗总收入可达3亿元，总产糖量7.526万t，食糖总收入4.05亿元，蔗糖总收入7.05亿元，总经济效益5.45亿元，总税收5 265元。

相信，在中共德保县委、县人民政府的坚强领导下，只要全县上下团结一致，狠抓各项工作措施的落实，特别是要紧紧依靠政策创新、科技创新和服务创新，就一定能够实现全县"十四五"时期规划甘蔗生产10万亩的目标任务，就一定能够加快推动全县甘蔗产业绿色高质量发展，就一定能够做大做优做强德保甘蔗产业。

**本文原载**　广西糖业，2020（4）：19-21

# 第 五 部 分

## 园区建设的探索与实践

# 试论新阶段西部地区建设国家农业科技园区的战略意义

贺贵柏

## 一、农业科技园区的兴起

20世纪40年代末，科技园区的概念开始出现并进入实践。1947年，美国斯坦福大学校长提出了建立大学研究园的设想，1951年该校规划和建设了斯坦福研究园。由于政府支持及多方配合，形成了政府、大学、科研单位及企业紧密合作的运行机制，逐步成为世界一流的高新技术设计和制造中心，即世界闻名的"硅谷"。20世纪60年代以后，建立科技园区的理念和模式逐步被许多国家和地区所接受，开始成为许多国家和地区探索推进高科技产业发展的主要途径和模式。

在我国，农业科技园区的兴起及快速发展有其历史必然性。一方面，建设农业科技园区是我国农业发展的现实需要，另一方面，建设农业科技园区又是我国农业发展进程中的客观要求。20世纪90年代以来随着世界农业科技革命的迅速发展，我国农业生产方式逐步由传统粗放型向现代集约型转变，农业科技园区作为现代集约型农业和高新技术示范的窗口，随着农业发展的阶段性变化应运而生。1988年5月，国务院正式批准设立我国第一个高新技术产业开发区——北京市新技术产业开发试验区，从而拉开了我国发展高新技术产业的序幕。20世纪90年代初，为了迎接新技术革命的挑战，我国政府作出了加快发展高新技术产业的战略决策，农业科技园区开始在全国各地迅速发展起来。1991年以来，国务院先后批准建立了53个国家高新技术产业开发区。20世纪90年代末，从面向21世纪发展高科技、实现产业化、培养复合型人才的战略要求出发，科技部和教育部决定从国家层面联合推进大学科技园建设。2001年3月，评审和认定清华大学科技园等22所大学为国家大学科技园。2002年4月，又评审和认定北京理工大学等21所大学启动国家大学科技园建设。在这43个大学科技园中，其中26个位于国家级高新区内，2个部分在国家高新区内。

2000年3月，科技部为了进一步贯彻落实中央农村工作会议精神，根据《农业科技发展纲要》的总体部署制定了《农业科技园区指南》和《农业科技园区管理办法（试行）》。明确提出"十五"期间我国将建立50个国家级农业科技园区。2001年科技部批准山东寿光等21个农业科技园区为国家级农业科技园区（试点）；2002年4月又批准了宁波慈溪等15个农业科技园区为第二批国家级农业科技园区（试点）。至此，我国又有36个国家级农业科技园区，其中，东部地区12个，占33%，中部地区11个，占30%，西部地区13个，占37%。2006年，我国拥有各类农业科技园区5 000多个，其中国家级农业高新技术开发区1个，国家级农业科技园区36个，现代农业示范区、农业综合开发高新技术示范区600多个，省级各类农业科技园区1 000多个，已初步建成国家、省、地区（市）、县（区）4级农业科技园区建设体系。目前，全国已建立了65个国家级农业科技园区。10年来，国家农业科技园区的建设取得了显著成效，得到了党中央、国务院的高度重视和充分肯定，受到了地方政府、科技界、农业界、企业界和广大农民的普遍赞许和欢迎。可以说，国家农业科技园区的建设与发展前景十分广阔。

## 二、新阶段西部地区建设国家农业科技园区的战略意义

农业科技园区是20世纪90年代以来在我国加快推进农业现代化进程中涌现出来的一种新型的农业发展模式。可以说，农业科技园区是一个以现代科技为支撑，立足于本地资源优势和产业优势，按照现代农业产业化要求组织生产和经营，以构建现代新型的农业新技术研究、开发、引进、示范和转化为主体的在特定范围内建立起来的科技创新型现代农业示范基地和现代多功能农业产业开发基地。建立农业科技园区的主要目的，就是依靠科技进步与创新，促进科学技术与现代农业生产与开发的有效结合，进而加快推进具有中国特色的农业现代化进程。

建设农业科技园区是我国发展农业现代化的重要内容，是探索建设具有中国特色的农业现代化道路的新模式、新途径、新路子。"十二五"时期是加快发展现代农业的重要机遇期，特别是西部地区，抓好农业科技园区的建设，对于培育和壮大特色高效优势产业，发展品牌农业，推进农业发展方式转变和农业经营机制创新，引领区域现代农业发展，缩小西部地区与中、东部地区现代农业发展的差距，都具有非常重要的战略意义。

### （一）建设国家农业科技园区是加强西部地区现代农业科技支撑的需要

要解决西部地区农业科技创新受需求不足与供给不足的双向约束问题，必须加快推进农业科技进步与创新，积极探索走出一条依靠科技进步与创新加快发展现代农业的新路子。农业科技园区是现代农业的重要载体和形式，是现代农业新技术研发、引

进、示范与转化的平台。从经济学角度看，农业技术创新是生产要素与生产条件的重新组合。农业科技园区技术创新的重点，主要是通过农业新技术的引进、集成创新和科技成果转化，以解决园区及周边地区农业生产及产业发展的重大科技问题，从而带动区域现代农业的发展。农业科技园区技术创新的主要途径，应以农业新技术的引进、集成创新和科技成果产业化开发为主。西部地区建立农业科技园区，通过探索农业技术创新模式的多样性，从而建立起符合园区实际和适应当地农业生产和产业发展需求的技术创新模式。特别是建立起"技术引进+技术示范（推广）+技术转让+技术开发+技术产业化"的发展模式和机制，可以有效地增强农业科技园区新技术新成果的展示能力、引进能力、应用能力、转化能力、技术集成能力、技术创新能力以及增强技术的产业支撑能力，从而增强园区区域性农业科技创新能力和引领能力。实践证明，建设国家农业科技园区是加强西部地区现代农业科技支撑的需要。

### （二）建设国家农业科技园区是加快推进西部地区现代农业产业发展的需要

现代农业产业是发展现代农业的基础。现代农业产业的鲜明特征是产业特色鲜明、功能设施完备、产业规模雄厚、技术先进、示范引领作用突出、比较优势明显和产业竞争能力强。相对于我国中、东部地区而言，西部地区由于受自然环境、生产条件和经济条件等各种因素的影响，区域现代农业产业发展滞后，产业化程度比较低。西部地区建设国家农业科技园区，通过实现管理机制和经营机制创新，有利于根据区域现代农业发展的实际，通过进行科学论证与规划、选择和培育特色产业、优势产业和主导产业、强化科技示范、孵化和培植农业龙头企业，构建起现代农业产业化经营体系，以实现农业产业的技术创新和管理创新，促进西部地区农业产业特别是特色农业的规模化、标准化、品牌化和产业化，转自然禀赋优势为特色优势，强化园区的产业支撑能力，加快推进西部地区现代农业产业的发展。

### （三）建设国家农业科技园区是加快西部地区农业科技成果转化的需要

农业科技园区是农业科技成果转化与应用的平台。相对于我国中、东部地区而言，西部地区农业组织化特别是产业化程度比较低，不利于农业科技成果转化与应用。园区建设始终坚持"政府引导、企业运作、社会参与、农民受益"的原则，有利于加快农业科技成果转化与应用的能力。特别是西部地区建设国家农业科技园区，通过不断创新管理机制和运行机制，孵化和培育一大批农业科技型企业，有效地推进农业产业化的进程。西部地区建设国家农业科技园区，着重围绕园区和周边地区的特色优势产业和主要产业进行农业科技成果转化与应用，逐步形成园区与企业、大学以及农业科研机构一体化的农业科技成果转化与应用体系，从而提升园区的农业科技成果转化层次，加速农业科技成果转化速度，提高农业科技成果转化与应用的效率。

## （四）建设国家农业科技园区是促进西部地区区域现代农业发展的需要

现代农业是指广泛应用现代农业科学技术、现代工业提供的生产资料和设施装备以及现代科学管理方法而进行的社会化农业。现阶段发展现代农业的主要目标是，农业综合生产能力稳步提升、农民收入持续较快增长、农业产业体系更加完善、农业科技和物资装备水平明显提高、农业生产经营组织方式不断创新和农业生态环境逐步完善。与我国中、东部地区比较而言，西部地区现代农业发展相对滞后。农业科技园区建设的实践证明，园区是现代农业的重要载体和形式，是现代农业新技术引进、示范与应用的平台。西部地区建设国家农业科技园区，有利于引领区域现代农业发展。现代农业是生产领域广阔的农业。西部地区通过建设国家农业科技园区，在国家产业政策的指引下，大力发展园区及周边地区特色优势产业和主导产业，依靠科技支撑和引领，进一步拓展了园区的生态、生产、经济、科普和休闲农业功能，开辟了农村新的生产领域、产业领域和就业领域，促进区域现代农业的发展。

## （五）建设国家农业科技园区是加快推进西部地区农业发展方式转变的需要

现阶段，西部地区正处于由传统农业向现代农业转变的过渡时期。要加快传统农业向现代农业的转变，必须加大转变农业发展方式。加快转变农业发展方式，调整优化农业生产结构，这是发展现代农业的必由之路。西部地区建设国家农业科技园区，通过创新管理机制和运行机制，依靠科技进步与创新，加快推进农业发展方式转变。依靠科技进步与创新，主要是发挥科技创新的驱动作用。国家农业科技园区的建设，紧紧抓住科技与农业生产紧密结合这个根本问题，坚定不移地走创新发展之路，加快建设和完善以企业为主体、产学研结合的区域科学创新体系，努力推动农业经济增长从主要依靠土地、资金、劳动力及优惠政策等要素驱动，向主要依靠技术创新驱动的发展模式转变。通过推动"要素驱动"向"创新驱动"转变，进一步发挥科研院所和高校在园区自主创新中的源头作用，强化企业在园区技术创新中的主体地位，突破一批引领园区产业改造与升级的重大关键技术，进一步提高土地产出率、资源利用率和劳动生产率，转自然禀赋优势为特色优势，做大做强特色高效农业，加快推进西部地区农业生产经营特别是特色农业的规模化、专业化、标准化、集约化和产业化进程，努力提高西部地区现代农业产业的影响力和竞争力，争创农业发展的新优势，努力实现"创新引擎"驱动西部地区现代农业跨越发展。

### （六）建设国家农业科技园区是促进西部地区农业增效和农民增收的需要

发展现代农业和农村经济的一项中心任务就是促进农民持续较快增收。与我国中、东部地区比较而言，西部地区农民增收幅度比较小，增长速度比较慢。促进农民持续较快增收已成为现阶段和今后一个时期西部地区各级政府的一项十分紧迫而又重要的内容。西部地区建设国家农业科技园区，通过创新管理机制和经营机制，重点围绕当地特色农业产业和主导产业，孵化和培育了一大批农业科技型企业，有效地促进了农业产业化进程和农民增收致富。园区通过围绕当地特色农业产业和主导产业发展需求，积极开展形式多样化的农业技术培训和技术服务，因地制宜地培训农村实用人才和农村科技带头人，提高了农民应用现代农业科技的能力，涌现了一大批新型农民，拓展了农民的生产经营领域和就业渠道，提高了农民的增收和致富能力。

### （七）建设国家农业科技园区是促进西部地区农业经营机制创新的需要

现阶段，我国西部地区正处于传统农业向现代农业的过渡时期，农业经营的组织化和产业化程度比较低，严重制约了现代农业的发展。西部地区建设国家农业科技园区，通过创新管理机制和经营机制，借助人才和技术的聚集，成功引进和孵化培养了一大批现代农业科技型企业，突出了企业在园区现代农业发展中的主体地位，积极探索"龙头企业+科研单位+基地+农户"等企业化运行模式，从而带动了园区及周边地区特色优势产业和主导产业的迅速发展，促进了西部地区区域现代农业的发展。

### （八）建设国家农业科技园区是加快推进西部地区统筹城乡发展的需要

新阶段发展现代农业的一项重要任务，就是在工业化、城镇化深入发展中同步推进农业现代化。新阶段是全面贯彻落实在工业化、城镇化深入发展中同步推进农业现代的重要战略机遇期。西部地区建设国家农业科技园区必须准确把握新阶段国家农业科技园区发展的特征和需求，进一步提升和强化国家农业科技园区的科技支撑、示范带动和服务企业作用，积极探索建立园区伙伴联盟等创新机制，充分发挥园区在推进西部地区现代农业发展及统筹城乡发展中的重要作用。

### （九）建设国家农业科技园区是加快西部地区农村新型人才培养和促进农村科技创新创业的需要

发展现代农业需要培养一批有文化、懂技术和善经营的农村新型人才。西部地区发展现代农业的一项重要任务就是加快培养新型人才，千方百计促进农村科技创新创业。实践证明，农业科技园区既是现代农业新技术引进、示范与应用的平台，又是现代农业生产者、管理者和经营者的培训基地。西部地区建设国家农业科技园区，主要针对园区及周边地区特色农业产业和主导产业的发展和农村人才市场的新需求，通过创新人才培训模式，进一步强化了园区的人才培训职能，不断完善新型农村科技服务体系，从而增强园区新型农民的创业增收和致富能力。

### （十）建设国家农业科技园区是加快西部地区农业对外交流与合作的需要

现代农业是开放性的农业。实践证明，农业科技园区作为现代农业发展的重要基地和平台，又逐步成为我国农业对外交流与合作的实验区和示范区。西部地区现代农业发展比较滞后，一个重要的原因是农业对外交流与合作的力度不够。西部地区建设国家农业科技园区，顺应了世界农业科技革命的发展趋势和我国现代农业发展的新形势、新要求。通过建设国家农业科技园区，为西部地区农业发展提供了对外交流与合作的新平台。面对新阶段农业对外开放的需求，园区通过不断创新管理机制和经营机制，有利于加强农业的对外交流与合作。一方面，注重围绕特色优势产业、主导产业发展引进国外优秀人才和先进技术，另一方面，又要积极参与自主技术的国际交流与合作，千方百计在更广领域、更高层次加强西部地区的农业对外交流与合作。

**本文原载**　广西农学报，2013，28（3）：47-50

# 试论百色国家农业科技园区建设与发展

贺贵柏

百色国家农业科技园区是百色实施亚热带现代农业示范基地，是2001年9月科技部批准成立的全国首批21个国家农业科技园区（试点）之一，是广西唯一的国家级农业科技园区，覆盖右江河谷右江、田阳、田东、平果4个县（区）、21个乡镇、231个行政村。为应对中国东盟自由贸易区建立的新挑战和机遇，加强百色国家农业科技园区建设，提高农业科技园区的科技成果转化能力、示范和辐射能力，提高百色国家农业科技园区参与东盟乃至世界经济的竞争力，构建亚热带特色农业研发平台，加快百色社会主义新农村的建设步伐。必须站在我国加入世贸组织以及实施西部大开发和建设社会主义新农村的战略高度，进一步明确建设百色国家农业科技园区的重大意义，分析发展现状，总结存在的困难和问题，进一步提出今后尤其是"十一五"时期园区建设与发展的对策措施。

## 一、建设百色国家农业科技园区的重大意义

目前，我国西部地区农业的发展正处在传统农业向现代农业过渡的时期。新阶段农业的发展面临着农业产业结构不合理、农业整体效益比较低、农民收入增长缓慢和生态环境恶化等问题。农业发展的主要矛盾已经由数量型农业向以科学技术为依托的效益型农业转变，要实现传统农业向现代农业的跨越，其根本出路在于依靠科技进步与创新，加速农业科技园区建设已成为新阶段发展现代农业的战略选择。百色国家农业科技园区选择在右江河谷建设，这里地处广西西部，位于广西、云南、贵州3省结合部，是伟大的无产阶级革命家邓小平同志领导的著名的"百色起义"的革命老区，又是少数民族和全国18个连片贫困地区之一，是全国典型的老、少、边、山、穷地区，因此，在这样一个贫困的西部地区和著名的革命老区建设国家农业科技园区，不但具有重要的经济意义，而且具有重大的政治意义。

## （一）建设国家农业科技园区是加快推进百色农业产业结构调整优化与升级，提高农业整体效益的需要

百色市是一个以农业为基础的典型地区。据统计，2005年第一产业值预计为66.20亿元，占地区预计生产总值238.5亿元的27.76%。首先，通过建设国家农业科技园区使高新技术渗透到传统农业产业的各个生产要素中去，从而形成新的农业产业链条；其次，通过园区的试验、示范、辐射和扩散的功能，把农业高新技术成果转化成农民能够"看得见、摸得着、学得起、用得上"的实用技术，从而实现农业高新技术成果向传统农业产业的迅速渗透与扩散，以加快农业产业结构的调整优化与升级，从而达到提高农业整体效益的目的。

## （二）建设国家农业科技园区是加快推进农业高新技术产业化和增强农产品国际竞争力的需要

建设百色国家农业科技园区的主要功能定位就是进行亚热带现代农业高新技术示范、推广与开发，加快推进农业高新技术成果向现实生产力的转化，消除农业的弱质性，培育农业新的经济增长点，促进农业高新技术成果产业化。通过加快农业高新技术成果产业化，进而加速推进农业产业化经营的进程。只有通过在不断提高高新技术产业化和农业产业化经营水平的基础上，才能不断提高农产品的科技含量，从而提高农产品的国际竞争力。

## （三）建设国家农业科技园区是转变农业增长方式，加快建设现代农业和社会主义新农村的需要

现代农业是以生物技术和信息技术为先导的高度密集的产业。建设现代农业是党的十六大确定的全面建设小康社会的主要任务，也是党的十六届五中全会提出的建设社会主义新农村的首要任务。百色是西部地区一个典型的农业地区，建设国家农业科技园区，依靠科技进步与创新，转变农业增长方式，加快现代农业建设，增加农民收入，对百色推进社会主义新农村的建设具有重大的战略意义。

## （四）建设国家农业科技园区是促进农业和农村经济可持续发展的需要

百色市是西部一个典型的山区市，山区面积占总面积的90%以上。石漠化程度比较严重，生态环境比较脆弱。建设国家农业科技园区，通过探索现代农业如何向资源节约和可持续发展的绿色产业方向发展，对促进百色乃至西部地区农业和农村经济的可持续发展都具有重要的经济意义、社会意义和生态意义。

## （五）建设国家农业科技园区是顺应世界新的农业科技革命的需要

随着经济全球化和世界新的农业科技革命的迅猛发展，现代农业正成为新世纪各国政府构架新经济体系的重要内容，以设施农业为标志，以农业高科技密集为主要特征的农业科技园建设成为国际农业发展的成功经验和基本趋势。例如，美国的"面向21世纪的生物技术计划"，荷兰的蔬菜和花卉产业，以色列在沙漠上推广的高效节水灌溉技术和设施栽培技术，堪称世界农业科技革命的奇迹。按照科技部提出的百色国家农业科学园区要成为面向西部、面向东盟、面向泛珠江三角的我国亚热带现代农业示范区，中国—东盟农业科技合作与交流的示范基地。由此可见，建设国家农业科技园区是百色乃至西部地区顺应世界新的农业科技革命的需要。

# 二、百色国家农业科技园区"十五"发展现状

按照科技部提出的"省部共建，以省为主，明确分工，责任在市"的管理组织形式，百色农业科技园区建设得到了国家、自治区的高度重视和支持，在中共百色市委、市人民政府的直接领导下，取得了较大的建设成就。

## （一）构建园区组织机构与运行机制

根据科技部提出的"省部共建，以省为主，明确分工，责任在市"的园区组织管理机构的构架，百色国家农业科技园区主要由科技部、广西区政府和百色市政府3级共建，区、市、县、乡（镇）4级共同参与园区建设。园区成立了广西百色国家农业科技园区省、部协调领导小组，园区建设工作区、市联席会议制度和百色国家农业科技园区建设管理委员会（以下简称园区管委会）。园区实行协调领导小组领导下的"政府引导，企业运作，中介参与，农民受益"的运行机制。园区管委会作为园区的日常管理机构，下设若干个部门。园区管委会主要行使三大职能，即园区行政管理职能、组织农业科研与推广职能和农业开发经营与服务职能。园区组织管理结构示意图如下。

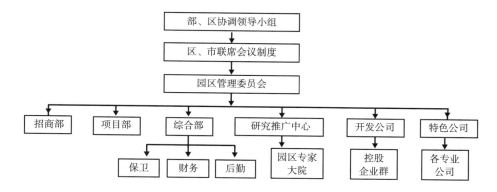

## （二）制定各种优惠政策和管理制度，营造园区良好的发展环境

中共百色市委、市人民政府先后出台了《广西百色国家农业科技园区管理办法》《广西百色国家农业科技园区管理办法实施细则》《广西百色国家农业科技园区优惠政策》《关于进一步加强人才工作的决定》《关于实施百色人才小高地建设的意见》《广西百色国家农业科技园区科研开发经纪人管理暂行办法》和《广西百色市现代农业技术研究推广中心项目资金管理办法》等23项相关政策性文件和管理制度。

## （三）"六园两基地"建设得到快速发展

百色园区依托本地特色农业和农业支柱产业，采取"一园多区"的模式，重点建设1.5万亩优质杧果产业化示范园、1万亩优质无公害蔬菜产业化示范园、1万亩优质香蕉产业化示范园、2万亩优质高产高糖甘蔗示范园、1万亩优质种子种苗繁育示范园、6 000亩特色畜禽水产养殖示范园以及农产品加工产业化基地、农村信息服务体系及科技培训基地，注重核心区、示范区、辐射区三大功能区技术转移和衔接。示范园通过示范、辐射带动杧果种植面积18万亩，无公害蔬菜32万亩，香蕉15万亩，甘蔗75万亩，已引进企业26家。从事农产品加工企业7家，开发产品有糖类系列产品，杧果、香蕉、葡萄、大米、牛奶、腐竹等食品系列产品，香料、调味品等系列产品共30多项。示范园已成为中国"杧果之乡"，全国"南菜北运"的重要基地。产品销往我国上海、香港、澳门等国内市场及俄罗斯等国外市场。2004年，全市共举办培训班1 680期，培训农民8万多人次，培训后发放"绿色证书"232 360本、"农民技术员证书"12 000本。园区示范、辐射作用进一步巩固扩大。2004年，园区核心区实现农业产值1.8亿元，农民人均纯收入2 535元，带动示范、辐射区农民16.3万户80.12万人，实现农业产值23亿元。

## （四）按照高、精、尖的中心建设目标，为创建一流的亚热带现代农业研发平台打下了基础

建设了广西百色现代农业技术研究推广中心，内设亚热带现代农业研发中心、智能化信息中心、生物组培中心、会议中心及培训中心等。为国内外高层次专家、学者和留学人员来百色开展亚热带农业高新技术和石漠化综合治理技术的研究开发、技术成果的就地转化和示范推广，以及创办农业高科技型企业提供全程孵化服务，并以良好的设施为优秀的专家创造的成果提供优质的服务。

## （五）建成了广西最大的生物组织中心并已投入生产

生物组织中心年设计生产能力为2 000万株植物健康种苗，已与广西农业科学院生

物研究所合作建立了生物组培生产基地,组培中心坚持科研与产业化生产相结合。目前已研究培育出蝴蝶兰、万代兰、大花惠兰、香蕉、马蹄、罗汉果、石斛、天冬、速生桉等10多个亚热带名贵花卉、果蔬、中草药、石漠化治理苗木的组培苗生产技术,成为广西同类型企业中生产能力最大、技术性最强的生物组培生产企业之一,也是百色园区优质种子、种苗产业化的龙头企业。

### (六)以"亚热带特色农业关键技术研究与示范"项目为契机,提高了百色园区的研发能力和科技创新能力

建园以来,特别是在杧果保鲜、蔬菜工厂化育苗基质配方、"红象牙"杧果单性结实机理及人工控制方法等方面取得了一批具有自主知识产权的成果。香蕉、番茄、苦瓜、辣椒、田阳香杧、杧果标准化生产技术规程广西地方标准已颁布实施。一批新技术、新成果得到应用和推广。园区先后实施优质杧果产业化示范、反季节蔬菜示范、优质种子繁育基地开发、优质高产高糖甘蔗产业化示范、智能化农业信息技术应用、农业科技培训、节水农业等30多项国家和自治区级项目;推广引进"无公害蔬菜栽培""杧果高低位嫁接""杧果优质高产栽培""杧果冻害综合防治""智能化杧果农业信息系统应用"高位换冠、果实套袋等技术得到推广,"生物菌肥使用""蔬菜无土栽培""台糖系列优质高产栽培"测土配方施肥等新技术85项;引进"金煌杧""玉文杧""圣女番茄""黑美人西瓜""金姑娘""大青枣""火龙果"等新品种200多个。开发"田阳香杧""布洛陀牌"杧果等名优产品。实施"亚热带特色农业关键技术研究与示范"专项等项目,解决了一批亚热带农业产业化关键技术,培育了一批产业,培养了一批创新人才,转化了一批科技成果。

### (七)加强人才队伍建设,建立百色国家农业科技园区"人才小高地"

一是出台了相关的政策。中共百色市委、市人民政府制定了《关于进一步加强人才工作的决定》和《关于实施百色人才小高地建设的意见》等相关的政策措施。二是聘请了中国工程院院士袁隆平、方智远、张子仪等20位国内知名专家为百色现代农业人才小高地专家。三是与清华大学、华南理工大学、北京航空航天大学等签订了人才培养协议。四是建立协会、农家学校,推进农村科技服务组织建设,培养乡土人才。通过"支部+协会""协会+基地+会员""协会+市场+基地+农户""公司+协会+基地+农户"、能人带农户等模式,为会员提供产前、产中、产后全过程系列化服务,有效地解决了农民想致富、愁门路、缺技术、盼服务、急销路等一系列问题,同时培养了大批园区乡土人才。五是加强农业科技服务体系建设。通过科技特派员、农业科技专家大院、农业科技信息网等工作的开展,实施了"十百千万"农村科技信息"进万家、惠万民"

工程，初步建立了"农村适用技术'110'呼叫中心"，建立了百色园区农业科技服务体系，开辟了科技成果进村入户的多种渠道。

### （八）以项目为重点，积极引进企业入园，提升园区自我运营能力

园区已建设的主要项目有右江河谷果树种质种苗资源保护及良种繁育基地建设、超级水稻制种基地建设、广西百色现代水利节水灌溉示范基地建设、南方优质种羊基地建设、百色水利枢纽渔业增殖站建设、名贵花卉组培生产及产业示范、田阳果菜物流配送中心、田阳万亩杧果风情园、生态富民家园——小水体养殖、超级稻+再生稻+冬菜吨粮配套实施蔬菜专供基地建设、优质米加工基地建设、无害化治理蔬菜基地建设、豇豆新型饲料综合利用、圈养山羊和种草养牛、优质蘑菇栽培、生态立体养殖、桂夏橙集约化优质高效栽培技术研究及产业化开发以及广西皇氏生物工程乳业有限公司优质奶牛饲养与奶业加工等项目，总投资达5.8亿元。项目实施后，都取得了较好的经济效益、社会效益和生态效益。

### （九）积极开展南北对接，共建百色国家农业科技园区

园区先后与北京、江苏、福建、广东、广州等省（市）建立了共建关系。

## 三、"十一五"百色国家农业科技园区建设与发展的指导思想、发展目标与发展重点

### （一）指导思想

以邓小平理论和"三个代表"重要思想为指导，认真贯彻落实"科教兴国"和"可持续发展"战略，按照科学发展观的要求，抓住中国东盟自由贸易区建立的良好机遇，构建我国亚热带特色农业研发平台，提高百色农业科技园区的技术创新能力、技术应用与推广能力、人力资源开发能力，加速成果转化推广，壮大优势产业，提高我国亚热带农产品在中国东盟自由贸易区的市场竞争力，为中国东盟建立农业科技合作、交流提供平台，为实现农业增效、农民增收和农村可持续发展提供科技支撑和典范。

### （二）发展目标

按照"政府引导，企业运作，中介服务，农民受益"的原则，充分利用广西在中国东盟的区位优势，以及百色国家农业科技园区的气候、资源等条件，在巩固提高"六园两基地"的基础上，加强对百色国家农业科技园区的建设，把百色国家农业科技园区建设成为我国亚热带现代农业示范区，中国—东盟科技研发、引种示范、成果转化推

广、对外农业科技培训等示范基地，中国—东盟农产品国际物流服务中心，中国—东盟科技合作与交流的平台。

## （三）发展重点

今后，特别是"十一五"时期，在巩固和提升原有杧果、香蕉、蔬菜、甘蔗、种子种苗、畜牧水产、农村科技信息服务体系及培训、农产品加工等"六园两基地"的基础上，大力发展优质水稻制种、名贵花卉、奶业等产业，通过亚热带特色农业研发平台和中国东盟国际合作平台的建设，最终建成对百色现代亚热带农业发展有着关键推动作用的"七园两基地两平台"，着力解决一批亚热带现代农业产业化关键技术，培育一批产业，培养一批创新人才，转化一批成果，形成一批品牌产品，全面带动区域农业现代化、产业化、标准化发展，提升园区的农业整体效益和国际竞争力，推进中国与东盟农业科技合作与交流，为农业企业走向东盟和亚热带农产品销往东盟市场提供科技支撑。

## 四、当前园区建设存在的主要问题

第一，资金投入不足，缺乏发展后劲。由于园区项目尤其是重点农业项目资金投入不足，在一定程度上造成园区发展后劲不足。到目前为止，除园区园田化建设项目、中心公寓楼、实验楼及相关配套工程项目取得实质性的进展外，其他重点农业工程项目因缺乏建设资金，工程进度比较慢，影响了园区特别是核心示范区项目的实施。

第二，引进高层次人才不多，技术创新能力不强。目前，园区仍然存在着科技人员尤其是高层科技人员少，而且知识结构不合理，难以适应园区加快发展的需要；与科研院（所）等技术依托单位结合不够紧密以及缺乏高新技术风险投资的意识和机制等问题，影响了园区技术创新能力的提高。

第三，招商引资力度不够，进园置业企业不多。目前，尽管已有一些企业参与园区的建设，但这些企业规模比较小，实力比较弱，对主要产业的拉动和辐射带动的能力不强。

第四，品牌农业产品和农业龙头企业少，农业企业化程度比较低，在一定程度上制约了现代物流业的发展。

第五，园区项目管理与建设成效评价体系尚未建立健全。

## 五、加快百色国家农业科技园区建设与发展的对策措施

## （一）以重点农业开发项目为重点，多渠道增加资金投入

目前，园区累计项目总投资20 782万元（不含企业），其中科技部投入1 082

万元，财政投入600万元，百色市财政投入4 950万元，社会捐资2 000万元。这些资金的投入主要用于农业基础设施建设、重点项目建设和农业产业示范建设。计划在"十一五"时期，重点建设好"七园两基地两平台"，计划重点实施38个重点农业项目，计划总投资达113 230万元。为此，要注意抓好如下几项工作，一是争取科技部落实《中国—东盟农业科技交流百色基地建设》专项经费，以增强园区技术创新能力。二是加快招商引资力度。要以园区重点农业开发项目为突破口，建立和完善项目招商库制度，主动"走出去、引进来"，采取内引外联的多种形式进行重点农业开发项目的招商。要通过以各种产品推介会、农业博览会和项目招商洽谈会等多种形式扩大农业项目招商规模。要千方百计把园区重大农业项目尤其是高新农业产业化项目，带到境外和海外去进行招商引资，争取更多的国际金融组织和外国政府提供的农业贷款和资金的支持，拓宽重大农业项目招商引资的广度和深度。三是建立农业重大项目融资机制，吸收社会各方面资金，鼓励规模大和有经济实力的科技型企业参与园区重大农业项目开发与建设，以形成产业积聚效应。四是要积极探索区、市二级重大农业项目资金投入的年度财政预算机制。五是制定和完善园区的各项优惠政策以吸引国内外投资者及企业集团到园区进行重大农业项目的开发与建设。要大胆探索建立多元化的园区农业投资体系，以加快园区的建设与发展。

### （二）以实施重大项目为载体，加快农业科技进步与创新

要加快园区现代农业的发展，必须加快农业科技进步与创新。要紧紧围绕园区农业主导产业，尤其是重点围绕超级稻制种、蔗糖、杧果、香蕉、蔬菜、花卉、中草药、山羊和种业等亚热带特色产业，抓好现代农业科技成果的研发、推广与运用。

第一，抓好中国—东盟亚热带农业人才小高地的建设。要注意以项目为载体，加强与国内外大专院（校）、科研院（所）的项目合作开发工作。着力培养从事东盟国家技术合作、技术培训、技术咨询的专业人才，推动双边科技人员的对外交往，学术交流和智力输出，使我国更多的科技人才直接或间接地与东盟各地交往，培养对外农业科技人员，促进中国东盟农业科技人才合作与交流。要注意以园区现代农业技术研究中心为平台，引进国内外高层次专家、学者和留学人员到百色开展亚热带农业高新技术石漠化治理技术的研究开发，技术成果的就地转化和示范推广，以及创办农业高科技型企业，积极探索加快高新农业技术产业化的新路子。

第二，加强农业技术培训。要注意围绕园区的农业主导产业、重点项目和重点推广的各项农业配套技术进行系列化和标准化培训。要建立健全高标准的培训基地和农业科技培训体系。要通过举办培训班、现场讲授、"科技下乡"和典型参观等多种形式，加强对各类人才、各层次技术人员、科技型企业从业人员和农民进行培训，千方百计提

高他们的科技素质和经营管理素质。

第三，推进"人才、专利、技术标准"三大战略的具体落实。通过建立新型的科技人才聘用制度，注重吸引国内外专家，特别是尖子人才参与课题实施，调动广大科技人员参与专项的积极性；将获得专利和知识产权作为项目实施的主要内容和目标，建立加快专项发明专利审批的协调机制，并在专项实施中采取专利补偿等机制鼓励发明专利申请。强化技术标准战略实施，将技术标准研制立项与标准审批紧密结合起来。

第四，抓好农村科技服务体系的建设。首先，抓好农业科技专家大院能力提升建设，着眼解决农民增收主要缺乏市场、缺乏信息、缺乏技术的问题。要充分发挥园区已建立的杧果、香蕉、蔬菜、甘蔗和龙眼5个农业科技专家大院的作用，通过采取"专家+农户""专家+协会+农户""专家+中介机构+农户""龙头企业+专家+农户"等形式，重点开展了高接换种、整形修剪、平衡施肥、花期调控、保花保果、果实套袋、龙眼冬梢化学调控、香蕉标准化栽培、病虫害综合防治等农业新技术的示范应用与推广。其次，积极探索科技特派员试点工作。着力解决贫困农村缺乏科技，弥补"科技三下乡"时间短，不能满足群众科技需要，群众日益生产扩大化与科技服务之间的矛盾问题。再次，建立健全市、县、乡、村、户5级"联动"的农村科技信息服务体系。实施"十百千万"农村科技信息"进万家、惠万民"工程，真正为广大农民搭建农业科技信息服务平台。

### （三）以实施品牌战略为重点，加快推进农业产业化经营

第一，要注重培育本地重点龙头企业，要重点围绕杧果、香蕉、蔬菜、山羊、花卉、种业等特色产业，巩固提高"六园两基地"建设，以广西大热门香蕉种植有限责任公司、北海合浦祺丰农牧有限公司、百色亿浓科技农业有限公司、百色生物科技有限公司等企业为培育重点，建立标准化栽培产业化示范基地、特色作物种苗商品化育苗基地，重点开展亚热带特色作物种苗繁育研究及产业化示范，优化品种，集成技术，加快引进新品种、新技术，提升企业及产品的科技含量，实行区域农业现代化、产业化、标准化，强化采后处理、加工、包装、贮运；拉长产业链，提高农产品附加值，打造出3~5个广西和全国知名品牌，培育和形成一批区内、国内的知名农业产业化龙头企业。要巩固提升水果、蔬菜、甘蔗、水产畜牧、水稻制种等特色产业，提升园区的农业整体效益和国际竞争力。

第二，加快发展农民协会，努力提高园区农业生产的组织化程度。要注意依托园区的农业主导产业，把党员示范户、科技示范户与农民协会有机结合起来，进一步建立和完善杧果、香蕉、西瓜、蔬菜、养鱼、销售、加工等各类农民协会，这些协会通过"支部+协会""协会+基地+会员""协会+市场+基地+农户""公司+协会+基地+

农户""能人+协会+农户"等组织模式，以农户为基础，以协会为载体，为会员提供产前、产中、产后全过程系列化服务，以有效解决农民想致富、愁门路、缺技术、盼服务、急销路等一系列问题，真正达到协会带农户，农民得实惠的目的。

第三，要注重引进加工型企业进行名牌农产品的开发。重点引进外来有实力的果蔬加工、良种及产品开发企业，通过对杧果、香蕉、番茄等亚热带特色果蔬进行水果原浆（或浓缩汁）、果蔬汁及即食风味果蔬的技术集成和生产示范，开发出具有亚热带特色的果蔬加工品，开创名牌产品，强化品牌，把它们建设成为科技型的亚热带水果生产加工、保鲜出口基地。

第四，注重加大产后技术开发。联合国内外科研力量对杧果、香蕉等特色水果进行贮藏保鲜及商品处理的技术研究，提高亚热带水果的采后商品化处理、贮藏、保鲜和加工能力，降低商品的自然损耗，延长农业产业链等，千方百计提高特色农产品开发的附加值。

第五，完善农产品质量检测体系，确保农产品质量安全。重点建设广西百色市现代农业技术研究推广中心农产品检测中心。按照我国和东盟国家的产品生产质量标准体系和产品检验检测标准体系，通过市场化的运作模式与广西产品质量安全监督检测院及市产品质量检测所合作，建立百色市产品检测中心。力争2006年完成检测中心基本框架搭设，初步运转。2007年通过国家有关检测中心资质认证。通过检测中心的建设，加强百色农产品生产过程的安全、环保与卫生检测，执行标准化生产，使一批农产品获国内外市场准入资格。

### （四）以现代物流建设为重点，打造面向东盟商贸物流集散地

第一，建立以生产基地为依托，以批发交易市场为框架的物流体系。要重点完善田阳农副产品综合批发市场，提高其服务功能，增强辐射能力，建立东盟国家农业展示园、产业园以及农产品销售网络，提供系统、准确、共享的市场信息服务，使之成为中国—东盟农产品销售窗口；加快田阳蔬菜水果冷链配送中心建设，使其尽快投入使用。

第二，加大东盟博览会室外参观点建设，打造面向东盟的展示平台。加强各参观点的内容建设，争取把园区纳入自治区博览会的工作计划和方案，把园区定为中国—东盟博览会分会场。

第三，加快建立健全和完善市场技术服务体系。以农产品集散交易市场和现有的技术市场为基础，以区域性批发市场为骨干，通过拓展服务范围，提高服务能力，组织开展技术协作、人才智力和技术成果的引进。在田阳县建立科技市场，每年定期举办"农业新技术、新产品交流交易会"，开展产品展示交易，科普、新产品、新技术展示，信息发布，贸易洽谈等，为园区提供优质的流通服务。

## （五）以加强项目管理为重点，加强领导，落实责任

第一，各级政府要把百色农业科技园区建设作为头等大事抓实抓好。自治区政府应定期听取园区建设工作情况汇报，协调解决重大问题；百色市政府要把园区建设作为百色市农业和农村工作的重中之重，定期召开专题研究会、督办会，解决有关问题，自治区各部门都要对口支持园区建设。

第二，要进一步完善制定园区建设优惠政策，包括园区招商引资、土地流转、人才引进和税费等各项优惠政策。

第三，加强园区项目的监控。进一步加强园区项目管理，建立和完善园区项目管理办法，实行项目季度汇报制，项目跟踪责任制，切实掌握项目实施进展，组织和协调好项目的实施，确保项目实施的顺利完成。

第四，建立园区建设成效评价体系。围绕科技部下发的园区建设指南、目标及任务，区、市政府应组织有关人员制定符合百色农业科技园区总体发展要求的园区建设成效评价体系，引入ISO 9000标准化管理体系方式，做到事前有计划、事中有监督、事后有跟踪，完善园区与项目实施、管理、统计、评测、验收工作，以便客观、公正地反映出百色园区的建设成效，同时有利于促进园区建设。

**本文成稿** 2006年12月23日

# 创新驱动背景下依法管理高新区的路径探讨

## ——以昆明国家高新技术产业开发区为例

贺贵柏

在实施创新驱动发展战略的新形势下，如何对国家高新技术产业开发区进行依法管理，这是一个值得探讨的新课题。为了更好地学习和借鉴昆明高新技术产业开发区（以下简称昆明高新区）依法管理的做法和经验，2015年4月29日，笔者随广西百色国家农业科技园区考察组一行6人，先后深入昆明高新区进行实地参观、学习和考察。通过考察，笔者认为，昆明高新区依法管理的做法和经验很值得学习和借鉴。

### 一、昆明高新区的创新发展及依法管理的基本情况

昆明高新区是1992年经国务院批准成立的国家高新技术产业开发区。昆明高新区初建时占地面积仅5km$^2$，后调整为23.44km$^2$。目前，已扩大到91.88km$^2$。建园以来，昆明高新区始终坚持创新发展和依法管理相结合，大力发展高新技术产业，不断提升园区的创新创业能力。目前，昆明高新区共有入园企业8 000多家，其中，高新技术企业189家，高新区企业年产值1 500多亿元，创利润16亿～30亿元。2012年4月，昆明高新区被科技部确定为全国首批"建设国家创新型特色园区"试点园区。根据科技部对国家级高新区的最新评价排名，昆明高新区排在第34位。

昆明高新区通过创新发展和依法管理，已发展成为云南改革开放的试验示范区、高新技术产业集聚发展的重要基地、招商引资的主战场以及高新技术产业发展的排头兵。昆明高新区先后荣获科技部授予的国家火炬计划实施20周年先进管理单位和国家高新技术产业开发区建设20周年先进集体等荣誉称号。

### 二、创新驱动背景下依法管理高新区的路径探讨

创新驱动背景下，如何依法管理高新区，昆明高新区进行了有益的探索和实践。昆明高新区主要通过制定《昆明高新技术产业开发区条例》进行依法管理。2014年8月

29日，昆明市第二十五次会议审议通过了《昆明高新技术产业开发区条例》。2014年9月26日，云南省第十二届人民代表大会常务委员会第十二次会议审查了《昆明高新技术产业开发区条例》，决定批准这个条例，由昆明市人民代表大会常务委员会公布施行。

### （一）依法进行高新区的科学规划

科学规划是促进高新区可持续创新发展的基础。要确保高新区的建设，符合科学规划的要求，必须注重做到依法管理。以昆明高新区为例，《昆明高新技术产业开发区条例》（以下简称《条例》）明确规定："依据昆明城市总体规划和经济社会发展规划，组织编制高新区产业园区规划、控制性详细规划和经济社会发展规划、计划，经市人民政府批准后组织实施。"《条例》又规定："负责高新区的规划、国土资源、住房和城乡建设、科技教育、文化、卫生、生产安全、城市管理等事务。"《条例》又明确规定："市人民政府各相关行政管理部门、高新区所在地的人民政府及其相关行政管理部门应当在规划编制、项目安排、引进外来投资、基础设施和公共设施建设、政策实施等方面支持高新区的发展。"《条例》的规定为昆明高新区的科学规划提供了法规依据和保障。

### （二）依法设立高新区工作部门和机构

在国家高新区设立工作部门和机构，既体现科学、合理，又要体现依法设置。昆明高新区在《条例》中规定："昆明高新区管委会是昆明市人民政府的派出机构，对高新区执行统一领导和管理，行使市级经济管理权限和相应的行政审批权限，根据授权管理区域内的社会事务。"《条例》又规定："管委会及设在高新区内的分支机构和派出机构应当向社会公开并及时更新相关优惠政策、行政管理事项、收费项目与标准、办事程序、服务承诺等信息，优化审批流程，提高行政效率。"《条例》又明确规定："管委会应当在行政管理体制、人事管理制度、投融资体制、高新技术产业国际化发展等方面推进改革创新。"可以说，《条例》为高新区设立科学、合理的工作部门和机构提供了坚实的法规依据和保障。

### （三）依法行使高新区的工作职责

依法管理高新区的一项基本任务就是高新区必须依法行使工作职责。以昆明高新区为例，《条例》明确规定："管委会履行以下职责：（一）宣传贯彻法律、法规和规章，依法制定和实施高新区有关管理规定及其他促进科技与经济社会发展相结合，提升自主创新能力的各项政策和措施；（二）依据昆明城市总体规划和经济社会发展规划，组织编制高新区产业园区规划、控制性详细规划和经济社会发展规划、计划，经市人民政府批准后组织实施；（三）按照管理权限审批或者核准进入高新区的企业和投资项目；（四）组织、引导、支持高新区的科技创新活动，推进创新型特色园区建设；（五）管理高新区的财政收入和国有资产；（六）负责高新区的规划、国土资源住房和城乡建设、科技、教育、文化、卫生、生产安全、城市管理等事务；（七）组织建设中介信息和信用等各类服务体系，为高新区的组织和个人提供服务；（八）根据授权行使其他职权。"《条例》还明确规定："市人民政府有关行政管理部门在高新区设立分支机构、派出机构的，应当事先征求管委会意见，并报市人民政府批准，由管委会和有关行政管理部门实行双重领导，依法履行相应的职能。""金融、海关、出入境检验检疫等部门，可以在高新区设立分支机构或者办公窗口，直接办理有关业务。"

## （四）依法保障高新区的建设和发展用地

要加快推进高新区的可持续创新发展，首先要依法保障高新区的建设和发展用地。以昆明高新区为例，《条例》明确规定："高新区的开发与建设，应当按照市人民政府批准的产业园区规划和控制性详细规划执行。""市人民政府应当保障高新区的建设和发展用地；高新区应当集约、高效开发利用土地。高新区内的农村集体土地，经依法转为国有土地的，管委会可以根据投资规模、投资强度、创新能力、产值和税收贡献等情况，确定项目用地条件，按照有关法律、法规实施供地；其土地出让收益除按照规定上缴外，其余部分用于高新区的基础设施建设、土地开发、社会保障和公共事务等事项。"《条例》又规定："取得高新区国有土地使用权的投资者，应当按照合同约定的土地用途和期限开工建设。"《条例》又明确规定："在高新区内违反有关法律、法规、规章的，由管委会及其工作部门或者相关行政管理部门按照权限依法处理。"上述《条例》的有关规定，为昆明高新区的建设和发展用地提供了强有力的法治保障。

## （五）依法进行科技研发与成果转化

如何确保高新区依法进行科技研发与成果转化，昆明高新区的做法很值得学习和借鉴。《条例》明确规定："鼓励企业、高等院校、科研机构以及其他组织和个人开展科技研发、人才培养等活动，建立企业技术中心、工程技术研发中心、国家重点实验室、行业创新中心、博士后工作站、院士工作站等研发机构，形成以企业为主体、市场为导向的产学研结合的技术创新体系。"《条例》又规定："管委会应当为企业及科技人员提供创业条件和服务，建立和完善科技企业加速成长机构，鼓励企业、高等院校、科研机构以及其他组织和个人在高新区兴办各类综合或者专业科技企业孵化器。""管委会应当建立科技成果转化平台，完善科技成果转化激励机制和服务体系，促进科技成果转化。"《条例》又明确规定："高新区的企业应当增强原始创新能力和核心竞争力，促进产品升级换代和知名品牌的形成。""鼓励高新区的企业和其他组织及科研人员进行自主创新，通过专利申请、商标注册、著作权登记等方式，取得自主知识产权。对获得国际、国家具有自主知识产权重大发明创造的，管委会应当给予奖励。"特别是《条例》又明确规定："高新区的企业依法享有自主经营权，投资者的知识产权及其他合法权益受法律保护。"

### （六）依法引进高层次人才和提供高效服务

要促进高新区的可持续创新发展，人才是关键。昆明高新区十分注重依法引进高层次人才和提供高效服务。《条例》规定："鼓励境内外专家在高新区从事技术创新、学术交流活动；鼓励各类科技人员、高级管理人员、留学归国人员到高新区创业；鼓励用人单位依法采取借用、兼职、委托项目、合作研究等方式引进和使用高层次专业技术人才。"《条例》还规定："在高新区工作的各类人才按规定享受国家、省、市和高新区的优惠政策，对有突出贡献的，管委会应当给予奖励。"《条例》还特别规定："管委会应当在行政管理体制、人事管理制度、投资融资机制、高新技术产业国际化发展等方面推进改革创新。"昆明高新区十分注重依法推进体制机制创新，大大地提高了行政效率和工作效率。特别是为入园企业的成长壮大注入新的活力。以昆明高新区的上市企业"云南沃森生物技术股份有限公司"为例，该公司主要从事疫苗的研发和生产，目前，在研发的疫苗项目20项，企业已成功地实现了从传统疫苗的研发生产向现代新型疫苗的研发、生产转变，疫苗临床应用基地在全国分布有10个，公司业务已拓展到生物医药领域。该公司注重立足国内，放眼世界，技术实力强，科技含量高，品牌打造效果好。目前，该公司在研发的新型疫苗品种有13个获全国第一。该公司的不断发展壮大，在很大程度上得益于依法引进高层次人才和提供高效服务。目前，该公司共有员工1 600多人，其中研发人员占30%以上，公司先后从全国七大科研院（所）引进人才，公司共有科技人员110多人，其中，创新人才8人，还引进其他高层次人才。近几年来，该公司年产值达7亿～10亿元，实现利润30%以上，连续3年实现利润100%增长。昆明高新区还注重加强对高端人才的服务与激励。例如，高新区引进一名院士，年可根据工作实绩和贡献奖励50万～500万元。

**本文原载** 右江论坛，2017（3）：61-63

# 借鉴红河经验，加快西部地区
# 国家农业科技园区可持续创新发展

## ——从考察红河国家农业科技园区得到的有益启示

贺贵柏

云南红河国家农业科技园区（以下简称红河园区）是2002年经科技部批准列为第二批"国家农业科技园区"。2010年1月，通过科技部组织专家评估和验收，成为云南目前唯一一个通过验收正式挂牌的"国家农业科技园区"。为进一步探索加快西部地区国家农业科技园区可持续创新发展的新路径，2015年4月27—28日，笔者随广西百色国家农业科技园区考察组一行8人，赴云南红河园区进行实地参观、学习和考察。考察组一行主要实地参观了红河园区核心区和示范区，实地考察了红河园区的技术创新服务中心、云南弥勒市唐民特种养殖有限公司、昆明云岭广大种禽饲料有限公司和云南红河卧龙米业有限责任公司等单位和入园企业创新创业情况。

通过现场参观、实地考察和召开座谈会等形式，比较全面地了解了红河园区建设与发展的基本情况、主要做法和经验。目前，红河园区共完成核心区建设面积1.84万亩，完成示范区建设面积100万亩、辐射区340万亩。据统计，2014年园区入园企业共完成总产值140亿元，实现利润23亿元，出口创汇1.18亿元。13年来，红河园区通过改革创新，加快发展，闯出了一条西部地区国家农业科技园区可持续创新发展的新路子。

## 一、红河园区建设与发展的主要经验

### （一）注重加强领导，不断创新园区的管理运行机制

13年来，红河园区始终坚持加强领导，协调整合各方资源，确保园区在组织、人才、资金和设施等各方面的合理高效配置。首先，注重创新园区组织机构。园区成立"云南红河国家农业科技园区建设管理委员会"，州长为主任，分管农业和科技工作的副州长为副主任，州政府各相关职能部门及示范区相关县（市）人民政府分管农业和科技工作的副县（市）长为委员。管理委员会下设办公室，州科技局局长任办公室主

任。州科技局设立园区管理科。园区管委会主要负责园区的规划、管理、协调和服务。其次，注重创新园区运作管理机制。园区建立"政府引导、企业为主、市场运作、群众参与、竞争入园、优胜劣汰"的园区运作管理机制。通过创新园区运作管理机制，在园区企业的扶持和管理上，彻底改变了过去由政府统一租地或征地，统一进行基础设施建设，无偿提供企业使用，容易造成园区企业进得来出不去，致使政府负担过重的被动局面。再次，注重创新园区财政投入引导机制。红河州政府每年在财政预算中专项安排科学技术经费200万元作为园区"红河高原特色示范支撑计划"项目投入，由园区管委会统筹安排用于支持园区科研单位和入园企业进行科技研发、技术创新和示范推广。

### （二）注重调整优化产业布局，突出发展园区特色优势主导产业

13年，红河园区始终注重调整优化产业布局，突出发展园区特色优势主导产业。首先，注重明确产业培育与建设的指导思想。红河园区始终坚持"走出围墙办园区，依托产业建设园区，建设园区提升产业，一区多园，以园带区，让群众看得见、学得会、用得上、能增收"的产业培育与建设的思路，坚持园区建设与当地优势和特色相结合，与依靠科技创新改造传统产业和培育新兴产业相结合，与增加农民收入相结合，与新农村建设和带动区域经济发展相结合。其次，注重结合当地优势和发展特色优势主导产业。红河园区根据州内不同区域的资源优势、产业基础和市场预测，充分发挥面向东南亚的区位优势，重点围绕传统优势农业产业、骨干加工企业的原料需求和高附加值农产品的市场需求，科学规划，合理布局，大力发展特色优势主导产业。在产业选择上，突出发展以优质稻为主的粮食产业；以无公害标准化种植和物流示范为主的瓜菜、蔬菜产业；以地方特色水果无公害标准化种植和加工示范为主的水果产业；以猪、牛、鸡现代化健康养殖和加工为主的畜牧业；以铁皮石斛、灯盏花、印楝、红豆杉为主的新兴生物药业和生物化工产业以及特色园艺花卉产业。再次，注重创新农业产业化经营模式。大力推行"企业+基地+农民""专家+基地+农户""专家+经合组织+农户"等农业产业化经营模式，有效地促进了园区农业产业结构向优势、特色和精深加工方向稳步健康发展。

### （三）注重建设和完善研发机构，加快园区农业科技研发与成果转化

建园13年来，红河园区注重建立和完善研发机构，加快园区农业科技研发与成果转化。首先，注重建立和健全园区研发机构。建园以来，红河园区积极开展与省内外科研机构、高等院（校）进行科技合作，建立健全园区独立研发机构13家，紧密结合园区特色优势主导产业的示范园和示范项目建设，扶持入园企业建立内部研发机构25家，孵化企业35家，引进高层次专业人才422人，带动培养乡土人才17 431人。其次，注重加

快园区科技成果转化。建园以来，红河园区坚持以市场为导向，以促进特色优势主导产业发展为主线，先后转化自主研发和引进科技成果1 525项，依靠科技创新解决了制约园区特色优势主导产业发展的一系列关键技术难题，特别是解决了"优质稻新品种选育和提纯复壮""高寒多雨山区杂交玉米新品种选育""葡萄提质关键技术""石榴枯萎病""枇杷潜蛾"以及"设施农业病虫害防治"等制约园区特色优势主导产业发展的关键技术难题。红河园区通过加快农业科技研发与成果转化，促进了园区特色优势主导产业的可持续发展。

### （四）注重发挥机制优势，不断增强园区可持续发展的活力

红河园区13年的建设与发展表明，创新机制是园区实现可持续发展的生命力。建园以来，红河园区不断创新和完善园区管理运行机制。对园区管理执行"政府引导、企业为主、市场运作、群众参与、竞争入园、优胜劣汰"的管理运行机制；对入园企业实行"竞争入园、扶优扶强，优胜劣汰"的管理机制；对入园项目执行"市场引导、企业运作、园区扶持、农民受益"的择优机制；对入园人才实行"项目依托、平台支撑、成果共享、转化优先"的鼓励机制；对农业科技示范执行"技术示范、效益吸引、辐射农户、带动产业"的示范机制。实践证明，红河园区的管理运行机制是符合园区实际的，也是富有成效和活力的。

### （五）注重依靠科技创新，服务园区产业发展和新农村建设

建园13年来，红河园区注重探索和创新科技服务产业发展和新农村建设。特别是近几年来，红河园区针对乡镇农技站人员少、乡镇以下没有科技服务组织，农民"学科技难"、农村科技服务体系"终端不通"和"末梢神经麻痹"的突出问题，红河园区结合"云南红河国家农业科技园区"的服务体系建设，从2011年6月开始，率先在开远羊街、蒙自草坝"国家农业科技园区"核心示范区开展"红河州村级科技服务体系建设（试点）工作。2014年又在全州推广"红河州农村科技服务体系终端联通计划"。通过"终端联通计划"服务，充分发挥"科技特派员"和产业带头人的作用，由于"科技特派员"不是请来的，优留劣汰，好用好管，讲课的人就是带头干的人，群众信服，效果好。通过开展"终端联通计划"服务，使基层农村科技工作做到"有形有体"，科技服务和产业发展紧密结合，农村科技推广应用和产业发展有了一个好的"抓手"，不同产业都有一批带头人和科技示范户，致使农村科技培训和农业新品种、新技术、新成果的推广应用具有更强的针对性和适用性，能够真正做到依靠科技创新，服务园区产业发展和新农村建设。

**（六）注重强化平台带动，充分发挥园区的品牌经营优势**

农村科技园区作为在现代农业发展过程中出现的一种新型模式和组织方式，对于促进区域农业生产的产业化、规模化、专业化、标准化和品牌化，促进农业可持续发展和新农村建设，具有重要的意义。建园13年来，红河园区注重强化平台带动，充分发挥园区的品牌经营优势。目前，红河园区已成为红河州农业科技示范的平台，农业科研与成果转化的平台，农业科技培训的平台，农业对外招商引资和入园企业创新创业的平台，农业对外交流与合作的平台。以招商引资为例，建园以来，红河园区充分发挥对外招商引资的平台作用，通过多种形式和优惠政策，先后引进和孵化园区企业45家，引导企业投入15亿元，有力地促进了园区的建设与发展。

## 二、借鉴红河经验，加快西部地区国家农业科技园区可持续创新发展

从云南红河国家农业科技园区13年的建设与发展看，西部地区国家农业科技园区的建设与发展，通过探索政策创新、科技创新和机制创新，充分发挥西部地区的资源优势和特色优势产业的基础优势，优化了产业结构和区域布局，有效地促进了西部地区特色农业产业的发展；创新了农业组织方式和管理模式，提高了农业组织化程度，加快了农业产业化进程，转变了农业发展方式，拓宽了农民就业渠道；提高了农产品的市场竞争力，促进了农业增效、农民增收；探索和创新了科技服务新农村建设和促进经济发展的新路径；加快推进西部地区传统农业向现代农业的历史性转变。

总结过去，面向未来，特别是面对全球新一轮科技革命与产业变革的重大机遇和挑战，可以自豪和骄傲地说，西部地区建设国家农业科技园区具有重要的政治意义、经济意义和战略意义。

从红河园区13年的建设与发展看，当前和今后一个时期，加快西部地区国家农业科技园区可持续创新发展，要注意抓好以下几项工作。一是必须重视强化组织带动，努力提高园区的资源配置效率。二是必须重视强化产业带动，大力发展园区特色优势产业。三是必须重视强化科技带动，依靠科技创新服务园区产业发展和新农村建设。四是必须重视强化机制带动，不断创新园区管理运行机制。五是必须重视强化服务带动，鼓励和扶持入园企业创新创业。六是必须重视强化平台带动，充分发挥园区的平台服务和品牌经营优势。

**本文原载** 科技日报广西记者站（网络版），2015-5-23

# 桂西地区发展民营工业园区若干问题的探讨

贺贵柏

## 一、要明确兴办民营工业园区的战略地位

江泽民同志在亚太经合组织第四次领导人非正式会议上指出，20世纪在科技产业化方面最重要的创举是创办科技工业园。这种产业发展与科技活动的结合，解决了科技与经济脱离的难题，使人类的发现或发明能够畅通地转移到产业领域，实现其经济效益。我国东部沿海地区的实践证明，通过兴建民营工业园区（民营科技园区），优化局部环境，依靠市场机制来培育和发展民营企业，是加快推进工业化、科技产业化和区域经济发展的一项带有根本性的战略措施。桂西地区民营企业开始进入第三次创业阶段，兴建民营工业园区，对于加快推进工业化尤其是推进民营经济的发展具有重要的战略意义。桂西地区兴建民营工业园区，要注意坚持以市场为导向，以民营工业企业为主体，以推进实用科技产业为基础，以发展高科技产业为方向，按照民营模式运行和管理，推动科技、经济和社会的协调发展。

## 二、要明确民营工业园区的产业导向和开发模式

面对知识经济时代，当今世界经济的竞争越来越多地表现为物化的高新技术的竞争，科学技术作为生产要素在经济增长中的作用比资本和人力要素更大。以发展高新技术为主导的创新战略是我国经济发展的客观要求。桂西地区民营工业园区的建设，要注意坚持起点要高，在"十五"期间和今后一个时期，要以发展实用科技产业为基础，以发展高新技术产业为主导的方针，依靠科技进步，加快园区的技术创新。首先，要注意引进、利用、消化、吸收国外先进技术；其次，运用高新技术改造传统产业和传统产品；再次是加快科研成果的转化，培育自己的高新技术产品。在产业经营开发的模式选择上，主要立足于桂西地区的条件，积极探索自主开发和国外引进相结合的产业经营开发模式，在此基础上，积极探索其他类型的产业经营开发模式。例如，"百色平果工业园区"坚持依托平果铝的资源优势和技术优势，积极引进国内外的先进技术，大力发展

铝材加工业。民营工业园区通过充分发挥智力密集、技术密集、人才密集和信息密集等优势，可以有效地推进民营工业园区的技术创新，使园区真正成为发展适用科技产业和高新技术产业相结合的人才培育基地和技术创新基地。同时，要注意引导企业走资本股份化和投资多元化的路子，鼓励对园区高新技术产业进行风险投资，积极探索推行风险基金、风险担保、投资基金和通过引入国外风险投资基金等多种投资方式，努力构建多元化的投资体系和风险投资机制。

## 三、要注意选择合理的管理体制模式

民营工业园区作为民营经济发展的试验区，其推行的管理体制模式十分重要。科学的管理体制是民营工业园区稳步健康发展的保证。从目前全国各类开发区的管理体制看，主要有3种基本管理模式，即政府管理型、企业管理型和政、企混合管理型。上述3种基本管理模式有其各自的优缺点和适用条件。例如，地处桂西地区的百色市平果县人民政府，2000年兴办民营工业园区至今，园区主要推行政府管理型模式，通过成立民营工业园区管理办公室，对园区的各项工作进行统筹规划、综合协调和管理。桂西地区应立足本地实际，注意借鉴发达地区的经验，随着民营工业园区的发展，针对不同的发展阶段，可选择不同的管理体制模式。在民营工业园区的起步阶段，可采用政府管理型模式，在园区发展阶段，可采用政、企混合型管理模式，在园区发展巩固提高阶段，也可探索走企业管理型模式的新路子。在民营工业园区的起步阶段，作为园区的政府机构（如民营工业园区管委会），要努力完善"小政府、大社会、大服务"的管理职能，积极探索创新的工作方式，真正把对园区管理的工作重心转到管政策、管规划、管配套、管协调、管社会、管税收和管服务上来，把不应由政府管的坚决放掉，并建立一系列的社会中介服务机构来代替过去由政府直接管理的事务性工作，千方百计提高民营工业园区的工作效率和办事效率。

## 四、要注意创新园区企业的经营管理机制

如何建立和完善企业的经营管理机制对民营工业园区的健康发展至关重要。民营工业园区的经营管理机制主要包括微观与宏观两个方面。这里重点讲民营工业园区企业的经营管理。"十五"期间和今后一个时期，桂西地区民营工业园区，要注意引导企业推行新的经营管理机制（民营机制），主要是坚持以市场为导向的经营机制，独立自主的决策机制，优胜劣汰与能进能出的用人机制，企业职工劳动贡献与企业效益挂钩的分配机制，责任与激励相结合的行为调整机制，科学管理与技术创新的增长机制。通过推行园区企业新的经营管理机制，努力推进园区企业产业群体化、技术高新化、融资多元

化、管理科学化和经济国际化。

## 五、要注意优化园区"硬""软"环境的建设

桂西地区发展民营工业园区，要特别注意全面营造环境优势，为民营企业的发展营造一个宽松的发展环境。民营工业园区营造环境优势，要注意抓好"硬""软"环境的建设。不管是"硬"环境建设，还是"软"环境建设，都要有针对性地突出解决重点问题。"硬"环境建设，重点是抓好民营工业园区基础设施的建设，主要包括公路、供水设施、供电设施和文化娱乐设施的建设。"软"环境建设，重点要抓好5个方面的工作，一是制定优惠政策，创造政策稳定连续的投资环境；二是研究用足用好国家实施西部大开发的政策；三是积极应对入世挑战，建立按照国际通行的游戏规则办事的体制和程序；四是完善服务设施和体系，开展优质高效的服务；五是优化城市和社会环境。通过抓好园区"硬""软"环境的建设，促进园区企业的稳步健康发展。例如，"百色平果工业园"，该园规划占地4.8km$^2$，目前已完成第一期征地350亩和"三通一平"的工作，并制定了各项配套的优惠政策，深受客商的欢迎。目前已签约进园项目7个，其中平果亚洲铝业有限公司、平果铝型材厂扩建工程和35kV变电站共3个项目已开工建设，并竣工投产，投资额达1.25亿元。

**本文原载** 右江论坛，2003，17（1）：53-54

# 从考察"三园一城"看国家农业科技园区
# 可持续创新发展的新趋势

贺贵柏

为了更好地学习和借鉴区外其他先进国家农业科技园区的建设与发展经验，探索新阶段促进国家农业科技园区可持续创新发展的路径选择，2013年3月24—31日，笔者随百色市政府考察团一行8人赴浙江、北京、辽宁等地先后对杭州萧山国家农业科技园区、北京国家现代农业科技城、北京通州国际种业科技园区和大连金州国家农业科技园区以下简称"三园一城"进行了实地考察调研，特别是深入园区有关单位、企业以及示范点进行调查了解，还参加了"三园一城"关于当前和今后一个时期国家农业科技园区建设与发展特别是可持续创新发展的座谈与研讨。

通过对"三园一城"的考察调研，开阔了眼界，拓宽了思路，创新了理念，明确了目标，增强了信心，进一步明确了新阶段促进国家农业科技园区可持续创新发展的路径选择及其战略趋势。

## 一、实施规划创新带动战略

从考察上述"三园一城"的规划与建设实践看，国家农业科技园区发展的一个重要趋势就是实施规划创新带动战略。主要体现在以下3个方面，首先，注重规划理念创新。例如，杭州萧山国家农业科技园区提出，园区是探索解决中国"三农"问题的示范基地，要以"创业、创新"为总战略，提倡大力发展"全园农业、全园旅游"，打造"萧山科技创新主平台"。北京通州国际种业科技园区提出在规划理念上要遵循"三化同步"的原则，努力打造"国际种业硅谷，形成国内种子交易风向标"。北京国家现代农业科技城提出，科技城的建设旨在突破一般农业科技园区的技术示范、成果转化与生产加工功能，以"高端、高新、高辐射"为目标，强调主要通过创新服务模式，特别是通过科技与服务的结合，从产业链创业的层面统筹"三农"发展。通过资本、技术、信息等现代农业服务要素和聚集，形成高端研发、品牌服务和营销管理在京，生产加工在外的"两端在内，中间在外"的现代农业新型服务模式。其次，注重规划与布局创新。

例如，北京国家现代农业科技城建设采取"一城多园"的规划与布局思路。"一城"是指物理空间（标志）与虚拟网络相连接的农科城；"多园"是指在农科城内建设若干个特色鲜明、专业性强、辐射面广、科技与服务结合紧密，具有现代农业高端形态的特色园区。科技城规划建设"五个中心"，即农业科技网络服务中心、农业科技金融服务中心、良种创制与种业交易中心、农业科技创新产业促进中心、农业科技国际合作交流中心。科技城建设内容以打造"五个中心"为国家层面的支撑平台，以构建多园为实施载体，逐渐形成"中心"与"多园"互动，农科城与外埠园区网联的发展态势。又如，大连金州国家农业科技园区规划总面积18km²，在园区规划与建设上提出"统一规划、统一建设"，强调农业项目的投入与建设主要围绕农业园区的规划与布局进行。再次，注重功能定位创新。例如，大连金州国家农业科技园区重点突出5个功能区，即高效种植示范区、畜牧繁育区、农产品加工物流区、农业观光科普区和研发服务区。杭州萧山国家农业科技园区在园区功能定位上重点突出科研信息管理区、生物技术开发区、生态农业观光区、现代农业开发区和高新产业招商区五大功能区。北京通州国际种业科技园区注重结合种业产业特点及市场需求，重点突出实现科研、企业孵化、会展展示、交易交流和公共服务五大功能，着力打造高端、可持续发展的现代农作物种业产业链。

## 二、实施体制机制创新带动战略

体制机制创新是促进园区可持续创新发展的一项带有根本性的措施。从考察"三园一城"看，他们都十分重视园区的体制机制创新。例如，大连金州科技园区是科技部2002年批准设立的国家级农业科技园区，在2012年全国园区评估中位列第5。该园区坐落在辽宁沿海经济带重点扶持区——大连金州登沙河新区华家街道，园区管委会与街道实行合署办公，建立党政合一管理体制，华家街道全城列入园区核心区规划与管理，在全国首创园、街一体化管理模式。又如，北京通州国际种业科技园区与北京通州经济开发区聚富苑产业园区和于家务乡中心区建设形成了"三化同步"的典型缩影。该园区成立园区管理委员会，内设机构3个，包括行政部、企划部和招商部，编制定员30人。园区管委会下设管理公司——北京通州国际种业有限公司，负责对园区进行土地规划、基础设施建设、项目招商、工商税务等各项服务性工作进行统筹管理，公司与园区管委会实行两块牌子一套人马，公司高层管理人员通过社会招聘的职业经理人产生。目前，该园区已成为通州新农村建设的亮点，通州都市型现代农业发展的亮点，于家务乡经济社会发展的重要战略品牌。特别是杭州萧山国家农业科技园区，其前身是"浙江省农业高科技示范园区"，2002年经科技部批准设立的国家农业科技园区，园区核心区规划面积5 000亩，由传化集团（下属有3家上市公司）负责投资运营，经过艰苦的探索与实践，园区已展现出现代都市农业的雏形，成为国内农业生物技术新的亮点和农业观光旅游的重点景点。

## 三、实施科技创新带动战略

从考察"三园一城"近年来的建设与发展看，他们都十分注重依靠科技创新驱动现代农业的发展。首先，注重创新科技服务平台。例如，杭州萧山国家农业科技园区在产业定位上提出重点发展战略性新兴产业，主要包括生物技术产业、农业科技产业、知识型服务产业、高科技改造传统产业等。早在2004—2005年，园区就提出"产业融合，科技引领"。2012年，萧山区政府提出"萧山科技创新主平台"。近年来，园区规划建设了传化科技城创新园区，创新园区主要划分为五大区，即农业科学公园、农业科技实验园、生物与信息技术创新区、科技创新中心、现代服务业创新区、科技精英生活区。创新园区规划"十二五"投资900亿元，"十三五"投资200亿元。通过创新科技服务平台，为园区和周边地区现代农业的发展提供科技支撑。其次，注重创新科技服务模式。例如，北京国家现代农业科技城提出，探索农科城创新驱动的"四化"同步发展，突破"就农业论农业"的传统思维定势，坚持以"高端、高效、高辐射"为目标，以农业高端研发、产业链创业和现代服务业引领为重心，实现农业高端服务、总部经济研发、产业链创业和先导示范功能。农科城建设以打造"五个中心"为重点，"五个中心"主要是农业科技网络服务中心、农业科技金融服务中心、农业科技创新产业促进中心、良种创制与种业交易中心、农业科技国际合作交流中心。通过"五个中心"的建设，为国家层面提供科技创新与科技支撑平台。农科城以"五个中心"建设为科技创新的平台，通过科技和服务的结合，从产业链创业的层面统筹现代农业和"三农"的发展，为全国现代农业和一二三产业融合发展提供创新科技服务的示范。

## 四、实施政策创新带动战略

从考察"三园一城"的建设与发展看，各级政府高度重视加强对园区的领导和政策扶持。特别是注重创新土地扶持政策、投融资政策和项目扶持政策。首先，注重创新土地扶持政策。例如，杭州萧山国家农业科技园区，浙江省政府在园区规划、土地审批方面给予大力支持，特别是土地出让金给予七折优惠。该园区核心区面积5 000亩，土地由企业以农业用地征用，土地不做农民能做的事，不与农民争产品、争市场，而是搞"接二连三"，即接二产连三产，上游产品做技术研发、创新、推广，中间做技术培训、技术服务，下游做流通领域。土地主要用作建设用地，用于研发，物流和配套。又如，北京通州国际种业科技园区和大连金州国家农业科技园区，政府在土地利用的规划和建设用地指标上给予大力支持。其次，注重创新投融资政策。例如，杭州萧山国家农业科技园区建设初期，浙江省政府、萧山区政府和园区公司3家每年各出资1 000万元，连续3年，形成萧山园区建设的启动资金9 300万元。园区主要由政府和企业共同出资成立一个公司进行规划建设。又如，北京通州国家农业科技园区和大连金州国家农业科技园区，政府在积极解决制约园区发展的重要问题即土地问题的同时，又千方百计解决土地流转资金问题。再次，注重创新项目扶持政策。例如，杭州萧山国家农业科技园区，在重点农业项目扶持上，积极争取农业部产业园区、科技部国家农业科技园区优惠扶持政策的资金支持。又如，大连金州国家农业科技园区主要围绕农业园区的建设与发展，进行农业项目资金的投入与扶持。

## 五、实施企业创新带动战略

从考察"三园一城"的建设与发展看，加快推进企业化运作是促进国家农业科技园区可持续创新发展的核心。"三园一城"都十分注重依靠推进企业创新促进园区现代农业的发展。首先，注重推进企业合作与经营创新。以杭州萧山国家农业科技园区为例，该园区遵循"政府主导，企业主题"的建设模式，以园区传化集团作为龙头企业，秉承搞科研、搞创业的企业经营理念，加强与北京国家现代农业科技城、上海投资有限责任公司等大、小企业50多家进行合作，2012年集团销售收入245亿元，实现利润20多亿元，上缴税金6亿多元。该集团在种业经营方面成效显著，年生产种苗4亿多苗，种苗销售收入49.7亿元，促进其他产业间接收入189亿元，解决就业38万多人。特别是该集团西瓜嫁接西葫芦种苗已占浙江种苗市场的86%，已经探索并走出了一条种苗经营产业化的全新路子。其次，注重创新企业科技服务。例如，杭州萧山国家农业科技园区，农业高科技产业特征比较明显，园区十分重视创新企业科技服务，特别是园区传化集团，一头做种业，一头做市场，重在服务于园区平台资源，服务于农民，服务于产业发展，积极推行"企业+合作社+基地+农户"的农业产业化科技服务。

## 六、实施协同创新带动战略

对于如何促进国家农业科技园区可持续创新发展，科技部提出了实施"一城两区百园"的重大发展战略。"一城两区百园"工程，即北京农业科技城、杨凌国家农业高新技术产业示范区、黄河三角洲国家现代农业科技示范区以及分布在全国各省（区、市）的120个国家农业科技园区。"一城两区百园"工程简称"121工程"，"121工程"协同创新结盟发展，有利于促进不同园区之间政策联动，资金整合，优势互补，形成大联合，构建大市场，有利于不断提升园区的科技服务水平，有利于探索和创新园区现代产业商业化模式，有利于促进园区农业的对外交流与合作。

从考察"三园一城"看，他们都十分重视推进园区的协同创新。首先，注重加强国内科技协同创新。例如，北京国家农业科技城与陕西杨凌农业高新技术产业示范区和山东黄河三角洲国家现代农业科技示范区结盟，与全国67个国家级农业科技园区开展科技合作，先后通过国家审（鉴）定的新品种148个，推广优质高产玉米新品种7 500万亩，汇聚信息100万条，为全国20多个省（区、市）提供信息服务10万次。其次，注重加强国际科技协同创新。以北京国家农业科技城为例，近年来积极探索国际科技交流与合作的新模式，紧紧瞄准现代农业发展的新趋势，大胆引进国外高端农业科技成果在农科城进行试验、示范，积极开展国际间农业高端技术的交流与合作，先后与81个国家和地区、33个国际组织建立了战略合作伙伴关系，通过加强国际农业科技交流与合作，不断探索农业科技协同创新的实现方式与途径。"三园一城"的实践表明，加强国家农业科技园区协同创新，是建设国家科技创新体系的重要举措，是探索中国特色现代农业发展模式的重要途径，是探索园区社会化管理和促进园区可持续创新发展的一种全新的发展模式。

**本文原载** 科技日报（网络版），2014-9-23

# 坚持以企业为主导　加快推进园区可持续创新发展

## ——浙江杭州萧山国家农业科技园区的主要做法与经验

贺贵柏

为了更好地学习和借鉴浙江杭州萧山国家农业科技园区（以下简称萧山农业园区）建设的主要做法与经验，2013年3月25日，笔者随百色市人民政府考察团（由市长助理吴智泉和广西百色国家农业科技园区常务副主任韦胜带队）一行8人，先后考察了萧山农业园区的农业科学公园、创业大学、国际农业孵化器、农产品供应链管理平台、浙江传化江南大地发展有限公司以及花卉苗木基地等，通过现场参观、园区介绍、实地交流与深入探讨，笔者认为，萧山农业园区遵循"政府主导，企业主题"的园区建设模式，始终坚持突出以企业为主导，以科技为引领，加快推进园的可持续创新发展。萧山农业园区的主要做法与经验，很值得学习和借鉴。

## 一、萧山农业园区的发展现状

萧山农业园区成立于2002年。园区地处杭州市区，距离萧山区中心8km，距离萧山国际机场6.5km，距离泸杭甬高速公路5.5km。园区规划占地面积331hm²（约4 965亩），其中，一期建设用地49.7hm²，包括项目建设用地、办公用地、商业用地和其他用地。"十二五"计划投资900亿元，"十三五"规划投资200亿元。2012年入园企业已达50多家，企业销售收入完成245亿元，实现利润20多亿元，上缴税金6亿多元。萧山农业园区经过10年的大胆探索与创新发展，园区已建设成为国内农业生物技术的重要产业示范基地，已建设成为全国国家农业科技园区中独一无二的"全园农业、全园生态、全园旅游"的国家级农业科技园区，园区已建设成为探索解决中国"三农"问题的示范基地，园区已展现出现代都市农业的雏形和光彩。近年来，园区正吸引着越来越多的国内外宾客前来参观、学习和考察，累计接待人数已超过百万人次，园区的生态效益、经济效益和社会效益同步提高。萧山农业园区由于建园工作成效显著，先后荣获杭州市综合休闲观光农业旅游示范区、杭州市国际旅游访问点、浙江省农家乐特色点、全国农业旅游示范点以及全国休闲农业与乡村旅游示范点等荣誉称号。

## 二、杭州萧山农业园区可持续创新发展的主要做法与经验

### （一）政府高度重视和大力支持园区的建设

经过10年的探索与实践，杭州萧山农业园区可持续创新发展的经验表明，要加快推进园区的可持续创新发展，政府必须高度重视和大力支持园区的建设与发展。政府的主要作用是负责组织协调和做好园区发展规划、重大项目立项、安排项目建设用地指标、创新体制机制、税收优惠与招商引资等。在发展思路上，早在2004—2005年，政府就提出"产业融合、科技引领"；2008—2011年，又提出建设"大型科技园区"；2012年，萧山区政府提出"萧山科技创新主平台"；2010—2012年，浙江省政府又提出"大江东产业集聚功能区""国家农业科技园区""杭州市生物产业国家高新技术产业拓展区"。在建设模式上，大胆推行"政府主导、企业主题"的以企业为主导的园区建设模式。在资金投入上，园区"十二五"计划投资900亿元，目前，已投资20多亿元。"十三五"规划投资200亿元。

### （二）注重抓好园区的科学规划与布局

萧山农业园区十分注重抓好园区的科学规划与布局。园区规划占地面积331hm²。园区严格按照浙江省政府提出的"大江东产业集聚功能区""国家农业科技园区""杭州市生物产业国家高新技术产业拓展区"的战略部署和要求，重点规划建设好"国家农业科技园区""国家级萧山经济技术开发区""传化科技城创新园区（又称传化物流基地）"。传化科技城创新园区又划分为农业科学公园、农业科技实验区、生物和信息技术创新区、现代服务业创新区、科技创新中心、科技精英生活区6个区。萧山农业园区重点规划和经营五大功能区，主要包括科技信息管理区、生物技术开发区、生态农业观光区、现代农业开发区和高新产业拓展区。通过科学规划与布局，为园区的可持续创新发展打下了良好的基础。

### （三）注重明确园区的功能定位与主导产业发展

建园以来，萧山农业园区注重充分发挥五大主题功能，即强大的生产功能；示范、辐射、推广与服务功能；科技创新、科技培训与科普教育功能；高档花卉苗木基地功能与旅游观光休闲功能。在主导产业发展方面，萧山农业园区重点构建以生物化工产业、信息技术产业、生态农业产业、现代农业开发与高新技术产业为主体的现代产业体系。

## （四）注重坚持突出以企业为主导

发展现代农业，离不开重点龙头企业的引领与带动。建园以来，萧山农业园区始终注重以浙江传化大地发展有限公司（以下简称传化集团）为龙头，以传化科技城创新园区为平台，主抓化工产业、物流产业、传化农业、传化科技城与传化投资业的发展。近年来，传化集团年生产花卉苗木4亿多苗（株），种苗收入49.7亿元，解决就业38万多人，促进其他行业间接收入189亿元。目前，传化集团又紧锣密鼓地加强与成都企业、上海企业与北京科技城的合作，为园区的可持续创新发展注入新的活力。

## （五）注重突出发展高科技产业及创新创业

建园以来，在高科技产业发展方面，萧山农业园区重点发展生物技术产业、农业高科技产业、高科技改造传统产业与现代知识型服务业等。园区在注重突出发展高新技术产业的基础上，始终秉持科技服务于园区平台资源，服务于广大农民，服务于地方产业发展的全新理念，积极探索和加快推进"园区（企业）+合作社+基地+农户"等创新型科技成果转化的新模式、新路子。目前，萧山农业园区又提出力争实现入园企业达3 000家以上，努力打造园区创新创业的"金名片"和新高地，为助推园区的可持续创新发展提供后备有生力量和科技支撑。

**本文成稿**　2003年4月12日

# 依靠科技进步　发展现代农业

## ——赴国家杨凌高新区和农业科技园区考察报告

贺贵柏

深秋时节，大江南北，无处不呈现出一派丰收的喜悦。金色的季节，农民朋友脸上露出甜蜜的微笑，收获着硕果累累。2007年11月4—10日，在百色市政府杨艳阳副市长和韦志边市长助理的带领下，广西百色国家农业科技园区考察团一行9人，于11月5日出席第十四届中国杨凌农业高新科技成果博览会，并先后考察了国家杨凌农业高新技术产业示范区、陕西渭南国家农业科技园区、湖北武汉国家农业科技园区和浙江嘉兴国家农业科技园区。第十四届中国杨凌农业高新科技成果博览会的主题是"科技推动现代农业"。中共中央总书记胡锦涛在杨凌视察时曾经指出，解决农业的出路问题要靠政策，靠改革，靠调动广大农民的积极性；从长远和根本上讲，还要靠科学技术。要开辟我国农业发展的广阔前景，关键还在于农业的科技进步。胡锦涛同志在党的十七大报告中又明确提出，我国必须走具有中国特色的农业现代化道路。通过考察国家杨凌农业高新技术产业示范区和上述这些西部、中部和东部具有代表性的国家农业科技园区，笔者认为，他们积累了许多成功的经验和做法，而且有一个共同的特点，就是依靠科技进步，引领园区（示范区）现代农业的发展。那么，他们是如何以科技为支撑，引领园区（示范区）现代农业的发展呢？通过考察，笔者认为，他们有以下5条主要经验值得我们学习和借鉴。

## 一、以农业科研院（所）、大学为依托，带动园区现代农业的发展

通过考察，笔者认为，要加快园区现代农业的发展，必须以农业科研院（所）、大学为依托。例如，杨凌在动植物生物育种、胚胎遗传、克隆技术、细胞工程、旱作节水农业和植物资源开发利用等方面拥有较强的科技和研发优势。杨凌以"农科城"闻名于世，是世界上农业科技力量、科技成果和农业高科技产业高度密集的地区之一。区内现有西北农林科技大学、杨凌职业技术学院两所大学，学科涵盖农、理、工、经、管、文、法等门类。其中，西北农林科技大学是国家"985工程""211工程"重点建设的

学校。大学拥有博士授予点58个，硕士授予点78个，每年可培养博士、硕士研究生2 000余人，本专科生10 000余人。拥有国家和省部级实验室、研究中心26个，国家和省部级重点学科28个。可为企业提供充足的科技人才资源和科技开发支撑服务。又如，湖北武汉国家农业科技园区，其科技实力在全国处于领先地位。园区集中了华中农业大学、湖北省农业科学院和武汉市农业科学院等一批代表湖北省乃至全国最高水准的农业科研教学和学术交流机构。核心区内，有研究所46个、国家级重点实验室2个、部级重点实验室7个、国家级工程中心9个、部级监测中心4个；博士后流动站7个、硕士点87个、博士点54个。此外，还有武汉大学、华中科技大学、湖北大学生命科学院和中国农业科学院油料作物研究所等大专院校和科研机构，其科技研发实力位居全国前列，这些都为园区现代农业的发展提供了重要的科技支撑。

## 二、以现代农业孵化器为载体，促进农业高科技企业的发展

通过考察，笔者认为，杨凌农业高新技术产业示范区已建立健全三级孵化体系，其基本体系是：创业中心→核心孵化器（二级孵化）→毕业企业发展园区（三级孵化）→入区（园）征地建厂（办企业）。杨凌农业高新技术产业示范区创业服务中心成立于1998年，是由科技部火炬中心、陕西省科技厅和杨凌农业高新示范区管委会联合共建的国家级高新技术创业服务中心。主要任务是依据国家有关政策，依托杨凌示范区智力密集和科技资源丰富的综合科技优势，充分利用示范区优越的产业发展环境，通过提供完善的设施、优质的服务、优惠的政策孵化科技企业，培养科技企业家，发展高新技术产业。中心提供从物理空间、技术研究、人才培养、资金服务、市场开拓和法律支持等各个环节的服务内容，为培育企业发挥巨大的作用。中心在孵企业，主要涉及绿色食品、生物医药、环保农资、良种繁育和涉农服务等产业。在孵企业注册资金累计5亿元，年产值3亿元，共开发转化科技成果项目310项，其中，达到世界领先水平3项，达到世界先进水平3项，达到国内领先水平11项，达到国内先进水平90项，专利技术85项，获国家及地方各类计划资金支持105项，列入国家和省火炬计划、攻关计划和重点新产品计划55项。早在2000年8月，杨凌农业高新技术产业示范区就成立了留学人员创业园，创业园主要通过提供与国外接轨的良好的孵化条件和优良服务，鼓励吸引海外留学人员到杨凌示范区投资创业，加快高新技术成果的商品化、产业化和国际化进程。园区配置相应的优惠政策和专业服务。目前，已有留学人员创办的杨凌中科环境工程有限公司等20多家高科技企业进驻发展。湖北武汉国家农业科技园区已规划建设农业科研孵化区，重点发展动植物良种、生物肥料、生物农药、生物饲料、生物药品、畜禽水产、地方名特优、农科贸市场、农产品加工和农业生态旅游十大产业。农业科研孵化区主要

由"九大中心"组成，即国家农作物分子技术育种中心、国家微生物农药工程研究中心、国家油菜武汉改良中心、国家植物基因研究中心、国家油菜工程技术研究中心、国家蔬菜改良华中分中心、国家果树脱毒种质资源室内保存中心、国家柑橘育种中心和国家家畜工程研究中心。

## 三、以现代农业龙头企业为载体，推进农业高科技成果产业化

通过考察，笔者认为，培育、发展和壮大现代农业龙头企业是推进农业高科技成果产业化的重要途径。例如，陕西杨凌中科环境工程有限公司是中国科学院在杨凌农业高新技术产业示范区成立的一个科技型股份企业，注册资金为1 500万元。公司是杨凌高新技术企业，承担了国家和地方许多项技术转化与产业化项目。公司具有外贸进出口经营资格和园林绿化施工资质（二级）。公司的技术支撑单位是"中国科学院水利部水土保持研究所（西北农林科技大学水土保持研究所）"，该所是我国目前唯一的国家级水土保持研究机构。公司主要从事生态修复、环境保护、水土保持、节水灌溉、园林绿化等方面的技术开发与培训、产品研制与销售、工程设计与施工等。公司引进开发的控根快速育苗技术已被列入国家高技术产业化发展项目，也是国内唯一拥有控根快速育苗专利技术的单位。该公司根据园区生产需求，研制了20多个型号的控根快速育苗容器及相关配套设施。该产品已向中国专利局申请专利，并向81个国家申请了专利权，公司享有在中国独家制造和销售控根容器的知识产权。推广使用该容器，可达到实现苗木全冠移栽、四季移栽、成活率高、育苗综合成本低和操作简便的目的，被誉为"可移动的森林""可移动的果园"。目前，该容器又开始使用于花卉栽培和蔬菜栽培。该公司目前年产不同型号的控根容器100万余件、控根专用基质10万$m^3$、控根优质苗木100万株，极大地推进了我国种苗行业的技术革新和市场发展。该公司在北京、广东设立了分公司，在西北、西南、华北、华南等地建立了控根技术示范基地，开始闯出了一条农业高科技产业化经营的新路子。

## 四、以培育品牌农业为突破口，加快推进现代农业标准化的进程

通过考察，笔者认为，培育品牌农业是国家高新农业示范区和国家农业科技园区推进农业现代化的重要途径。

例如，杨凌农业高新产业示范区的"杨凌本香农业产业集团"，主要生产经营"本香牌"无公害安全肉猪。该集团紧紧依托西北农林科技大学，以培育品牌农业为重点，先后建立了优良种猪繁育基地、安全饲料生产基地、新型农民养猪创业示范园、无公害猪养殖基地、安全肉猪深加工基地和安全猪肉食品连锁专卖店，通过集团服务中

心，为周边农民养殖户提供安全饲料、兽医、疫苗、医疗器械、疾病防治和技术培训等各项综合配套服务。近年来，该集团积极构建"集团+基地+农户"的安全肉猪产业链，大力扶持广大农民（养殖户）养猪增收致富。在此基础上，该集团认真编制养猪产业发展规划，严格按照农业循环经济的要求，进行商品猪无公害标准化养殖，年出栏无公害商品肉猪10万头，创全国生猪产业化的典型。"本香牌"安全肉猪于2006年11月9日荣获第十三届中国杨凌农业高新技术博览会后稷奖。目前，该集团又申报和实施世界银行扶持的有机安全生猪产业化项目子项目。

又如，近年来浙江嘉兴国家农业科技园区十分重视抓好品牌农业的培育和建设。该园区总体规划面积35万亩，其中核心区1.5万亩，中心示范区6.2万亩，辐射区27.3万亩。核心区设立农产品产业园。该园以生产蔬菜、优质晚稻米为主，2006年被列为嘉兴市食品安全信用体系建设试点示范单位，生产的"子城"牌优质农产品通过国家绿色食品认证，连续两年获得浙江博览会优质奖、嘉兴市名特优新农产品金奖等荣誉称号。中心示范区重点围绕蔬菜、瓜果、畜禽、特种水产、粮油、蚕桑六大主要产业的发展，建立蔬菜中心示范区、瓜果中心示范区、水果中心示范区、畜禽中心示范区、水产中心示范区、渔菜共生示范区、粮油中心示范区、桑蚕中心示范区和农业休闲观光区。其中，蔬菜中心示范区，以大棚设施栽培叶菜、茄子、瓜等为主，是嘉兴市"放心菜"生产基地；瓜果中心示范区，重点发展设施栽培精品小西瓜、甜瓜，实行标准化生产、品牌化销售，生产的"江南"牌精品小西瓜被评为"浙江十大名瓜"之一；水果中心示范区，主要采用连体大棚设施栽培，生产的"凤桥"小蜜桃、"江南"葡萄通过农业部无公害农产品认证，多次获浙江省农业博览会金奖；畜禽中心示范区是浙江省供沪生猪生产基地，生产的"竹林"牌三元瘦肉型生猪享誉上海市场；水产中心示范区，以养殖特种水产中华鳖和白玉蜗牛为主，是目前我国南方重要的中华鳖生产基地和最集中的白玉蜗牛生产基地；渔菜共生示范区是华东地区最大的菱白生产基地，"栖栙"牌菱白通过农业部无公害农产品认证；粮油中心示范区，生产的"禾欣"牌优质大米，通过农业部无公害农产品认证。园区辐射区依托核心区、中心示范区辐射带动，实施绿色农产品行动，加快发展优势特色农产品，建成规模化、专业化的绿色无公害农产品生产基地12个。目前，通过农业部无公害农产品认证的农产品13个，通过国家有机食品认证的农产品2个，通过国家绿色食品认证的农产品6个，通过国家地理标识认证的农产品1个，通过浙江省无公害农产品生产基地和绿色农产品双认证的农产品17个。通过抓好品牌农业的培育和建设，该园区畜禽（生猪）、特种水产（中华鳖、白玉蜗牛）、蔬菜（大棚蔬菜、菱白、雪菜）、瓜果（水蜜桃、葡萄、西甜瓜）四大特色优势农产品发展迅速，其产值已占园区农业总产值的70%以上。可见，抓好品牌农业的培育和建设对促进园区现代农业的发展具有十分重要的意义。

## 五、以创新农技推广机制为重点，引导农民做好农业新技术的推广和科技成果的转化

通过考察，笔者认为，创新农技推广机制是园区引领农民推广新技术和科技成果转化的重要工作方法。首先，要建设好现代农业示范基地。例如，湖北武汉国家农业科技园区，为使农业高新成果尽快转化为生产力，农业园区以兴办示范基地为纽带，将核心区、示范区联为一体，使核心区科研成果尽快辐射到农村，为农业产业结构调整优化和农业新技术推广服务。目前，该园区已建立了12个现代农业示范基地，即新洲蛋鸡养殖示范基地；麻城市大别山黑山羊、肉牛繁殖示范基地；孝感农业园特种花卉苗木繁殖示范基地；云梦县蔬菜原种及种苗组培示范基地；汉南区纱帽街无公害蔬菜出口示范基地；嘉鱼县潘家湾蔬菜加工示范基地；洪湖市瞿家湾水产养殖示范基地；英山县有机茶示范基地；咸安区苗木花卉示范基地；武汉金丰收种子示范基地；黄陂区武湖农场示范基地。通过建立现代农业示范基地，使园区广大农民看得见、摸得着、学得会。实践证明，园区建立现代农业示范基地，是实现现代科技和农民有效对接的桥梁和纽带。

其次，以专家大院为平台，抓好现代农业技术的推广和应用。例如，陕西渭南国家农业科技园区，紧紧围绕发展现代设施农业、畜牧业、水果业、养殖业，开始探索出"专家+企业+农户""专家+协会+农户""专家+科研或推广单位+农户"等成功的运作模式，以发展现代农业为核心，重点抓好现代生物育种、胚胎移植、良种繁育、科学育肥、设施农业等现代农业技术的研究、示范、推广和辐射，初步搭建现代化、产业化和标准化的现代农业生产经营管理体系。

再次，以农业合作社为载体，抓好各类农业适用技术的推广和应用。以陕西渭南国家农业科技园区为例，到2006年底，该园区创办合作社720多家，农业协会230多家，社员（会员）达120多万人，带动农户推广适用新技术68万多户，参加合作社的农民人均增收1 200多元，开始走出了一条依靠科学技术发展现代农业的光明之路。

**本文原载**　右江论坛，2008，22（1）：35-37

# 全球化背景下推动西部高新区产业
# 转型升级的战略思考
## ——以柳州、昆明高新区为例

贺贵柏

当前，从全球看，人类发展总体上处于工业化时期。各国的实践表明，工业化必须要求经济全球化。从国内看，中国经济发展由原来的高速增长逐步过渡到中高速增长，经济处于转型升级的关键时期。在全球化新时代，新产业、新技术、新业态层出不穷，蓬勃发展。这就要求我们必须站在全球化新时代的战略高度，要以新发展理念为指导，要学会和善于运用新的思路、新的思维、新的战略措施去谋划和推动产业转型升级与高质量发展。

当前，我国西部高新区也面临着产业转型升级与高质量发展的共同课题。西部地区许多高新区仍然面临着产业规划创新不足、产业特色不够鲜明、科技金融服务滞后、创新动力不足与发展质量不高等问题。

前不久，笔者先后考察了昆明高新区和柳州高新区。本文以柳州、昆明高新区为例，试就全球化背景下，如何推动西部高新区产业转型升级与高质量发展进行分析、论证和思考。

## 一、要注重创新产业规划与发展

产业发展是高新区的生命线。要加快推进西部地区高新区的高质量发展，必须注重创新产业规划。首先，要注重以市场为导向，在充分发挥自身产业优势的基础上，加强做好产业的规划和发展。其次，要注重以科技创新为引领，以全球视野规划和谋划高新区产业的发展。以广西柳州高新区（又称柳东新区、柳州汽车城）为例，辖区总面积430km$^2$，城市规划面积231.6km$^2$。2010年9月，经国务院批准，柳州高新区省级高新区升级为国家高新区。近年来，柳州高新区产业的规划与发展，注重坚持自身优势、市场导向、科技创新和全球视野原则，开始形成以汽车产业为主导，高端装备制造业、信息技术产业、新材料产业、生物医药产业、节能环保产业五大战略性新兴产业齐头并进的发展态势。据统计，2015年，柳州高新区共有高新技术企业153家，年内完成工业总产值1 582亿元，同比增长69.53%；实缴税金86亿元，同比增长45.76%；发明专利申请800件，发明专利授权78件，同比增长29%。2015年，柳州高新区固定资产投资完成315亿元，同比增长105.88%。高新区的新能源汽车产业、先进装备制造业、新材料产业、新一代信息技术产业、生物医药产业和节能环保产业发展势头强劲，五大产业产值占高新区总产值的20%以上。

## 二、要注重依靠科技创新助推产业发展

要加快推动西部高新区的发展，必须注重紧紧依靠科技创新助推产业发展。以昆明高新区为例，1992年经国务院批准成立的国家级高新技术产业开发区。昆明高新区总面积为91.88 km²。近年来，昆明高新区坚持秉承"发展高科技，实现产业化"的宗旨，重点围绕生物医药产业、信息技术产业及现代服务业、新材料及先进装备制造业三大产业的发展，积极构建各类科技创新平台，大力发展高新技术产业。目前，昆明高新区建有国家级技术创新基地19个，国家级工程技术研究中心4个、国家工程实验室1个、国家级企业技术中心7个、国家级重点实验室1个、国家级研究院（所）3个、院士工作站9个、专家工作站8个、博士后工作站9个，科技孵化基地51.5 m²。2015年，昆明高新技术企业185家，规模以上工业企业82家，销售收入超亿元的企业108家，上市企业10家，新三板挂牌企业12家，实际引进市外到位资金105.3亿元，实际利用外资3.83亿美元。2015年，昆明高新区实现财政收入40.81亿元。2015年，根据科技部对国家级高新区的评价排名，昆明高新区位列34位。2015年，昆明高新区新材料和先进装备制造业、生物医药产业实际营业收入分别占高新区总收入的55%和23%。

## 三、要注重创新科技金融服务

当今世界科技资本与产业之间的互动更加频繁、深入。创新科技金融服务是加快推进西部高新区高质量发展的重要措施。以柳州高新区为例，近年来，大胆探索创新科技金融服务模式。首先，加快推进PPP招标融资新模式。2015年高新区融资到位资金157.23亿元，年内实现BT融资9.6亿元，顺利完成柳州官塘大桥等重大项目PPP招标，不断开创高新区融资新模式。其次，柳州高新区注重探索和创新企业融资财政专项扶持风险基金管理模式。近年来，柳州高新区始终坚持立足企业需求，加快推进资本市场多层次融资，大胆引进高新科技入园企业，先后有上海股交中心柳东新区企业挂牌孵化基地揭牌，"新生活"在新三板挂牌，"榆暄液压"在园区挂牌，"固瑞机械"等6家重

点企业完成股份制改革。近年来，柳州高新区先后为中小企业担保融资10亿多元。由于柳州高新区注重用足用好用活融资政策，不断创新科技金融服务模式，"十二五"累计融资到位资金499.3亿元，为高新区的发展提供了高效率的科技金融服务。

## 四、要注重加速构建产业生态圈

高新区产业的发展有一个"从链到圈"的发展过程。一个好的产业，可以说"既通天又接地"。多年的实践表明，高新区产业的发展，有一个从规划到实施、从调整到优化、从产业链到生态圈的发展过程。要加快推进西部地区高新区的高质量发展，必须加速构建产业生态圈。当前和今后一个时期，一方面要加快实现传统产业的技术升级，用高新技术改造传统产业；另一方面要大胆引进高新技术，大力培育和发展高新技术产业，加快构建产业生态圈。特别是学会和善于用全球化新时代产业转型升级的新思维去谋划和推动产业的高质量发展。以昆明高新区为例，近年来，园区注重拓展国际视野，始终坚持以市场为导向，紧紧依托区域资源禀赋、产业基础和区位优势，重点培育和构建生物医药产业、工厂及现代服务业、新材料及先进装备制造业三大产业集群。目前，园区产业的发展已呈现出专业化、集群化、特色型蓬勃发展态势。特别是高新区的"云药产业"已被科技部批准为首批41个国家级创新型产业集群培育试点。产业生态圈的培育与构建，为昆明高新区的创新发展与高质量发展提供了良好的产业生态基础与保证。

## 五、要注重营造创新创业的生态环境

西部高新区作为区域创新基地，必须加快构建具有国际竞争力的现代产业体系。特别是在全球化和创新驱动背景下，要把有利于创新作为高新区产业政策的"试金石"。要加快推进高新区产业政策从选择性介入型、行政型政策向普惠型、服务型、法制型政策转变，特别是要积极探索从介入型政策向服务型政策转变，努力营造一个有利于创新创业的宽松政策环境。以柳州高新区为例，近年来，特别注重政策创新助推产业发展。在创新人才政策方面，柳州高新区规定，归国留学人员或具有博士学位人员创办的孵化企业，房租享有"第一年全免、第二年减半"的优惠政策，孵化企业开发的各类新产品经评估具有产业化前景，可从中小企业创业基金中给予一定资金扶持，扶持方式包括投资、借贷及担保等多种形式。在科技创新平台政策方面，对企业建立研发机构，经国家有关部门确认达到国家级、自治区级企业中心认定标准的，高新区分别给予50万元、20万元的资金支持；对新认定的国家级企业技术中心、工程技术研究中心、工程研究中心可申请自治区财政给予一次性奖励人民币200万元。在扶持企业政策方面，对经国家有关部门认定为高新技术企业的，一次性奖励3万元；对新获得中国名牌产业或中国驰名商标称号的企业，每获得一项，给予企业一次性奖励50万元；对新获得广西名牌产品称号的企业，每获得一项，给予企业一次性奖励10万元；对牵头或作为主要单位制定产品国家标准或行业标准的企业，在制定的标准实施后，每制定一个标准，给予企业一次性奖励20万元。对国家需要重点扶持的高新技术企业，减按15%的税率征收企业所得税；对新办并经认定为高新技术的民营企业，减按15%税率征收企业所得税后，在规定期限内免征企业所得税地方分享部分；对符合条件的小型微利企业，减按20%的税率征收企业所得税。柳州高新区鼓励民营企业创建国家级和自治区级创新型企业，可申请自治区财政给予奖励，国家创新型试点企业奖励100万元，评估优秀的自治区级创新型企业奖励50万元。

**本文原载**　市场论坛，2019（3）：20-22

# 创新政策环境　加快推进西部地区可持续发展

## ——从考察昆明国家高新区得到的启示

### 贺贵柏

20世纪80年代，为迎接世界新技术革命的机遇和挑战，我国开始探索创办"国家高新技术产业开发区"（以下简称高新区）。1991年国务院首次批准建立了27个国家高新区，1992年又增加了25个国家高新区。到2012年国家高新区的数量总计已达105家，遍布全国除西藏外的30个省、直辖市和自治区。为了加快推进国家高新区的建设与发展，国务院颁发实施了一系列优惠政策。20多年的实践证明，国家高新区已经成为我国依靠科技创新支撑经济发展，走具有中国特色自主创新发展道路的一面光彩夺目的旗帜，成为我国发展高新技术产业最重要的战略力量，成为引领全社会可持续创新发展的战略先导。

当前，世界经济在深度调整中曲折复苏，新一代科技革命和产业革命蓄势待发，新阶段我们遇到了前所未有的机遇，又面临着更为严峻的压力与挑战。新形势下，如何加快推进国家高新区可持续创新发展是一个值得高度关注和研究的重大课题。特别是我国西部地区如何进一步创新政策环境推进国家高新区可持续创新发展，仍然是一个很值得研究和探讨的问题。

为了更好地学习和借鉴昆明国家高新区新形势下如何通过创新政策环境进一步加快推进园区可持续创新发展的做法和经验，2015年4月29—30日，笔者随同广西百色国家农业科技园区考察团一行5人，先后深入到昆明国家高新区的火炬软件产业基地、国家生物产业基地以及国家高新技术产品出口基地和企业进行了实地参观、考察和学习。

## 一、昆明国家高新区的建设与发展概况

昆明国家高新区1992年经国务院批准正式成立，高新区占地总面积99.88km²，主要由两个片区构成，包括建成区和新城高新技术产业基地（金马镇片区），高新区建设的主要目标是重点发展"三大产业集群"，即新材料和装备制造、生物医药和现代服务三大产业集群。近年来，昆明高新区加快推进实施"五大战略"，包括改革活区战略、科

技强区战略、产业兴区战略、特色立区战略、和谐建区战略。2014年以来，昆明高新区把进一步创新政策环境作为实施"改革活区战略"的一项重要措施加快推进，2014年9月26日，云南省第十二届人民代表大会常务委员会第十二次会议审查通过了《昆明高新技术产业开发区条例》（以下简称《条例》），决定批准由昆明市人民代表大会常务委员会公布施行。《条例》共三十三条，在政策层面进一步明确了高新区的职责定位、体制机制创新、创新创业的条件和服务、集约与高效开发利用土地、科技创新活动等一系列创新性政策措施，真正做到营造创新性的政策环境，吸引全国、全省、全市科技研发、金融服务、高端人才及现代服务等产业向园区集聚，加快推进了园区的可持续创新发展。据统计，昆明高新区年完成营业总收入1 403亿元，实现财政总收入42.67亿元。

## 二、昆明国家高新区创新政策环境的主要做法和经验

### （一）在政策上明确高新区的职责定位

高新区是经国务院批准设立的国家级开发区，是以实施创新驱动发展战略，促进产业转型升级和发展方式转变，培育和发展高新技术产业为目标的示范引领区域。高新区享受国家促进高新技术产业发展的各项优惠政策。昆明高新区注重在政策上明确高新区的职责定位。昆明高新区《条例》第六条规定："昆明高新技术产业开发区管理委员会（以下简称管委会）是昆明市人民政府的派出机构，对高新区实行统一领导和管理，行使市级经济管理权限和相应的行政审批权限，根据授权管理区域内的社会事务。"《条例》规定昆明高新区管委会主要履行八项职责。《条例》明确规定："管委会要宣传贯彻法律、法规和规章，依法制定和实施高新区有关管理规定及其他促进科技与经济社会发展相结合、提升自主创新能力的各项政策和措施；依据昆明城市总体规划和经济社会发展规划，组织编制高新区产业园区规划、控制性详细规划和经济社会发展规划、计划，经市人民政府批准后组织实施；按照管理权限审批或者核准进入高新区的投资项目。"由于昆明高新区注重在政策上明确管委会的职责定位，充分发挥了管委会在推进国家高新区可持续创新发展中的规划、协调、管理与服务职能作用。

### （二）在政策上鼓励和支持高新区的体制机制创新

昆明高新区十分注重在政策上鼓励和支持高新区的体制机制创新。昆明高新区《条例》第七条规定："管委会应当按照精简、高效的原则设立工作部门。市人民政府有关行政管理部门在高新区设立分支机构、派出机构的，应当事先征求管委会意见，并报市人民政府批准，由管委会和有关行政管理部门实行双重领导，依法履行相应的职能。金融、海关、出入境检验检疫等部门，可以在高新区设立分支机构或者办公窗口，

直接办理有关业务。"《条例》还规定："管委会应当在行政管理体制、人事管理制度、投资融资机制、高新技术产业国际化发展等方面推进改革创新；管委会及设在高新区内的分支机构和派出机构应当向社会公开并及时更新相关优惠政策、行政管理事项、收费项目与标准、办理程序、服务承诺等信息，优化审批流程，提高行政效率。"昆明高新区牢固树立特区意识，勇于创新，敢闯敢试，全面推行干部聘任制和全员聘用制，实行"一幢楼办公，一个窗口对外"的审批服务流程，积极构建"小机构、大服务"的管理运作格局，有效地提高了服务效率和激发干事创业的激情。

### （三）在政策上为高新区创新创业提供条件和服务

昆明高新区十分注重在政策上为高新区创新创业提供条件和服务。昆明高新区《条例》第十一条规定："管委会应当为企业及科技人员提供创业条件和服务，建立和完善科技企业加速成长机制，鼓励企业、高等院校、科研机构以及其他组织和个人在高新区兴办各类综合或者专业科技企业孵化器。"《条例》还规定："高新区应当重点发展新材料、新能源、生物医药等高新技术产业、战略性新兴产业以及电子商务、金融等现代服务业。"鼓励企业在区内设立总部，建立整合贸易物流、结算等功能的劳动中心；具备下列条件之一的，可以申请进入高新区，国家和省级科技行政管理部门认定的高新企业；境外高科技企业或者项目；符合高新区产业发展规划的企业或者项目；为高新区提供服务的企业或者中介组织；其他与高新技术产业发展相配套的企业或者项目；进入高新区的企业或者项目，应当向管委会提出申请。管委会应当受理申请之日起5个工作日内作出批复。由于昆明高新区注重在政策上为高新区创新创业提供条件和服务，有力地促进了入园企业的创新、创业和发展。目前，昆明高新区共有入园企业8 000多家，其中，高新技术企业189家。高新区企业年产值达1 500亿元以上，实现利润30亿元以上。

### （四）在政策上引导和支持高新区的科技创新活动

昆明高新区十分注重在政策上引导和支持高新区的科技创新活动。首先，昆明高新区十分注重鼓励和支持技术创新。昆明高新区《条例》第二十四条规定："鼓励企业、高等院校、科研机构以及其他组织和个人开展科技研发、人才培养等活动，建立企业技术中心、工程技术研发中心、国家重点实验室、行业创新中心、博士后工作站、院士工作站等研发机构，形成以企业为主体、市场为导向的产学研结合的技术创新体系。"其次，注重鼓励和支持自主创新。昆明高新区《条例》第二十二条规定："鼓励高新区的企业和其他组织及科研人员进行自主创新，通过专利申请、商标注册、著作权登记等方式，取得自主知识产权。对获得国际、国家具有自主知识产权重大发明创造的，管委会要给予奖励。"再次，注重鼓励引进高层次专业技术人才。昆明高新区《条例》第二十五条规定："鼓励境内外、专家在高新区从事技术创新、学术交流活动；鼓励各类科技人员、高级管理人员、留学归国人员到高新区创业；鼓励用人单位依法采取借用、兼职、委托项目、研究等方式引进和使用高层次专业技术人才。在高新区工作的各类人才按规定享受国家、省、市和高新区的优惠政策，对有突出贡献的，管委会应当给予奖励。"例如，引进院士的可奖励50万~500万元。由于昆明高新区注重在政策上引导和支持高新区的科技创新活动，有力地促进昆明高新区的可持续创新发展。

### （五）在政策上鼓励集约与高效开发利用土地

昆明高新区十分注重在政策上鼓励集约与高效开发利用土地。昆明高新区《条例》第二十八条规定："市人民政府应当保障高新区的建设和发展用地；高新区应当集约、高效开发利用土地。高新区内的农村集体土地，经依法转为国有土地的，管委会可以根据投资规模、投资强度、创新能力、产值和税收贡献等情况，确定项目用地条件，按照有关法律、法规实施供地；其土地出让收益除按照规定上缴外，其他部分用于高新区的基础设施建设、土地开发、社会保障和公共事务等事项。"《条例》还规定："取得高新区国有土地使用权的投资者，应当按照合同约定的土地用途和期限开工建设。"由于昆明高新区注重在政策上鼓励和支持集约与高效开发利用土地，有力地促进了昆明高新区的可持续创新发展。

## 三、借鉴昆明高新区的经验，加快推进我国西部地区高新区可持续创新发展

新经济条件下，我国西部地区国家高新区应注意学习和借鉴昆明国家高新区创新政策环境的做法和经验，进一步创新政策环境，通过创新政策环境，进一步创新体制机制、激活创新创业的激情，对于培育和发展西部地区高新技术产业，对于促进西部地区产业转型升级和发展方式转变，对于实施创新驱动发展战略和促进西部地区经济社会发展，都具有十分重要的经济意义和政治意义。

必须进一步创新西部地区国家高新区的政策环境，加快培育和发展高新技术产业。必须进一步创新西部地区国家高新区的政策环境，加快促进和引领西部地区产业转型升级和发展方式转变。必须进一步创新西部地区国家高新区的政策环境，以促进高新区的体制机制创新。必须进一步创新西部地区国家高新区的政策环境，努力为高新区创新创业提供条件和服务。必须进一步创新西部地区国家高新区的政策环境，大力引导和支持高新区的科技创新活动。

**本文原载**　科技日报广西记者站（网络版），2015-12-3

# 借鉴柳州经验，加快推进广西百色高新技术产业开发区转型升级与可持续创新发展

## ——赴柳州高新技术产业开发区考察报告

贺贵柏

柳州高新技术产业开发区（以下简称柳州高新区），是广西乃至我国西部地区高新技术产业开发区中规划建设规模大、发展速度快、经济效益好和知名度比较高的高新区之一。近年来，柳州高新区坚定不移地实施创新驱动发展战略，特别是突出实施规划创新带动、优势产业带动、体制机制创新带动、科技平台带动、人才强区带动和创新政策环境带动六大带动战略，柳州高新区已成为广西乃至我国西部地区区域新的产业高地和经济增长极。

为更好地学习和借鉴柳州高新区实施创新驱动发展的主要做法和经验，笔者随广西百色国家农业科技园区、广西百色高新技术产业开发区考察组一行4人于2016年12月29—30日深入柳州高新区实地参观、学习和考察。

## 一、柳州高新区发展概况

柳州高新区（又称柳州汽车城、柳东新区）位于柳州市东北部，规划总面积230km²，2007年2月，柳州省级高新区正式挂牌成立，2010年9月，经国务院批准，柳州高新区由省级高新区升级为国家高新区。"十二五"期末（2015年），柳州高新区规模以上工业总产值1 081.29亿元，年均增长27.2%；固定资产投资完成460.27亿元，年均增长23.23%；财政收入完成32.68亿元，年均增长25.9%；招商引资市外境内资金到位150.24亿元，同比增长9.31%；招商引资外资到位10 264万美元。近年来，柳州高新区紧紧围绕广西区党委、区人民政府提出的建设千亿元园区的战略构想，加快实施创新驱动发展战略，顺利完成了"十二五"规划的主要目标任务。柳州高新区已成为广西区域新的产业高地和经济增长极。

## 二、柳州高新区建设与发展的主要做法和经验

### （一）实施规划创新带动战略

从全国高新区的发展看，抓好高新区的科学规划，既是高新区建设的一项基础性工作，又是促进高新区可持续创新发展的一项带有根本性的工作。柳州高新区十分注重实施规划创新带动战略，特别是注重明确高新区的规划与建设定位。高新区明确提出以广西柳州汽车城（以下简称汽车城）规划为统领，重点以汽车工业为龙头，加快发展高新技术产业和现代服务业。高新区的规划重点突出汽车城的总体规划，明确提出汽车城总体布局为"三轴、八区、十九功能块"。高新区辖区规划总面积为430km²，城区规划面积231.6km²，其中，汽车城规划用地面积203km²，建设用地面积138km²。特别是在汽车城的规划与建设定位上，明确提出要建设成为国内一流、世界先进的带动广西，辐射全国，具有国际影响力的以新能源汽车研发制造为核心竞争力和集制造、博览、贸易、旅游为一体的国际汽车城。高新区规划到2020年，实现承载人口50万人，实现工业产值2 000亿元，完成财政收入65亿元，把高新区建设成为功能全面完善的宜居宜业的山水生态新城。

### （二）实施优势产业带动战略

柳州高新区的发展，从规划开始就非常重视产业定位特别是特色优势产业的定位。高新区建设初期，就明确提出了重点发展汽车工业、高新技术产业和现代服务业。"十二五"时期，柳州高新区按照"汽车产业衍生带动，智慧科技驱动转型"的创新发展思路，大力发展先进装备制造产业、新能源汽车产业、新材料产业、节能环保产业、生物医药产业和新一代信息技术产业。据统计，柳州高新区"十二五"期末（2015年）高新技术企业个数达153家，比"十一五"期末增加59家；年内完成固定资产投资315亿元，同比增长105.88%；实现工业总产值1 582亿元，同比增长69.53%；实缴税金86亿元，同比增长45.76%；发明专利授权78件，同比增长29%。由于柳州高新区注重大力发展特色优势产业和高新技术产业，"十二五"期末（2015年），仅高新技术产值就占高新区总产值的20%。

### （三）实施体制机制创新带动战略

柳州高新区成立以来，十分注重体制机制创新。一是积极探索建立和完善内部管理机构。柳州高新区根据工作需要和职能配置，科学合理设置内设机构，内设机构主要有办公室、规划建设环保处、经济发展局、科技局、工业和信息化局、财政局、社会事务局、政策法规处、社会治安综合治理委员会办公室、政务服务管理办公室、党群工作

部、纪检监察室、征地办公室、柳州市城市管理行政执法局柳东分局、柳州高新技术创业服务中心、土地储备中心、食品药品监督管理分局、建设工程质量安全监督站等内设机构。二是积极探索推行派出机构制度。柳州高新区市直部门派出机构主要有柳州市建设委员会柳东建设局、柳州市规划局柳东分局、柳州市环境保护局柳东分局和柳州市公安局柳东分局4个派出机构。柳州高新区垂直领导部门派出机构主要有柳州市国土资源局柳东分局、柳州市工商行政管理局柳东分局、柳州市高新技术产业开发区国家税务局和柳州市高新技术产业开发区地方税务局4个派出机构。三是积极探索推行区域托管制度。柳州高新区在创新管理上大胆实行特区式管理。中共柳州市委、市人民政府本着有利于统筹兼顾,有利于有效管理,有利于加强协作和有利于共同发展的原则,经市委、市人民政府研究决定,从2009年1月1日起,将鹿寨县雒容镇、柳北区洛埠镇下窑村整建制委托给柳州高新区管理,从2009年7月15日起,由柳北区委托柳东新区整建制管理柳北区洛埠镇。实践证明,柳州高新区通过积极探索建立和完善内部管理机构,推行派出机构制度和区域托管制度,进一步创新管理体制和运行机制,特别是通过整合资源,大大提高了高新区的服务保障功能。

## (四)实施科技平台带动战略

柳州高新区始终坚持以全球视野谋划和推动创新。特别是注重围绕区域性和行业性重大技术需求,大力发展面向市场的新型研发机构和孵化平台。一是注重与国内外知名高校合作构建新型研发平台。先后引进上海交通大学等6所高校合作创建研发中心和各类专业孵化器,特别是与英国牛津大学创新中心合作共建国际科技孵化器,铟锡资源高效利用国家工程实验室成为高新区首家国家工程实验室。二是注重加强孵化平台建设。高新区注重立足"大众创业,万众创新",加快推进科技项目培育孵化建设。"十二五"时期,共引进孵化企业430家,新增孵化项目387个,成功毕业的企业48家。4家科技企业在"新三板"挂牌,1家企业在主板上市。此外,还注重打造互联网"众创空间"和广西机器人"众创空间"、大学生创业园和创新创业大赛等"大众创业,万众创新"活动。

## (五)实施人才强区带动战略

柳州高新区十分注重加强人才引进和人力资源建设,特别是高度重视借脑引智,大力引进和培育优秀人才,努力建设高水平人才队伍,千方百计筑牢创新根基。高新区"十二五"时期先后引进各类高层次人才1 413人,柔性引进博士后55人,引进院士1人。通过高层次人才的引进,有效地推进高新区的校企合作和产学研合作,为高新区的可持续创新发展提供了强有力的人才支撑。

### （六）实施政策创新带动战略

柳州高新区十分注重创新政策环境，特别是注重创新用地扶持政策和创新创业政策。首先，在用地扶持政策上，企业按照招拍挂供地程序取得国有土地使用权，一次性交齐土地出让金，然后根据项目投资强度、建设进度、主营业务收入和税收情况给予土地出让基准价10%～20%的扶持。对于高科技项目，实施更优惠的土地出让政策。其次，在创新创业政策方面，对新认定的国家级企业技术中心、工程技术研究中心、工程研究中心，可申请自治区财政给予一次性奖励人民币200万元，对企业建立研发机构，经国家有关部门确认达到国家（自治区）级企业技术中心认定标准的，高新区分别给予50万元或20万元的资金支持；对产学研合作重大项目和落户柳州高新区的国内重大科技成果转化项目，可申请自治区千亿元发展资金或在自治区科技专项资金中给予一定的资金支持和补助归国留学人员或具有博士学位人员创办的孵化企业，房租享有"第一年全免，第二年减半"的优惠政策；对国家需要重点扶持的高新技术企业，减按15%的税率征收企业所得税；对新办并经认定为高新技术的民营企业，减按15%税率征收企业所得税后，在规定期限内免征企业所得税地方分享部分；对符合条件的小型微利企业，减按20%的税率征收企业所得税；对牵头或作为主要单位制定产品国家标准或行业标准的企业，在制定的标准颁布实施后，每制定一个产品标准，给予企业一次性奖励20万元；对新获得中国名牌产品或中国驰名商标的企业，每获得一项，给予企业一次性奖励50万元；对新获得广西名牌产品称号的企业，给予企业一次性奖励10万元。由于柳州高新区注重创新政策环境，"十二五"时期，先后引进国内外知名企业12家、世界500强企业7家，先后落户高新区创新创业，为高新区的可持续创新发展打下了坚实的基础。

## 三、借鉴柳州经验，加快推进广西百色高新技术产业开发区转型升级与可持续创新发展

当前，广西百色高新技术产业开发区正在申报创建国家高新技术产业开发区，如何更好地学习和借鉴柳州经验，加快推进广西百色高新技术产业开发区的转型升级与可持续创新发展，笔者认为要注重如下方面。

要注重借鉴柳州高新区实施规划创新带动战略，进一步完善百色高新区的发展规划。高新区的规划要注重统筹做好城市、城镇和农村规划，积极探索用规划创新引领百色高新区的建设与发展。

要注重借鉴柳州高新区实施优势产业带动战略，坚持高新技术发展导向，紧紧依靠科技创新，大力发展现代特色农业产业、新型材料产业和先进装备制造业，加快推进

农业高新技术产业化，不断增强农业产业的影响力和竞争力，着力将百色高新区打造成为亚热带现代农业产业创新发展聚集区、石漠化综合治理实验区、扶贫开发先行区、一二三产业整合发展样板区和中国—东盟农业合作示范区。

要注重借鉴柳州高新区实施体制机制创新带动战略，积极探索加快推进百色高新区体制机制创新，特别是要注重整合资源，建立健全内部管理机构，推行派出机构制度和区域托管制度，努力提高高新区的综合服务保障能力。

要注重借鉴柳州高新区实施科技平台带动战略，紧紧围绕国家创新驱动发展战略，积极探索和加快推进科技协同创新，努力做到以全球视野谋划和推动创新。

要注重借鉴柳州高新区实施人才强区带动战略，积极探索加快推进百色高新区优秀人才引进与人力资源建设的新路径、新方法、新举措，努力为加快推进百色高新区的建设与发展提供强有力的人才支撑。

要注重借鉴柳州高新区实施政策创新带动战略，要从解决"三农"问题的战略高度进一步统一思想认识，尽快制定有利于推动创新驱动发展的各项政策措施，努力营造百色高新区创新创业的政策环境，加大招才引智和招商引资力度，加快推进百色高新区的可持续创新发展。

**本文成稿**　2017年1月6日

# 新阶段创新园区规划的几点探索与思考

## ——以广西百色高新区、海南南田园区为例

贺贵柏

近年来，在国家实施创新驱动发展战略的推动下，全国各类高新技术产业开发区（含各类农业科技园区，以下简称园区），如雨后春笋般蓬勃发展，势不可挡，为全国经济社会的可持续发展树立了一面光彩夺目的旗帜。以高新技术产业开发区为例，据统计，2000年，全国高新技术企业9 758个，主营业务收入10 033.7亿元，实现利税1 033.4亿元，利润673.5亿元，出口交货值3 588.4亿元。2014年，全国高新技术企业发展到27 939个，主营业务收入127 367.7亿元，实现利税12 188.6亿元，利润8 095.2亿元，出口交货值50 765.2亿元。2015年1月，我国各类农业园区已发展到近万个，其中，国家农业科技园区118个，国家现代农业示范区283个，国家级农业高新技术开发区43个，还有省级、市级农业园区和其他类型的农业园区，农业园区的数量逐年增大。

当前和今后一个时期，在国家加快实施创新驱动发展战略的新形势下，如何进一步创新理念、拓宽思路，推进园区规划方法的创新与应用，提升园区规划的科学性和可操作性，特别是通过科学规划，引领园区高质量发展，是各级领导、有关部门和各界人士共同关注的重大问题。

本文以广西百色高新技术产业开发区和海南南田国家现代农业示范区为例，重点就如何通过科学规划引领园区高质量发展进行深入的探索和思考。

## 一、广西百色高新技术产业开发区和海南南田国家现代农业示范区概况

### （一）广西百色高新技术产业开发区概况

广西百色高新技术产业开发区是在广西百色国家农业科技园区的基础上申报规划建设高新技术产业开发区。2016年8月30日，广西区人民政府以桂政函〔2016〕178号文同意在市工业园区基础上更名设立广西百色高新技术产业开发区。2016年12月24

日，百色市人民政府批复《广西百色高新技术产业开发区总体规划2016—2030年》（以下简称《总体规划》）。至2030年，城镇建设用地规划控制在38.7万km²（其中，A园区控制在13.8km²，B园区控制在24.9km²）；高新区人口规模达25万左右（其中A园城区人口10万人左右，B园城区人口15万人左右）。通过规划和建设，至2020年，高新技术企业达到35家以上，高新技术产值占规模以上工业产值40%，服务收入占营业收入比例达到25%。到2025年，高新技术企业达到50家以上，服务收入占营业收入比例达到30%。通过深入实施创新驱动发展战略，加快构建现代农业产业新体系，重点围绕"中国—东盟沿边创新发展试验区"这一战略定位，形成特色优势产业转型升级样板区，革命老区产学研融合创新示范区，面向东盟的沿边开放合作先导区。

### （二）海南南田国家现代农业示范区概况

2015年9月1日，海南省农垦局下发琼垦局计字〔2015〕105号文，批复同意海南南田国家现代农业示范区项目立项。2015年10月22日，农业部农计发〔2015〕1号文批复同意，海南南田国家现代农业示范区作为第三批国家现代农业示范区进行规划和建设。项目实施为海南南田农场，规划用地面积3 193.82亩，建设内容主要为现代农业种植基地、农业观光及配套设施。项目计划总投资为18.63亿元。

## 二、新阶段创新园区规划的几点探索与思考

### （一）必须明确园区的战略定位与发展目标

规划是面向未来的一种战略谋划。因此，园区的战略定位（又称功能定位）很重要。在园区进行规划建设前，园区建设主体单位要注重组织有关人员进行调查研究和科学论证，特别是要注重加强市场研究与技术选样研究。只有在明确园区功能定位的基础上，才能更好地弄清怎样进行园区规划，如何建设和实现怎样的发展目标。以海南南田国家现代农业示范区为例。2015年5月22日，农业部下发了关于认定第三批国家现代农业示范区的通知即农计发〔2015〕1号文件，文件明确同意批复海南省南田农场国家现代农业示范区作为第三批国家现代农业示范区进行规划和建设。根据2015年10月13日习近平总书记主持召开的中央第十七次深化改革领导小组会议通过的《关于进一步推进农垦改革发展的意见》、农业部农计发〔2015〕1号文件和中共海南省委、省政府新一轮深化农垦改革的精神，按照"垦区集团化、农场企业化"和建设现代农业的"大基础、大企业、大产业"的部署和要求，中共海南省委、省政府明确了海南农垦投资控股集团作为海南南田农场国家现代农业示范区的建设主体单位。在海南南田国家现代农业示范区的功能定位和发展目标问题上，中共海南省委、省政府十分明确，就是要重点突

出示范区的规划与建设，要结合海南国际旅游岛、三亚旅游特色，将示范区建成集中国农垦博物馆、全国农垦特色品牌博览中心、现代农业产业链构建现代农业杧果科技应用示范推广、休闲农业体验、会议会展（世界杧果论坛）、世界热带水果加工体验、现代农业科普教育为一体，把示范区建设成为世界独一无二的热带水果、花卉、南药之窗。通过科学规划与建设，努力构建区域农业经济新秩序，促进区域品牌升级输出、打通经济内外生命循环体系，实现人居、自然、产业的有机融合，一二三产业融合发展的现代农业示范区。

### （二）必须明确园区的产业定位与发展目标

无论是农业科技园区，还是高新技术产业开发区，产业定位与发展目标十分重要。产业定位清晰，发展目标明确，园区的工作就找到了抓手。以广西百色高新技术产业开发区为例，该园区在产业定位上，注重充分发挥百色高新区的沿边区位优势，产业发展基础和未来发展方向，优先推动特色产业品牌化发展，重点推动壮大新兴产业集群化发展，大力推动优势产业高端化发展。重点提出发展铝基新材料产业、农林产品精深加工产业、现代服务业、生物医药产业和高端装备制造业。铝基新材料产业，计划到2025年，培育高新技术企业3～5家，铝基新材料力争实现产值500亿元，培育产业技术研发平台10家，产业链条更加完善，产品更多向下游汽车、电子通信设备等高端装备应用集聚，辐射带动能力更强。农林产品精深加工产业，计划到2025年，培育高新技术企业5～8家，农林产品精深加工力争实现产值150亿元，培育产业技术研发平台5家，特色产品产业链条更加完善，不断向高端营养品、保健品、医药等领域延伸。现代服务业，计划到2025年，培育高新技术企业3～5家，实现增加值282亿元，现代服务业体系建设不断完善。生物医药产业，计划到2025年，培育高新技术企业3～5家，高新区生物医药产业实现产值100亿元，培育具有百色特色的中药材品牌2个，推动形成集中医药、生物技术制药、医药保健于一体的生物医药产业集群。高端装备制造业，计划到2025年，培育高新技术企业1～3家，实现年产值200亿元，形成技术水平逐步提升、产业结构渐趋完善、产业服务体系完善的高端装备制造业产业集群，区域辐射范围不断增强，国际交流与合作进一步加强。

### （三）必须注重进行园区示范区的规划

无论是农业园区，还是高新技术产业开发区，示范是一项重要的职能。只有抓好示范，才能更好地树立看得见、摸得着、学得到的示范引领作用。园区的规划要做到科学、合理，必须注重进行示范区的规划。以海南南田园区为例，其示范区重点规划建设五大区，分别为特色中草药示范、特色水果示范区、特色蔬菜示范区、特色花卉示范区、生态农业示范区。特色中草药示范区主要分为林下南药种植区和药田创意工坊；特色水果示范区主要分为杧果主题区、香蕉主题区、菠萝主题区、荔枝主题区、龙眼主题区、杨桃主题区、橙主题区、莲雾主题区、木菠萝主题区和热带柚主题区等21个小区；特色蔬菜示范区主要分为创意菜田、连片菜田、蔬菜走廊、飘带天桥和菜田创意工坊；特色花卉示范区主要分为花海、花架、飘带天桥、艺术花园、观景坪、花田创意工坊、水生花卉池、蜜蜂互动场和草坪婚礼场；生态农业示范区主要包括草田和高尔夫球场等。以上五大示范区面积共计3 070.12亩。

### （四）必须注重做好创新平台的规划与构建

功能齐全的科技创新体系是支撑园区可持续发展的动力源。一个比较完善和高效的园区规划，必须包括创新平台的规划与构建。以广西百色高新技术产业开发区为例，该园区十分注重抓好园区创新平台的规划与构建。该园区规划提出，到2020年，国家级研发机构达到7家，园区创新服务机构达到9家，科技孵化器面积达到20万$m^2$。到2025年，国家级研发机构和创新服务机构分别达到10家，科技孵化器面积达到30万$m^2$。园区科技创新体系不断完善，园区市场配置创新资源的决定性作用明确增强。人才、技术、资本等创新要素流动更加顺畅，科技成果转化机制更加健全。创新创业公共服务体系更加完善，科技金融结合更加紧密，知识产权创造和保护机制更加完善，园区崇尚创新创业的价值导向和文化氛围更加深厚，园区科研实力和创新能力显著提高。

### （五）必须注重做好高新技术企业的规划与发展

园区要实现创新发展和高质量发展，高新技术企业是主体。在园区建设初期或转型升级时期，都要注重做好高新技术企业的规划与发展。以广西高新技术产业开发区为例，重点围绕园区产业发展，科学规划和培育高新技术企业。该园区围绕铝基新材料产业发展，提出到2020年，培育高新技术企业1～2家，到2025年，培育高新技术企业3～5家，铝基新材料力争实现产值500亿元；围绕农林产品精深加工产业，提出到2020年，培育高新技术企业1～2家，到2025年，培育高新技术企业5～8家，农林产品精深加工力争实现产值150亿元；围绕现代服务业，提出到2020年，培育高新技术企业1～2家，到2025年，培育高新技术企业3～5家，现代服务业体系建设不断完善，建成后增加值达到282亿元，构建业态多样、功能完善的现代服务业体系；围绕生物医药产业发展，提出到2020年，培育高新技术企业1～2家，引进并培育规模以上企业12家，产值亿元以上企业3家，产值5亿元以上企业1家，培育具有百色特色的中药材品牌1个；到2025年，培育高新技术企业3～5家，引进并培育规模以上企业20家，产值亿元以上企业5家，产值5亿元以上企业2家，培育具有百色特色的中药材品牌2个，高新区生物医药产业实现产值100亿元，推动形成集中医药、生物技术制药、医药保健于一体的生物医药产业集群；围绕高端装备制造业，提出到2020年，培育高新技术企业1家，培育规模以上企业2家，产值亿元以上企业1家，产值亿元以上企业1家，实现年产值80亿元。到2025年，培育高新技术企业1～3家，培育规模以上企业4家，产值亿元以上2家，实现年产值200亿元，搭建3～5个企业技术研究中心及产学研合作示范基地，形成技术水平逐步提升、产业结构渐趋完善、产业服务体系完善的高端装备制造业产业集群，区域辐射范围不断增强，中国—东盟国家交流与合作进一步增强。

**本文成稿**　2018年9月5日

# 南宁高新区推进创新型特色园区建设的
# 主要做法和经验
## ——赴南宁高新区考察报告

贺贵柏

为更好地探索新形势下，如何加快推进创新型特色园区建设的主要做法和经验，2016年12月29日，笔者随广西百色国家农业科技园区考察组一行4人，深入南宁高新技术产业开发区（以下简称南宁高新区）进行实地参观、访谈、了解和学习。通过考察学习，笔者认为，南宁高新区推进创新型特色园区建设的主要做法和经验，很值得学习和借鉴。

## 一、南宁高新区发展概况

南宁高新区成立于1998年，1992年经国务院批准为国家级高新区。南宁高新区地处南宁市西北郊，规划总面积163.41km$^2$，共分为4个片区，主要包括心圩片区、安宁片区、相思湖片区和南宁综合保税区，下辖新圩街道和安宁街道、8个社区、14个村，总人口约20万人。2014年拥有各类科技企业2 200多家，其中国家级高新技术企业108家，从业人员156 824人，总收入1 569.41亿元，其中，销售收入1 227.08亿元，占78.19%；技术收入207.28亿元，占13.21%；总产值1 266.93亿元，实现利润132.57亿元，实缴税金65.38亿元，外贸出口额17.7亿元。2015年经科技部组织对全国116家高新区（含苏州工业园）进行综合评比结果，南宁高新区位列前39名，其中，"知识创造和技术创新能力"指标位列前24名，综合实力居全国中上水平。

经过20多年的建设与发展，特别是2013年2月，经科技部批复同意南宁高新区创新型特色园区建设方案，南宁高新区进入转型升级新阶段。目前，南宁高新区已成为吸引外来投资和承接产业转移的重要平台，已成为广西外贸直接投资最多和经济增长速度最快的区域，已成为全国高新区技术成果商品化、产业化和国际化的重要基地，已成为助推中国与东盟各国科技交流与合作的最重要的平台。

## 二、南宁高新区推进创新型特色园区建设的主要做法和经验

### （一）注重科学规划与差异定位

科学规划是推进创新型特色园区建设的重要前提条件。高新区重视把科学规划和差异定位结合起来，加快推动各片区协同创新和有序发展。一是心圩片区，重点突出电子信息产业园，通过依靠科技创新，全面提升高新区电子信息产业的整体实力和核心竞争力；二是安宁片区，重点突出高端制造业，加快推进高端制造业成为高新区的经济增长点；三是相思湖片区，重点突出现代服务业及文化创意产业，通过依托和整合各高等院校、科研院（所）的智力资源，推进产业规模化集聚，加快形成产业发展新亮点；四是南宁综合保税区，重点突出发展对外跨境经济，特别是加强同东盟国家的经贸交流与合作，加快推进高新区的开发建设与创新发展。

### （二）注重管理体制机制创新

中共南宁市委、市人民政府授予南宁高新区党工委、高新区管委会行使市级管理权限，对高新区实行统一领导、统一管理。在管理体制机制创新方面，重点突出抓好以下3项工作。一是科学合理设置内设机构。目前，南宁高新区共设办公室、人力资源和社会保障局、财政局、投资促进局、经济发展局、建设房产局、社会事务局、城市管理局、安全生产监督管理局、南宁综合保税区管委会10个内设机构；单列机关党委（党工委办公室）、纪检监察室。二是高新区推行派驻机构制度。南宁市派驻高新区机构共有13个，分别为南宁市规划局高新分局、南宁市国土资源局高新分局、南宁高新区地方税务局、南宁高新区国家税务局、南宁市工商局高新分局、南宁市环保局高新分局、南宁市公安局高新分局、南宁市交警大队、南宁高新区消防大队、南宁市质量技术监督局高新分局、南宁高新区环境监察大队、南宁高新区建设建筑监察大队、南宁高新区劳动保障监察大队。三是高新区实行"封闭式管理、开放式运营"的管理模式。市规划、国土资源、环境保护行政主管部门在高新区设立派出机构，充分行使市级管理权限，辖区所涉及的以上相关市级经济和社会管理权限，按照"能放则放"的原则，最大限度授权南宁高新区管委会行使。为进一步改善高新区发展环境，提高行政审批及服务效率，2015年6月，设立了南宁高新区行政审批局，与南宁高新技术产业开发区政务服务中心合署办公，实行一套人马、两张牌子的管理形式，实行"一颗公章管审批"的管理模式。为了理顺高新区的管理体制机制，早在2013年，中共南宁市委、市人民政府就专门下发了《关于进一步理顺开发区管理体制和运行机制的若干措施》进行明确和规定，并决定在开发区全面推行全员聘任（用）制和岗位绩效工资制度。目前，高新区又托管了西乡塘区的心圩街道办和安宁街道办，两街道办除了人大、政协、法院、检察院、武

装部事务由西乡塘区负责外，其他社会事务均由高新区负责。

### （三）注重突出发展高新技术产业

建园20多年来，南宁高新区始终把创新作为推动产业发展的第一动力，充分发挥自身的区位优势和资源优势，不断聚集创新要素，完善创新体系，大力发展高新技术产业，特别是注重突出发展电子信息、生物工程与健康产业、汽车及机电一体化、新材料及高端制造业、现代服务业与文化创意产业等。目前，高新区高新技术产业体系已基本形成，已研究开发出一批科技含量高、市场前景广阔的高新技术产品800多项。高新区已构建形成高科技中心区、软件区、科技工业园、大学创业园与留学人员创业园等一区多园的高科技工作新格局。高新区一批技术创新能力强，拥有自主知识产权的高新技术企业蓬勃发展。2012年7月9日，广西区政府下发《关于加快高新技术产业开发区发展的若干意见》（桂政发〔2012〕55号）文件提出，力争将南宁高新区打造成千亿元园区。

### （四）注重加强人才引进，助推产业发展

近年来，南宁高新区十分注重加强人才引进工作，坚持人才引进与促进产业发展相结合，特别是千方百计通过高层次人才引进，引领和助推产业转型升级与可持续创新发展。目前，南宁高新区共引进院士16人，博士生导师48人、博士研究生132人、硕士研究生1 621人。高新区又重点引进享受国务院特殊津贴7人、国家科技创新人才2人、国家千人计划专家1人、国家万人计划科技创业领军人才1人、国家百千万工程人才2人；引进广西优秀专家、广西八桂学者3人，广西新世纪十百千人才工程11人等自治区级和南宁市高层人才和专家共146人。为了更好地发挥各类高层次人才和专家的作用，南宁高新区根据产业发展需要，专门设立了高新区重点人才项目专项。目前，已资助资金3 200万元，重点用于支持高层次重点人才及团队创新创业。

### （五）注重创新园区管理，改善发展环境

要加快推进园区的建设与发展，必须注重创新园区管理。首先，南宁高新区注重创新政策管理。早在2001年12月，中共南宁市委、市人民政府就下发了《关于进一步加快开发区发展的决定》和《关于深化开发区体制改革实行封闭式意见》两个文件。2012年7月9日，广西区政府又下发了《关于加快高新技术产业开发区发展的若干意见》，明确提出力争2015年将南宁高新区打造成为千亿元园区。2013年2月，科技部下发国科火〔2013〕131号文，正式批复同意南宁高新区创新型特色园区建设方案，从此，南宁高新区进入转型升级阶段。近年来，南宁高新区又出台了《关于鼓励留学人员

创新创业的若干规定》《关于鼓励扶持大学生科技创业的暂行规定》《关于鼓励科技企业孵化器发展的若干规定》《关于鼓励发展自主知识产权的暂行办法》《南宁高新区人才公寓管理暂行办法》《关于加快推进南宁保税物流中心向综合保税区转型升级的意见》等优惠政策，使落户高新区的企业及高层次人才，除享受国家政策扶持和资金支持外，还可享受在产业发展、科技创新、工业制造、融资上市、人才安居和子女就学等方面的优惠政策支持。另外，注重对高新区进行依法管理。早在1995年，广西壮族自治区第十一届人大常委会第十六次会议批准南宁市第九届人大第三十二次会议通过的《南宁高新技术产业开发区管理条例》，正式以立法形式对高新区进行管理。由于南宁高新区十分注重创新园区管理，改善发展环境，从而大大加快推进创新型特色园区的建设与发展。

**本文成稿** 2017年1月20日

# 茉莉花产业绿色高质量发展的探索与实践

## ——横县（茉莉花）国家现代农业产业园的做法与经验

贺贵柏

茉莉花又称茉莉、木梨花、香魂等。茉莉，叶色翠绿，花色洁白，清香四溢，香味浓郁，茉莉花可加工制作茉莉花茶，可提取茉莉精油，是制造香精的重要原料，特别是茉莉花油的价值极高，相当于黄金的价格，茉莉不仅具有食用观赏价值，还具有重要的药用和极高的经济价值。

茉莉花原产于古罗马等地，西汉年间随佛教传入中国，茉莉花产地主要分布在伊朗、埃及、土耳其、摩洛哥、阿尔及利亚、突尼斯以及西班牙、法国和意大利等地中海沿岸国家，印度和东南亚各国均有栽培，相传茉莉花明朝传入横县。

近年来，随着国家的强盛和横县产业的兴旺，茉莉花通过"一带一路"香飘中国，走向世界。为了更好地学习和借鉴横县加快推动茉莉花产业绿色高质量发展的主要做法和经验，2021年2月19日，广西百色国家农业科技园区联合百色市田阳区人民政府组成考察团一行8人，专程赴横县茉莉花国家现代农业产业园进行考察学习，考察组成员在听取讲解和汇报的基础上，还深入茉莉花标准化生产示范基地、茉莉花融媒体中心、"喜来顺"茉莉花加工产业园以及茉莉花农旅结合示范基地等进行实地参观和访问学习。

## 一、绿色高质量发展的横县茉莉花产业

茉莉花在中国有60多种，主要分为单瓣茉莉花、双瓣茉莉花和多瓣茉莉花三大类。目前，横县茉莉花以双瓣茉莉花为主。横县茉莉花一般从初夏4—5月开花，一直延长到当年11月，可出现5期盛花。茉莉花具有花期早、花期长、花蕊大、产量高、质量好、香味浓的特点。

近年来，横县主要引种福农6号、水灵一号、南山白毫、福鼎大白等茶叶新品种。特别是圣山茶场、贺桂茶厂、那阳簪茶场、南山茶场和校桥花茶厂等茶场，已形成规模

经营，是横县茉莉花茶的重要生产基地。茉莉花产业园与科研院所、高校进行合作，引进和培育37个茉莉花品种，打造世界茉莉花品种资源保护及开发研究基地。横县根据茶叶独特的吸附性质和茉莉花的吐香特性，经过一系列精细的加工流程配制而成的茉莉花茶，既保持了绿茶浓郁爽口的天然茶味，又饱含茉莉花的鲜灵芳香。茉莉花含有大量有益于人体健康的化合物，如维生素C、维生素A、茶多酚、咖啡碱、芳香油、丁香酯、橙花椒醇等20多种化合物。茉莉花具有"在中国的花茶里可闻春天的气味"和"众香之冠"的美誉，是我国乃至全球现代最佳的天然保健饮品之一。

2017年，横县茉莉花种植面积10万亩，年产鲜花8万t，鲜花产值15亿元，年加工茉莉花茶6万t，产值35亿元，茉莉花产业综合产值50亿元。2017年6月，横县现代农业产业园列入第一批国家现代农业产业园创建名单，产业园总规划面积253km²，涉及横州、校椅、马岭3个乡镇28个行政村，核心区位于中华茉莉园，以茉莉花为主导产业，茉莉花种植面积6.65万亩。通过3年创建，2019年12月，横县现代农业产业园成功认定为国家现代农业产业园。

5年来，横县产业园始终坚持"标准化、品牌化、国际化"的产业发展方向，着力构建"1+9"产业群，按照"一城、一镇、两区、一轴、一网"空间布局，加快推动茉莉花产业绿色高质量发展。在产业园的带动下，2019年，横县茉莉花种植面积扩大到12.5万亩，年产茉莉花鲜花9万t，鲜花产值21亿元；茉莉花初加工转化率达到98.11%，加工产值达50.19亿元，茉莉花茶综合产值达122亿元。2020年，横县茉莉花占全国15万亩的80%以上，占世界60%以上，茉莉花茶品牌价值达206.85亿元。

目前，横县茉莉花产业已成为产业优势突出、要素高度聚集、设施设备先进、生产方式绿色、经济社会效益显著、辐射带动有力的一二三产业融合发展示范区，已成为世界茉莉花产业中心和世界茉莉花主要旅游目的地。横县茉莉花国家现代农业产业园的探索与实践表明，茉莉花产业绿色高质量发展势在必行，大有可为！

## 二、横县茉莉花产业绿色高质量发展的主要做法和经验

### （一）实施标准化生产示范带动

近年来，横县产业园高度重视抓好茉莉花产业绿色可持续发展。大力示范和推广茉莉花清洁生产技术、水肥一体化技术、病虫害绿色防控技术、智能玻璃大棚栽培技术等农业绿色技术，园区始终坚持把标准化作为茉莉花的产业发展重要方向之一。园区核心区专门建立了茉莉花生产数字化基地，主要建设茉莉花生产数字化设施种植基地、数字化标准种植基地、数字化大田种植监测基地，利用智能农业技术通过数据采集、积累、统计及分析，研究出更适合茉莉花栽培管理的生产条件，编制一套适用于茉莉花科

学栽培管理的自动控制程序，从而自动控制温室设施设备的运作，提高自动化水平，达到合理利用农业资源，改善生态环境，降低生产成本，提高茉莉花的产量和质量。园区通过建立茉莉花标准化种植示范基地，真正做到茉莉花精细化种植和管理，实现了茉莉花生长可视化、在线化、数据化和高效化，为茉莉花大田生产特别是规模化生产和专业化经营指明了方向。

### （二）实现电商销售平台带动

近年来，横县产业园坚持以产业为载体，以文化为灵魂，以品牌为抓手推动茉莉花产业高质量发展，实现横县花茶原料生产中心向世界茉莉花中心升级。建园以来，横县注重以产业园为平台，利用"互联网+"的思维理念提升茉莉花主导产业，率先发展"互联网+示范区"新业态，特别是以电子商务为突破口，加快推进融媒体中心，"横县云"在线茉莉花金融交易平台建设，加快与电商相配套的一站式社会化服务管理平台、掌上物流发货平台、产品溯源体系等智能板块的建设，引导茉莉花等企业和茶农纷纷"触网"加入电子商务活动。近年来，茉莉花产业电商市场和物流业发展迅速，影响较大的有阿里巴巴、农村淘宝、横县服务中心、石井茉莉花交易市场，淘宝物流配送发货，横县已与阿里巴巴签订了战略框架合作协议，成为广西首个"村淘"示范县，有效地串起了园区茉莉花生产加工销售环节，培育和壮大了茉莉花主导产业，横县荣获商务部授予"全国电子商务进农村示范县"称号，成为广西发展最快的县域电商。目前，"横县茉莉花茶"产品销售已覆盖全国十几个省（市），其中70%~80%销往武汉、西安、沈阳、北京等地，产品荣获包括欧盟认证的各种质量认证，运销世界各地。横县茉莉花和其他农产品插上电商隐形的翅膀，翱翔在更广阔的海内外市场。

### （三）实施精细加工产业园带动

近年来，横县始终坚持把茉莉花产业列为重点发展的特色主导产业，先后出台了《横县茉莉花现代特色农业（核心）示范区创建实施方案》和《横县建设富硒农业大县工作方案》，不断创新政策措施，加快推动特色农业产业农产品加工转化，不断延长农业产业链，努力提升农业价值链，特别是创建茉莉花现代农业产业园以来，紧紧依托茉莉花产业加快建设重要加工集中区，加大招商引资力度，重点引进龙头企业和高新技术企业，大力发展产地茉莉花精深加工和副产品综合利用，不断延伸茉莉花产业链和价值链，加快推动茉莉花产业绿色高质量发展。

目前，已建成横县茉莉花加工新城（茉莉花极翠园），项目占地500亩，园区通过发布招商公告、公开报名以及严格按照入园标准进行遴选，入驻园区的高新技术企业和龙头企业主要有广西横县北京张一元茶业有限公司、广西顺来茶业有限公司、广西金花茶业有限公司、广西春之森茶业有限公司以及广西隆泰生化科技有限公司等企业，已建成横县茉莉花茶标准化加工生产基地。园区通过加强与科研院所合作，先后引进中国工程院院士陈宗懋、国家茶艺质量监督中心专家以及从事花茶加工工艺研究的10多名专家担任茉莉花精深加工指导专家和顾问，研究、示范和推广茉莉花茶标准化加工生产技术，茉莉花茶加工已100%实现机械化。茉莉花精深加工产业园已成为示范、引领茉莉花产业转型升级、提质增效与绿色发展的核心区。目前，横县茉莉花茶加工企业已达130多家，年加工茉莉花7.8万t，茉莉花产值80亿元。由于园区注重依靠科技创新，大力发展茉莉花精深加工业，科技创新和产业效益显著，横县连续荣获"全国科技进步先进县"荣誉称号。

## （四）实施产业扶贫示范带动

横县号称"中国茉莉花之都"，年茉莉花种植面积达10万亩以上，年产鲜花8万t以上，鲜花种植达15亿元以上。横县创建茉莉花国家现代农业产业园以来，大胆探索创新农民收益新机制，始终坚持以体制机制创新为激活市场、激活要素、激活主体的主动力，率先构建以价值链为基础，以产业链接为纽带，以农民组织为主体，以适度规模经营为导向，加快推动茉莉花产业一体化经营，紧紧依托茉莉花种植生产基地，深入发展茉莉花茶业精深加工业，采取"市场+园区加工企业+农户"等模式，将茉莉花龙头加工企业与农户结成利益共同体，不断完善产业化机制，建立健全利益联结机制及分配机制，切实保障农民利益，增强产业化的活力，从而加快推进农业产业化进程。

近年来，为了进一步做大做强做优茉莉花产业，横县坚持把茉莉花产业作为一项重大的富民强县的产业来抓，先后出台《横县茉莉花产业发展奖励暂行办法》等一系列扶持政策，每年县财政安排1 000万元用于扶植茉莉花产业发展，2016—2020年奖补5 100多万元，重点向花农特别是贫困农户发放，鼓励和支持他们通过发展茉莉花产业脱贫致富。据现场考察和调研、访谈，种植茉莉花一般年生产成本1 000元，亩产值1 500~2 000元，亩产年收入达12 000元以上，贫困农户种植一亩茉莉花，年可实现增收12 000元以上。

## （五）实施农旅融合带动

2021年以来，横县园区十分注重挖掘农业特色产业的内涵和潜力，推动茉莉花产业接二连三，发展休闲农业和乡村旅游。近年来，坚持将休闲农业、乡村旅游和商贸流通业作为产业发展的突破口来抓，积极探索和大力发展以茉莉花为主题的休闲农业和乡村旅游，特别是认真谋划横县休闲农业和乡村旅游，加快推动园区建设成为现代农业和县域旅游相结合的示范样板。园区大胆探索发展生态休闲农业，重点通过改善园区生态条件、人居环境和景观环境，发展环境友好型农业和都市休闲农业，为城乡居民提供舒适的生活、观光、休憩空间，以满足日益增长的农业观光旅游和休闲度假需求。

近年来，园区重点结合中华茉莉园、"茉莉小镇"和生态宜居村等项目建设，加强茶园、花园的旅游基础设施，建设开发花园观光、茶园观光、茉莉花采摘、茉莉花制作体验、亲子、科普等项目，研发茉莉花美食、工艺品等旅游产业。以茉莉花旅游产业为例，目前，已开发有茉莉花茶、茉莉盆栽、茉莉食品、茉莉餐饮、茉莉药用、茉莉康养、茉莉体育、茉莉文创、茉莉旅游九大品类。园区通过挖掘茉莉花和横县历史名茶文化，有力地促进了休闲农业和乡村旅游的发展。2019年，全县茉莉主题旅游达502.21万人次，消费总收入52.16亿元。

### （六）实施品牌文化带动

茉莉花和茉莉花茶产量均占全国总产量80%以上，占世界总产量60%以上。早在2000年6月，横县被国家林业局、中国花卉协会正式命名为"中国茉莉花之乡"。2006年，"横县茉莉花茶"获得国家地理标志产品保护，同年又成功注册了"横县茉莉花"地理标志证明商标。2013年，"横县茉莉花"获得国家地理标志产品保护，同年12月，横县获批筹建国家地理标志产品保护示范区。2014年12月，国家质监总局正式批准设立横县国家地理标志产品保护示范区。

近年来，横县高度重视抓好茉莉花品牌建设。首先，重视抓好茉莉花绿色生产。加强茉莉花种植基地的整体规划，加大标准化生产基地建设力度，通过示范和推广农业绿色技术，例如，通过增加套种植被、配套灭虫灯、生物防治技术等，持续推进茉莉花和特色茶叶绿色生产。其次，注重加强茉莉花茶质量的安全管理，不断提高茉莉花产业产品质量安全水平，加强品牌培育、发展和营销，完善监督保护机制，不断提高茉莉花产业产品质量安全水平，打造一批区域特色明显，市场竞争力强的茉莉花产品品牌。再次，加强茉莉花品牌管理和宣传，特别是加强横县茉莉花、横县茉莉花茶、南山白毫茶等地理标志保护产品的管理，大力推广地理标志专用标志，利用各种宣传媒体加大宣传推介力度，不断提高横县茉莉花、横县茉莉花茶、富硒农产品等公共品牌的知名度和美誉度。通过"一会一节"积极组织茉莉花茶企业参加中国国际农产品交易会、中国国际茶业博览会、广西名特优农产品交易会等重要展销活动，打响横县茉莉花品牌，让广西最具价值的农产品品牌走向全国，走向世界！

**本文成稿**　2021年2月28日

# 第 六 部 分

## 现代农业交流与合作

# 泰国现代农业考察报告

贺贵柏

　　泰国农业是东南亚的一面旗帜。为了更好地学习和借鉴泰国发展现代农业以及发展蔗糖产业的主要做法和经验，2016年12月4—12日，笔者随广西农业专家组一行8人，有幸出席了在泰国清迈府召开的世界糖业技师大会。会议期间，先后考察了清迈府、南邦府、程逸府、披集府、那空沙旺府、沙拉武里府以及暖武显府等府、县和龙头企业发展现代农业的现状，还拜会了泰国农业部及其有关科研单位负责同志，通过实地参观、大会讲坛和召开座谈会等形式，比较全面地了解了泰国政府重视发展现代农业以及加快推进蔗糖产业转型升级与可持续发展的主要做法和经验。

## 一、泰国现代农业概况

　　泰国是一个"君主立宪制"的国家，原名暹罗，全称泰王国。泰国意为"自由之地"。泰国国土面积为51.31万km²。泰国设府71个，府下设县、区、村。全国共设府级直辖市5个，主要包括曼谷、清迈、孔敬、宋卡、普吉。泰国是一个多民族的国家，全国有30多个民族，主体民族包括泰族和老族，旧称"暹罗人"，统称为"泰人"。2012年，泰国人口为6 783万人，其中，泰族约占总人口的40%，老族约占35%，华人约占14%，马来族约占3.5%，高棉族约占2%，此外，还有苗族、瑶族、桂族、汶族、克伦族和掸族等山地民族。

　　泰国位于亚洲南部、中南半岛中南部，地处北纬5°37′~20°27′和东经97°22′~105°37′，东邻柬埔寨，西部和西北部与缅甸接壤，东北部与老挝交界，南部与马来西亚相接，东南面向暹罗湾，西南濒临安达曼海，海岸线长2 600km，从北到南距离1 648km，东西距离780km。泰国地处热带，属热带季风气候。全年分为热季（3—5月）、雨季（6—10月）、凉季（11月至翌年2月），年平均气温24~30℃，年平均降水量为1 600mm，海湾沿岸降水量3 000mm。泰国耕地面积为2 070万hm²，占全国国土面积的38%。泰国农村人口占全国人口的84%。泰国主要农作物和农产品有水稻、玉米、甘蔗、木薯、橡胶、绿豆、麻、烟草、棉花、咖啡豆、棕榈油、椰子等。泰国是世界优质大米生产国和第一出口国，也是亚洲仅次于日本和中国的第三大海产国，又是世界第一产虾大国。

## 二、泰国政府发展现代农业的主要做法和经验

### （一）政府高度重视抓好农业和农村工作

首先，加快推进农业"一村一品"计划。早在2001年，泰国政府就推出了"一村一品"计划。目前，该计划已覆盖了泰国77个府、5 000多个乡、120多万农户。为了加快推进"一村一品"计划的落实，泰国政府还在全国7万多个村庄分别设立约100万泰铢的农业发展基金，助推农村工业、商业和各类服务业的发展。其次，重视依靠科技创新发展现代农业。近年来，为适应全球农业发展的新趋势、新要求，特别是为进一步提升泰国农业竞争力，泰国政府除了注重在农作物种苗、病虫害防疫、农业贷款和农业服务等方面提供帮助外，加快推进新型职业农民培训与培养，加快推广应用农业新品种、新技术。目前，泰国大部分地区已基本实现了水稻生产和甘蔗生产的机械化。再次，重视抓好农民脱贫致富工作。据统计，泰国国家贫困线以下人口比例从1980年的65%下降到2014年的11%。针对部分农村地区的自然条件和生产条件艰苦、农村贫困问题依然十分严峻和农民抗风险能力弱的特点，为进一步优化农业生产结构，增加农民收入和加快实现新农村建设目标，泰国政府提出和积极组织实施"新型职业农民带领脱贫致富"计划，还积极联合联合国、世界银行等国际组织，加快实施农民脱贫致富计划，千方百计扩大减贫覆盖面。

### （二）泰国政府高度重视抓好传统特色优势产业的发展

泰国是一个比较典型的传统农业国家。泰国地处热带，光温资源丰富，很适宜各种热带农作物的生长。早在20世纪60年代，泰国政府开始实施"农业多元化"战略，广大农民开始由过去主要种植水稻转为广泛种植各种热带农作物。随着农业对外开放不断提高，农业生产逐步走向规模化、专业化和产业化。目前，泰国主要种植的农作物有水稻、玉米、甘蔗、木薯、橡胶、烟草以及各种热带水果。泰国的优质大米出口量已位居世界第1，享有"东南亚粮仓"的美称。泰国橡胶种植面积位居世界第2，以2012年为例，全国橡胶种植面积220.91万hm²，总产量362.5万t，占全球橡胶总产量约1/3，是世界上第一大橡胶出口国。泰国是仅次于尼日利亚和巴西的世界上第三大木薯生产国，以2012年为例，全国木薯种植面积136.24万hm²，总产量2 984.8万t，是世界上第一大木薯出口国。泰国盛产各种热带水果，泰国是世界上最大的菠萝生产国，以2012年为例，全国菠萝种植面积9.92万hm²，总产量高达240.02万t。多年来，泰国政府除了重视抓好上述各种农作物生产外，高度重视抓好蔗糖产业的发展。2017/2018年

榨季，泰国全国甘蔗种植面积158万hm²（2 370万亩），涉及蔗农31.77万人，甘蔗价格880泰铢/t。全国制糖企业54家，其中，北部地区10家，中部地区80家，东北部地区20家，东部地区4家，2017/2018年榨季，年平均榨糖时间143d，总压榨能力每天可达94万t，有一家制糖企业每天压榨能力可达1.7万t。据统计，泰国历年甘蔗年产量和产糖量2011/2012年榨季分别为0.98亿t、1 021.3万t，2012/2013年榨季分别为1亿t、1 128.4万t，201/2014年榨季分别为1.04亿t、1 128.4万t，2014/2015年榨季分别为1.06亿t、1 130万t，2015/2016年榨季分别为0.94亿t、978.5万t。泰国是东盟唯一的甘蔗糖净出口国。泰国蔗糖产业的发展对于确保国际食糖安全具有十分重要的政治意义和经济意义。

### （三）泰国政府高度重视抓好现代服务业和农产品贸易

近年来，随着农业对外开放程度的不断提高，泰国政府高度重视抓好现代服务业的发展。早在2012年，泰国政府就出台了《泰国服务业整体发展规划方案》，方案确定了泰国在东盟市场的中心地位，对教育、科技、医疗以及旅游服务业等方面进行统筹规划，特别是还明确提出了把文化、旅游业、餐饮服务业、商务服务业和文化传媒业作为未来最具潜力的优势产业进行规划与发展。现代服务业的发展为泰国现代农业的发展营造了一个较为宽松的发展环境。近年来，泰国政府在重视抓好现代服务业发展的基础上，重视扩大对外开放，特别是突出抓好农产品的对外贸易。2012年在泰国主要出口市场中，出口中国（含香港）占16.2%。泰国进口的农产品相对较少，主要集中在木薯干、棕榈果仁、棕榈仁饼和食用油等。泰国外贸出口的主要农产品有优质大米、天然橡胶、蔗糖、木薯和热带水果等。近年来，泰国的鸡、鸭、蛋和冻虾等出口量逐年增多。在泰国的出口商品中，农产品约占总值的40%。目前，泰国新开发的蔬菜、水果、水产品、畜产品及各种花卉植物等日益成为泰国的重要农产品，甚至重要的农业支柱产业。

### （四）泰国政府高度重视创新政策环境，推动现代农业发展

农业是泰国国民经济中基础性和重要性部门。泰国政府历年重视营造良好的宏观政策环境，推动泰国农业的可持续发展。首先，重视抓好农业发展三大战略的实施。特别是20世纪60年代以后，泰国政府通过广泛的调查研究，先后制定了农业发展三大战略，并采取各种措施加快实施和推行三大战略，即农业多元化发展战略、农业工业化发展战略、农业外向型发展战略。通过农业发展三大战略的实施，从根本上加快推进泰国农业生产方式和经营方式的转变，有力地促进了泰国现代农业的发展。其次，泰国政府重视制定经济社会发展战略，加快推动现代农业的可持续发展。1961—2016年，泰国政府先后制订了十一个国民经济和社会发展计划（又称五年计划）。第一个五年计划（1961—1966年），就强调提高基础设施与公共事业投入水平，特别是提出大力发展

农田水利事业。第二个五年计划，强调要重视人力资源的开发和发展农村经济的重要性。第四个五年计划，强调执行土地改革与加强灌溉系统建设的重要性。第五个五年计划（1982—1996年），强调要注重解决农村贫困问题，促进农村经济的协调与可持续发展。第六个五年计划（1987—1991年），强调依靠科技进步与创新的重要性。第七个五年计划（1992—1996年）和第八个五年计划（1997—2001年），都强调提高泰国人民生活质量，保护自然环境，加强生态文明建设，实现农村地区的可持续发展。第九个五年计划（2002—2006年）又再次强调着力解决贫困问题的重要性。第十个五年计划（2007—2011年）强调要适应经济全球化的发展，进一步加大经济对外开放的力度，特别是要加大农业对外贸易的力度。第十一个五年计划（2012—2016年），强调要维护社会安定和消除贫富差距，特别是强调农业在维护社会稳定和消除贫困中的作用。上述这些经济社会发展五年计划的制定和执行，对于促进泰国农业和农村经济的发展，起到了"稳定器"的作用。再次，泰国政府重视加强与中国政府的合作。2012年4月17日，泰国政府与中国政府签订了7项合作文件，这些文件包括《两国外交部签署的第二份两国政府关于中泰战略性合作共同行动计划（2012—2016）》《中国商务部和泰国商务部签署的农产品贸易合作谅解备忘录》等文件，上述这些文件的签署，内容涵盖了两国在政治、经济、外交、经贸、农业、科技以及文化等各项领域的合作目标和计划。2012年7月31日，在泰国曼谷召开的中泰政府间科技合作联委会第二十次会议，又确定了中泰两国双方各领域科技项目的合作与交流、目标及计划。上述这些合作文件的签署，为泰国现代农业的发展和对外开放提供了重要的政策支持与支撑。近年来，泰国政府为推动农业的可持续发展，采取了一系列积极有效的政策措施，例如，推行小额信贷政策；降低农业税收，加大农业投入；支持农业科技进步与创新，特别是支持农业机械化作业政策以及鼓励和支持农业对外合作等政策，这些具有创新意义的政策措施，对于加快推动泰国农业的转型升级与可持续发展，都将发挥十分重要的作用。

### （五）泰国政府高度重视抓好农业科研机构的建设和农业人才的培养

近20年来，泰国农业始终保持可持续发展的态势。近年来，泰国农业产业结构仍然以种植业为主，约占60%，渔业约占20%，养殖业约占10%。泰国政府重视依靠科技进步与创新发展现代农业。特别是重视和推进农业科研部门的改革。20世纪80年代以来，泰国政府先后于1982年和1992年进行两次比较大规模的体制机制改革。目前，泰国共有综合性大学78所、公立学院18所，大部分设有农业类专业，例如，清迈大学、卡色萨大学和朱拉隆功大学等，这些大学下设农学院、林学院、兽医学院、水产学院、农业机械学院等，大学还设立一些专业性的研究中心。泰国高等教育注重把农业基础研究和应用研究结合起来。泰国农业与合作部设农作物研究中心11个，水产研究中心11

个，畜牧研究中心、森林研究中心和灌溉研究中心各1个，中心下设若干个试验站，泰国政府还分别在湄公河流域和南部水稻主产区设立若干个水稻研究中心，又在东部设立旱稻研究中心，中心下设若干个试验站，形成从上到下比较完善的现代农业科研体系，为泰国现代农业研究和人才培养提供了体制机制保障。

**本文成稿** 2018年8月16日

# 后泡沫经济时代的日本现代农业

## ——日本农业考察报告

贺贵柏

2011年5月29日至6月12日，笔者有幸随广西百色市现代农业考察团一行10人，先后对日本发展现代农业进行了为期15天的考察，主要考察了日本大分县卫生环境研究中心、大分县政府、大分县生物有机肥生产基地、大分县竹田市政府、竹田府久住町香菇种植基地、大山农业协同组织、食用菌中心、日本朝日啤酒厂、大板府环境农林水产综合研究所、兵库县农业大学、富士山休闲观光农业、日本有机农业研究会、东京中央农产品批发市场大田市场和东京农业大学食品与农业博物馆等，通过10多天的现场参观、访问学习与考察，笔者对日本发展现代农业有了进一步的了解和认识。特别是对日本后泡沫经济时代发展现代农业的现状、问题与对策措施有了更深层次的认识和理解。据统计，1955—1959年，日本国民经济总产值年均增长5%；1960—1970年，年均增长10.2%，可以说，这一时期是日本经济高速发展期；1970—1990年，年均增长在5%以下。20世纪80年代末，日本出现了严重的泡沫经济。90年代以后，日本经济开始走下坡路，经济衰退十分严重。进入21世纪，经济学家纷纷指出，日本经济已陷入衰退期。可以说，20世纪90年代以后，日本经济开始步入"后泡沫经济时代"。在日本经济艰难发展的后泡沫经济时代，日本政府如何进一步探索与发展现代农业，很值得我们研究、学习和借鉴。

## 一、日本农业概况

日本是一个典型的岛国，又称日本列岛，主要由北海道、本州、四国、九州4个岛屿和3 900多个小岛组成，国土总面积37.77万km²，山地和丘陵面积约占总面积的80%。耕地总面积508.3hm²，占国土总面积的13.5%。全国总人口1.27亿人，人均耕地面积0.041hm²，是世界上人口密度最大的国家之一，也是一个典型的人多地少的国家。城市人口约占77%，农村人口1 200多万人，约占总人口的23%，农业人口占就业人口约10%。

根据农业资源的不同特点，日本主要划分为北海道、东北、北陆、关东、东山、东海、四国、九州和中国9个农业区。全国关东平原面积最大，沿海平原面积狭小，海岸线长约3万km，年平均气温在10℃以上，年降水量为1 200～2 000mm，夏秋多台风，是一个典型的海洋性季风气候国家。

近年来，日本农业（农林水产业）产值约占国内生产总值的2.5%，其中"小农业"（种植业）产值约占1.5%。日本农业仍处于比较艰难的发展时期，主要表现如下。

### （一）耕地面积不断减少，直接影响了日本农业的发展

日本农业缺乏资源禀赋，人均耕地面积仅为0.041hm²，其中水田约占54%，旱地约占46%，加上山地和丘陵面积约占总面积的80%，土地的局限性直接影响了日本农业的发展。

### （二）农业劳动力的不断减少和老龄化为日本农业提出了新的严峻的课题

近年来，日本农业劳动力约为300万人，年平均递减4%，与此同时，日本农业劳动力老龄化进程加快，60岁以上的农业就业人口高达40%以上。这种现象被人们戏称为"三老"农业，即老太婆、老婆和老年人从事农业。

### （三）农产品进口依赖程度大

近年来，日本出口的农产品主要有蜜橘、雪梨和各种加工品。日本的农产品综合自给率约为60%。主要进口有稻米、玉米、小麦、大豆、水果、牛肉和木材等。进口的主要国家和地区有美国、韩国、加拿大、泰国、澳大利亚、印度尼西亚、中国等。

## 二、日本发展现代农业的主要措施和经验

### （一）重视农业生态环境的构建与保护

近年来，日本又提出新的农业生态环境的构建与保护计划，其基本目标主要是提倡人与自然共生及和谐，以创造有利于农业可持续发展的农业生态环境；注重构建以循环为基调的农业生态环境保护；培育和发展友好型环保产业；形成所有主体和全社会共同参与的农业生态环境保护机构。首先，日本非常重视森林资源的保护。林业是生态环境建设与保护的主体。林业在农业生态环境构建与保护方面发挥十分重要的基础性作用，特别是在国土保护和涵养水资源方面效益极为显著。日本政府在重视国有林建设与保护的基础上，注重抓好人工林的建设，日本全国国有森林面积约占30%，人工林面

积占45%以上。全年木材自给率23%，每年进口木材占总需求量的70%以上。全国森林覆盖率已达75%。其次，注重大气和水环境的保护。再次，在全国开展全民共同参与的"零垃圾运动"。最后，构建以循环为基调的低碳化社会建设。在通过3R减量，再利用，再循环控制废弃物的产业，推进再资源化的同时，积极完善合理处置废弃物，推进全国共同参与的低碳化社会建设，向子孙后代和未来的传承人，展现水、绿相映生辉的可持续农业生态环境。

### （二）重视政府对农业的支持和保护

首先，日本政府注重依法保障农业的发展。日本政府特别重视发挥《农业基本法》《新粮食法》《农地法》《土地改良法》《种子法》《农业改良促进法》和《批发市场法》等法律法规在促进农业现代化中的作用。2006年12月16日又颁布实施《有机农业推进法》，对促进日本有机农业乃至世界有机农业的发展提供了新的法律范例。其次，注重增加政府对农业的预算投入。特别是从1995年以后，日本大农业财政预算增加到3.54万亿日元，比上年增长3.5%。日本的大农业预算主要用于公共事业和一般事业。1995—2000年，日本政府确定的总支出费为6.00万亿日元。总支出费的3/4用于公共事业和结构改善，剩余用于一般事业费和农业融资事业。日本政府在增加对农业的投入中，特别重视对农业基础设施建设的投入，到1995年，日本农业基本建设预算占农业预算比例的49.1%，比1980年高19.6%。再次，日本政府注重调整农业外贸政策。1995—2000年，为了实施乌拉圭回合《农业协议》，日本政府调整了外贸政策，实行大米"关税化的特例措施"，实行最低准入量进口，突出以民间贸易为主，实行关税配额制度，部分维持国家贸易体制，在加强本国农业的同时，确保农产品的进口和稳定供给。

### （三）重视利用工业化带动现代农业的发展

日本政府十分重视实施工业化带动现代农业的发展。日本是一个工业高度发达的国家，正因为日本实现了工业的现代化，从而也为现代农业的发展提供了可靠的工业支撑。首先，日本政府在推进工业化的进程中，十分重视农业装备的机械化和现代化。其次，鼓励和支持各类助农服务企业大胆探索采用多种形式支持现代农业的发展。再次，政府鼓励和支持各类企业对农产品进行加工和销售，从而实现了优势农产品和特色农产品的产、加、销一体化，在整体上提高了农业产业的经济效益和综合效益。此外，日本政府在本国基本实现农业机械化的基础上，积极研究和开发各具特色的农业机械逐步向世界其他国家推广，力争为世界农业服务。

## （四）重视发挥农业科研和农业协会在发展现代农业中的作用

日本政府十分重视依靠科技进步发展现代农业。特别是重视发挥农业科研和农业协会在发展现代农业中的作用。首先，日本政府在全国建立健全农业科研体系。日本农业科研体系主要由国立和公立科研机构、大学和民间（企业）三大系统组成。20世纪90年代以后，日本政府十分重视农业事业的发展。近年来，日本政府和地方政府的农业科研经费占农业国内生产总值的2.2%。其次，日本政府十分重视发挥农协在发展现代农业中的作用。日本的农协在发展现代农业中扮演着十分重要的角色。可以说，农协在推进日本农业社会化服务方面起着非常重要的作用。农协的主要作用概括起来主要有如下几个方面，一是提供种苗和农资服务；二是提供销售和市场服务；三是提供技术与经营指导服务；四是提供农业融资与保险服务；五是提供培训与咨询服务；六是提供农产品加工和品牌宣传服务。据统计，目前日本全国农协组织达2 600多个。

## （五）重视抓好品牌农业产业的发展

20世纪90年代以后，日本政府十分重视在抓好品牌农业的基础上抓好品牌农业产业的发展。首先，加快实施品牌农业产业的发展。在发展理念和发展制度上，确立日本全国通用的安全安心、赏心悦目和美味可口的农业品牌，积极培育和发展创新创利的农林水产业。政府站在消费者市场上，积极培育农业品牌，大力发展品牌农业。其次，鼓励和支持政府和各级农业组织，大力培育和发展具有地方特色的品牌农业。例如，日本北部青森县的富士苹果、新潟县的大米、北海道的"奶牛"；东部千叶县的卷心菜和花生；中部山梨县的葡萄、桃果和雪梨，静冈县的茶叶；南部爱媛县的柑橘，宫崎县的黑鸡（乌骨鸡），鹿耳岛县的黑毛猪，兵库县的"神户牛"，冲绳县的甘蔗、红糖和白薯烧酒，特别是闻名日本全国和世界的以大分县为代表的"一村一品"农业和县域特色农业发展迅速，努力打造大分县继白葱和干香菇之后的具有"大分特色"的综合性农产品品牌，以加快推进具有地方特色和大分特色的品牌农业产业的发展。再次，注重利用品牌优势拓展海外市场。日本的大部分农产品主要依赖进口，但有一部分农产品也要开拓出口销路。例如，以大分县为代表，部分农产品出口市场主要面向我国台湾和香港东亚市场以及泰国等东盟市场。早在2001年，大分县就与农业团体和流通业者共同成立了"大分品牌出口促进会"，通过在当地举办国际商品展览会和商品洽谈会等活动开拓农产品出口销路。据统计，从2007年起，以我国台湾为中心，出口日本梨180～200t。近年来，又在泰国开拓梨、干香菇和水产品的出口和销售，积极推进农林水产品的出口。

### （六）重视抓好现代农业人才的教育和培养

多年来，日本政府十分注重抓好日本农业人才的教育和培养。首先，注重把农业人才的教育和培养列入全国全日制教育发展规划。据统计，日本全国农业大学共有42所。日本培养农业人才的理念是，为了日本农业的未来，为了农业人才的后继有人和培养适合日本现代农业发展需要的各级各类农业人才。日本农业大学培养农业人才的教育方针是，教学结合，突出实践。其次，注重抓好农业高层次人才的培养。要振兴日本农业，特别是为了进一步增强日本农业的国际竞争力和影响力，在很大程度上取决于农业高层次人才的教育和培养。近年来，日本政府致力于NPO等农业核心人才的教育和培养，这就为日本农业的振兴提供了储备型和战略型人才保证。再次，日本政府十分注重抓好知识和技能相结合的实践型农业人才的教育和培养。特别是地方政府各类农业大学和农业科研单位，根据本地农业产业发展需要，有计划、有针对性和有重点地培养各类实践型和实用型农业人才。教育与培养的方式主要分为全日制教育和农业短期培训。这些农业人才的培养为日本农业产业的发展提供了产业人才基础。

### （七）重视抓好现代休闲农业的发展

休闲农业又称观光农业、乡村旅游。20世纪80年代以后，日本政府开始重视现代休闲农业的发展。首先，注重抓好城郊休闲农业的规划与发展，特别是注重在东京、大阪和京都城郊进行现代休闲农业的规划与发展。例如，以地处静冈县和山梨县交界处的著名的富士山为核心，在其周围规划与建设休闲农业观光园，以吸引本国及国际游客前来观光与旅游。其次，重视发展乡村观光农业。例如，在日本引以为豪的休闲农业大县大分，地处日本南部，位于九州的东北部，全县总面积6 339km²，海岸线总长759km，是日本全国闻名的温泉大县，温泉总数为4 789座，占全国温泉总数近20%，位居日本全国第1。大分县充分发挥温泉等资源优势，先后规划和建设具有大分特色的乡村温泉休闲农业旅游、大分农业文化公园、大分"花虫馆"、海洋文化中心以及乡村特色农产品超市等，年接待外国游客52万多人。再次，大力发展温室观光农业。在全国各地鼓励和推广温室种植有机蔬菜、有机水果以及名特优花卉品种，以吸引国内外游客前来观赏和旅游。

### （八）重视抓好现代农业市场的培育和发展

发展现代农业，必须以市场为龙头和导向。多年来，日本政府十分重视抓好农产品市场的培育与发展。首先，注重抓好优质农产品的培育与发展。早在20世纪70年代，就注重抓好品牌农产品的发展，90年代以后，又注重抓好品牌农业产业的发展，这就为日本现代农业市场的培育与发展奠定了基础。其次，在抓好农贸市场的基础上，重点抓好农产品批发市场的建设与发展。据统计，仅东京府，就开设有中央批发市场11家，主要为大田、筑地、丰岛、淀桥、足立、食肉、板桥、世田谷、北足立、多鹰和葛西批发市场。以大田农产品批发市场为例，该市场占地面积386 426m²，平均日交易新鲜水果蔬菜3 000t，水产品100t，花卉300万支。农产品批发市场的功能定位始终坚持品种多样化原则、价格公平原则、分类批发原则、信息公开原则和食品卫生安全检测原则。在市场结构上，先由发货团体、生产者和产地经纪人将农产品运送给批发市场（批发商），再由批发商、经纪批发商（参加买卖者）供货给采购者，最后由采购者通过零售给消费者。在农产品批发市场的培育建设和发展过程中，日本政府注重从消费者的要求出发，不断改进和强化市场的管理和服务，确保农产品批发市场的规范、有序和高效运行。再次，日本地方政府，特别是各县、市政府，十分重视抓好产地农贸市场、特色农产品超市和农家乐超市的建设和发展。

**本文原载**　广西农学报，2012，27（3）：105-108

# 加快推进百色市与越南（高平省）
# 农业科技交流与合作

## ——在越南农产品出口国际科学研讨会上

### 贺贵柏

当前，经济全球化、社会信息化加快推进，新一轮科技革命与产业变革蓄势待发，我们要紧紧抓住中越合作共赢的历史新机遇，树立并切实贯彻创新、协调、绿色、开放、共享的发展理念，积极探索和构建中越以合作共赢为核心的新型农业合作关系，加快推进双方的农业现代化进程。

## 一、越南经济社会发展概况

### （一）国内生产总值

据统计，2013年越南国内生产总值为3 584.261万亿越南盾（按现价计算），按现汇率折算，约合1 706.79亿美元，增长5.42%。全年经济结构为农林渔业占18.4%、工业和建筑业占38.3%、服务业占43.3%。

### （二）农林渔业产值

据统计，2013年越南农林渔业总产值658.981万亿越南盾，约合313.8亿美元，增长2.67%，占国内生产总值的18.39%，其中，农业产值503.556万亿越南盾，占农林渔业产值的76.41%；林业产值23.996万亿越南盾，占3.64%；渔业产值131.429万亿越南盾，占19.94%。

### （三）财政收入

据统计，2013年越南全年财政总收入达790.8万亿越南盾，约合376.57亿美元，财政赤字占GDP的5.5%。

## （四）社会总投资

据统计，2013年越南社会总投资达1 091.1万亿越南盾（按现价计算），约合519.57亿美元，同比增长8%，占GDP的30.4%。越南引进外资合同金额216亿美元，同比增长54.5%。

## （五）进出口金额

据统计，2013年越南进出口商品总金额2 642.7亿美元，比上年增长15.7%。与东盟的进出口金额为401.1亿美元，比上年增长3.5%，其中，出口184.7亿美元，增长4.4%；进口216.4亿美元，增长2.7%。越南与中国的进出口金额为502.1亿美元，增长22%，其中，出口132.6亿美元，增长7%；进口369.5亿美元，增长28.4%。

## （六）接待游客

据统计，2013年越南接待国际游客757.24万人次，增长10.6%。中国游客赴越南旅游达190.78万人次，比上年增长33.5%。

# 二、加强百色市与越南（高平省）农业科技交流与合作的对策措施

## （一）加快制定农业现代化合作计划

结合越方需要和百色优势，在平等互利、合作共赢的基础上，加快制定农业现代化合作计划。计划可重点包括农业基础设施合作计划、绿色发展合作计划、农业科技合作计划、农业投资合作计划、实施"农业富民工程"合作计划、农业机械化合作计划、农业金融合作计划以及农产品贸易合作计划等。

## （二）深化双方农业产业合作

越南特别是地处北部经济带的高平省，与广西龙州县、大新县、那坡县接壤，与广西有322km的共同边界，面积6 709.9km²，人口51.52万人，其中农村人口42.74万人，人口密度为每平方千米77人。全省共有13个县、市，其中有9个边境县。高平省90%以上面积为森林和山区，矿产、水能和旅游资源丰富。全省农作物播种面积约95 329hm²、造林面积1 297.7hm²、水产养殖面积312.5hm²。全年稻谷单产达到4.15t/hm²，比2012年增长3.7%，总产量12.59万t，同比增长2.3%。玉米单产为3.38t/hm²，同比增长4.6%，玉米总产量13.17万t，同比增长3.8%。蔬菜单位面积产量为8.21t/hm²，同比下降3.3%，总产量2.69万t。高平省农业产业发展比较稳定，深化双方农业产业合作，有利于加快构建双方现代农业产业技术体系。

## （三）加强农业科技交流与合作

要加强双方种植业、养殖业、农产品贸易、农产品深加工、农业可持续发展和农业科技等方面合作。特别是围绕双方产业发展，加强农业新品种、新技术、项目管理和农业政策培训，共建农业先进适应技术应用与示范基地。要注重进一步发挥广西百色国家农业科技园区的平台优势，进一步加强同东盟特别是和越南（高平省）的农业科技交流与合作。

## （四）加强农业机械化的交流与合作

近年来，越南农业机械化发展速度较快。目前，越南拥有各种农用拖拉机约60万台，水稻收割机2万台，脱谷价机26.6万台，家禽家畜饲料加工机7.2万台。越南提出到2020年，农业各基本环节机械化程度达100%，种植机械化达50%，收割机械化达70%。百色市可利用广西农业机械产业的优势，加强同越南进行农业机械化的交流与合作。

## （五）加强休闲农业的交流与合作

据统计，2013年越南接待国际游客757.24万人次，增长10.6%，其中，以旅游休闲为目的的游客为464万人次，增长12.2%。2013年中国旅客赴越南旅游达190.78万人次，同比增长33.5%。要注重挖掘和发挥百色市和越南特色农业旅游资源优势，加强休闲农业的交流与合作。

## （六）建立和完善现代农业合作机制

要建立和完善双边农业合作机制，发挥各自优势和作用。鼓励和促进双方农产品贸易。鼓励和支持中方企业到越方开展农业种植、畜牧养殖、渔业捕捞、农产品加工及仓储物流等领域投资合作，增加当地就业、农产品附加值和创汇，推进百色市农业现代化建设。

**本文成稿**　2016年1月8日

# 我国台湾农业考察报告

*广西农学会赴台湾考察团*

应我国台湾台中县农会的邀请，广西农学会赴台湾农业考察团一行16人，于2001年3月22日到达台北，对台湾发展现代农业进行了为期10天的考察访问。重点考察访问台中县农会、台中区农业改良场、台北果菜运销公司、钦祥有机肥处理场、中区电脑共用中心、台北市农会生鲜超市、嘉义大学园艺中心、亚洲蔬菜中心、阳明山观光农园、农业发展基金会等17个单位，总行程1 886km。现将考察情况综合报告如下。

## 一、考察的主要内容和目的

这次赴台湾考察旨在认识和了解台湾现代农业发展的现状和动向，重点考察台湾的农业科技推广体系、农业生态环境保护、农业生产的区域布局和结构调整、农业高新技术的应用、农业产业化经营和农业社会化服务。通过考察访问，交流桂台开展现代农业合作的意向，借鉴台湾发展现代农业的经验，充分挖掘广西发展现代农业的资源比较优势，积极寻找广西发展现代农业的新的增长点，努力探索广西发展现代农业的新领域和新途径。

## 二、台湾现代农业的几个显著特点

台湾总面积为3.6万km$^2$，总人口2 147万人，耕地总面积87万hm$^2$，其中水田面积46万hm$^2$，占52.87%，旱地41万hm$^2$，占47.13%。多年来，台湾采取以农业培养工业的策略，促使工业迅速发展，目前，台湾经济已迈入了工商业齐头并进的时期。第二次世界大战后，台湾经济发展速度较快，经济结构也发生了根本性的变化。台湾农业的发展，先后经历了3个时期，即战后农业恢复时期（1945—1952年）、农业发展转变时期（1969—1980年）、农业继续调整演变时期（1981以后）。台湾多属家庭农场的经

---

　　* 考察团成员有李标、刘崇泽、韦均林、刘庆宁、韦艳芳、贺贵柏、赵国忠、郑益群、覃文显、曾湛贤、蒋兆启、韩秀强、刘洁玲、邹权其、李发松、粟强。

　　本文执笔贺贵柏。

营型态。台湾共有70万农户，平均每个农户耕地面积约15亩，其中专业农户占13%。近年来，台湾农业总产值约4 000亿元（新台币），其中农业占41%，渔业占25%，畜牧业占34%，农业总产值约占国内生产总值的3.3%。20世纪90年代后，台湾农业已迈入了现代化的发展时期。从考察情况看，台湾现代农业的发展呈现出如下6个显著的特点。

## （一）农业环境生态化

生态环境保护是促进农业可持续发展的基础。台湾非常重视抓好生态环境建设。台湾地狭人稠，境内2/3为山地与丘陵，目前适合农牧业生产的用地只有87万hm²。在山坡地保育利用上，大力推广坡地水土保持技术，实施集水区治理及治山防洪工程，以有效地减少天然灾害。在对森林资源的保护与开发利用上，不再强调木材生产，而是以自然生态保育及水土资源保护为重点。在农田水利建设上，政府除加强对农业水利的管理外，重点抓好农业水资源的合理利用，以确保农业生产环境的安全。在对野生动物的保护上，严格执行野生动物保育法，并公告珍贵稀有动植物和划定18处自然保留区及9处野生动物保护区。据统计，台湾森林面积为210万hm²，占全岛总面积58.5%，其中天然林150万hm²，占78%，人工林42万hm²，占20%，竹林15万hm²，占7%。多年来，由于台湾注意抓好山、水、田、林、路综合治理，致使台湾的农业开始走出了一条"永续农业"发展的新路子。

## （二）农业生产布局区域化

台湾位于北纬21°37′~25°37′，属亚热带季风气候，年降水量1 800~2 000mm，为农作物的生长提供了优越的光温条件。台湾是一座美丽富饶的宝岛，这里物产丰富，主要粮食作物为水稻，主要经济作物有甘蔗、香蕉、菠萝、凤梨、柑橘、杧果、龙眼、葡萄、杨桃、番茄、槟榔等。从考察了解的情况看，台湾农业生产的区域性十分明显。以水果生产为例，柑橘、香蕉、菠萝、杨桃主要分布在台中地区，龙眼、杧果和葡萄主要分布在台南地区。据统计，近年来，在台湾农作物的比例中，水稻占22%，水果占28%，蔬菜占23%，其他占27%。由于台湾重视抓好农业生产的区域布局，从而有效地促进了区域农业的发展。

## （三）农产品有机化

20世纪90年代以后，台湾有机农业发展迅速。所谓有机农业，就是在农产品生产过程中，不使用或尽量避免使用化学肥料、农药（除虫剂、杀虫剂、除草剂）和生长调节剂，而改用有机肥料来种植，有机农业在生产过程中，所使用的资料与方法，因要求严格程度不同，分为纯有机栽培和准有机栽培两种生产模式。纯有机栽培是完全不使用化学肥料、农药，不允许空气、水和土壤有污染。主要是使用完全发酵腐熟的有机肥料，并采用物理、生物及自然的非农药方法，防治病虫害。准有机栽培，就是准许在农作物生长发育初期，在农业技术人员的指导下，使用一些化学肥料和低毒浅效的化学农药，但其最终产品检测结果，仍不得有任何化学农药残留，按照台湾《现行有机农产品认证试办要点》规定，有机农产品是指依照农作物有机粮栽培实施基准，所生产的清洁、安全及无农药残留的优良品质产品。为促进有机农业的快速发展，台湾自1984年开始在稻作、果树、蔬菜及茶叶4种作物上应用有机栽培技术。通过考察了解到，台湾推行有机农业的目的是要鼓励农民多用有机质肥料和自然防治而少用化学肥料和化学农药以保护生态环境，维持土壤的健康，以生产天然而安全的食品以满足消费者的需求。经过10多年的努力，目前在台湾有机农业技术已得到比较普遍的推广和应用。在台湾，不论是批发市场，还是超级市场，不论是餐馆家宴，还是请客送礼，到处都可看到有机米、有机蔬菜和有机水果。可以说，台湾有机农业的发展开创了亚洲有机农业发展的先河。

## （四）农业科技高新化

台湾农业的发展在很大程度上得益于推广农业新技术，尤其是农业高新技术。早在20世纪70年代末，由于农业劳动人数的不断减少，台湾开始实施农业机械化带动战略，以农业机械来代替部分人力不足，大力提倡推广耕耘、曳引机和插秧机。据统计，目前，台湾共有耕耘机6.7万台，曳引机1.4万台，插秧机2.8万台，收割机1.3万台。20世纪80年代，台湾基本上实现了农业机械化。目前，台湾已研制完成温室内自动喷灌系统、悬吊杆式自动喷灌设施等不同型的自走式自动化喷雾设备。在有机肥料施用上，已研制成功一系列的有机肥施用机械，包括有机肥撒播搬运车及自走式旁置挖沟施肥机械等。在水稻的耕作、育秧、插秧、采收、烘干、储藏等环节，基本上实现了机械化操作。目前，穴盘真空自动播种育苗技术、节水灌溉技术、生物技术和农业资讯网络技术也在农业生产上得到较大面积的推广和应用。

## （五）农业经营产业化

台湾的农业产业化经营程度比较高。农产品的市场营销主要由各级农会、农业合作社、青果社等组织来完成。农业产业化的经营形式有"批发市场+基地""批发市场+农场""批发市场+农户""农会+基地""农会+农场""农会+农户"。批发市场是农产品最主要的营销形式。批发市场主要由政府、农会、运销合作社、生产与运销业者共同运作。批发市场配备有电脑管理设施，建立健全各项严格的管理制度，例如，农药残留检验制度、分级包装制度、竞价拍卖制度以及信息查询制度，真正坚持了"公开、公平、公正"的原则，从而有效地维护了生产者、经营者和消费者的利益，批发市场的生意越做越旺。据统计，近几年来，该批发市场农产品成交量每年达60万t以上（主要是水果和蔬菜），成交额达100亿元以上（新台币）。

## （六）农业服务社会化

健全的农业社会化服务是促进台湾现代农业发展的重要保障措施。台湾的农业社会化服务主要体现在有健全的农业科研和农业科技推广体系，这个体系主要由三大部分组成：一是农会；二是农业发展基金会；三是高等院校、科研院所以及农业改良场。《台湾农会法》规定，台湾各级农会的主要任务是围绕生产和经营抓好农业技术的推广和服务，主要内容包括农田水利建设、优良品种的繁殖和推广、农业新技术的引进和推广、农业示范样板的建设、农业科技培训、农产品的营销和农业生产的奖励事项。《台湾农会法》还规定，台湾各级农会的宗旨是，保障农民权益，提高农民知识技能，促进农业现代化，增加生产收益，改善农民生活，发展农村经济。由此可见，台湾各级农会具有政治性、教育性、社会性和经济性。在台湾，乡镇一级农会是从事农业技术推广最基层的单位。台湾农业发展基金会也从事农业技术推广工作，农业发展基金会除了开展金融服务和保险服务外，其职能和农会基本相同，它的宗旨是提供农业技术与经验，协助亚洲各国开展农业科技交流，促进农业和农村经济的发展。台湾的高等院校和科研院所除了完成教学和科研任务外，也开展农业技术推广和服务。台湾的农业改良场也是农业科技推广的主要工作部门。据了解，目前台湾共设有7个农业改良场。

# 三、几点启示

考察我国台湾农业的时间虽短，所看到的只是台湾农业的很小一部分，尽管如此，但受益匪浅，启发很大。在第二次世界大战后台湾几十年农业的发展历程中，台湾从传统农业向现代农业迈进的过程中积累了许多值得我们学习和借鉴的经验，20世纪80年代，以实现农业机械化为标志，台湾开始迈进现代农业的进程，20世纪90年代以后，台湾在推进农业现代化的进程中又取得了较为显著的成绩。从上述台湾现代农业发展所呈现的特点和综合考察情况看，台湾农业的发展尤其是现代农业的发展有以下几点有益的启示。

一是要促进可持续性农业的发展，必须高度重视农业生态环境的建设。二是要抓好农业科研和技术的推广，必须建立和完善农业科研和农业技术推广体系。三是要使农业科技成果尽快转化为现实的生产力，必须注意抓好农民的技术培训和素质教育。四是要提高农业生产的质量和效益，必须大力推进农业的产业化经营进程。五是要促进农业快速健康发展，必须制定配套的农业政策和法律、法规。六是要全面推进农业的现代化进程，必须注意抓好农村的小城镇建设。

## 四、几点建议

台湾和广西地处亚热带地区，具有相似的农业气候资源，通过考家，笔者感受到，两地都具有发展农业的潜在比较优势，又都面临加入WTO的良好机遇和挑战，开展桂台农业合作具有十分广阔的前景。为此有如下建议。一是广西应注意结合自身的资源优势和产业优势，积极引进台湾优质高产的新品种、新技术和先进的农业管理经验或模式。二是广西应进一步加快对台农业经济合作，应有计划有重点地选择一批科技含量高的农业开发项目与台湾进行示范性合作开发。三是广西应该结合国家实施西部大开发战略，尽快制定发展现代农业的优惠政策，尤其是鼓励台湾农业人士和各界人士到广西投资兴办各类农业经济实体，投资经营农产品批发市场、农产品加工企业和从事农产品流通服务。四是广西应注意借鉴台湾农会和农业基金会的经验，进一步建立和健全广西的农业社会化服务体系。五是广西应进一步加强与台湾开展农业科学技术交流，应结合广西"十五"农业发展规划的实施，有计划、有重点地选派一批政治强、业务精、作风正的中青年农业科技人员到台湾进行相关知识的学习交流。

**本文原载**　广西农学报，2001（2）：61-64

# 老挝蔬菜产销考察报告

广西百色国家农业科技园区赴老挝考察小组

为加快推进中国—东盟现代农业科技合作与交流，贯彻落实科技部提出的广西百色国家农业科技园区建设要面向西部、面向"三农"、面向东盟的战略构想，根据广西自治区党委刘奇葆书记关于广西百色国家农业科技园区和老挝开展蔬菜合作开发项目的重要批示，在区科技厅、区农业厅的大力支持下，受中共百色市委、市人民政府的委派，以韦晓新（广西百色国家农业科技园区管委会副主任）为组长，贺贵柏（百色市农业科学研究所所长、百色市特色农业发展有限责任公司总经理）、黄照明（广西百色国家农业科技园区管委会技术与产业开发部部长）、韦显恒（广西农业职业技术学院国际交流中心主任）为成员的赴老挝考察小组一行4人，于2007年2月1日下午从昆明乘飞机抵达老挝首都万象市，受到老挝农业部种植业司领导的热情接待。考察小组在老挝进行了为期7天的蔬菜产销情况考察，2月7日圆满地完成了预定的考察任务，于2月8日下午从老挝首都万象国际机场乘飞机抵达昆明，当晚抵达广西南宁。在老挝期间，考察小组团结协作，周密安排，日夜兼程，克服困难。在老挝农业部种植业司技术处奔占处长的陪同下，先后考察了老挝农业部种植业司农作物良种繁育中心示范基地、意向合作开发的蔬菜基地（万象市以北20km的湄公河畔沿岸，并抽取土壤样品回国进行检测）、万象市哈寨锋市曼村蔬菜生产基地、万象市郭岭农产品交易（批发）市场、万象市城郊农业生产资料市场，并走访了部分蔬菜种植户、蔬菜经营户和农资市场经营者。此外，还考察了广西农业职业技术学院、广西华亚金桥农业科技开发有限责任公司在老挝南部巴松省巴塞市建立的热带名、特、优水果种植示范基地。为了表达双方合作开发的诚意，考察小组先后和老挝农业部种植业司司长委莱文、种植业司技术处奔占处长以及种植业司农作物良种繁育中心的负责同志进行了3次项目合作谈判，并以广西百色国家农业科技园区名义与老挝农业部签订了中老"蔬菜合作开发项目意向书"。通过考察，考察小组初步掌握了老挝农业概况、发展蔬菜产业的潜力和优势、老挝发展蔬菜产业面临的困难和问题，形成了在老挝建立中老蔬菜合作开发项目的设想和建议。考察报告如下。

# 一、老挝农业概况

## （一）土地及人口概况

老挝位于中南半岛北部，是中南半岛上地势最高的国家，也是东南亚唯一的内陆国家。全国国土面积23.68万km²，其中，陆地23.08万km²，占97.47%，水域0.6万km²，占2.53%。全国划分为16个省、一个直辖市和一个行政特区。全国人口550万人，其中农业人口占90%，是中南半岛人口最少的国家。老挝有49个民族，统划成三大民族，即老龙族、老听族、老松族。老挝是一个多山的内陆国家，有"印度支那屋脊"之称。地形南北长1 700km，东西最宽处500km，最窄处140km。地势北高南低。北部与中国云南的滇西高原相接，东部老挝、越南边境为长山山脉构成的高原；西北部是湄公河谷盆地和湄公河及其支流沿岸小块平原，分别与泰国、缅甸交界；南面与柬埔寨相接；中部面积最小，平原主要分布在万象以南的湄公河沿岸，比较著名的有万象平原、沙湾那吉平原及巴色西南面的湄公河低地。在首都万象以北地区，流经老挝、缅甸和泰国边境地区的湄公河及其支流沿岸与许多小盆地，主要有班平原和查尔平原。老挝境内最高峰为普比亚山山脉，海拔2 817m，湄公河是国内最大的河流。

## （二）农业气候概况

老挝属热带、亚热带季风气候，气温高，雨量充沛，全年分为旱季和雨季。每年5—10月为雨季，平均气温24.2℃，雨量占全年降水量的80%，年均降水量3 300多毫米，高原和山区降水量为1 300多毫米。每年11月至翌年4月为旱季，平均气温24.2℃。由于受干燥凉爽的东北风的影响，旱季几乎不下雨，平原地区经常有旱情。4月天气最热，月平均气温29℃，12月最凉，月平均气温为24℃，最低为18℃，南北气温相差不大。

## （三）农业生产概况

老挝是一个农业国，经济以农业为主，农业是老挝的经济支柱。老挝地广人稀，潜在耕地面积800万hm²，实际耕地面积80万hm²。农作物主要有水稻、玉米、薯类、咖啡、烟叶、花生、棉花等。水稻种植面积占全国农作物种植面积的85%，其中90%为糯稻。近年来老挝政府鼓励扩大旱稻种植面积。咖啡是老挝重要的出口农产品，出口占2.6万t，年创汇2 000万美元以上。近年来，全国农业生产总值达6 300亿基普。

# 二、老挝发展蔬菜产业的潜力和优势

通过考察，笔者认为，老挝发展蔬菜产业的潜力和优势主要体现在如下7个方面。

### （一）政策优势

首先，中老双边政治关系友好，为双方蔬菜产业合作奠定了坚实的基础。东盟于1967年8月成立，是具有地区组织性质的国家间合作机制，起初只有5个成员，即印度尼西亚、马来西亚、菲律宾、新加坡和泰国。1984年以后，文莱、越南、老挝、缅甸和柬埔寨先后加入，形成了10国大东盟。早在1993年1月31日，中国政府就与老挝政府签订了《关于鼓励和相互保护投资协议》。1997年7月，中国参加了首次"10+3"会议，签署了《中华人民共和国与东盟国家领导人会议联合声明》，为东盟—中国峰会铺平了道路。2002年11月4日，中国政府与东盟10国领导人在柬埔寨金边签署了《中国—东盟全面经济合作框架协议》，决定于2010年前建成中国—东盟自由贸易区。2002年11月4日，东盟和中国又在柬埔寨金边"10+1"领导人会议上签署了《中国—东盟农业合作谅解备忘录》，把中国与东盟农业长期合作的重点放在杂交水稻、水产养殖、生物技术、农业产品标准化和农业机械等方面。2003年10月8日，中国政府与东盟10国领导人在印尼巴厘岛签署了《中国与东盟面向和平与繁荣的战略伙伴关系联合宣言》，进一步加强了双方在政治经济和安全领域的合作。中国与东盟合作框架在5个方面得到扩展，即农业信息、通信技术、人力资源开发、双向投资和湄公河开发。上述中国与东盟先后签署的一系列政治、经济文件和协议，为老挝蔬菜产业的发展提供了良好的政策环境。据统计，2006年，中国—东盟双边贸易额达1 608亿美元，同比增长23.4%。其次，老挝政府近年来逐步出台了一系列优惠政策，鼓励外商投资。早在20世纪80年代中期，老挝开始执行对外开放政策，推行"经济机制改革"，从中央集权制向市场经济转变。在扩大对外交往的过程中，老挝于1997年7月23日成为东盟成员。早在1988年，老挝就开始意识到外资的重要性。1994年3月27日，老挝国会就颁布了《促进和管理外国在老挝人民民主共和国投资法》。投资法规定，政府不干涉外资企业的事务，允许外资企业汇出所获利润，外商可在老挝建独资企业、合资企业，国家在头五年不向外资企业征税。据老挝外国投资管理委员会统计，到2002年底，老挝共引进外资（36个国家）944项，协议额达76.05亿美元。其中，中国在老挝投资项目98项，合同金额达1.46亿美元，其中农业项目投资1 218.6万美元，位居第2。2001年老挝人民党在"七大"上提出了老挝21世纪前20年的发展目标和方针，强调坚持党的领导和社会主义方向，以经济工作为重心，把解决人民的温饱作为首要任务，加快发展，尽快摆脱不发达状态，提出到2010年基本消除贫困，到2020年国家基本摆脱不发达状态，人均GDP翻三番，达到1 500美元，前5年GDP年均增长7%，着力发展农业、能源、矿产、旅游等优势产业。

## （二）气候优势

老挝属热带、亚热带季风气候，雨量充沛，气温高，全年分为旱季和雨季。南北气温相差不大。可根据不同的季节，充分利用降雨资源和光温资源，有选择性地发展蔬菜生产，以促进蔬菜生产的可持续发展。

## （三）土地优势

老挝是典型的农业国，地广人稀，国土面积23.68万$km^2$。全国实际耕地面积80万$hm^2$，潜在耕地面积800万$hm^2$，人均耕地面积1.60$hm^2$。老挝拥有大量肥沃的土地资源，由于基础设施滞后、技术落后和资金短缺，大量潜在的耕地资源尚未合理地开发和利用。只要适当对土壤加以改良，引进新的技术，完善基础设施，就可以大力发展优质、高产、无公害蔬菜生产。

## （四）成本优势

老挝具有土地廉价、水电价格低和劳动力比较便宜的特点。老挝耕地分为国家和私人所有两种形式，国家可根据产业发展的需要征收私人的土地。目前老挝耕地租金为每公顷2~9美元，对农业生产来讲，具有生产成本低，有利于发展蔬菜生产。

## （五）价格优势

蔬菜产品属于劳动密集型产品。随着国外技术的引入和渗透，近几年来，老挝蔬菜产品生产产量逐年提高，市场销售定位价格也比较高，蔬菜生产效益比较显著。通过对老挝万象市郭岭农产品交易（批发）市场蔬菜批发价格调查结果表明，蔬菜产品批发价格（折合人民币）每千克达4元以上的有指天椒、长豆角、甜椒、蒜头、青皮尖椒和肉芥菜；每千克达3元以上的有四季豆、大蒜、葱和花生；每千克达2.5元以上的有西红柿、茄子、黄皮尖椒、黄瓜、芥蓝心和萝卜；其他蔬菜品种批发价格比较低。可见，在老挝可按雨季和旱季有选择地种植优质高产高效的蔬菜品种，其产品价格在市场上是有竞争力的。

## （六）市场优势

老挝与我国南方气候相似，因夏季高温多或受台风暴雨等灾害性天气的影响，形成了比较明显的城市蔬菜供应淡季，全国生产的蔬菜品种单调，产量低，蔬菜十分紧缺，产品供不应求，大量的蔬菜都是从泰国进口。根据对老挝万象市郭岭农产品交易（批发）市场的调查，该市场占地面积10$hm^2$，蔬菜批发摊位1 200个，每个摊位一天可批发蔬菜1～1.5t，该市场批发蔬菜每天可达1 200～1 800t。可见，在老挝发展蔬菜生产，其市场潜力是巨大的，其前景是广阔的。

## （七）人缘优势

壮族与老挝的主体民族老龙族和泰族是同根生的民族，共同的祖先是古代百越中居住在广西西南部的西瓯人，生活习俗相同或相近，相互之间的日常用语基本可以听懂，这种密切的亲缘关系使得双方在交往过程中倍感亲切，这对今后的项目合作开发十分有利。

# 三、老挝发展蔬菜产业面临的困难和问题

近几年来，老挝蔬菜产业总的来说，科技含量低，生产设施落后。蔬菜产业的发展表现为量的扩张，主要依靠扩大面积增加总产，广种薄收，以满足日益增长的社会需求。目前，老挝蔬菜产业的发展还存在着只重视发展而忽视提高，重视数量忽视质量，重视生产忽视流通，尤其是蔬菜市场的培育和开拓做得不够。老挝蔬菜产业的发展还面临如下困难和问题。

## （一）蔬菜产业结构性矛盾比较突出

主要表现"三多三少"，即一般品种多，名、特、优、新品种少；低档次产品多，高品质、高附加值、高科技含量的产品少；旱季集中上市的产品多，能周年供应的产品少。

## （二）蔬菜产品质量不高

老挝蔬菜产品的生产，一方面，缺乏蔬菜标准化技术的指导，另一方面，菜农普遍缺乏"无公害食品""绿色食品"和"质量安全"意识。

## （三）蔬菜生产技术落后

主要表现为，一是国家对蔬菜生产投入严重不足，老挝是典型的农业国家，目前国家只重视粮食生产，解决人民的温饱问题，而忽视蔬菜生产；二是老挝蔬菜育种技术水平比较低，研究力量比较薄弱；三是表现为农业科技队伍力量不足，加上农民素质低，致使良种推广和普及比较困难。

## （四）蔬菜产业社会化服务水平低

老挝蔬菜产业化程度低，社会化服务体系不完善，机制不健全。首先，只注重生

产，而忽视营销，缺乏灵活的市场信息引导和服务；其次，市场发育程度低，主要表现为蔬菜产品产地普遍缺乏设施条件好和辐射能力强的产地批发市场，缺乏生产者与消费者联系的有实力的蔬菜中间商，缺乏组织进行市场营销的农业龙头企业的带动；再次，蔬菜产后商品化处理及加工技术落后。

### （五）来自国外特别是泰国蔬菜出口的竞争

老挝位于中南半岛北部，其西部和西北部分别与泰国、缅甸交界，南面与柬埔寨相接，在西部湄公河把它与泰国隔分。近年来，来自国外尤其是泰国蔬菜出口老挝呈上升趋势。老挝蔬菜产业的发展面临比较激烈的国际竞争。

## 四、在老挝建立蔬菜示范基地的设想

为了推进中国—老挝现代农业科技合作与交流，通过考察，经考察小组与老挝农业部友好协商，就中国广西百色国家农业科技园区在老挝首都万象市实施蔬菜种植示范与开发项目达成如下共识，并签订了"中老蔬菜合作开发项目意向书"。项目面积40hm²，分两期实施，每期20hm²，投资以设施农业为主。资金数额按项目实际需要确定。项目合作期限为30年，即从2007—2037年。老挝农业部的主要职责是，无偿提供土地40hm²；协助百色提供农业劳动用工并提供农业投资政策、法律、法规和安全保障；为百色在基地建设期间办理各种邀请函、护照签证（延签）等相关手续。百色的主要职责是，提供基地建设需要的资金、技术、种子、种苗及相关农业生产资料；以蔬菜示范基地为平台，为老挝开展农业科技培训提供条件与方便；合作期满后将基地完整移交给老挝。与此同时，笔者认为，要抓好广西百色国家农业科技园区在老挝首都万象市建立蔬菜种植示范与开发项目，应注意重点抓好如下6项具体工作。

### （一）以蔬菜合作开发项目意向书为基础，尽快编写项目的可行性研究报告

编写项目的可行性研究报告是实施蔬菜合作开发项目的基础性工作。计划在3月10日前编写完蔬菜合作开发项目可行性研究报告。项目的可行性研究报告应主要包括项目开发的意义、项目开发的条件、项目市场分析、项目实施内容、项目投资预算及经济效益分析。

### （二）以土壤样品检测报告为依据，抓好基地土壤的改良工作

已到老挝首都万象以北20km意向合作开发蔬菜基地抽取土壤样品并带回广西农业科学院土壤肥料研究所进行质地、主要元素和微量元素等项目的检测。计划于2007年

3月5日检测结束。待项目确定实施后，百色将严格按照土壤样品检测结果，进行基地土壤的综合性改良，以提高基地土壤的综合肥力。

### （三）以发展设施农业为主要目标，建立蔬菜产品标准化示范基地

由于老挝5—10月为雨季，不仅降水量大，而且持续时间长。据老挝巴松省巴塞市气象部门历年气象资料统计，该市5—10月，降水量高达3 207.6mm，平均月降水量达534.6mm，先后降雨天数达139d，平均月降雨天数为23d。为此，百色计划在老挝首都万象市建设蔬菜种植示范与开发项目，应以发展设施农业为重点，建设蔬菜大棚，采取避雨栽培。重点应用无公害蔬菜栽培技术、反季节栽培技术，积极探索大棚蔬菜标准化栽培技术的新路子，千方百计提高避雨大棚蔬菜商品的档次和市场竞争力。

### （四）以市场为导向，调整优化蔬菜品种结构

百色在老挝首都万象市建立蔬菜避雨大棚示范与开发基地，应以市场为导向，重点发展那些科技含量高和市场需求量大、适销对路的蔬菜品种，主要种植辣椒、西红柿、四季豆、大蒜、黄瓜、大肉芥菜、小葱和其他叶菜、芹菜等蔬菜品种，一年3～4熟。

### （五）以蔬菜种植示范为基础，推进蔬菜产业化经营

百色在老挝首都万象市建立避雨大棚蔬菜种植示范与开发基地，示范是基础，经营是关键。要真正做到一手抓示范，一手抓经营。只有这样，才能确保大棚蔬菜种植示范基地的领先性和可推广性。可以说，没有领先性就失去了示范的价值，没有可推广性就失去了示范的意义。尤其是抓好蔬菜的产业化经营具有十分重要的意义。要用现代农业发展的理念引导蔬菜生产和经营，用现代化农业经营形式推进蔬菜的产业化经营。在抓好大棚蔬菜种植示范基地的基础上，实施蔬菜名牌营销策略，加大蔬菜产后商品化处理，积极推行净菜上市、分级上市和包装上市，在此基础上，努力探索做好冷冻蔬菜、腌制蔬菜和干制蔬菜加工的新路子，以加快推进蔬菜的产业化经营。

### （六）以蔬菜种植示范基地为平台，加快推进双方农业科技合作与交流

加快推进双方农业科技合作与交流并辐射到泰国、越南、柬埔寨等东南亚国家，在老挝首都万象市建立蔬菜种植示范与开发基地，并以此为平台，协助老挝抓好农业科技人员和周边农民进行大棚蔬菜无公害栽培技术培训，重点推广土壤诊断施肥、地膜覆盖、育苗移栽、轮作换茬、嫁接育苗、节水灌溉和病虫害防治等行之有效的实用技术和新技术。通过培训，一方面可以提高老挝现有部分农业科技人员的蔬菜栽培技术水平和

经营管理水平，另一方面可以为老挝尤其是为周边农民不断培养和输送具有较高综合素质的新型农民和种菜专业户，真正发挥大棚蔬菜种植示范基地的示范、培训和带动作用，以加快推进中国与老挝农业科技合作与交流。同时以老挝万象市的蔬菜种植示范与开发基地为平台，把我国的现代农业新产品、新技术，辐射到泰国、越南、柬埔寨、缅甸等东南亚国家，把基地的蔬菜销往东南亚。

**本文成稿**　2007年2月17日

# 泰国加快推进甘蔗产业可持续发展的
# 主要经验及启示

## ——赴泰国甘蔗产业考察报告

贺贵柏

2016年12月4—12日，笔者应邀出席国际糖业技师协会在泰国清迈市召开的国际糖业学术及成果研讨会。来自世界主要蔗糖生产国和地区的著名专家、学者及企业界知名企业家共1 500多人出席了学术及成果研讨会。与会代表先后听取了美国、澳大利亚、巴西、印度、泰国、南非、阿根廷等国著名甘蔗专家、学者的学术报告及成果交流。中国专家以广西农业科学院原院长、广西甘蔗产业技术体系首席科学家、博士生导师李杨瑞为首席专家的甘蔗专家代表团共14人出席了学术及成果研讨会。

在学术及研讨会期间，先后重点参观和考察了泰国清迈市主要制糖企业以及该市和南帮省、秦可泰省和那空沙旺省那坝高产高糖甘蔗生产基地等，并拜会了泰国农业部有关官员及研究机构的专家。通过参加学术及成果研讨会以及实地参观考察，增长了见识，拓宽了视野，增进了友谊，形成了在新形势下如何加快推进国际甘蔗产业可持续发展的意见和共识。特别是重点考察和了解了泰国加快推进甘蔗产业可持续发展的主要做法和经验，并提供了重要的启示。

## 一、泰国甘蔗产业发展概况

泰国地处亚洲中南半岛中南部，位于北纬5°31′~21′和东经97°30′~105°30′，境内绝大部分属于热带季风气候，全年可分为旱季（又称热季）（3—5月）、雨季（6—10月）和凉季（11月至翌年2月），月平均气温24~30℃，以4月最热，常年温度不低于18~20℃，年平均降水量1 000~1 200mm，最高可达1 800~2 000mm。曼谷全年降水量为1 400~1 500mm。

泰国是一个比较典型的农业国。据统计，2014年全国总人口为6 768万人，人口密度为每平方米342人。泰国国土总面积51.4km²，耕地面积约为2 000万hm²，约占国土面积38%。

　　泰国地处热带，农业资源丰富，土壤条件与气候条件优越，很适合甘蔗的生长。泰国是继巴西、印度、中国之后重要的蔗糖生产国之一。据统计，泰国2013/2014年榨季甘蔗种植面积141万hm²，甘蔗压榨量为1.04万t，生产食糖1 129万t。2014/2015年榨季，泰国甘蔗种植面积147万hm²，甘蔗压榨量为1.06亿t，生产食糖1 130万t。2015/2016年榨季，泰国甘蔗种植面积150万hm²，预计甘蔗压榨量为1.06亿t以上，生产食糖1 130万t以上。

　　随着海上丝绸之路和"一带一路"倡议的实施，泰国已由一个传统的农业国向一个新兴工业化国家加快推进，甘蔗产业的发展对于促进泰国国民经济的可持续发展和确保全球食糖安全仍然具有重要的意义。

## 二、泰国甘蔗产业发展的主要做法和经验

### （一）注重调整优化甘蔗生产布局

　　从地理条件上看，泰国可划分为东部、北部、中部、东北部和南部5个自然区域。近年来，泰国政府注重不断调整优化甘蔗生产布局，重点将东北部、中部和北部列为糖料蔗优势生产区。据统计，东北部甘蔗种植面积约占全国甘蔗种植面积的40%，中部占30%，北部占21%，东部占6%，其他占3%。

### （二）注重抓好高产高糖甘蔗优良新品种的研发与推广

　　首先，注重抓好高产高糖甘蔗优良新品种的研发。泰国除农业科研机构直接参与高产高糖甘蔗优良新品种的研发与选育外，在全国52个制糖企业中，约有10个直接参与甘蔗优良新品种的研发与选育，还有10个甘蔗协会也参与进行甘蔗优良品种的选育工作。目前，已初步构建产学研协同创新的新机制。其次，注重大力推广种植高产高糖和综合性状优良的甘蔗新品种，特别是注重推广种植适合甘蔗生产全程机械化作业的LK-921等甘蔗优良新品种。

### （三）注重加大推广甘蔗生产全程机械化的力度

　　近年来，泰国政府和农业推广部门在注重进一步调整优化甘蔗种植结构的基础上，积极探索和大力推广甘蔗生产全程机械化。目前，泰国已基本实现甘蔗耕作、种植、施肥、除草各环节的机械化。据泰国农业部门统计，近年来，甘蔗收获机械化面积已稳定在甘蔗种植面积的40%以上。

### （四）注重调动农民种植甘蔗的积极性

首先，泰国蔗区各级政府和农业推广部门注重调动广大蔗农发展甘蔗生产的积极性，特别是加强对蔗农进行推广新品种和新技术的培训，不断提高他们科学种植和管理的水平。目前，在泰国蔗区平均每户蔗农种植面积达100～120亩。广大蔗农仍然是甘蔗产业可持续发展的主体力量。其次，注重鼓励和支持甘蔗种植大户发展规模经营。据泰国农业部门统计，泰国甘蔗专业种植大户种蔗面积占全国甘蔗种植面积的12%。

### （五）注重做好甘蔗产业服务工作

首先，注重稳定甘蔗收购价格。近几年，泰国进厂原料蔗价格稳定在1 100泰铢（约折合人民币220元），通过价格杠杆引导蔗农发展甘蔗生产。其次，制糖企业积极主动为蔗农做好服务。泰国政府规定，一般以制糖企业为中心，50km范围属制糖企业榨糖覆盖范围。泰国政府还允许农民选择服务质量好的制糖企业卖甘蔗，入厂原料蔗运费由制糖企业支持。例如，清迈市的Sukhothai糖业有限公司，注重带动农场和周边农民发展甘蔗生产。该企业有自己的试验、示范和种植基地。该企业对进厂原料蔗执行优质优价，很受广大蔗农的欢迎。以2015/2016年榨季为例，该企业日入厂原料蔗高达1.8万t，日压榨量高达7 000t，成为泰国制糖行业的明星企业。

## 三、几点启示

通过参加国际糖业学术及研讨会，特别是实地考察了泰国的主要制糖企业和高产高糖甘蔗生产基地，泰国在加快推进甘蔗产业可持续发展的主要做法和经验，提供了以下几点重要的启示。

一是要加快推进甘蔗产业的可持续发展，必须注重不断调整优化甘蔗生产布局和种植结构。二是要加快推进甘蔗产业的可持续发展，必须注重抓好高产高糖及综合性状好的甘蔗优良新品种的选育及推广。三是要加快推进甘蔗产业的可持续发展，必须注重加快推进甘蔗的规模化经营。四是要加快推进甘蔗产业的可持续发展，必须注重加快推进甘蔗生产的全程机械化。五是要加快推进甘蔗产业的可持续发展，必须注重紧紧依靠科技创新，努力提高甘蔗产业的整体效益和国际竞争力。六是要加快推进甘蔗产业的可持续发展，必须注重优化政策环境，千方百计为制糖企业特别是为广大蔗农提供优质高效的服务。

**本文原载**　右江日报，2016-12-20

# 试论广西农业应对中国—东盟自由贸易区的
# 战略选择

贺贵柏

　　面对中国—东盟自由贸易区的建立和发展，广西作为中国唯一的一个靠近东盟国家最近的省（区），海岸线长1 595km，与越南边境线长1 020km，与东盟国家既有陆地相连，又隔海相望，建立中国—东盟自由贸易区对广西农业有何重大影响?笔者认为，广西农业既迎来了千载难逢的机遇，又面临着严峻的挑战。机遇，可以归纳为"三大机遇"，即合作机遇、发展机遇和共赢机遇。挑战，可以概括为"五大挑战"，即面临产业发展的挑战、市场竞争的挑战、政策变化的挑战、投资竞争的挑战和周边地区加快发展的挑战。1999年2月5日到2000年12月25日，中国与东盟10个成员国签署了面向21世纪双边合作的框架协议。2002年11月4日，中国与东盟正式签署了《中华人民共和国与东南亚国家联盟全面经济合作框架协议》。协议提出了中国—东盟全面经济合作的目标、措施和时间要求。上述协议的签订，为21世纪中国与东盟关系的发展指明了前进的方向，它标志着中国与东盟全面经济合作进入一个全新的历史阶段。面临全新的农业国际环境，广西农业如何厘清思路，抓住机遇，迎接挑战，加快发展，这是摆在广西各级领导和农业主管部门面前的一项十分重要而又紧迫的战略任务。为此，笔者试从以下5个方面进行战略性探讨。

## 一、实施农业优势产业带动战略

　　东盟各国的气候条件和广西差不多，从发展热带、亚热带作物的条件看，东盟国家比广西具有优势，这些国家人均耕地面积多，土地条件好。由于这些国家有土地资源优势和气候条件优势，生产的农产品大多品质好，对广西农产品构成严重的挑战。例如，泰国和越南生产的大米，以及这些国家生产的龙眼、荔枝和杧果等是广西同类农产品强劲的竞争对手。根据《中国—东盟全面经济合作框架协议》的"早期收获计划"，中国和东盟国家到2006年约有600项农产品的关税降为零。实际上，中国和泰国从2004年已开始对蔬菜和水果的180多项税务实施了零关税。面对新的国际农业环境，广西必须注意发挥农业的区域比较优势，以形成与东盟国家的互补优势，千方百计将广西生产的优质农产品销往东盟各国。

从近年广西农业产业结构的调整情况看，发展蔬菜业、水果业、畜牧业和水产业等劳动密集型产业具有比较明显的竞争优势，当前和今后一个时期，应注意面向东盟市场，按照农业比较优势的原则进行农业产业结构的调整、优化，努力实现区内农业自然资源和社会资源的有效配置。以水果业生产为例，首先，广西的气候条件与东盟国家比较接近，但北回归线以北地区的自然条件和气候条件又和东盟国家有一定的差异，因此，广西在加快推进农业产业结构的调整、优化和升级过程中，要充分发挥桂中和桂北地区的自然资源优势和气候条件优势，大力发展面对东盟各国的优质水果生产，加快推进优果工程建设。例如，种植柑橘、橙子、梨、沙田柚、葡萄和月柿等优质水果，建立基地，形成规模，提高品质，努力扩大这些优质水果在东盟市场的份额。其次，桂南地区，也可以利用与东盟国家的季节差，依靠科技进步，大力发展反季节龙眼、杧果等优质水果，也可以销往东盟市场。此外，广西的杂交水稻制种和生产技术比东盟国家具有优势，应注意利用我国在菲律宾援建的农业技术中心为载体，千方百计推广广西的杂交水稻制种和生产技术，也可以有计划地将广西生产的优质杂交水稻种子销往东盟各国。总之，面向中国—东盟自由贸易区，广西必须从农业发展的战略高度进行农业产业结构的调整、优化和升级。

## 二、实施农业龙头企业带动战略

面对中国—东盟自由贸易区，要提高广西农产品在东盟市场上的竞争力，必须进一步创新农业经营体制，加快推进农业产业化经营的进程。加快农业产业化经营的关键是扶持农业龙头企业的发展，加强农业龙头企业的建设。农业产业化的实践证明，在发展现代农业的过程中，农业龙头企业具有引导生产、开拓市场、延长产业链、提高农产品附加值和增加农民收入等综合性功能。目前，广西的农业产业化经营尚处于初级阶段，大力推行"龙头企业+公司+农户+基地"的农业产业化经营模式。农业龙头企业是连接农民和市场的桥梁和纽带。当前和今后一个时期，要注意发挥农业龙头企业在如下3个方面的作用。首先，要在广西区内起到创新农业经营机制，引导农业进行规模生产和专业化生产的"领头羊"作用；其次，要在广西面向东盟市场中起到引导消费和出口创汇的桥头堡垒作用；再次，要在广西各级政府和农业主管部门进行农业宏观决策中起参谋助手作用。尤其是要注意发挥广西农业龙头企业在农产品销往东盟市场中的出口创汇作用。据统计，广西出口东南亚的主要农产品为谷物及谷物粉、蔬菜、鲜（干）

水果、干豆、茶叶、蘑菇罐头、活猪、鲜（冻）猪肉、活家禽、水产品和药材等。以2003年为例，广西主要农产品出口商品数量和金额，详见表1。

表1　2003年广西主要农产品出口商品数量和金额

| 商品名称 | 单位 | 数量 | 金额（万美元） |
| --- | --- | --- | --- |
| 谷物及谷物粉 | 万t | 1 | 368 |
| 蔬菜 | 万t | 14 | 3 123 |
| 鲜（干）水果 | 万t | 16 | 4 249 |
| 干豆 | 万t | 3 | 946 |
| 茶叶 | t | 1 960 | 298 |
| 蘑菇罐头 | t | 8 983 | 1 109 |
| 活猪 | 万头 | 10 | 1 229 |
| 鲜（冻）猪肉 | 万t |  | 352 |
| 活家禽 | 万只 |  | 366 |
| 水产品 | 万t |  | 1 233 |
| 药材 | t | 15 262 | 2 577 |
| 总计 |  |  | 15 850 |

注：资料来源《广西年鉴》。

近10年来，广西出口东盟国家的农产品商品总值呈上升趋势，且带有波动性。据资料统计，1996—1998年，广西出口东盟主要是新加坡，1996年出口商品总值为3 037万美元，1997年为3 881万美元，比上年同期增长27.79%，1998年呈下降趋势，出口商品总值比1996年和1997年分别下降26.97%和42.84%。1999年出口商品总值为28 872万美元，2000年为31 011万美元，比上年同期增长7.41%，到2001年，又呈下降趋势，2001年出口商品总值为25 914万美元，比上年同期下降16.44%，2002—2003年，出口商品总值连续两年攀升，2002年为44 238万美元，比上年同期增长70.70%，2003年为55 235万美元，比上年同期增长24.86%。详见表2。

表2　广西向东盟国家（地区）出口商品总值（万元）

| | 年份 | | | 年份 | | | 年份 | | | 年份 | | |
| | 1996年 | 1997年 | ±% | 1998年 | 1999年 | ±% | 2000年 | 2001年 | ±% | 2002年 | 2003年 | ±% |
|---|---|---|---|---|---|---|---|---|---|---|---|---|
| 合计 | | | | | | | | | | | | |
| 新加坡 | 3 037 | 3 881 | 27.79 | 2 218 | 1 364 | −38.50 | 2 018 | 1 578 | 21.80 | 1 633 | 1 481 | 9.31 |
| 印度尼西亚 | | | | 1 264 | | | 1 800 | 2 529 | 40.50 | 1 982 | 2 775 | 40.04 |
| 马来西亚 | | | | 1 328 | | | 1 812 | 1 956 | 7.95 | 2 342 | 2 451 | +4.65 |
| 泰国 | | | | 2 337 | | | 2 272 | 1 976 | 13.03 | 2 622 | 3 262 | +24.41 |
| 越南 | | | | 21 810 | | | 22 214 | 17 184 | −22.64 | 34 058 | 44 016 | +29.24 |
| 东南亚国家联盟 | | | | 28 872 | | | 31 011 | 25 914 | −16.44 | 14 238 | 55 235 | +24.86 |

注：1.东南亚国家联盟包括文莱、印度尼西亚、马来西亚、菲律宾、新加坡、泰国、越南。

2.资料来源《广西年鉴》。

　　从近10年来广西农产品出口东盟国家的形势看，总体来说是好的。当前和今后一个时期，各级政府和有关部门，要通过多种形式，鼓励和扶持农业龙头企业在广西农产品出口东盟市场中的出口创汇作用。

## 三、实施"引进来"与"走出去"相结合的带动战略

　　建立中国—东盟自由贸易区，对中国和东盟各国经济的发展都十分有利。要加快发展广西的现代农业，增强广西农产品在国际市场尤其是东盟市场的竞争力，在农业重点项目的投资和合作上，必须探索走出一条"引进来"和"走出去"相结合的新路子。"引进来"，就是广西要注意充分发挥自身的区位优势，特别是边境口岸和沿海地区，要千方百计引进东盟企业（客商）和国内企业到这些地区投资办企业，大力发展外向型经济。从1990—2003年的统计资料看，广西实际利用东盟（主要是新加坡和泰国）外资金额呈逐年递增的态势。详见表3。

表3　广西主要年份实际利用东盟外资情况（万美元）

| 项目 | 年份 | 金额 | 年份 | 金额 | 年份 | 金额 | 年份 | 金额 |
|---|---|---|---|---|---|---|---|---|
| 农林牧渔业 | 1990 | 89 | 1995 | 2 917 | 2000 | 2 092 | 2003 | 2 551 |
| 新加坡 | 1990 | 66 | 1995 | 4 039 | 2000 | 1 407 | 2003 | 3 337 |

（续表）

| 项目 | 年份 | 金额 | 年份 | 金额 | 年份 | 金额 | 年份 | 金额 |
|------|------|------|------|------|------|------|------|------|
| 泰国 | 1990 | | 1995 | 4 464 | 2000 | 609 | 2003 | 151 |
| 合计 | | 66 | | 8 503 | | 2 016 | | 3 488 |

注：资料来源《广西年鉴》。

从表3可以看出，广西1990年实际利用东盟外资66万美元，1995年高达8 503万美元，2000年2 016万美元，2003年达3 488万美元。广西应争取国家的支持，在沿海地区和边境地区的凭祥、东兴、龙州、靖西和那坡等地建立东盟农产品加工区，区政府应为加工区提供优惠政策，创造条件吸引东盟企业（客商）和国内企业（投资者）到加工区投资办企业，从事农产品加工业，以生产适合东盟国家需要的农产品，降低农产品生产和加工成本，增强农产品在东盟市场上的竞争力。"走出去"，就是从政策上引导、鼓励和支持广西的企业尤其是农业龙头企业到东盟国家独资或合资办企业。例如，可到越南、老挝和柬埔寨等国开发磷矿、森林采伐、农用车、化肥和生物农药等农业项目，开发出来的产品可在东盟市场销售或销往世界各地。经济实力比较强的企业，也可以参与大湄公河次区域经济合作开发。通过实施"引进来"和"走出去"相结合的战略，从整体上提高广西农业在东盟市场上的竞争力。

## 四、实施农业技术交流与合作带动战略

中国—东盟自由贸易区的建立，为中国与东盟各国加强农业技术交流与合作提供了一个广阔的天地。在中国与东盟有关国家鉴订的面向21世纪的合作声明中，都有加强双边农业技术交流与合作的专门条款。早在1999年7月，中国在举办的越南、缅甸、老挝、柬埔寨和马来西亚的农业合作招商发布会上，先后签订了近百项农业合作项目意向书。2002年11月，中国又与东盟签署了《农业合作谅解备忘录》，这标志着双方在农业领域的合作将全面展开。根据协议精神，中国主要在杂交水稻、水产养殖和生物技术等领域向东盟各国提供培训。2003年3月，中国政府又在菲律宾援建中菲农业技术中心，这为加强中国与东盟各国的农业技术交流与合作提供了一个平台。广西应以此为契机，有选择地加强同东盟各国进行杂交水稻制种与推广、水产养殖技术开发、农业标准化技术、农业现代生物技术与农产品精深加工技术的交流与合作，特别是要注意采用多种形式对东盟各国提供农业新技术的培训。首先，可通过项目合作开发进行技术培训；其次，可通过委派优秀中青年农业专家对东盟国家进行定期农业技术培训；再次，可通过重大农业项目的科技攻关进行农业技术培训、交流与合作。

## 五、实施农业支持与保护带动战略

面对中国加入世贸组织和建立中国—东盟自由贸易区，政府能否及时地对农业政策进行调整并对体制进行创新，在很大程度上决定了广西农业的未来走向。根据《农业协议》的要求，广西应借鉴区外和国外经验，尽快制定切实有效的农业支持与保护政策，以提高广西农业在东盟市场和国际市场的竞争力。首先，要注意加大对农业的投入力度。政府应重点围绕提高农产品竞争力和增加农民收入，进一步加大对农业基础设施、农业科技推广、农业信息服务、农民素质培训、农产品营销和农业环境的财政支持力度。其次，进一步强化政府服务农业的职能。政府为农业服务，重点是提供基础设施投入服务、农技推广服务、市场信息服务、农产品检测与食品安全服务、农业灾害预测预报和抗灾救灾服务以及农业环境保护与建设服务。再次，政府要积极探索农业经营体制创新的新路子。当前和今后一个时期，政府应重点围绕加快广西农业产业化经营的进程，大力扶持农业龙头企业，进一步创新农业经营机制，以减少中国—东盟自由贸易区给广西农业带来的负面冲击，利用我国加入世贸组织以及中国—东盟自由贸易区为广西农业所提供的更广阔的市场和更丰裕的资源，使广西农业发展摆脱区内资源约束，以实现广西农业的可持续发展。

**本文原载** 2005年度"西部之光"访问学者论文集，2006：126-130

# 参考文献

安玉发，焦长丰，2004.世界主要农产品贸易格局分析[M].北京：中国农业出版社.

班明辉，樊廷录，周晶，等，2010.加强区域农业科技合作 努力提高科技创新能力[J].
农业科技管理，29（6）：7-9.

本报评论员，2016-12-7.从介入型政策转向服务型政策[N].科技日报，（3）.

本报评论员，2016-12-5.要把有利于创新作为产业政策的"试金石"[N].科技日报，
（4）.

蔡彦虹，李仕宝，饶智宏，等，2014.我国农业科技成果转化存在的问题及对策[J].农
业科技管理（6）：8-10.

陈阜，王强，2008.农业科技园区规划理论与实践[M].北京：化学工业出版社.

陈建，2010-5-17.低碳发展：应对全球气候变化的战备选择[N].经济日报，（7）.

陈萌，2013-6-27.重金属污染，无法承受"之重"？[N].科技日报，（5）.

陈清西，王威，2012.杧果周年管理关键技术[M].北京：金盾出版社：1.

陈志峰，林国华，刘荣章，等，2010.都市农业发展的低碳模式特点和类型及政策建
议[J].农业现代化研究，31（5）：579-583.

程芳，许春红，程日新，等，2017.探究农业技术推广的重要性[J].农民致富之友
（18）：75.

崔晓麟，2013.东盟发展报告（2013）[M].北京：社会科学文献出版社.

戴照义，王运强，郭凤领，等，2015.西瓜甜瓜高山栽培技术规程[J].长江蔬菜
（23）：10-12.

德启科，赵伟，2011.我国水稻机械化插秧技术推广现状与对策分析[J].农业科技与装
备，208（10）：69-70.

邓立宝，黄振文，马涛，等，2014.广西百色市右江河谷地区番茄产业现状及发展对
策[J].安徽农业科学，42（31）：10 891-10 893.

丁中文，陈奇榕，黄耀东.2004.农业科技成果转化概论[M].北京：中国农业科学技术
出版社：7-10.

樊小林，李进，2014. 碱性肥料调节香蕉园土壤酸度及防控香蕉枯萎病的效果[J]. 植物营养与肥料学报，20（4）：938-946.

冯邦朝，黄树豪，2012. 外源赤霉素对台农一号杧果开花和坐果的影响研究[J]. 黑龙江农业科学（9）：84-86.

高砚亮，孙占祥，白伟，等，2016. 玉米花生间作效应研究进展[J]. 辽宁农业科学（1）：41-46.

葛皓，林齐维，2004. 贵州省生态环境现状及可持续发展对策[J]. 热带农业科学（6）：31-35.

耿闻，2008. 中国乡村旅游指南[M]. 北京：中国旅游出版社.

古俊彦，2017. 百色深度贫困地区脱贫攻坚探讨[J]. 百色工作（4）：125-127.

谷夺魁，刘树庆，宁国辉，2004. 缓控释肥料研究进展及其环境安全研究[J]. 河北农业科学，8（4）：100-104.

顾莉萍，毛翔飞，肖远来，2015. 现代农业产业规划指导理论与操作实务[M]. 北京：中国农业科学技术出版社：4.

顾瑞珍，吴晶晶，2013-6-19. 踩土壤污染"刹车"，保障"舌尖上"的安全[N]. 科技日报，（5）.

广西壮族自治区环境保护厅，2013-6-3. 2012年广西壮族自治区环境状况公报[N]. 广西日报，（7）.

广西壮族自治区人民政府，2016-1-7. 广西壮族自治区人民政府办公厅关于印发广西推进"双高"基地生产全程机械化实施方案（2015—2020年）的通知[EB/OL]. 广西壮族自治区人民政府门户网站 http://d. gxzf. gov. cn/file/old/P020160602555541224821. pdf.

广西壮族自治区人民政府，2019-2-24. 广西壮族自治区人民政府关于加快深化体制机制改革加快糖业高质量发展的意见[EB/OL]. 广西壮族自治区人民政府门户网站 http://www. gxzf. gov. cn/zwgk/zfwj/20190228-737417. shtml.

广西壮族自治区人民政府，2019-2-3. 广西壮族自治区人民政府关于加快推进广西现代特色农业高质量发展的指导意见[EB/OL]. 广西壮族自治区人民政府门户网站 http://www. gxzf. gov. cn/zt/2019/43771. shtml.

广西壮族自治区水利厅，广西壮族自治区统计局，2013-5-21. 广西壮族自治区第一次水利普查公报[N]. 广西日报，（7）.

郭利军，范鸿雁，何凡，等，2014. 杧果常用植物生长调节剂毒性和残留研究进展[J]. 中国果树（3）：78-81.

郭淑敏，陈印军，苏永秀，等，2010. 广西香蕉精细化农业气候区划与应用研究[J]. 中国农学通报，26（24）：348-352.

国家统计局，科学技术部，2015. 2015中国科技统计年鉴[M]. 北京：中国统计出版社：143.

过国忠，2013-5-28. 粮食作物重金属污染暴露出什么？[N]. 科技日报，（1）.

过国忠，陈丽鹰，2018-7-31. 常州高新区高质量发展"寻良方"[N]. 科技日报，（7）.

海金玲，2005. 中国农业可持续发展研究[M]. 上海：上海三联书店.

韩长赋，2013-9-13. 实现中国梦基础在"三农"[N]. 经济日报，（8）.

何剑芳，赵红燕，蒋生发，2008. 地膜覆盖西瓜栽培技术[J]. 广西园艺（6）：58.

赵颖，2012. 西瓜地膜覆盖栽培技术[J]. 中国果菜（8）：16-17.

何楠，阎志红，刘文革，等，2012. 无籽西瓜栽培技术指南[J]. 长江蔬菜（5）：28-30.

贺贵柏，2019. 百色市甘蔗产业提质增效的对策措施探讨[J]. 甘蔗糖业（1）：55-59.

洪坚平，2008. 土壤污染与防治[M]. 第二版. 北京：中国农业出版社.

洪日新，李文信，黄金艳，等，2010. 广西无籽西瓜生产发展现状与对策[J]. 长江蔬菜
    （8）：119-120.

侯倩倩，徐世艳，王跃强，等，2018. 促进农业科研成果转化的对策探讨[J]. 农业科技管理
    （5）：47-50.

胡豹，顾益康，2011. 新时期加快我国东部地区农业转型升级的战略对策研究——以浙
    江省为例[J]. 浙江农业学报，23（3）：617-622.

黄宝珠，2009. 气象条件对香蕉栽培的影响与应变措施[J]. 中国科技信息（11）：106-107.

黄保，2010. 徐闻县香蕉镰刀菌枯萎病的发生及其防治对策[J]. 热带农业科学，30
    （7）：52-56.

黄米初，2012. 水稻机械化插秧技术推广的成效存在问题及对策[J]. 农机使用与维修
    （6）：2-3.

黄新，肖顺勇，2005. 关于湖南省生态农业建设的思考[J]. 湖南农业科学（1）：1-4.

黄永红，魏岳荣，左存武，等，2011. 韭菜对香蕉枯萎病菌生长及香蕉枯萎病发生的抑
    制作用[J]. 西北植物学报，31（9）：1 840-1 845.

黄战威，2009. 广西右江河谷地区杧果产业现状及发展对策[J]. 热带农业工程，33
    （6）：46-49.

黄志伟，叶乐阳，2009. 千姿百色[M]. 百色：中共百色市委宣传部.

佚名，2008. 简明中国地图册[M]. 广州：广东省地图出版社.

姜玉超，2015. 玉米花生间作对土壤肥力特性的影响[D]. 洛阳：河南科技大学：1-51.

蒋和平，2002. 农业科技园的建设理论与模式探索[M]. 北京：气象出版社：8.

蒋和平，辛岭，2009. 建设中国现代农业的思路与实践[M]. 北京：中国农业出版社：1.

蒋和平，辛岭，尤飞，等，2011. 中国特色农业现代化建设研究[M]. 北京：经济科学出

版社：7.

蒋家慧，王洪娴，2004. 论我国生态农业的建设[J]. 当代生态农业，13（1）：9-12.

蒋娟，李杨瑞，陈彩虹，等，2009. 新时期农业科研管理创新发展的思考[J]. 广西农业科学，40（6）：787-791.

焦念元，候连涛，宁堂原，2007. 玉米花生间作氮磷营养间作优势分析[J]. 作物杂志（7）：50-53.

焦念元，宁堂原，赵春，等，2006. 玉米花生间作复合体系光合特性的研究[J]. 作物学报，32（6）：917-923.

金碚，2017-6-23. 全球化新时代产业转型升级新思维[N]. 经济日报，（14）.

景玉琴，2010-11-22. 大力发展低碳经济[N]. 经济日报，（10）.

寇长林，王秋杰，武继承，等，2000. 玉米花生间作系统优化配置模式研究[J]. 耕培与栽作（6）：14-15.

李谷城，2004. 东方太阳岛的神话[M]. 香港：香港城市大学出版社.

李建华，2012. 借鉴国外农技推广模式　促进我国农业科技推广[J]. 农业科技管理，31（3）：60-63.

李伟，李絮花，李海燕，等，2012. 控释尿素与普通尿素混施对夏玉米产量和氮肥效率的影响[J]. 作物学报，38（4）：699-706.

李晓臣，2010. 地膜西瓜高产栽培技术[J]. 现代农业科技（17）：130.

李心萍，2018-9-10. 新产业激发经济新功能[N]. 人民日报，（11）.

李燕婷，李秀英，赵秉强，等，2008. 缓释复混肥料对玉米产量和土壤硝态氮淋失累积效应的影响[J]. 中国土壤与肥料（5）：45-48.

李宗新，王庆成，齐世军，等，2007. 控释肥对玉米高产的应用效应研究进展[J]. 华北农学报，22（增刊）：127-130.

栗建枝，成错，李洪，等，2017. 农业科研单位农业科技成果转化工作实践探索与思考——以山西省农业科学院谷子研究所为例[J]. 农业科技管理（4）：64-67.

梁家铭，罗炫兆，2009. 百色市右江河谷香蕉产业特色及发展措施[J]. 广东农业科学（6）：288-291.

梁志明，田洪刚，刘文富，等，2012. 水稻机械化插秧技术推广中存在的问题及对策[J]. 北京农业（2）：1-2.

刘从梦，1996. 各国农业概况（一）[M]. 北京：中国农业出版社.

刘海清，候媛媛，2016. 世界热带农业概述[M]. 北京：中国农业科学技术出版社：14-17.

刘鹏，2018-10-30. 借鉴外地经验，推进脱贫攻坚[N]. 右江日报，（7）.

刘思华，2002. 可持续农业经济发展论[M]. 北京：中国环境科学出版社.

刘业体，王建军，2006. 新编世界地图册[M]. 广州：广东省地图出版社.

刘永富，2018-10-21. 有效应对脱贫攻坚面临的困难和挑战[N]. 人民日报，（5）.

刘渝，张俊飚，2005. 国外生态农业现状及其对中国西北地区的启示[J]. 世界农业（3）：10-13.

刘玉曼，陈远，2014. 推进广西右江河谷现代农业发展的思考[J]. 桂海论丛，30（2）：131-133.

柳唐镜，李劲松，韩晓燕，等，2009. 2008—2009年度海南省西瓜品种比较试验初报[J]. 中国瓜菜，22（3）：28-30.

柳唐镜，李劲松，任红，2008. 海南省小型无籽西瓜新品种比较试验研究[J]. 长江蔬菜（8）：45-48.

柳唐镜，张棵，李劲松，等，2009. 海南小型无籽西瓜品种及栽培关键技术[J]. 中国蔬菜（17）：50-52.

罗吉文，许蕾，2010. 论低碳农业的产生、内涵与发展对策[J]. 农业现代化研究，31（6）：701-703.

罗继斌，2011. 怀化市西瓜高产优质栽培技术探讨[J]. 湖南农业科学（11）：39-43.

吕小舟，1996. 杧果反季节栽培技术研究总结报告[J]. 热带作物科技（2）：25-31.

马永，武中庆，2010. 勃利县西瓜地膜覆盖高产栽培技术[J]. 现代农业科技（15）：161.

苗平生，1991. 植物生长调节剂和其他化学物质在杧果生产上的应用[J]. 中国果树（2）：34-36.

莫蕊，韦芳，苏春芹，等，2008. 右江河谷引种澳洲坚果的农业气候条件分析及种植措施[J]. 现代农业科技（18）：118-119.

农业农村部，2018-7-20. 农业绿色发展技术导则（2018—2030年）[EB/OL]. 中华人民共和国农业农村部网站 http://www. moa. gov. cn/gk/ghjh_1/201807/t20180706_6153629. htm.

欧阳，2009-3-25. 一些国家和地区发展低碳经济的做法[N]. 经济日报，（11）.

潘冬南，蒋露娟，2015. 东盟客源国概况[M]. 北京：经济管理出版社.

庞新华，简燕，2001. 植物生长调节剂对杧果挂果率及采前梢果比率的影响[J]. 广西热带农业（3）：5-7.

彭青秀，2012. 应用型农业科研体制的改革与创新[J]. 山东纺织经济（1）：95-97.

蒲天胜，2000. 观光农业[M]. 南宁：广西科学技术出版社.

任翠莲，马银丽，董娴娴，等，2012. 控释尿素对夏玉米产量、氮肥利用效率及土壤硝态氮的影响[J]. 河北农业大学学报，35（2）：12-17.

邵国庆，李增嘉，宁堂原，等，2008. 灌溉和尿素类型对玉米氮素利用及产量和品质的影响[J]. 中国农业科学，41（11）：3 672-3 678.

沈慧，2013-8-4. 土壤修复产业有望迎来黄金期[N]. 经济日报，（3）.

盛利，2017-8-7. 成都高新区产业新政：加快构建具有国际竞争力现代产业体系[N]. 科技日报，（7）.

盛利，2018-8-7. 成都高新区：从西部一隅迈向世界一流[N]. 科技日报，（7）.

史亚军，2006. 城郊农村如何发展观光农业[M]. 北京：金盾出版社.

宋丽红，2005. 关于保护生态环境与发展生态农业的若干思考[J]. 江西农业大学学报（1）：82-83.

苏永全，刘东顺，2013. 2008—2012年国家西北旱作中晚熟西瓜品种区域试验兰州点汇总[J]. 长江蔬菜（4）：25-27.

苏祖祥，莫良玉，等，2013. 菌渣添加量对污染土壤Pb、Zn形态和水稻产量的影响[J]. 广西农学报（3）：14.

孙广勇，2018-5-29. 泰国：农村生活比以前好多了[N]. 人民日报，（22）.

孙站成，梅方竹，2005. 关于构建区域农业科技创新体系的思考[J]. 农业科技管理，24（4）：6-9.

覃柳燕，李朝生，韦绍龙，等，2016. 广西香蕉枯萎病4号生理小种发生特点调查[J]. 中国南方果树，45（3）：93-97.

唐秀梅，钟瑞春，揭红科，等，2011. 间作隐蔽对花生光合作用及叶绿素荧光特性的影响[J]. 西南农业学报，24（5）：1 703-1 707.

田红琳，杨华，许明陆，等，2013. 5种缓释肥在渝单8号玉米上的应用效果[J]. 江苏农业科学，41（9）：66-68.

陀少芳，刘业强，苏伟强，等，2004. 广西香蕉产业化发展的问题和对策[J]. 广西热带农业，93（4）：9-11.

王春华，2018. 广西甘蔗糖业发展态势与升级转型对策[J]. 广西糖业（3）：45-48

王锋，2005. 关于加快中国生态农业发展的思考[J]. 中国农学通报（3）：287-290.

王豪，2004. 生态环境知识读本[M]. 北京：化学工业出版社.

王建荣，晏小霞，李洪立，2006. 台农1号杧果反季节栽培技术[J]. 中国热带农业（4）：55-57.

王立彬，2013-6-13. 我国正绘制土壤重金属"人类污染图"[N]. 广西日报，（6）.

王树进，2011. 农业园区规划设计[M]. 北京：科学出版社：41-44.

王松良，CALDWELL C D，祝文烽，2010. 论低碳农业：来源、原理和策略[J]. 农业现代化研究，31（5）：604-607.

王兴星，荣湘民，张玉平，等，2015. 以玉米为主的作物间套作模式效果研究进展[J].

中国农学通报，31（9）：13-19.

王延斌，朱日林，2018-7-31. 济南高新区：精心孵育每一粒创新种子[N]. 科技日报，（7）.

王彦飞，曹国璠，2011. 不同间作模式对玉米及花生氮磷钾分配的影响[J]. 贵州农业科学，39（1）：79-82.

王英磊，2015. 西瓜春季露地高效栽培技术[J]. 长江蔬菜（16）：65-67.

王振中，2006. 香蕉枯萎病及其防治研究进展[J]. 植物检疫（3）：198-200.

韦志扬，陆宇明，韦昌联，等，2011. 广西农业科技自主创新体系建设战略构想[J]. 西南农业学报，24（4）：1 592-1 597.

韦志扬，秦媛媛，韦昌联，等，2013. 广西农业科技创新体系建设框架与重点任务研究[J]. 南方农业学报，44（2）：360-365.

蔚承祥，孔怡，2008. 地市级农业科研机构在区域农业科技创新中的地位与作用[J]. 中国农学通报，24（11）：520-524.

吴志红，王凯学，卢伟海，等，2012. 香蕉枯萎病在广西的发生趋势及其防控思路[J]. 中国植保导刊（7）：54-55.

武红霞，马蔚红，王松标，等，2007. 植物生长调节剂诱导杧果无胚果技术研究[J]. 广西农业科学，38（5）：553-555.

习近平，2017-9-2. 在深度贫困地区脱贫攻坚座谈会上的讲话[N]. 右江日报，（3）.

肖国滨，黄庆海，韩仁，等，1999. 红壤地区花生与玉米间作种植比例的研究[J]. 花生科技（4）：18-21.

谢荣贵，2002. WTO与广西农业[M]. 南宁：广西人民出版社.

辛侃，赵娜，邓小肯，等，2014. 香蕉——水稻轮作联合添加有机物料防控香蕉枯萎病研究[J]. 植物保护，40（6）：36-41.

新华社，2019-2-19. 中共中央 国务院关于坚持农业农村优先发展做好"三农"工作的若干意见[EB/OL]. 中华人民共和国中央人民政府网站 http://www. gov. cn/zhengce/2019-02/19/content_5366917. htm.

新华社，2019-2-5. 中共中央 国务院关于抓好"三农"领域重点工作，确保如期实现全面小康的意见[EB/OL]. 中华人民共和国中央人民政府网站 http://www. gov. cn/zhengce/2020-02/05/content_5474884. htm.

熊立根，2017. 对基层农业科研单位科研管理体制方面的几点思考[J]. 农业科技管理，36（2）：32-34.

徐琪，2010. 德国发展低碳经济的经验及对中国的启示[J]. 世界农业（11）：66-69.

徐荃子，2007. 西部区域农业科技创新能力评价研究[D]. 北京：中国农业科学院.

许海涛，王成业，刘峰，等，2012. 缓控释肥对夏玉米创玉198主要生产性状及耕层土壤性状的影响[J]. 河北农业科学，16（10）：66-70.

许宁宁，2003. 中国——东盟自由贸易区[M]. 北京：红旗出版社.

许越先，2005. 区域农业研究思考[J]. 中国农业资源与区划，26（6）：12-16.

杨静，2011. 大棚西瓜高产栽培技术[J]. 现代农业科技（9）：129-130.

杨绍林，李茅苗，段明雄，等，2020. 澜沧县甘蔗糖业发展现状与分析[J]. 甘蔗糖业（1）：52-56.

佚名，2018-7-19. 深度贫困地区高质量脱贫研讨会专家发言摘要[N]. 右江日报，（2）.

佚名，2018-8-20. 中共中央国务院关于打赢脱贫攻坚战三年行动的指导意见[N]. 人民日报，（6）.

尹成杰，2013. 现代农业发展与体制机制创新[M]. 北京：中国农业出版社：16-20.

佚名，2013-09-16. 用行动建设美丽中国——环境恶化怎么扭转[N]. 经济日报，（7）.

喻婷，陈洁，刘武，等，2016. 市级农业科研单位科研成果转化工作的思考与建议[J]. 农业科技管理（2）：63-65.

张斌，2012. 地膜覆盖西瓜高产栽培技术[J]. 农技服务（4）：399-400.

张建军，2013-8-30. 广东治理土壤污染出实招[N]. 经济日报，（10）.

张建强，刘小兵，杨红薇，2003. 论四川发展生态农业和保护农业生态环境的对策[J]. 四川环境（3）：19-22.

张军以，苏维词，2011. 基于低碳经济的生态农业发展模式与对策探讨——以三峡库区为例[J]. 农业现代化研究，32（1）：82-86.

张俊芳，李铮，李晓慧，2015. 香蕉枯萎病研究现状及展望[J]. 热带农业科学，35（12）：108-112.

张乐阳，2014. 香蕉生长的气象条件分析[J]. 北京农业（1）：42-43.

张明沛，2004. 张明沛谈"三大农业"与小康[M]. 北京：中国农业出版社.

张天柱，2016. 现代农业园区规划理论与实践[M]. 郑州：中原农民出版社.

张万荣，张建国，2010. 浙江观光农业园发展模式构建与实证研究[J]. 广东农业科学（3）：242-247.

张小红，赵依杰，林航，等，2012. 福州地区无籽西瓜新品种比较试验[J]. 长江蔬菜（22）：31-33.

张晓玲，2010. 中国农业科技园区发展的理论与实践问题研究[M]. 北京：中国农业出版社：2.

张兴无，2016. 泰国经济[M]. 北京：中国经济出版社.

赵斌，董树亭，张吉旺，等，2012. 不同控释肥对夏玉米籽粒品质的影响[J]. 山东农业科学，44（8）：69-72.

赵斌，董树亭，张吉旺，等，2010. 控释肥对夏玉米产量和氮素积累与分配的影响[J]. 作物学报，36（10）：1 760-1 768.

赵建亚，俞文伟，陈元方，2010. 水稻机械化插秧技术推广的实践与体会[J]. 福建农机 （3）：19-20.

赵兰凤，胡伟，刘小锋，等，2013. 生物有机肥对香蕉枯萎病及根系分泌物的影响[J]. 生态环境学报，22（3）：423-427.

赵明，何海旺，邹瑜，等，2015. 广西香蕉枯萎病危害调查及套种韭菜防控效果研究[J]. 中国南方果树，44（5）：55-58.

赵其国，黄国勤，2012. 广西农业[M]. 第一版. 银川：阳光出版社.

赵霞，刘京宝，王振华，等，2008. 缓控释肥对夏玉米生长及产量的影响[J]. 中国农学 通报，24（6）：247-249.

赵欣楠，龚成文，杨君林，等，2011. 施可丰长效缓释肥在玉米上的应用研究[J]. 甘肃 农业科技（5）：19-21.

中国社会科学院工业经济研究所未来产业研究组，2017. 影响未来的新科技新产业[M]. 北京：中信出版集团：40.

中华人民共和国农业部，2009. 休闲观光100问[M]. 北京：中国农业出版社.

中野雅至（日），2010. 日本人的处世术[M]. 北京：现代出版社.

周敏，2016. 世界地图册[M]. 北京：中国地图出版社：30.

周苏玫，马淑琴，李文，等，1998. 玉米花生间作系统优势分析[J]. 河南农业学报，32 （1）：17-32.

周文忠，2006. 反季节杧果高产栽培技术[J]. 中国热带农业（5）：53-54.

周振亚，叶纪明，付仲文，等，2015. 我国农业科技成果转化的障碍因素及对策研究[J]. 农业科技管理（4）：7-10.

朱思柱，张锋，还红华，2017. 新形势下农业科技自主创新计划管理实践[J]. 农业科技管理 （6）：16-19.

朱绪荣，2016. 现代农业园区规划案例精选[M]. 北京：中国农业科学技术出版社.

左元梅，李晓林，曹一平，等，1998. 小麦、玉米与花生间作改善花生铁营养机理初 探[J]. 生态学报，18（5）：489-495.

左元梅，李晓林，王永歧，等，1997. 玉米花生间作对花生铁营养的影响[J]. 植物营养 与肥料学报，3（2）：153-159.

# 后　记

　　《农业现代化的探索与实践》，全书共包括"三农"工作与现代农业、生态农业与石山农业、特色农业与现代农业产业、现代农业实践与经验、园区建设的探索与实践、国外农业与我国台湾农业六大部分。全书内容主要涉及"三农"问题研究、生态农业与石山农业研究、特色农业发展与现代农业产业研究、各地现代农业的成功实践与经验研究、农业科技园区与高新区的建设与发展研究、国外现代农业与台湾现代农业研究等。作者始终坚持理论与实践相结合，从不同的时期、不同的视角、不同的侧面比较系统地研究和总结国内外特别是20世纪末到21世纪以来，我国各地积极探索发展现代农业，加快推进农业现代化和农业农村现代化的主要做法、创新实践、成功经验与取得的伟大成就。以上这些生动的实践、宝贵的经验、科学的方法与对未来理性与创新的思考，对新时代加快推进我国农业农村现代化建设都具有十分重要的借鉴意义、指导意义与参考意义。

　　本书得到了农业部、财政部现代农业产业技术体系专项"国家糖料产业技术体系百色综合试验站"（CARS-170710），广西现代农业产业技术体系专项"广西玉米创新团队百色综合试验站""广西香蕉创新团队百色综合试验站""广西水稻创新团队百色综合试验站""广西特色水果产业西甜瓜百色综合试验站""广西杧果创新团队百色综合试验站"及广西农业科学院院市合作项目（2019YH05、2020YH04）资金的资助，在此一并表示感谢！

　　在编写本书过程中，由于作者理论水平有限，加上时间比较仓促，书中难免存在错漏之处，欢迎读者批评指正！

著　者

2021年5月

2017年11月8日，国家糖料产业技术体系首席科学家白晨（右一）到百色综合试验站检查指导

2019年7月4日，广西农业科学院党组书记、院长邓国富（右一）到百色分院开展深入基层调研

2019年5月29日，百色市委常委、副市长李联成（左一）到百色市农业科学研究所科研基地检查指导工作

2018年3月22日，广西农业科学院副院长谭宏伟（右二）到国家糖料产业技术体系百色综合试验站"双高"甘蔗基地机械化种植现场技术指导

2020年7月28日，广西农业科学院副书记林树恒（左一）到百色分院国家糖料产业技术体系百色试验基地检查指导工作

2019年1月23日百色市人大常委会副主任、党组副书记周武红（右二）到百色市农业科学研究所慰问市级优秀农业专家贺贵柏

2020年7月9日，广西农业科学院副院长、广西玉米创新团队首席科学家张述宽（左一）到百色考察指导玉米产业工作

2018年6月6日，广西百色国家农业科技园区管理委员会常务副主任王晓（左二）到百色综合试验站甘蔗示范基地检查指导工作

2019年7月12日，国家糖料产业百色综合试验站作为广西甘蔗学会学术交流会现场参观点

2018年10月12日，由农业农村部作物品种管理处史梦雅博士及国家糖料产业技术体系团队成员到百色综合试验站试验示范点进行田间检查

2020年7月6日，广西水稻专家到百色市农业科学研究所水稻品种试验示范基地检查指导

2020年5月18日，广西农业科学院百色分院组织召开香蕉抗枯萎病技术培训，广西香蕉创新团队首席科学家韦绍龙（右一）现场授课

2020年5月27—28日，广西农业科学院百色分院贺贵柏院长（中）率队到德保县开展甘蔗产业科技扶贫调研及技术培训

2020年4月16日，国家糖料产业技术体系百色综合试验站联合地方政府和科研院所在右江区举办"甘蔗田间管理暨病虫害绿色防控技术现场观摩培训会"

2019年3月5日，专家组到百色分区育种试验示范点现场查定

2020年4月28日，百色市农业科学研究所组织开展甘蔗冬种田间管理现场观摩培训

广西农业科学院百色分院、百色市农业科学研究所甘蔗育种基地建设初见成效

广西农业科学院百色分院贺贵柏院长进行田间调查